U0228040

中国科学院科学与社会系列报告

2014高技术发展报告

2014 High Technology Development Report

中国科学院

科学出版社
北京

内 容 简 介

本书是中国科学院面向公众、面向决策人员的系列年度报告——《高技术发展报告》的第十五本。全书在综述2013年高技术发展动态的同时，以材料技术和能源技术为主题，着重介绍了材料技术和能源技术开发新进展、材料技术和能源技术产业化情况与方向、高技术产业国际竞争力与创新能力、高技术与社会等人们普遍关注的重大问题，提出了若干促进我国高技术及高技术产业发展的思路和政策建议。

本报告有助于社会公众了解高技术，特别是材料技术和能源技术发展及产业化的动态与思路。本书可供各级领导干部、有关决策部门和社会公众参考。

图书在版编目(CIP)数据

2014高技术发展报告／中国科学院编.—北京：科学出版社，2014.3
(中国科学院科学与社会系列报告)
ISBN 978-7-03-039833-8

Ⅰ.①2… Ⅱ.①中… Ⅲ.①高技术发展-研究报告-中国-2014
Ⅳ.①N12

中国版本图书馆CIP数据核字（2014）第030446号

责任编辑：侯俊琳 牛 玲／责任校对：张怡君
责任印制：赵德静／封面设计：无极书装

科学出版社 出版
北京东黄城根北街16号
邮政编码：100717
http://www.sciencep.com
中国科学院印刷厂 印刷
科学出版社发行 各地新华书店经销
*
2014年4月第 一 版 开本：787×1092 1/16
2014年4月第一次印刷 印张：25 1/2 插页：2
字数：420 000

定价：88.00元

（如有印装质量问题，我社负责调换）

创新，让更多人成就梦想

（代序）

白春礼

科技史上有几个著名的“预言”。100 多年前，德国物理学家普朗克的老师菲利普·冯·约利教授曾忠告他，“物理学基本是一门已经完成了的科学”。1899 年，美国专利局局长查尔斯·杜尔断言，“所有能够发明的，都已经发明了”。IBM 董事长老沃森也曾预言，“全球计算机市场的规模是 5 台”。显然，这些预言都未成为事实，但这些人都是那个时代本领域最杰出的人才。他们预言的失败，不是因为短视，而是因为经济社会发展的需求动力远远超出了所有人的预测，人类创新的潜能更远远超出了所有人的想象。

今天，我们可以在几分钟之内就了解到发生在地球另一端的新闻事件，可以随时随地和世界任何角落的人进行通信交流、研讨工作、召开会议，也可以在家里购买自己喜欢的商品。创新，推动了这样一个前所未有的历史巨变，改变了我们的生产方式、生活方式；创新，也让很多人梦想成真。

今天，包括中国、印度在内的 20 亿～30 亿人将致力于实现现代化，许多发展中国家也在大力发展工业化。现代化的进程，对能源、资源、食品、健康、教育、文化等各个方面提出极大的需求，也对现有的发展方式提出极大的挑战。破解发展难题，创新发展模式，根本出路在于创新。

从科技创新发展自身看，以绿色、智能、安全、普惠为特征，已成为主要趋势，并取得了一系列重大突破。

比如，科学家已经制造出“人造树叶”，其光合作用的效率比天然树叶高 10 倍，这将为发展新能源开辟一条有效的途径。可以预计，可再生能源和安全、可靠、清洁的核能，将逐步替代化石能源，我们将迎来后化石能源时代和资源高效、可循环利用时代。

信息产业正在进入跨越发展的又一个转折期。智能网络、云计算、大数据、虚拟现实、网络制造等技术突飞猛进，将突破语言文字壁障，发展新的网络理论、新一代计算技术，创造新型的网络应用与服务模式等。

先进材料和制造领域已能够从分子层面设计、智能化制造新材料，过程将更加清洁高效、更加环境友好。3D 打印已经开始应用在设计领域，满足个性化需求，大幅节约产品开发成本和时间，将带来制造业新变革。现在提出了 4D 打印概念并在尝试中。

合成生物学的重大突破，将推动生物制造产业兴起和发展，成为新的经济增长点。现在，科学家在实验室中已经实现首个“人造生命”，打开了从非生命物质向生命物质转化的大门。基于干细胞的再生医学快速发展，有望解决人类面临的神经退行性疾病、糖尿病等重大医学难题，引发新一轮医学革命。

在一些基本科学问题上也出现革命性突破的征兆。2013 年诺贝尔物理学奖授予了希格斯粒子的发现者，这对揭开物质质量起源具有重大意义。科学家对量子世界的探索，已经从“观测时代”走向“调控时代”，这将为量子计算、量子通信、量子网络、量子仿真等领域的变革奠定基础。我们对生命起源和演化、意识本质的认识也在不断深入。这些基本科学问题的每一个重大突破，都会深刻改变人类对自然、宇宙的认知，有的还将对经济社会发展产生直接的、根本的影响。

综合判断，经济社会发展需求最旺盛的地方，就是新科技革命最有可能突破的方向。这是一个重要的战略机遇期，发达国家和后发国家都站在同一起跑线上。谁抓住了机遇，谁就将掌握发展的主动权。谁丧失了机遇，就会落在历史发展的后头。

我国改革开放 30 多年来，变化之大如天翻地覆，主要动力靠的是改革开放释放出的巨大能量。当前，我国经济社会发展处于重要的转型时期。一方面，资源驱动、投资驱动的发展方式，受到能源、资源、生态环境等方面的严重制约；另一方面，在产业链中的不利分工，也难以支撑经济在现有规模上的持续增长。

前不久召开的十八届三中全会，是全面深化改革的又一次总动员、总部署，也再一次强调要把全社会的创新活力充分激发出来。这是站在更高发展起点上的改革，是面向未来的改革，是增强经济发展的内生动力、走内涵式发展道路的必然选择。

作为一个科技工作者，我深切感受到，我们的科技创新与国家和全社会的期望还有很大差距。其中既有历史的原因，也有现行体制上的问题。我国科技创新起点不高、基础薄弱。记得 1987 年我从美国回来的时候，国内科研投入很少、研究条件也差，小到实验室所需的电阻、电容等器件，都需要自己到中关村电子一条街一家一家跑。那时我们的科研成果很少。90 年代后期，这一状况才开始有所改变，但真正重大原创成果还是凤毛麟角。

现在我国科研条件大幅改善，2012 年研发投入超过 1 万亿元，位居世界第二。我国发表的 SCI 论文数量已升至世界第二，高水平产出明显增多，比如我们在中微子研究、量子反常霍尔效应、量子通信、超导研究等方面，都取得了一批重大原创成果。国际专利大幅增长，中兴、华为的申请数已位居世界前列。人才队伍整体能力和水平也在显著提升，越来越多的留学人员选择回国创新创业，据统计，近 5 年留学回国人员已近 80 万人。这些迹象表明，我国科技创新已经开始从量的扩增向质的提升转变。

从一些后发国家的经验看，科技赶超跨越一般都要经过 20 年左右的持续积累后，才能真正实现质的飞跃。按照目前的发展态势，我相信，再有十到十五年时间，我国科技创新可望实现质的飞跃。我们将有一批具有国际水平的科学家活跃在世界科技舞台，一些重要科技领域将走在世界前列，一批具有国际竞争力的创新型企业也将发展壮大起来。

实现这样一个发展图景，需要科技界共同努力，更需要全社会的大力支持。我们的科技体制还存在很多制约发展的突出问题，需要我们以改革的精神、务实的态度去解决。更重要的是，我们要立足未来 10 ~ 15 年的发展图景，认真思考迫切需要解决的几个关键问题，未雨绸缪，做好充分准备。

第一，要推动科技与经济社会发展紧密结合，形成良性互动的机制。促进科技与经济结合，是深化科技体制改革的核心，也是落实创新驱动发展战略的关键。科技创新要坚持面向经济社会发展的导向，积极发挥市场对技术研发方向、路线选择、要素价格、各类创新要素配置等的主导作用，围绕产业链部署创新链，加强市场竞争前关键共性核心技术的研发。产业界特别是企业，要强化在技术创新决策、研发投入、科研组织和成果转化中的主体作用。通过建立定位明确、分工合作、利益共享、风险分担的产学研协同创新机制，着力解决科技创新推动经济增长的动力不足、应用开发研究与实际需求结合不紧、转移转化渠道不畅等问题，消除科技创新中的“孤岛”现象，提升国家创新体系的整体效能，在全社会形成强大的创新合力。

第二，要为新科技革命和产业变革做好前瞻布局。随着科学技术不断进步，从科学发现到技术应用的周期越来越短。在能源、信息、材料、空天、海洋等经济社会发展的关键领域，我们要加强前沿布局和先导研究，通过科技界和产业界密切合作、共同攻关，培育我国未来新兴产业的基础和核心竞争力。要推动基础研究与产业发展融合，加强原始创新能力建设。一直有人问我，基础研究有什么用？我想，庄子所说的“无用之用，是为大用”，明代徐光启所说的“无用之用，众用之基”，都是很好的回答。法拉第也曾表示，问基础研究有什么用，就好像问一个初生的婴儿有什么用。基础研究的“用”，首先体现在它对经济社会发展无所不在的作用，在我们现实生活中广泛使用的半导体、计算机、激光技术等，都是基础研究成果的实际应用。现在知识产权保护已从基础研究阶段开始，原始性创新是核心关键技术的源泉。基础研究还体现了人类不断追求真理、不懈创新探索的精神，也培育了创新人才，是现代社会文明、进步、发展的重要基石。

第三，要创造一个鼓励创新、支持创新、保护创新的社会环境。20 世纪 80 年代，美国涌现出一批像比尔·盖茨、乔布斯这样的成功创业者，分析他们的成长经历，当时美国社会良好的创新条件和环境起到了非常重要的作用。我们要从国家和社会两个层面，建立和完善公平竞争的法律制度体系、广泛的社会扶持政策和创新激励机制，提高全社会的知识产权意识，尊重和保护创新者的贡献与权益。只有这样，才能出现中国的比尔·盖茨、乔布斯，才能涌现出更多的柳传志、马云。

中国科技创新的跨越发展，不仅要依靠现在活跃在科研一线的科学家、工程师和企业家们，也要依靠下一代、下两代科学家、企业家。未来，是他们以中国科学家、企业家的身份站在世界创新的舞台上。失去这一两代人，中国将会失去未来。我们必须打破现有的利益格局，为培养下一代科学家、企业家做好充分准备，让一切优秀的、有潜质的、有抱负的青年人才，得到更好的培养和更广阔的舞台，让一切劳动、知识、技术、管理和资本的活力竞相迸发，让一切创造社会财富的源泉充分涌流。

这是一个创新的时代，是通过创新实现梦想的时代。中国科学院作为国家战略科技力量，将秉承“创新科技、服务国家、造福人民”的价值理念，与社会各界携手合作，共同谱写中国科技创新的新篇章，成就中华民族伟大复兴的中国梦！

（全文曾发表在 2014 年 1 月 8 日出版的《光明日报》上，个别文字略有修改。）

前　　言

2013 年，全国上下奋发有为、开拓进取、锐意创新、扎实工作，深入实施创新驱动发展战略，科技体制改革取得新突破，创新型国家建设取得新进展。“嫦娥三号”登月探测器月面软着陆并开展科学探测，“神舟十号”飞船发射成功，“天河二号”蝉联世界超级计算机冠军，世界最大单机容量核能发电机研制成功，H7N9 禽流感病毒溯源和 H5N1 禽流感跨种间传播机制研究获重要突破……我国取得了一大批具有国际影响力的高技术成果，源源不断地为经济社会发展注入新动力。

《高技术发展报告》是中国科学院面向决策、面向公众的系列年度报告之一，每年聚焦一个主题，四年一个周期。《2014 高技术发展报告》以“新材料技术”和“新能源技术”为主题，共分七章。第一章“2013 年高技术发展综述”，回顾 2013 年国内外高技术发展最新进展。第二章“材料技术新进展”，介绍稀土永磁材料、陶瓷材料、高分子材料、复合材料、纳米材料、光电子材料、材料设计等方面技术的最新进展情况。第三章“能源技术新进展”，介绍煤炭、核裂变能、核聚变能、太阳能、页岩气、石油和天然气、风能、生物质能和氢能领域，以及多能互补、储能、智能电网、新能源汽车等方面技术的最新进展情况。第四章“材料和能源技术产业化”，介绍半导体硅材料、稀土永磁材料、高性能碳纤维、废旧稀贵金属循环利用、煤炭间接液化、煤制烯烃、第三代核电、特高压输电、先进储能电池、IGCC 联产等技术的产业化进展。第五章“高技术产业国际竞争力与创新能力评价”，监测和分析我国高技术产业国际竞争力和创新能力变化。第六章“高技术与社会”，探讨剖析纳米技术、合成生物技术、干细胞技术、大数据、互联网发展对社会的影响等公众关心的热点问题。第七章“专家论坛”，邀请国内知名专家就科技体制改革、科技对外开放合作、财政科技资源配置、企业创新发展、制造科学发展和页岩气开发等重大问题发表见解和观点。

《2014 高技术发展报告》是在中国科学院白春礼院长亲自指导和众多两院院士及有关专家的热情参与下完成的。报告由中国科学院副秘书长曹效业和潘教峰总策划，中国科学院发展规划局对报告的提纲和内容提出了许多宝贵意见。中国科学院发展规划局蔡长塔、董萌等同志在报告完成过程中给予了帮助。报告的组织、研究和编撰工作由中国科学院科技政策与管理科学研究所承担。课题组组长是穆荣平，副组长是任中保，成员有李真真、张久春、杜鹏、樊永刚、曲婉和陈芳等。

中国科学院《高技术发展报告》课题组

2014 年 2 月 13 日

目　录

Contents

第一章 2013年高技术发展综述

2013 年高技术发展综述

任中保
（中国科学院科技政策与管理科学研究所）

2013 年，世界经济继续低速增长，主要国家纷纷调整科技和创新战略投资方向，集中有限资源，聚焦石墨烯、人脑研究、超级计算、移动通信、航天器制造、三维（3D）打印等重点高技术领域，开展科技攻关。回顾 2013 年世界与中国高技术发展成就，量子通信、超级计算机、高速宽带网络、医疗器械、人造器官、干细胞治疗、慢性病药物、石墨烯应用、月球探测、飞船与火箭、先进机器人、3D 打印等高技术领域成果卓著，全球高技术发展呈现出生机盎然的景象。

一、信息技术

2013 年，信息技术继续朝着更快、更智能、更泛在的方向发展。高速光纤网络和高速无线网络建设为信息应用业务发展开辟了更加广阔的空间，第四代移动通信（4G）技术走向规模化应用，第五代移动通信（5G）技术开发取得突破；超级计算机运算速度不断刷新纪录，量子通信和量子计算机开发热情不减；新的信息储存技术不断提高信息储存量和储存时间；多项 3D 显示技术突破加快了人类进入裸视 3D

时代的步伐；“爱德华·斯诺登事件”再次引发全球对信息安全的关注，信息安全技术研发再次成为研究热点；人工智能技术层出不穷，使人类利用信息更加便捷和智能。

1. 网络与通信

2013 年 1 月，美国实现人类首次利用激光在星际传输图像数据。美国国家航空航天局（NASA）利用“月球勘测轨道飞行器”进行激光通信试验，首先对名画《蒙娜丽莎的微笑》进行数字编码，将其分解为 152 像素×200 像素；然后将其都变为激光脉冲，传输给近 24 万英里（约 38 万公里）外的“月球勘测轨道飞行器”，每秒数据传输速率约为 300 比特（bit）；“月球勘测轨道飞行器”在接收到激光脉冲后重建图像，并通过传统的无线电系统将图像传回地球。

2013 年 2 月，全球首条单波道 400Gbps 光纤链路投入运营。该网络由阿尔卡特朗讯公司和法国电信 Orange 公司联合建设，在巴黎和里昂之间布局建设可提供 4 倍于现有最高带宽容量的网络，通过 44 个波道可传输高达 17.6Tbps 的网络流量。该网络是对现有网络基础设施的升级，既有助于企业客户开发多媒体、云计算、大数据等新业务，又有助于运营商降低能耗和网络运营维护成本。

2013 年 5 月，韩国三星公司宣布突破 5G 技术。目前，韩国是全球移动通信网络最发达的国家之一，4G 用户数量大约为 2000 万。三星公司宣称，他们采用一种毫米波技术，用 64 个天线组来克服“不利传播特性”，使数据传输速度比 4G 网络“快达数百倍”，允许用户一秒钟内下载一整部电影。三星公司认为，该技术商业化后，用户能够享受到众多的服务，如 3D 电影和游戏、实时流超高清内容及远程医疗服务。

2013 年 5 月，美国贝尔实验室发现，可利用耳机噪声消除的基本原理，提高互联网的连接速度和可靠性[1]。目前，全球运营的传输网主要以单波道 10Gbps 以及 40Gbps 传输网为主。发展单波道 100Gbps 甚至 400Gbps 系统面临诸多困难，其中抑制噪声是最棘手的问题之一。研究人员利用耳机噪声消除中普遍采用的相位共轭（phase conjugation）技术，在光纤电缆上传输原始数据的同时发送两个光束，取得了抵消噪声和消除非线性失真的效果。在实验中，该技术在 1.28 万公里长的光纤电缆线路上，在实现单波道 400Gbps 传输速度的同时，还很好地抑制了噪声。

2013 年 8 月，美国华盛顿大学开发出“环境散射通信”技术[2]。该技术能够把环境中存在的无线信号转变成能源和通信媒介，使电子设备在没有电源的情况下也能收发信息。研究人员对该技术进行了测试，测试地点距离电视台从 800 米到 10 公里不等。结果显示，即使在远离电视塔时仍能够顺畅收发信息，接受信号的速率可达1000比特/秒。该技术有广阔的应用前景。例如，将其用在置于桥梁当中的传感器上，可以检测混凝土和钢材的健康状况，在其出现裂纹时，传感器就能发出警报。

2013年10月，德国卡尔斯鲁厄大学创造了100Gbps的无线传输新纪录。在实验中，研究人员将无线宽带中继与光纤系统结合起来，将由光系统产生的信号直接转化为高频信号，让数据以237.5赫兹的频率传输了20米，速度达到了100Gbps，是目前家用的千兆WiFi的100倍。该技术的最大优势是将光纤系统与高频无线电信号系统整合在了一起。与纯粹的无线电发射器相比，新技术省去了中间的电路，其使用的转换器和接收器的芯片只有几平方毫米，可方便地集成到其他现代光纤设备中。

2013年12月，中国移动通信集团公司、中国电信集团公司和中国联合网络通信集团有限公司获得"LTE/第四代数字蜂窝移动通信业务（TD-LTE）"经营许可。TD-LTE是我国主导研制的新一代移动通信技术标准，也是全球两大第四代移动通信主流标准之一。我国三大电信运营商获得TD-LTE经营许可，预示着我国进入到一个全新的通信时代，将给用户网速、语音通话、移动互联网、电子商务、智慧城市等带来深远影响。

2. 高性能计算

2013年1月，我国第一台基于自主核心技术的关键应用主机产品——"浪潮天梭K1"系统正式上市。关键应用主机是一类高性能、高可靠的高端服务器，是金融、电信、政府、能源等关键行业信息化建设中的核心重大装备。"浪潮天梭K1"系统最大可扩展32颗处理器，实现4TB全局共享内存，每秒可完成2.56万亿次浮点计算，可用性指标达到99.9994%，一年的非正常停机不超过5分钟。"浪潮天梭K1"系统的上市，标志着我国成为继美国和日本之后，全球第三个掌握新一代关键应用主机技术的国家。

2013年9月，华东计算技术研究所、上海交通大学、复旦大学、同济大学和上海大学等研究机构开发出世界首台拟态计算机。拟态计算机的开发受到"伪装大师"——拟态章鱼的启发，它能扭曲身体和触手，改变颜色，模仿至少15种动物的外表和行为。一般的计算机"结构固定不变、靠软件编程计算"，而拟态计算机针对用户不同的应用需求，可通过改变自身结构提高效能，"靠变结构、软硬件结合计算"。测试表明，此次开发的拟态计算机的典型应用能效比一般计算机可提升十几倍到上百倍。

2013年11月，国际TOP500组织公布了全球超级计算机500强排行榜榜单，中国人民解放军国防科学技术大学研制的"天河二号"以每秒33.86千万亿次的浮点运算速度登上榜首。美国橡树岭国家实验室的“泰坦”以每秒 17.59 千万亿次的运算速度位居第二。第三名至第五名分别是美国劳伦斯·利弗莫尔国家实验室的“红杉”、日本理化学研究所的“京”、美国阿贡国家实验室的“米拉”。在运算速度前 500 强的超级计算机中，美国有 265 台，位居世界第一；我国有 63 台，排名第二；日本、英国、法国和德国分别以 28 台、23 台、22 台和 20 台，位列第三至第六位。

2013 年 12 月，我国自主研发的首台“云”计算机——“紫云 1000”问世。“紫云 1000”由紫光股份有限公司研制，由多个成本相对较低的计算机融合而成。单台“紫云 1000”云计算机的 CPU 处理器数量可扩充至 65 535 个，存储空间可扩充至 85PB，吞吐量可达到 1.2GB/秒，系统软件包括虚拟化模块、大数据模块和自动部署模块等。

3. 量子信息技术

2013 年 5 月，中国科学院完成星地量子通信地基验证试验[3]。中国科学技术大学、中国科学院上海技术物理研究所和中国科学院光电技术研究所组成的协同创新团队，研制出高速诱骗态量子密钥分发光源和轻便的收发整机，开发出高精度跟瞄、高精度同步和高衰减链路下的高信噪比及低误码率单光子探测等关键技术，通过旋转平台来模拟低轨道卫星的角速度和角加速度，利用热气球来模拟随机振动和卫星姿态，使用百公里地面自由空间信道来模拟星地之间高衰减链路信道，成功地验证了星地之间安全量子信道的可行性。该实验证实了卫星与地球之间的相对运动带来的困难，以及星地链路之间的高衰减等不利因素都是可以克服的，为未来实现基于星地量子通信的全球化量子网络奠定了坚实的技术基础。

2013 年 6 月，世界上第一家商业化的量子计算公司——加拿大 D-Wave 系统公司宣布，其最新开发的 512-qubit① “D-Wave Two”量子计算机将安装在美国 NASA 新建的量子人工智能实验室。512-qubit “D-Wave Two”量子计算配有新型超导处理器，运算速度比搭载英特尔处理器的普通计算机快 1.1 万倍。将其安装到量子人工智能实验室，主要是为了研究提高量子计算机的机器学习能力，利用该量子计算机解决有关网络搜索、语音识别、规划和调度、搜索系外行星，以及支持任务控制中心的运营等方面的复杂问题。

2013 年 10 月，中国科学技术大学研发出世界首个单光子空间结构量子存储器[4]。在量子通信系统中，远距离量子通信和量子网络构建都要借助量子中继器，

① 量子位，量子计算器中的最小信息单位。

而量子存储单元是量子中继器的核心。在量子存储器中，单光子携带信息量大小与所处编码空间维数有关。目前，光子编码主要在一个二维空间，一个光子携带的信息量为一个比特。中国科学技术大学研究小组首次成功实现了携带轨道角动量、具有空间结构的单光子脉冲的存储，证明高维量子态存储完全可行，并据此开发出单光子空间结构量子存储器，迈出了基于高维量子中继器实现远距离大信息量量子信息传输的关键一步。

4. 信息存储与显示

2013 年 1 月，英国剑桥大学开发出一种新型 3D 存储芯片。目前的存储芯片多为平面结构，类似于“平房”，数据只能前后左右移动。研究人员使用“溅射”技术，让钴原子、铂原子、钌原子在硅芯片上像多层三明治一样重叠起来，形成“楼房”结构。钴原子和铂原子用于存储数字信息，钌原子充当信使角色，让住在不同“楼层”的钴原子和铂原子互通有无。研究人员借助激光探测不同“楼层”的数据内容。这种 3D 存储芯片可实现数据在三维空间中的存储和传递，将大幅提高设备的数据存储能力。

2013 年 3 月，美国帕洛阿尔托惠普实验室发明了一种可多角度观看的裸视 3D 显示技术。目前，观看 3D 影像一般都需要佩戴红绿眼镜。虽然全息摄影术可以使观众抛弃眼镜，但全息摄影价格昂贵且只可用于观看静态图像。其他一些技术虽然价格便宜，但 3D 图像分辨率较低或者只有在固定的位置才能观看。帕洛阿尔托惠普实验室使用标准计算机芯片创建了一个被称为“衍射光栅”的光元素阵列，通过精确控制显示器上每个像素的光线走向，并使用液晶来调节每个点释放的光的颜色，使观众可以在 14 个不同的观看区域都能看到完整的 3D 影像，并具有较高的分辨率。

2013 年 6 月，美国麻省理工学院研发出一种铁磁薄膜“三明治”系统。研究人员将一块纤薄的铁磁材料薄膜放在金属基座上，在其顶端放置一层氧化物，形成一块铁磁“三明治”系统。实验发现，在新的铁磁“三明治”系统中，推动磁域的力是传统铁磁存储系统的 100 倍，新系统的存储效率是现有技术的 1 万倍。同时，该“三明治”系统完全可以同目前的制造技术相兼容，将有望大大提高存储系统的效率，开发出更快更紧密且能效更高的存储设备和计算芯片。

2013 年 10 月，荷兰屯特大学纳米技术研究所利用蚀刻技术将信息写入钨晶片中，有望大大提高信息保存的时间。硬盘虽然可以存储大量数据，但在室温下的使用寿命仅约 10 年，CD、DVD 光盘和磁带的寿命也很短。研究人员利用钨制成晶片，利用蚀刻技术将信息书写到晶片上，并用氮化硅封装起来。高温老化实验显示：在

200℃的烤箱中放置 1 个小时后，钨晶片未出现明显老化，信息读取不受影响。据此推算，在室温条件下，利用该技术保存信息的时间至少在 100 万年以上。

2013 年 11 月，美国得克萨斯大学达拉斯分校根据纳什理论开发出一种制作 3D 图像的新技术。计算机图形学领域通过三角形网格来描述现实世界中物体的形状，传统技术使用各向同性的三角形，即三角形的每个边都具有相同长度。美国得克萨斯大学达拉斯分校的研究团队用各向异性三角形取代各向同性三角形后，计算机建模产生的图像会更加平滑。根据对象的曲率，该技术生产图像的速度可以达到传统技术的 125 倍。采用目前常用的计算机制图方法创建一个 3D 图像需要 19 500 秒，而新技术只需要 155 秒；并且，使用各向异性三角形创建的 3D 模型图像质量更好，在细节上更加精确。

5. 信息安全

2013 年 4 月，德国弗劳恩霍夫计算机图形学研究所研制出一款银行计量生物学比对卡（biometric on card comparison），可高效鉴定持卡人签字笔迹的真伪。该卡能够对持卡人的“签字动态”（signature dynamic）进行录制，利用计量生物学原理对随机签字轨迹进行比对，能够彻底摆脱他人的模仿。计量生物学比对卡操作简便，顾客只需在开户银行的电子板或触摸屏上随机进行签字，银行网络系统会自动将签字转送至各自动取款机或付款机的储存芯片中，即使罪犯已掌握了被盗卡及卡号，也无法破解持卡人的签名。

2013 年 6 月，美国国家安全局实施的绝密电子监听计划——“棱镜计划”（PRISM）曝光，在美国国内和国际社会掀起了轩然大波，引起国际社会对信息安全的高度关注。“棱镜计划”自 2007 年启动，利用美国互联网公司和电信运营商的数据，对即时通信和既存资料进行深度挖掘，监视、监听美国民众和其他国家有关人员的通话记录和网络活动。德国、法国等国家在谴责美国监控行为的同时，大力加强信息安全研究的投入。

2013 年 7 月，美国加利福尼亚大学洛杉矶分校与 IBM 公司共同设计出一种“数学拼图”加密软件系统。在计算机程序开发过程中，最简单的混淆是名称混淆，强度更高的是流程混淆，目的都是让别人看不懂软件编程原理，以阻止他人获得源代码。“数学拼图”加密软件系统采用的是数学混淆机制，他人在破译软件时，必须首先解决各种数学问题，以此增加软件盗版和破译的难度。该系统将软件转化成一种数学拼图游戏，在允许用户将其作为一个程序使用的同时，阻止潜藏在背后的破译。

2013 年 10 月，我国开发出全生命周期信息安全“防水墙”系统。防范涉密单位内部有意或无意泄密的信息安全系统被称为“防水墙”系统，与防止外部黑客入侵“防火墙”安全系统相对应。中国航天科工集团公司第三研究院研制的“防水墙”系统基于全生命周期理念，可实现涉密载体从内部产生、外来输入、流转控制、销毁回收的全过程安全管理，载体范围涵盖纸质介质、光盘介质、U 盘等磁介质，以及笔记本、计算机等各种载体类型。

6. 人工智能

2013 年 7 月，由瑞士、德国和美国科学家组成的研究小组开发出一种脑神经形态芯片（neuromorphic chips），能实时模拟人类大脑处理信息的过程[5]。任何计算机都无法像人类大脑一样高效工作，建造一种人工大脑系统是许多科学家的研究目标。研究人员将人造神经元合并成能执行神经处理模块的网络，这些处理模块能够将行为用公式表示出来，自动将其转移到神经形态硬件内，构成了一种被称为“神经形态芯片”的微芯片。该芯片在大小、速度及能耗方面都与人类大脑相仿，可实时处理输入信息并作出回应。该芯片的发明有助于制造能同周围环境实时交互的认知系统。

2013 年 10 月，英国布里斯托大学开发出一种超触觉技术系统，能让用户在一个交互界面上体验到多部位的触觉感受（多点触觉反馈）。该系统在设计中使用了置于声波透射显示器下面的超声转换器阵列，使聚焦的超声波通过交互式表面投射出来，直接作用到用户手上，同时生成多个反馈点，并赋予它们不同的触觉属性，用户就能接到与他们行为相关的局部反馈。这种多点触控表面能让人们在公共场合轻松互动，人们不仅能感觉到显示屏上的内容，而且能在触摸前接收到看不见的信息。

2013 年 3 月，德国弗劳恩霍夫有机材料和电子设备研究所开发的交互式有机发光二极管（OLED）数据眼镜获得了 2013 年度汉诺威信息及通信技术博览会硬件类创新奖。这种非接触眼控交互式数据眼镜可使用户在观看真实世界的同时，获得虚拟数据信息。集成在眼镜 OLED 显示器上的相机，可以检测到用户眼球运动情况，从而使用户通过视线角度改变来控制信息显示。该数据眼镜在医学和装配技术等众多领域有广泛的应用前景。

2013 年 6 月，加拿大滑铁卢大学发明了一种腕式感应控制器，能够自动操控计算机游戏和手机应用程序。人的手指运动时会牵动手腕上的肌肉一起运动，手腕上的肌肉与手指的运动息息相关。腕式控制器根据感应手腕肌肉的部位和运动力度得到手指操控信息，并将该信息无线传递给计算机上的游戏软件或手机应用程序，达到自动操控的目的。

二、生物技术

2013年，生物技术表现出旺盛的生命力。诱导多功能干细胞（iPS细胞）治疗进入临床研究，化学诱导的多潜能干细胞（CiPS细胞）为干细胞治疗技术规避伦理限制或潜在的遗传突变风险带来新希望；欧盟和美国纷纷投入巨资组织实施脑科学计划；艾滋病和肿瘤等重大疾病治疗在曲折变化中前行；糖尿病和肝炎的预防和治疗药物纷纷上市，慢性疾病防控、治疗药物开发成果丰硕；人造器官和先进医疗设备开发步伐加快，为重大疾病治疗提供了更加丰富的先进医疗手段；动植物育种取得丰硕成果，为粮食安全提供了有力保障。

1. 基因与干细胞

2013年5月，美国俄勒冈健康与科学大学和俄勒冈国家灵长类动物研究中心将成人皮肤细胞转化成胚胎干细胞[6]。在研究过程中，研究人员将一个含有个体DNA（脱氧核糖核酸）的细胞核转移到一个去除了遗传物质的卵细胞中，这个未受精的卵细胞发育并最终产生干细胞。研究人员发现，由该技术获得的干细胞可像正常胚胎干细胞一样，分化成各种不同类型的细胞，如神经细胞、肝细胞和心肌细胞等。由于该技术不涉及受精胚胎，可以在一定程度上避免伦理争议。

2013年6月，日本厚生劳动省利用iPS细胞开展视网膜再生的临床研究，这是世界上首次利用iPS细胞进行临床研究。湿性老年性黄斑变性，是一种难治的眼科疾病，在日本大概有70万名患者。在临床试验中，研究人员从湿性老年性黄斑变性患者前臂采集直径约4毫米的皮肤组织，用皮肤细胞培育出iPS细胞，然后将其培育成色素上皮细胞，形成薄片状之后再移植入眼球。参与临床研究的患者预定为6人，iPS细胞培育时间预计在10个月左右。该临床研究的主要目的是确认iPS细胞治疗的安全性，即确认移植的色素上皮细胞是否能在不形成肿瘤的情况下在眼球内“扎根”，评估视力的恢复效果将在下一阶段临床研究中进行。

2013年7月，北京大学用小分子化合物诱导体细胞重编程为多潜能干细胞，并将其命名为CiPS细胞。近年来，诱导多功能干细胞生成是各国科学家研究的热点。此领域的工作最初由日本科学家山中伸弥（Shinya Yamanaka）发起，他也因此分享了2012年诺贝尔生理学或医学奖。由于iPS细胞制备方法受到伦理限制或存在潜在的遗传突变等风险，其在再生医学中的临床应用受到限制。北京大学研究团队开辟了一条全新途径[7]，首次使用小分子化合物诱导体细胞重编程成为多潜能干细胞。该方法摆脱了对于卵母细胞和外源基因的依赖，提供了更加简单和安全有效的方式来重新赋予成体细胞“多潜能性”，是体细胞重编程技术的一个飞跃。

2013 年 10 月，“2013 冷泉港（亚洲）科学与医学领域干细胞研究会议”在中国苏州举行，就干细胞研究领域的最新发展和应用进行交流。会议透露全球已有八项干细胞治疗技术获得批准，用于退行性关节炎和膝关节软骨损伤修复、急性心肌梗死等疾病的治疗。同时，全球还有超过 100 种疾病正处于干细胞临床治疗试验阶段，包括美国得克萨斯大学 MD 安德森癌症中心等开展的间充质干细胞治疗血液肿瘤临床试验，中国博雅干细胞集团与浙江大学、复旦大学、南京大学鼓楼医院共同开展的干细胞治疗地中海贫血和系统性红斑狼疮研究等。

2013 年 12 月，北京大学绘制出世界首个女性个人遗传图谱[8]。目前，广泛应用在体外受精过程中的遗传分析技术，是通过从胚胎中分离出一个或几个细胞来确定胚胎的染色体数目或筛查特定的基因突变。与全基因组测序分析方法相比，这些传统遗传分析方法得到的遗传信息量很有限，而且从正在发育的胚胎中取出一个细胞也有可能会影响胚胎的后续发育。北京大学的研究团队应用单细胞基因组高通量测序技术，首次详细描绘了人类单个卵子的基因组。医生通过分析雌性生殖细胞两次分裂产生的两个极体细胞，推断获得卵子本身的全部基因组信息。该方法如果应用于临床，可以减少严重先天性遗传缺陷婴儿的出生，降低辅助生殖的遗传风险。

2. 重大疾病治疗

2013 年 1 月，欧盟委员会启动预算为 10 亿欧元的“人脑工程”（Human Brain Project）研究计划。“人脑工程”将通过超大型计算机模拟人脑的细胞、化学性质和连接性，以求了解大脑的功能和发育。该研究不仅有助于帕金森病、阿尔茨海默病等脑部疾病的诊断和治疗，同时还可探究人脑的高能效和可靠性，对人工智能领域发展具有重大促进作用。

2013 年 4 月，美国政府正式启动“脑计划”。“脑计划”全称为“推进创新神经技术脑研究计划”（Brain Research through Advancing Innovative Neurotechnologies, BRAIN），通过探索人类大脑工作机制、绘制脑活动全图，开发针对大脑病症的疗法。“脑计划”启动资金为 1 亿多美元，由美国国家卫生研究院、国防部高级研究项目局、国家科学基金会提供。“脑计划”有利于增进对人类大脑近千亿个神经元的理解，加深对感知、行为和意识的认识，既有助于寻找阿尔茨海默病、帕金森病等神经系统疾病的新疗法，又有助于发展人工智能相关技术。

2013 年 4 月，美国一名感染艾滋病的新生儿获得“功能性治愈”。一般情况下，医生们会在分娩过程中给艾滋病病毒（HIV）呈阳性的孕妇及她的胎儿同时使用某种抗反转录病毒，以阻止母体中的 HIV 感染胎儿。2013 年，一名在美国约翰·霍普金斯儿童中心分娩的母亲事先不知道自己感染了 HIV，在婴儿出生时医院并没有采取相应的预防措施。婴儿出生 30 小时后，医生给他实施了药力更强的抗反转录病毒联合治疗。测试结果表明，婴儿血液中的 HIV 水平随着出生时间的增加而下降，29 天之后降低到了无法检测的水平。婴儿出生 10 个月后，多次检测均没有在血液中检出 HIV。研究人员认为，可能是由于及时采取了抗病毒治疗，婴儿由此获得“功能性治愈”。

2013 年 9 月，我国《人体捐献器官获取与分配管理规定（试行)》正式强制实施。我国是世界上等待器官移植患者最多的国家，器官供需比为 1∶30，远低于美国 1∶4 的比例。为了完善科学、高效、公平、公正、公开的人体捐献器官获取与分配工作体系，国家卫生和计划生育委员会发布《人体捐献器官获取与分配管理规定(试行)》。根据该规定，捐献器官必须通过器官分配系统进行分配，任何机构、组织和个人不得在器官分配系统外擅自分配捐献器官。

2013 年 10 月，美国哈佛大学开发出可大大降低 HIV 感染风险的“马赛克疫苗”[9]。“马赛克疫苗”也被称作“镶嵌疫苗”，是以分析大量病毒基因序列以及人体免疫反应为基础，利用人工设计优化基因序列制造出的疫苗。美国哈佛大学的研究人员利用 HIV 的 3 种主要蛋白 Env、Gag 与 Pol，开发出一种“马赛克疫苗”。研究人员用致病性最强的人猴嵌合免疫缺陷病毒（SHIV)，先后 6 次攻击接种了该疫苗的恒河猴，12 只恒河猴中有 3 只健康无恙。若该疫苗能够用到人的身上，将大大降低人类感染 HIV 的风险。

2013 年 12 月，美国哈佛大学宣布两名在接受骨髓移植后似乎被治愈的艾滋病患者病情复发，HIV 已经在他们体内重新出现。这两名患者因患有淋巴癌，分别于 2008 年与 2010 年接受了骨髓移植手术进行治疗。在手术后 8 个月，两名患者体内的 HIV 消失。为了验证骨髓移植是否“治愈”了他们的艾滋病，两名患者同意停用抗反转录病毒药物。两名患者分别在停药 12 周和 32 周后，在体内检查出 HIV。虽然这一结果令医学界失望，但也证明了 HIV 在人体内“潜伏”得比预想的“更深、更持久”，血液之外可能还有其他的 HIV“藏身地”。

3. 重大新药创制

2013 年 3 月，美国食品药品管理局（FDA）批准首个钠-葡萄糖协同转运蛋白 2（SGLT2）抑制剂降糖药上市。Canagliflozin（商品名）由美国强生公司研制生产，是一种新的 SGLT2 抑制剂药物，用于改善 2 型糖尿病成人患者的血糖控制。Canagliflozin 通过抑制肾脏对葡萄糖的重吸收，增加葡萄糖的排泄，进而降低糖尿病患者已升高的血糖水平。在临床试验中，上万名患者参与了 Canagliflozin 的安全性和有效性评价，证实其可改善 2 型糖尿病患者的糖化血红蛋白和空腹血糖的水平。

2013 年 5 月，我国科学家研发出“鸡尾酒”式艾滋病疫苗策略[10]。人体内的各类黏膜是 HIV 感染的主要途径，阻断和减缓 HIV 通过黏膜途径感染是预防艾滋病的重要方向。由清华大学、香港大学和中国科学院广州生物医药与健康研究院组成的研究组，发明了一种“鸡尾酒”式的艾滋病疫苗开发策略，通过联合使用改良型痘苗病毒天坛株（MVTT）黏膜载体疫苗和 5 型腺病毒载体疫苗（Ad5），可提高针对 HIV 的 T 淋巴细胞和 B 淋巴细胞的免疫能力，从而有效控制甚至完全预防 HIV 通过黏膜途径传播。恒河猴实验研究显示：接受疫苗注射实验猴中，部分在实验期间未感染 HIV，其余被感染实验猴未出现艾滋病临床症状；未接受疫苗注射的对照组实验猴在攻毒实验中均感染了 HIV，并逐渐发病和死亡。

2013 年 8 月，中国国家食品药品监督管理总局（CFDA）批准尼欣那（阿格列汀）用于 2 型糖尿病治疗。糖尿病高发将成为世界（包括我国在内）的重大公共卫生问题，2 型糖尿病是最常见的糖尿病类型。调查数据显示，我国是全球糖尿病患者人数最多的国家之一，2010 年我国 18 岁及以上成人糖尿病患病率为 11.6%，其中 95% 左右为 2 型糖尿病。尼欣那是一种二肽基肽酶-4（DPP-4）抑制剂，能够有效延缓肠促胰岛素激素——胰高血糖素样肽-1（GLP-1）和葡萄糖依赖性促胰岛素激素（GIP）的失活，增加活性肠促胰岛素激素的数量，促使胰腺分泌胰岛素，从而实现对血糖水平的控制。尼欣那由位于美国加州圣迭戈的武田加州公司研发，已经获得美国 FDA、日本厚生劳动省等相应国家监管机构的治疗批准。

2013 年 10 月，浙江大学附属第一医院联合香港大学等单位，研发出 H7N9 禽流感病毒疫苗株。研究团队收到 H7N9 病例咽拭子样本后，采用国际通行的流感疫苗种子株制备方法，通过反向遗传技术，以 PR8 质粒为病毒骨架，与自行分离的病毒株进行基因重排，成功研制出 H7N9 流感疫苗种子株。检测结果显示，该团队研发出的 H7N9 流感疫苗种子株的各项基数指标均符合流感病毒疫苗株的要求。H7N9 禽流感病毒疫苗株研发成功，改变了我国流感疫苗株长期需由国外提供的历史。

2013 年 10 月，日本癌症研究会化学疗法中心开发出了防止癌细胞转移的化合物。癌症成为致命疾病主要是由于癌细胞向全身扩散，导致人体器官衰竭。防止癌细胞转移，成了攻克癌症的关键。日本癌症研究会化学疗法中心研究发现，在转移过程中，虽然大部分癌细胞遭到免疫细胞攻击而死亡，但还会有少部分癌细胞与血液中的血小板结合，逃脱了免疫细胞的攻击而随血液转移到其他脏器上，并不断增殖。研究人员进一步发现，癌细胞在集聚血小板时，一种名为“Agras”的蛋白质起到了关键性作用。研究人员在此基础上开发出阻止“Agras”发挥作用的化合物。动物实验结果显示，该化合物能够使癌细胞无法集聚血小板，有效地防止了癌细胞的转移。目前，该化合物还未进入临床试验阶段。

2013 年 11 月，美国 FDA 批准两种强效丙型病毒性肝炎口服药上市。丙型病毒性肝炎是一种由丙型肝炎病毒（HCV）感染引起的病毒性肝炎，主要经输血、针刺、吸毒等途径传播。据世界卫生组织统计，全球 HCV 的感染率约为 3%，每年新发丙型病毒性肝炎病例约 3.5 万例。HCV 感染者可出现肝脏慢性炎性坏死和纤维化，部分患者可发展为肝硬化甚至肝细胞癌。美国 FDA 所批准的两种强效丙肝口服药分别是强生公司的 Simeprevir 和吉利德科学公司的 Sofosbuvir，它们都是破坏病毒复制及合成蛋白质能力的药物。上述两种药物与利巴韦林（病毒唑）联合使用时，能够治疗约 80% 的丙型病毒性肝炎患者。

4. 医疗器械开发

2013 年 6 月，澳大利亚墨尔本蒙纳什大学研发出世界首个生物眼镜。该生物眼镜由一个植入人脑的微型芯片和一副形似谷歌眼镜、带有数码相机的眼镜组成，通过数码相机“捕获”外界图像信息，由处理器将图像信息加工成人脑能接受的信号，并通过无线装置将信号传送到人脑内植入的微型芯片上，能使盲人的脑“看”到周围物体的轮廓外形。目前，该生物眼镜尚未进行人体实验，研究团队预计它能够使 85% 的完全失明者恢复部分视力。

2013 年 6 月，德国西门子公司推出无线超声探头。目前，在手术或侵入性医疗操作过程中，需要使用超声设备对进入体内的工具进行监控，连接超声探头的电线在很大程度上限制了设备操作人员行动的自由度，并容易引发感染。西门子公司新推出的超声探头安装了无线 Acuson Freestyle 系统，采用了合成孔径技术，使用 8000 兆赫超宽射频来传输数据，可在仪器主机周边 3 米范围内稳定工作，并可调整图像设置和立即聚合成数字图像。

2013 年 11 月，美国梅奥医学中心（Mayo Clinic）等研究机构联合研制出名为“Harmoni”的深部脑刺激植入设备。Harmoni 能够在进行电刺激的同时，监测大脑内部的电反应和化学反应。动物实验初步结果表明，Harmoni 能够检测出大脑尾状核中神经递质多巴胺的上升水平。Harmoni 不仅有望用于治疗运动障碍，还有望用于治疗抑郁症、抽动秽语综合征、强迫症，甚至阿尔茨海默病等神经、精神系统疾病。

2013 年 11 月，德国卡尔斯鲁厄理工学院开发出动态心电图监测便携设备。动态心电图监测能在较长一段时间内持续测量心率、呼吸频率、电导率等参数并生成心电图，从而监测到常规心电图不易发现的心脏活动。普通动态心电图监测器常用于记录 24 小时或 7 天的数据，且需要专业医疗人员每两天涂抹一次导电膏。德国卡尔斯鲁厄理工学院开发的动态心电图监测便携设备，是形似普通松紧带、配有 4 个干电极的监测带，监测带上的测量设备大小和重量与小型手机相当，患者可自行佩戴，每周读取一次信息并更换电池。测试期间，有 50 名心脏病患者试用了这款设备，其中一名患者连续使用达 6 个月之久。

2013 年 12 月，英国 Fripp 设计公司与曼彻斯特城市大学联合研制出每小时生产 150 颗义眼的 3D 打印法。普通义眼通常由特殊的玻璃材料或丙烯酸制成，且需要经过细致的手工描绘才能与使用者的另一只眼球相匹配，一般需要数周时间才能完成，制作成本高达 3000 英镑（约合人民币 3 万元）。研究人员将病人正常眼球的图像全部采集下来，然后通过 3D 打印机进行复刻，形成了新的 3D 打印义眼的方法。该方法与传统义眼制造法相比，具有成本低和批量大的优点。通过 3D 打印每小时能够生产 150 颗义眼，每颗义眼的成本低至 100 英镑（约合人民币 1000 元）。

5. 动物植物育种

2013 年 5 月，英国剑桥大学培育出一种“超级小麦”，产量比现有品种提高了 30%。在培育过程中，科学家将一种远古时代的小麦品种与现代小麦品种杂交，用异花授粉和种胚移植方法，培育出了这种“超级小麦”。试验数据显示，该“超级小麦”在外形上比现代小麦更为茁壮和高大，具有更强的环境适应能力。由于此种小麦在选育过程中没有使用基因技术，因此在英国国内得到了普遍认可。

2013 年 11 月，我国培育出“三抗”棉花新种。中国农业科学院联合南京农业大学等单位组成的研究组，培育出我国第一个高抗黄萎病的棉花新种质——“中植 372”，并陆续以“中植 372”为骨干亲本，培育出新种质、新材料、新品系 128 个，选育出国审品种 7 个、省审品种 6 个，培育出我国第一个抗黄萎病、对枯萎病免疫和高抗棉铃虫的“三抗”棉花新品种——“中植棉 2 号”。目前，“中植棉 2 号”已通过国家新品种审定，并被农业部指定为国家区域试验对照品种。

2013 年 11 月，我国超级杂交稻“冠军组合”——“Y 两优 900”首次对外公开。“Y 两优 900”系我国“超级杂交稻攻关计划”第四期的重要成果，创下了百亩片亩产 988.1 公斤的纪录。“Y 两优 900”具有高冠层、矮穗层、特大穗、高生物学产量、茎秆坚韧等特点。

2013 年 11 月，深圳国家基因库正式启动“千种鱼转录组计划”。该计划将在未来的 3～5 年内，完成约 1000 种鱼类转录组的测序、组装工作，并构建高质量的鱼类转录组数据信息平台。目前，全球仅有约 10 种鱼类的基因组被公开，美国国立生物技术信息中心公共数据库中仅有 80 多种鱼类转录组数据。该计划成功后，将有助于解密鱼类起源、进化、生殖、发育、性别调控和免疫等生命活动的机制，以更好应对鱼类育种、疾病防控、海洋食品安全和生物多样性保护等方面的挑战。

2013 年 12 月，兰州大学、深圳华大基因研究院和中国科学院青岛生物能源与过程研究所等组成的研究组，破译了胡杨基因组。胡杨是沙漠中唯一的乔木树种，也是用于研究耐盐、抗旱等机制的代表性树种。研究组比较了胡杨和非抗盐杨树包含的基因数量、基因突变和基因表达式样，发现胡杨有十多种与抗旱耐盐相关的基因发生了数量增多、适应突变和表达加强的现象。该研究成果为深入理解树木耐盐的遗传学机制提供了基因组学方面的依据。

2013 年 12 月，巴西阿克雷州水产养殖中心首次成功批量繁殖巨骨舌鱼鱼苗。巨骨舌鱼主要分布在亚马孙河流域，成体巨骨舌鱼体长可超过 2.5 米，重量可超过 100 公斤，是世界上最大的淡水鱼之一。巨骨舌鱼肉质可口、营养丰富且没有鱼刺，因此遭到了滥捕。据估计，目前野生巨骨舌鱼个体数量仅为 5 万 ~ 10 万。巴西阿克雷州水产养殖中心成功掌握了人工批量繁殖巨骨舌鱼鱼苗的技术，预计全年鱼苗繁殖数量有望达到 10 万条，大部分鱼苗将在体长达到 10 厘米后以低价供应给水产养殖户。

三、新材料技术

2013 年，新材料开发呈现出热闹非凡的景象。石墨烯应用取得一系列突破，在能源和信息领域展现出超凡的应用前景；纳米材料与器件开发仍然是材料领域的研发热点，高强度纳米纤维、纳米管计算机、纳米隐身材料、纳米环境材料层出不穷；具有特殊功能的金属材料和高分子材料不断涌现，为储能、节能和环境保护等领域的发展提供源源不断的动力；新型电子材料和生物医用材料研发成果丰硕，为电子信息和生物产业发展带来无限遐想。

1. 石墨烯

2013 年 3 月，美国加利福尼亚大学洛杉矶分校研发出了一种廉价的石墨烯超级电容[11]。目前，制造微型超级电容一般采用光刻工艺，需要耗费大量的人力，造成产品成本和价格居高不下。加利福尼亚大学洛杉矶分校的研究人员使用了一台普通的 DVD 刻录机，将石墨烯电极如同互相交织的手指一样并排放置，在一个光盘上制造 100 多个微型超级电容，整个过程用时不到半个小时。这种电容的充电速率远远高于普通电池，为一部 iPhone 手机充满电仅需要 5 秒钟。同时，该超级电容具有体积超小且整合性强的优势，可能会给手机、新能源汽车等行业带来突破。

2013 年 3 月，浙江大学研发出一种被称为“全碳气凝胶”的超轻材料[12]。“气凝胶”是半固体状态的凝胶经干燥、去除溶剂后的产物，外表呈固体状，内部含有众多孔隙，充斥着空气，因而密度极小。浙江大学的研究人员将含有石墨烯和碳纳米管这两种纳米材料的水溶液在低温环境下冻干，去除水分、保留骨架，得到了这种“全碳气凝胶”。该材料的固态材料密度仅为0.16毫克/厘米^3，可以在数千次被压缩至原体积的20%之后迅速复原，能够吸收900倍于自身重量的有机溶剂，有望在海上漏油、净水甚至净化空气等方面发挥重要作用。

2013年5月，美国西北大学开发出可用于制作电极的新型石墨烯墨水[13]。用喷墨印刷法制作电子元器件具有成本低、印刷面积大且可印刷在柔性基底上等优点，一直是各国科学家致力的方向。虽然已有许多研究人员采用该方法，利用多种材料（包括石墨烯）制成墨水，制造出多种电子元器件，但因墨水材料制造出的电极电导率不够高而未走向实用。美国西北大学的研究人员在制作石墨烯的过程中使用乙醇作溶剂、乙基纤维素作稳定剂，开发出了一种新型石墨烯制造方法。研究人员用该方法制造出了石墨烯粉末，并将其分散到溶剂中得到了石墨烯墨水，其电导率约是以往石墨烯墨水的250倍。

2013年8月，澳大利亚莫纳什大学用石墨烯制造出能量密度较高的新型超级电容[14]。当前，超级电容的最大优势是使用寿命长和充电快捷，其缺点是能量密度比较低，仅为5~8瓦·时/升。澳大利亚莫纳什大学的研究人员利用一种石墨烯凝胶薄膜来制造致密电极，并用一般的液体电解质来控制亚纳米尺度的石墨烯薄片之间的间隔，得到了这种超级电容。测试结果显示，该超级电容的能量密度达到了60瓦·时/升，是当前超级电容能量密度的12倍左右。

2013年10月，美国南卡罗来纳大学研制出世界上最薄的氧化石墨烯过滤膜[15]。研究人员将氧化石墨烯制成不均匀混合的混合物并添加适量的水，利用声波降解法和离心分离技术得到了均匀的氧化石墨烯悬浮液，在简单过滤之后，将悬浮液涂在氧化铝基质上，获得了这种新型过滤膜。实验发现，该薄膜拥有较高的渗透选择性——氢气（H_2）和氦气（He）能够轻易通过这种薄膜，而二氧化碳（CO_2）、氧气（O_2）、氮气（N_2）、一氧化碳（CO）及甲烷（CH_4）等其他气体的通过速度则要慢得多。

2. 纳米材料

2013年1月，英国南安普敦大学研制出一种玻璃（二氧化硅，SiO_2）纳米纤维。碳纳米管虽然强度很高，但实验室制成的最长的单根碳纳米管也不超过半米，这严重限制了纳米纤维的实际使用。英国南安普敦大学制造出的玻璃纳米纤维，不仅强度是钢的15倍、直径比头发细千倍，而且其长度理论上可以达到1000千米。

这种复合材料有望用于制造飞机、快艇和直升机等，可能会对海洋、航空和安全等行业产生巨大影响。

2013 年 2 月，日本东丽公司研制出世界上最细的纳米纤维。该纳米纤维的直径只有 150 纳米，在同等重量下表面积大于以往产品，且纤维之间的缝隙也可以任意调节。用此种纤维制成的产品，在保湿性、吸水性、摩擦系数等方面比以往都有了很大提高。目前，日本东丽公司已经开始向服装和空调厂商供应样品，以开辟其产业用途。

2013 年 9 月，美国斯坦福大学建成全球第一台完全使用碳纳米管的计算机[16]。利用碳纳米管制造计算机一直是科学家的梦想，但碳纳米管代替硅制造晶体管存在两方面难度：一是碳纳米管很难被整齐排列形成晶体管电路；二是即使用碳纳米管制成晶体管后，其中的一部分总是具有导电性，无法像半导体材料那样开关电流。斯坦福大学研究人员所开发出的这种被称为“不受缺陷影响的设计”的碳纳米晶体管制造方法，不仅可以忽略排列混乱的那部分碳纳米管，而且可以充电烧毁晶体管电路中总是具有导电性的部分。利用该设计方法建成的碳纳米管计算机芯片包含 178 个晶体管，其中每个晶体管由 10 ~ 200 个碳纳米管构成。但是，这仅是未来碳纳米管电子设备的基本原型，只能运行有计数和排列等简单功能的操作系统。

2013 年 8 月，俄罗斯圣彼得堡“铁氧体域”科学研究所开发出了一种新型纳米隐身涂层。这种纳米涂层具有很强的宽频均匀吸波功能，使用 4 微米厚的纳米薄膜，在无线波段和红外波段内将被雷达发现的几率降低到原来的 1/10。这种纳米隐身涂层如果应用于海军装备，会大幅提高水面舰艇的隐身性能，降低其被宽频雷达发现的可能性，提高舰船对抗雷达制导、热源制导和激光制导等精确制导武器的能力。

2013 年 12 月，日本京都大学开发出了一种新材料。这种材料能从钢铁厂的废气等混合气体中提纯 CO[17]。日本京都大学的研究人员将铜离子与间苯二甲酸溶液混合在一起，制成了一种纳米多孔结晶体。这种晶体上有大量超微细的孔穴，能选择性地吸附和捕捉气体中的 CO 分子。研究人员利用这种新材料，成功地从 CO 和 N_2 的混合气体中分离出了 CO。研究人员认为，这种新材料可有效分离工业废气和汽车尾气中的 CO，还能用于提取页岩气和可燃冰所释放出的 CO。

3. 金属材料

2013 年 4 月，美国加利福尼亚大学洛杉矶分校研制出一种铌金属超级电容材料[18]。在目前的储能设备中，电池的能量密度较高但能量交付速度很慢，电容能量交付速度快但能量密度很低。美国加利福尼亚大学洛杉矶分校的研究人员合成出了一种能快速地存储和释放能量的氧化铌材料。如果将这种材料用在超级电容开发中，可使储能设备兼具锂离子电池的高储能能力和电容的能量快速传送能力。但是，材料的开发只是超级电容开发的关键一步，离实际应用还有很长的距离。

2013 年 9 月，韩国科学技术院研制出金属和石墨烯的成层结构，得到由石墨烯与铜、镍形成的复合材料[19]。研究人员使用化学气相沉积法（CVD），在金属沉积衬底上生长出单层石墨烯，然后再沉积上金属单层，重复上述步骤最终得到石墨烯金属多层结构的复合材料。实验显示，该材料的硬度是纯金属材料的几百倍，强度是纯铜材料的 500 倍、纯镍材料的 180 倍。如果该工艺得到产业应用，将使汽车、飞机的质量变得更轻，燃油效率变得更高。

2013 年 10 月，中国科学院金属研究所在金属中发现超硬、超高稳定性纳米层片结构[20]。对金属材料进行严重塑性变形可显著细化其微观组织，使晶粒细化至亚微米（0.1 ~1 微米）尺度可大幅度提高其强度。进一步塑性变形时晶粒不再细化，材料微观结构趋于稳态达到极限晶粒尺寸。如何突破这一晶粒尺寸极限，进一步细化微观组织，在继续提高金属材料强度的同时提高其结构稳定性，是现今纳米金属材料研究面临的一个重大难题。中国科学院金属研究所利用新型塑性变形技术在金属镍表层成功突破了这一晶粒尺寸极限，获得了纳米级厚度并具有小角晶界的层片结构，同时发现这种纳米层片结构兼具超高硬度和热稳定性。该项研究为开发新一代高综合性能纳米金属材料开辟了新途径。

4. 高分子材料

2013 年 1 月，美国密歇根大学和美国空军研究实验室合作开发出一种可屏蔽上百种液体浸透的新型纳米涂层材料[21]，研究人员将这种纳米涂层称为“超全恐液面”。这种材料是一种叫做“聚二甲硅氧烷”的弹性塑料粒子混合物，能从立方纳米的尺度对液体形成斥力。这种涂层能排斥“非牛顿流体”的液体，包括洗发剂、蛋黄酱、血液、油漆涂料、黏土、打印墨水等。研究人员实验了 100 多种液体，只有冰箱、空调中所用的两种氯氟烃能渗透涂层。这种材料不仅可以用于制造抗污能力极强的衣物，还能够用作船舶等的防水材料。

2013 年 5 月，日本北海道大学开发出可随温度变化呈现不同颜色的变色发光涂料。研究人员将其命名为“变色龙发光体”，用发绿光的铽与发红光的铕作为发光体，涂料随温度变化而发出不同颜色的光。实验发现，该涂料在低温区域（-80 ~0℃）发绿色光，室温下发黄光，60℃左右时发橙色光，高于 100℃时发红光。该涂料发光效率高且经久耐用，可被广泛用于需耐高温的宇宙飞船舱体、汽车及高速列车等。

2013 年 6 月，中国科学院大连化学物理研究所开发出一种可捕获并转化 CO_2 的共轭微孔高分子材料[22]。目前，减排 CO_2 主要有两种手段：一是将 CO_2 通过化学或物理吸附的方法捕获起来，然后进行地下封存；二是将 CO_2 在催化剂作用下与其他化学原料合成有价值的化学品，如尿素、环碳酸酯和工程塑料等。但上述两种方案均需高温或高压环境，且消耗大量能源。中国科学院大连化学物理研究所的研究人员将催化中心（Salen-金属）镶嵌入共轭微孔高分子骨架，得到了该材料。在常温、常压下，1 克聚合物可吸附 70～80 毫克 CO_2，48 小时后 81% 的 CO_2 与环氧烷烃反应生成高附加值的环碳酸酯。该材料有望在火力发电厂的 CO_2 减排中得到大规模应用。

2013 年 9 月，西班牙圣塞瓦斯蒂安电化学技术中心开发出一种可自我修复的塑料[23]。该聚合物被称为“自愈热固性弹性体”，无需催化剂，在不进行干预诱导的情况下就能自发、独立愈合。实验中，研究人员将一段样品材料切断后再推回到一起，两个小时内样本断面的 97% 已告“愈合”，向两端拉伸时断面仍然接合得十分紧密。该材料的特点是在室温环境下，表现出了良好的自愈合效率，不需要施以热或光等外部干预。该材料生产方法简单、成本低，能显著提高汽车、房屋、家用电器等的使用寿命和安全性。

5. 新型电子材料

2013 年 3 月，韩国基础科学研究院开发出最多可拉长 20% 的透明电子元件[24]。硅材料能控制电子移动但很容易折断，而塑胶高分子虽可拉伸但存在漏电问题，因此开发可拉伸的电子元件十分困难。韩国基础科学研究院的研究人员在铜制基板上镀上一层高铝（陶瓷的一种），然后涂抹高分子材料让高铝变成褶皱型薄膜，并用石墨烯和碳纳米管在该褶皱型薄膜上添加电极和电路，制成了这种可以拉伸的透明电子元件。

2013 年 4 月，美国俄亥俄州立大学制造出单原子层厚度的锗——“单锗”[25]。单锗的电子迁移率是硅的 10 倍、传统锗的 5 倍，有望取代硅以制造性能更好的晶体管。自然界的锗很容易形成多层晶体结构，每个原子层紧紧依附在一起，致使剥离出的单原子层锗性能不稳定。俄亥俄州立大学的研究人员在多层锗晶体的每层之间挤入钙原子，再用水将钙溶解，并用氢原子填补钙原子留下的化学键，最后剥离出单层锗。用此方法制造出的单锗的化学稳定性优于传统硅，在空气和水中不易氧化，且可用于传统芯片制造技术来制造电子元器件。

2013 年 7 月，英国牛津大学发现了一种具有超常受压扩展能力的新材料——金氰化锌[26]。一般物体受到不同方向挤压时会产生多向褶皱，只有少量物体会向一个方向扩展开来，科学界将之称为“负线性压缩”（negative linear compression）。目前，利用“负线性压缩”特性制造的材料在压力下扩展率不超过 1%，因而在工程中的应用受限。英国牛津大学发现，金氰化锌被压缩时向外扩展率能达到 10%。研究人员将这种大尺度反应称为“巨负线性压缩能力”（giant negative linear compressibility）。由于金氰化锌具有超常受压扩展能力且透明，可用于制造光学压力传感器和人造肌肉。

2013 年 12 月，复旦大学制备出一种可拉伸的线状超级电容[27]。研究人员设计了一种旋转平移法，使这种超级电容有效地结合了高分子的高弹性及碳纳米管优异的电学和机械性能。该电容可弯曲、折叠和拉伸，且在拉伸 75% 的情况下仍能 100% 地保持电容的各项性能。这种线状电容可编织成各种形状的织物，集成到各种微型电子器件上，从而满足未来对于微型能源的需求。

6. 生物医用材料

2013 年 4 月，英国牛津大学用 3D 打印机制造出类似生物组织的材料[28]。研究人员利用一种特制 3D 打印机，分层次喷出大量被脂类薄膜包裹的液滴，这些液滴形成具有网状结构的特殊新材料。这种打印机喷出的液滴直径约 50 微米，体积约有 5 个活体细胞那么大。这种新材料的质地与大脑和脂肪组织相似，可做出类似肌肉活动的折叠动作，且具备类似神经元工作那样的通信网络结构，有望用于修复衰竭的器官或增强其功能。

2013 年 5 月，德国萨尔大学研制出一种具有特殊功能的智能合金材料。该材料的主要成分为镍和钛。与一般的具有形状记忆功能的镍-钛合金材料不同，这种智能合金材料制成的细丝在通过电流时出现明显的收缩现象，切断电流后又可恢复原先的长度。研究人员制作出一只蝙蝠模型，使用这种合金材料制成的翅膀“肌肉”，使模型能够逼真地模仿蝙蝠的飞行动作。该材料在医学上具有广阔应用前景，有望用于制造“人工肌肉”。

2013 年 12 月，德国弗劳恩霍夫陶瓷技术和烧结材料研究所开发出一种新型复合骨移植材料。目前，骨移植手术使用的移植材料多为自体骨或异体骨，受到取材有限、并发症、排异反应等限制；合成植入体（如钛合金人工骨）常需二次手术取出，对患者身体造成二次伤害。研究人员使用直接发泡法，将装有烃基磷灰石和氧化锆悬浮液的器皿放入冻干机中进行发泡、烘干后，制成开放式多孔结构的复合材料。该材料与骨骼结构近似，其多孔支架结构可与成骨细胞结合，推动生理性骨重建，且不会与人体的有机组织起生化反应。

四、能源与环境技术

2013 年，化石能源清洁利用、可再生能源开发、核能安全利用等方向取得了一系列技术突破，为化解能源危机和环境危机带来新的希望。煤炭、石油和天然气等传统主力能源继续朝着清洁化方向发展，出现多种减轻环境压力的新技术；日本福岛核泄漏事故带来的负面影响正逐渐降低，核聚变研究、第三代核电站建设和核安全事故处置等再次受到重视；可再生能源开发热度不减，太阳能和风能是可再生能源技术开发的重点；各种先进储能技术不断涌现，为可再生能源规模化利用注入动力；环境污染监测预警和治理技术开发力度加大，为环境治理带来新希望。

1. 化石能源清洁利用

2013 年 2 月，美国俄亥俄州立大学开发出一种煤清洁燃烧的新方法。研究人员开发出了小型煤直接化学循环研究装置，将直径 100 微米左右的煤粉和直径 1.5 ~ 2 毫米的氧化铁粉混合，通过高温化学反应释放热量，并捕获 99% 的 CO_2。该小型研究装置连续运行了 203 个小时，大型试验装置正在建设之中。

2013 年 4 月，中国华电集团公司与清华大学开发出百万吨煤制芳烃示范装置。芳烃是生产化纤、工程塑料及高性能塑料等的关键原料。目前，我国芳烃年消耗量超过 2000 万吨，其中 97% 以石油为原料。中国华电集团公司与清华大学联合开发的煤制芳烃技术，能够降低芳烃制备对石油资源的依赖。该技术将在榆林煤化工基地投入使用。

2013 年 4 月，陕西煤业化工集团开发出中低温煤焦油全馏分加氢技术（FTH）。该技术通过对中低温煤焦油脱杂质、除重金属铁离子和脱水等预处理，净化煤焦油收率达 98% 以上，喹啉不溶物、盐和水脱除率达 95% 以上，脱铁率达到 70.6%。陕西煤业化工集团还建成了年产 12 万吨的 FTH 示范装置。运行显示，该技术的中间馏分油反应收率很高，其中柴油反应收率为 76.61%、石脑油反应收率为 14.03%、加氢尾油反应收率为 7.46%。该技术为我国“煤代油战略”开辟了一条经济、环保、节能、可行的新途径。

2013 年 7 月，美国霍尼韦尔公司计划建设天然气一步法制乙烯工业示范装置。乙烯是最重要的化学原料之一，其生产一直依赖于石油裂解。随着原油资源紧缺加剧和价格攀升，乙烯生产成本不断上升。目前，天然气制乙烯主要采用蒸汽裂解技术和甲烷氧化耦合技术。天然气一步法制乙烯技术由美国霍尼韦尔公司研制，用甲烷直接转化生产乙烯，能够节省 40% 左右的生产成本。

2. 核能开发及安全

2013 年 1 月，日本原子能研究开发机构开始组装核聚变发电实验装置。目前，欧盟、日本、中国、美国、韩国、俄罗斯和印度 7 个国家和地区正联合在法国建设国际热核聚变实验堆，预计 2020 年开始运转。此次日本组装的核聚变发电实验装置名为“JT60SA”，由日本与欧盟合作建设，目的是探索建设开发国际热核聚变实验堆的下一阶段原型堆，预计 2019 年开始运转。

2013 年 6 月，中国核工业集团公司宣布掌握了气体离心法铀浓缩技术并实现工业化应用。目前，大部分核电站需使用低浓度铀燃料，其中铀-235 的含量为 2% ~ 5%。在天然铀中，铀-235 的含量只有 0.7%，其余皆为铀-238。提高铀-235 的含量是核电发展的重要环节，其工艺过程称为铀浓缩，铀浓缩主要采用气体离心法。气体离心法铀浓缩技术利用高速旋转离心机中很强的离心力场，实现铀-235 和铀-238 的分离。该技术所需的耗电量约相当于扩散法铀浓缩技术的 1/25，综合成本约减少一半。中国核工业集团公司经过多年研制，完全掌握了气体离心法铀浓缩技术并实现了工业化应用。

2013 年 8 月，中国东方电气集团研制出世界最大单机容量核能发电机——台山核电站 1750 兆瓦 1 号核能发电机。台山核电站是我国首座、世界第三座采用欧洲压水堆（European pressurized water reactor，EPR）三代核电技术建设的大型商用核电站。东方电气集团为台山核电站提供首期全部两台核能发电机，单机容量高达 1750 兆瓦，是东方电气集团迄今为止制造的技术难度最高、结构最复杂、体积最大、重量最重的核能发电机。东方电气集团开发设计了转子线圈装配新工艺、定子线棒制造新工艺、护环装配新工艺、油密封系统装配新工艺等一系列先进技术。

2013 年 12 月，中国科学院东北地理与农业生态研究所制备出一种新型纳米材料，可用于高效吸附核废水中的放射性铯元素[29]。核污染成分包括铯、锶及碘等多种放射性元素，其中放射性铯（半衰期约为 30 年）为主要成分之一。中国科学院东北地埋与农业生态研究所制备的“磁性普鲁士蓝/氧化石墨烯”纳米材料，可用于高效吸附放射性铯元素，对废水中浓度为 50ppm 的铯的快速去除率达 90% 以上；对铯离子的饱和吸附容量达 55.56 毫克/克。同时，该吸附材料在外加磁场作用下可迅速简便地从核废水中实现分离，具有良好的辐射稳定性和对铯离子的选择吸附性，即使是在成分复杂的海水中，这种材料对铯的净化与磁回收效果也几乎不受影响。

3. 可再生能源开发

2013 年 4 月，英国埃克塞特大学开发出一种可生产生物柴油的大肠杆菌[30]。研究人员从能发出生物冷光的发光杆菌等多种细菌中分离出代谢基因，然后利用它们来改造大肠杆菌。经过改造的大肠杆菌能将植物中的糖转化为一种碳氢化合物分子，这种分子在结构和化学性质上与多种零售柴油燃料中的碳氢化合物分子相同。尽管利用这种方法生产的生物柴油与传统柴油几乎一样，但目前还只能在实验室中少量生产，要实现商业生产仍面临许多挑战。

2013 年 4 月，我国自主研制的生物航空燃料首次试飞成功。生物航空煤油主要以椰子油、棕榈油、麻风子油、亚麻油、海藻油、餐饮废油、动物脂肪等为原料，与传统石油基航空煤油相比，具有很好的 CO_2 减排作用。目前，我国已成为年消费量近 2000 万吨的航空燃料消费大国，在欧盟将航空业纳入欧盟碳排放交易体系后，研发低 CO_2 排放的生物航空燃料具有特别重大的意义。东方航空公司一架加注了中国石油化工集团公司研发的生物航空煤油的“空客 320”型飞机，经过 85 分钟飞行后，平稳降落在上海虹桥国际机场。测试结果表明，该款生物航空煤油在飞机飞行过程中能够提供充足的动力，与传统航空燃料没有区别。

2013 年 6 月，我国建成国内首套太阳能电水联产实验示范系统。该系统由中国科学院电工研究所与海南天能电力有限公司、北京寰能天宇科技发展有限公司共同研制，利用太阳能热发电系统汽轮机出口余热进行海水淡化，其集热器面积达 200 平方米。海水淡化系统设计容量为每日 5 吨，每小时海水淡化产量达到了 0.35 吨。

2013 年 7 月，全球最大海上风电场——“伦敦阵列”海上风电场正式投入运营。“伦敦阵列”海上风电场坐落于泰晤士河口，距离肯特郡和埃塞克斯郡海岸约 20 公里。德国西门子公司为该风电场提供和安装了 175 台 3.6 兆瓦、转子直径达 120 米的风机，发电量达 630 兆瓦，能为 50 万户英国家庭提供清洁能源。

2013 年 8 月，德国最大的海上风力发电园 BARD Offshore 1 正式启用。BARD Offshore 1 风电园位于距德国下萨克森州博尔库姆岛西北约百公里处的北海海域中，该海城水深达到 40 米。该风电园采用了独特的地基设计理念，使每个风力发电设备都稳固地建在“三只脚”的底座上。园内共有 80 座 5 兆瓦级的风力发电设备，总装机容量为 400 兆瓦，全部并网发电将能满足至少 40 万居民的用电需求。BARD Offshore 1 风电园是迄今世界上占地面积最大、距岸最远、涉水最深的海上风电园。

2013 年 8 月，美国密歇根理工大学开发出一种低成本阴极材料，能够取代此前在染料敏化太阳能电池生产中所必需的贵金属铂[31]。尽管铂在染料敏化太阳能电池的制造中用量不多，但其每盎司 1500 美元的价格仍在一定程度上限制了其广泛使用。美国密歇根理工大学的研究人员让氧化锂（LiO）与一氧化碳（CO）发生化学反应，生成一种碳酸锂（Li_2CO_3）和蜂窝状石墨烯的混合物质，再用酸将整个结构中的碳酸锂粒子去除，留下蜂窝状 3D 石墨烯。该 3D 石墨烯具有优良的导电性能，在同样的日照条件下，采用新材料的太阳能电池光电转化效率达 7.8%，与使用铂的普通染料敏化太阳能电池 8% 的光电转化效率极为接近。

2013 年 8 月，德国亥姆霍兹柏林材料与能源中心和荷兰代尔夫特理工大学联合开发出一种低成本太阳能电解水制氢技术[32]。研究人员用添加了钨原子的金属氧化物钒酸铋（$BiVO_4$）作为阳极，并用廉价的钴磷酸盐催化剂喷涂和包覆，使用铂金线圈作阴极，制造出了一个便宜、稳定和高效的薄膜硅太阳能电池。当光线射入该薄膜硅太阳能电池时，产生的电流会将水分解成为氢气和氧气。研究人员初步估算：以每平方米大约 600 瓦的太阳光能计算，占地面积 100 平方米的该制氢系统，每小时可产生、储存 3 千瓦时能量的氢气。

2013 年 9 月，美国斯坦福大学开发出一种可高效利用污水发电的新型“微生物电池”[33]。这种“微生物电池”的阳极上有产电菌，阴极为氧化银固体。电池工作时，阳极上的产电菌从生活污水中摄取有机物，将其分解并获得电子。这些电子通过外电路传递到阴极，从而产生电流。这种“微生物电池”能量转化效率高达 30%，与一般的商业化太阳能电池相当。

2013 年 11 月，日本建成世界第一座海上浮动式风力发电基站。由于福岛近海海底地基十分松软，且处于地震板块上，难以设立固定式海上风力发电基站。该座浮动式风力发电基站高 120 米，发电量可供 700 户家庭用电之需。预计 2014 年，日本还将有 2 座更大规模的基站投入运行，届时发电量将会达到 16 万千瓦，可满足 5600 户家庭的用电需要。

2013 年 11 月，美国麻省理工学院开发出一种新型以钙钛矿（$CaTiO_3$）为原料的太阳能电池。目前，市场上的主流太阳能电池以硅和碲化镉为原料，价格相对较高。美国麻省理工学院的研究人员发现，这种新式的以 $CaTiO_3$ 为原料的太阳能电池的光电转化效率或可高达 50%，是目前太阳能电池转化效率的 2 倍。如果投入使用，将大幅降低太阳能电池的使用成本。但这种太阳能电池走向市场还需要攻克多项难关，如其产生的电流低和钙钛矿储量不足等。

4. 先进储能与节能

2013 年 1 月，美国斯坦福直线加速器中心和斯坦福大学联合开发出一种“蛋壳”似的硫阴极，能使得锂离子电池的存储能力比当前商业技术提高 5 倍以上[34]。研究人员将硫阴极研制成纳米颗粒，每个颗粒直径只有 800 纳米，并在每个颗粒外覆盖一层有坚硬外壳的多孔钛氧化物，形成类似“蛋壳”的结构。使用该硫阴极材料制成的锂离子电池，储电能力比现有电池提高 5 倍以上，且在 1000 次循环充放电后仍能够保持较高的性能。

2013 年 1 月，美国橡树岭国家实验室开发出纳米固体电解质[35]。目前，锂离子电池依靠存在于电池正负两极间的液体电解质传导离子。由于液体电解质易燃，因而科学家希望寻找到具有固体电解质的电池，以解决电池安全问题和尺寸限制。美国橡树岭国家实验室对锂硫代磷酸盐进行加工，开发出固体电解质，其离子传导能力是自然块状结构传导能力的 1000 倍。该电解质的开发为制造体积更小、能量密度更高的储能电池奠定了基础，可望在电动汽车和储能电站中得到使用。

2013 年 12 月，欧盟 Solargain 研发团队开发出光与热动态自动控制的“智能窗”（smart windows）技术，能够有效降低建筑物的能源消费。建筑物窗户玻璃的热量消耗与增益（heat loss and gain），占欧盟最终能源消费的 4%。Solargain 研发团队根据化合物大分子聚合物材料吸收特定光波长的特性，成功研制开发出商业上切实可行的发色团（chromophores）聚合物薄膜材料。研发团队采用先进的光伏感应技术，对玻璃薄膜涂层实施实时动态自主激活或失活控制，设计制造出全功能“智能窗”。与普通玻璃窗相比，全功能“智能窗”可节能 90% 以上。

5. 环境监测与治理

2013 年 5 月，中国科学院遥感与数字地球研究所三亚卫星接收站揭牌，这使得我国陆地观测卫星数据直接获取能力首次伸展至南部海疆。目前，三亚卫星接收站建有两套 12 米口径天线数据接收系统、远距离光纤数据传输系统等，承担着我国环境与灾害监测卫星、“中巴地球资源”卫星、“资源三号”卫星、“实践九号”卫星、“高分一号”卫星等十余颗卫星的数据接收任务，解决了我国南海和周边区域长期缺乏遥感卫星数据的问题。2015 年前，该站还将建成 4 座卫星数据接收天线，并与北京密云的中国遥感卫星地面站、中国科学院遥感与数字地球研究所新疆喀什卫星接收站一起，形成接收国内外陆地观测卫星数据的公共服务平台。

2013 年 8 月，中国科学院化学研究所设计出一种新型油水分离模式，有望用于溢油事故处置[36]。研究人员的灵感来源于仙人掌刺在雾气流中连续集水，收集的水滴受刺表面结构的驱动向刺的根部聚拢。研究人员制备了锥形的针尖，并模拟仙人掌刺表面结构来构筑微米-纳米复合粗糙结构。实验显示，由于材料本身的疏水亲油性质，油水混合物在流经锥形针尖时，油滴会被吸附到针尖上，慢慢汇集成较大油滴；当收集的油滴超过临界大小时，针的表面结构就会驱动油滴流动至针的根部储存；一个油滴被驱动走后，露出的针尖又会开始下一个集油的循环，从而实现连续的油水分离。该技术能实现连续、高效的油水分离，分离效率可达 99% 以上，而且具有高通量、环境友好、耐腐蚀等特性，在原油泄漏事故处理、工业含油废水处理、油田开采的三次采油等方面有广阔的应用前景。

2013 年 10 月，我国研制的基于物联网技术的智能水质自动监测系统通过验收。当前，我国水环境监测以实验室监测为主，具有响应时间长、检测频次低、自动化程度低、人力消耗量大等弊端。湖南力合科技股份有限公司成功研制出基于物联网技术的智能水质自动监测系统，在长江、闽江、东江等流域及南水北调中线工程中得到了应用，可对温度、色度、浊度、pH、悬浮物、溶解氧、化学需氧量，以及酚、氰、砷、铅、铬、镉、汞含量等 86 项参数进行在线自动监测。该系统利用发光细菌法，可对突发性污染事件进行预警。

2013 年 10 月，我国发布首个全球业务化海洋预报系统。该系统主要由海面风场预报系统、温盐流预报系统、海浪预报系统及两极海冰预报系统构成，预报区域覆盖印度洋、西北太平洋、渤黄东海、南海和两极地区，可广泛服务于大洋航线、大洋渔业、海洋工程、深远海资源开发、海上军事行动、海上搜救等领域。

2013 年 12 月，我国研发出五氧化二钒（V_2O_5）高效清洁回收技术。钒是一种有色金属，V_2O_5 主要用于冶炼钒铁。含钒石煤是我国特有的一种资源，储量占全世界总储量的 95%。当前的钒提取技术主要是氯化钠平窑焙烧、立窑焙烧和强酸浸出提钒，存在生产成本高、废水废渣难处理、焙烧产生的氯化氢和氯气对周边环境破坏大等问题。河南盛锐钒业集团有限公司研发的“钒矿递进窑石灰化焙烧提取高纯 V_2O_5 清洁生产工艺”，以石煤为原料获得 V_2O_5、偏钒酸铵等系列高品级钒化合物，使钒总收率超 85%，大大减少了有毒、有害气体的排放，并降低了生产成本。

五、航天与海洋技术

2013 年，航天和海洋技术开发引人注目。多个月球和火星探测器发射升空，不断拓展人类活动范围；多种先进的人造地球卫星发射升空，为各国经济社会发展提供有力支撑；美国企业在航天技术开发中表现活跃，载人飞船、货运飞船和运载火箭技术持续突破；海洋资源调查成果显著，天然气水合物、深海油气开发进程明显加快。

1. 空间探测器

2013 年 9 月，美国 NASA 发射“月球大气与尘埃环境探测器”（lunar atmosphere and dust environment explorer，LADEE）。LADEE 的主要任务是研究月球大气组成成分、收集和分析月球尘埃颗粒样品、测试月地激光通信系统。LADEE 携带了中性质谱仪、紫外-可见光光谱仪和月球粉尘实验设备等科学仪器，并搭载月球激光通信示范设备（lunar laser com demo，LLCD）进行太空探测器新通信方式测试。

2013 年 11 月，美国 NASA 发射“火星大气与挥发物演化”探测器（MAVEN）。MAVEN 是美国 NASA“火星侦察兵”计划的一部分，旨在详细调查火星大气，研究火星历史气候变迁，破解火星大气失踪之谜。MAVEN 将在 2014 年秋季左右到达火星，进入火星轨道后将执行一个地球年的观测任务，完成火星大气轨道取样作业。

2013 年 12 月，我国成功将“嫦娥三号”登月探测器送上月球。“嫦娥三号”是我国发射的第一个地外软着陆探测器，由着陆器和月面巡视探测器（即“中华牌”月球车“玉兔”号）组成。“嫦娥三号”登月探测器发射质量约为 3.7 吨，着陆器质量约 1.2 吨，月球车质量约 120 千克。“嫦娥三号”突破了月球软着陆、月面巡视勘察、月面生存、深空探测通信与遥控操作、运载火箭直接进入地月转移轨道等关键技术，是继美国“阿波罗”计划结束后重返月球的第一个软着陆探测器。

2. 人造地球卫星

2013 年 6 月，美国 NASA 发射了一颗新型太阳低层大气观测卫星。该卫星名为“太阳界面区成像光谱仪”，搭乘美国轨道科学公司的 L-1011 飞机，在太平洋上空由“飞马座 XL”火箭进行空中发射。“太阳界面区成像光谱仪”携带紫外线望远镜，将在 640 公里左右高度的近极地太阳同步轨道上运行，每隔几秒钟拍摄一次太阳的高精度图片，以更精确地进行“太空天气预报”。

2013 年 7 月，德国航天局（DLR）成功发射地球测绘卫星 TanDEM-X。这颗卫星是 2007 年发射升空的 TerraSAR-X 卫星的“姊妹”卫星，重 1.3 吨，飞行高度为 514 千米。TanDEM-X 和 TerraSAR-X 将以不到 200 米的距离同步飞行，精确扫描地球表面。TanDEM-X 和 TerraSAR-X 将在未来 3 年内反复扫描整个地球表面，共同绘制高精度的 3D 地球数字模型。

2013 年 7 月，欧洲阿斯特里姆公司成功发射民用通信卫星 Alphasat。该卫星是 I-4A FA 卫星群中最大的一颗卫星，重约 8.8 吨，造价 3.5 亿美元。自 2009 年以来，I-4A FA 卫星群已经开始为政府和商业客户在陆地、海洋和空中提供宽带连接服务。Alphasat 将显著增强 I-4A FA 卫星群的 L 波段通信服务能力，为欧洲、中东和非洲等地区的船运、石油勘探、国防、航空等行业提供通信服务，同时也为媒体在危险地区进行新闻报道，以及非政府组织、政府机构和联合国协调救援提供通信服务。

2013 年 12 月，我国自主开发的“高分一号”卫星正式投入使用。“高分一号”是我国首颗设计、考核寿命要求大于 5 年的低轨遥感卫星，可以提供 2 米全色、8 米多光谱、2 米全色与 8 米多光谱融合和 16 米多光谱宽幅影像，在国土资源调查与动态监测、环境与灾害监测、气候变化监测、精准农业信息服务等方面具有重要的应用前景。

3. 载人飞船

2013 年 1 月，美国 NASA 宣布与欧洲空间局合作研制新型载人飞船——“奥赖恩”（Orion）航天器。“奥赖恩”航天器将融入计算机、电子、生命支持、推进系统及热防护系统等领域的诸多最新技术，目标是将宇航员送上地球轨道以外的天体——月球、火星甚至小行星。“奥赖恩”航天器有三个明显的技术特征：一是采用可回收技术，使用降落伞和气囊相结合的降落设计，使载人舱在落地后还可重复使用；二是使用隔热层脱落技术，覆盖在飞船表面的隔热层在飞船冲出大气层后自动脱落，以减轻着陆重量，使“奥赖恩”可重复使用 10 次；三是采用载人飞船发射中断系统，在运载火箭出现发射意外时，让宇航员有更多的逃生机会。

2013 年 6 月，“天宫一号”目标飞行器与“神舟十号”飞船成功实现自动交会对接，3 名航天员完成了为期 15 天的太空之旅。“神舟十号”飞船高约 23 米，重约 8 吨，最大直径 2. 9 米，由推进舱、返回舱和轨道舱组成。“神舟十号”主要完成了 4 项任务：一是为“天宫一号”目标飞行器在轨运营提供人员和物资天地往返运输服务，进一步考核交会对接技术和载人天地往返运输系统的性能；二是进一步考核组合体对航天员生活、工作和健康的保障能力，以及航天员执行飞行任务的能力；三是进行航天员空间环境适应性和空间操作工效研究，开展空间科学实验和航天器在轨维修等试验，首次开展我国航天员太空授课活动；四是进一步考核工程各系统执行飞行任务的功能、性能和系统间协调性。

2013 年 4 月，俄罗斯首次使用快速对接模式发射载人飞船。快速对接模式是指飞船在 6 小时内绕地球 4 圈并与国际空间站对接，而以往飞船需要花费近两天时间绕地球飞行 34 圈才能实现对接。快速对接模式有两项优点：一是宇航员在出现失重感时，飞船即将抵达目的地，使飞行更加舒适；二是可将科研用生物制剂尽快送到空间站，以争取宝贵的实验时间。俄罗斯发射的“联盟 TMA-08M”载人飞船首次使用了快速对接模式，不仅节省了飞船燃料，也节约了宇航员和地面控制人员的时间。

4. 货运飞船

2013 年 3 月，美国太空探索技术公司发射的商业货运飞船“龙”成功返回地球。“龙”飞船此次向国际空间站运送了 540 多公斤货物，返航时有 1200 多公斤载荷，这是它第二次向空间站运送给养。“龙”飞船是目前唯一能从空间站安全返回地球的货运飞船。俄罗斯的“进步”号货运飞船、欧洲的“阿尔伯特 · 爱因斯坦”号货运飞船和日本的“鹳”号货运飞船均在返回大气层时烧毁。

2013 年 6 月，欧洲第四艘自动货运飞船发射升空。该货运飞船名为“阿尔伯特·爱因斯坦”号，重逾 20 吨，是欧洲有史以来发射的最重的航天器。“阿尔伯特·爱因斯坦”号货运飞船除了为空间站送去多项补给物资外，还利用自带燃料协助空间站提升轨道，并在飞船脱离空间站时带走废弃物。该飞船于 2013 年 11 月在太平洋的一处无人区域上空烧毁，残骸落入太平洋中。

2013 年 8 月，日本成功发射第四艘“鹳”号无人货运飞船。它是日本开发的向国际空间站运送物资的货运飞船，全长约 10 米，直径约 4.4 米，表面覆盖隔热材料和太阳能面板，最多能运载 6 吨物资。“鹳”号无人货运飞船除了进行必要的物资补给外，还尝试了一种国际空间站废弃物处理新方法。在返回地球的过程中，“鹳”号无人货运飞船搭载废弃实验装置离开国际空间站，在进入地球大气层后烧毁。

5. 运载火箭

2013 年 1 月，韩国成功发射“罗老-1”号（Naro-1）运载火箭。“罗老-1”号运载火箭是韩国第一部运载火箭，2009 年和 2010 年两次发射均以失败告终。“罗老-1”号火箭总重 140 吨、长 33 米、直径 2.9 米。“罗老-1”号运载火箭是一种两级火箭，第一级由俄罗斯赫鲁尼切夫国家航天研究和生产中心制造，推力 170 吨；第二级火箭为固态燃料火箭，由韩国制造，推力 8 吨。

2013 年 4 月，美国首次试飞成功“安塔瑞斯”（Antares）运载火箭。“安塔瑞斯”火箭由美国轨道科学公司研制，是一种三级液体运载火箭，长 40 米、直径 3.9 米、起飞质量 240 吨，最大能将 5 吨有效载荷送上近地轨道。“安塔瑞斯”的第一级火箭使用航天级精炼煤油（RP-1）与液氧作为燃烧推进剂，安装两部 AJ26 火箭发动机；第二级火箭采用卡斯托 30 固态火箭发动机；第三级火箭的发动机根据不同的发射任务进行配置，包括双推进剂第三级系统、星 48BV 型固体燃料火箭发动机。“安塔瑞斯”火箭在 2013 年 9 月将“天鹅座”飞船发射升空，并与国际空间站实现成功对接。

2013 年 5 月，日本成功发射“艾普斯龙”（Epsilon）新型固体运载火箭。“艾普斯龙”火箭全长 24.4 米、直径 2.6 米、重 91 吨，能将重约 1.2 吨的卫星发射到高度约数百公里的低轨道上。“艾普斯龙”火箭是 2006 年退役的 M5 火箭的后续型号。火箭分为三级，第一级使用的是日本主力火箭 H2A 号的固体燃料助推器，第二级和第三级则使用 M5 火箭的推进器。

2013 年 10 月，美国太空探索技术公司的“蚱蜢”（Grasshopper）火箭完成多项实验。“蚱蜢”火箭使用了全新的垂直起飞垂直降落概念，属于可重复使用的火箭。“蚱蜢”火箭分别在 2013 年 6 月、8 月和 10 月进行了三次发射实验，完成了垂直升降动作、100 米横向位移斜向降落、飞行高度达到 744 米的实验，向运载火箭的完全可重复使用迈出了关键性的一步。

2013 年 11 月，俄罗斯“第聂伯”运载火箭创造了“一箭 32 星”发射新纪录。“第聂伯”运载火箭为三级液体燃料火箭，起飞质量约 211 吨，主要用于发射小型商业卫星。“第聂伯”运载火箭此次发射的卫星中最大的一颗是阿联酋的地球遥感卫星，质量为 300 千克，能够从距地球 600 公里高的轨道上拍摄精确度达 1 米的地面影像。此次发射有 14 颗微型立方体卫星，每颗质量均不超过 10 千克；还有一颗意大利卫星，它能在入轨一个月后，释放出其携带的多颗子卫星，使发射载荷总数达到 32 个，超过美国“一箭 29 星”的世界纪录。

6. 导航定位

2013 年 2 月，西班牙马德里卡洛斯三世大学开发出一款高精度汽车 GPS 导航系统。目前，在空旷地带，商用汽车 GPS 导航仪接收器从卫星接收到的车辆位置数据与实际位置偏差大约为 15 米，而在城市繁杂路况中定位误差则上升到了 50 米，这是由于信号反弹时被建筑物、树木、狭窄街道等阻挡所致。西班牙马德里卡洛斯三世大学将 GPS 导航仪与三个加速计和三个陀螺仪组成的惯性测量单元进行整合，在繁杂的城市交通环境下利用卡尔曼滤波器检测出物体的位置和速度，能够在城市交通情况下将汽车导航位置精确到 1 ~ 2 米。与普通 GPS 导航系统相比，该款导航系统的定位精度高出 90% 且成本低廉，有望广泛应用到合作驾驶、自动避开行人、碰撞警告等先进汽车行驶系统之中。

2013 年，我国“北斗”卫星导航系统关键技术取得全面突破。“北斗”系统是我国自主建设、独立运行，与世界其他卫星导航系统兼容的全球卫星导航系统，预计 2020 年全面建成。2013 年，“北斗”系统实施了提高系统精度和稳定性的“精稳工程”，实现了系统连续稳定运行、系统服务性能满足定位精度达 10 米的指标要求，北京、郑州、西安、乌鲁木齐等地区定位精度可达 7 米左右，东盟等低纬度地区定位精度可达 5 米。目前，“北斗”系统的产品已在交通运输、海洋渔业、水文监测、气象预报、大地测量、智能驾考、通信授时、减灾救灾等诸多领域应用，初步形成了覆盖基础产业、应用端口、系统应用和运营服务等环节的完整产业体系。

2013 年，欧洲“伽利略”导航系统新建成两座地面站并开始搜救测试。“伽利略”系统除提供定位导航、授时等服务之外，还可及时捕获遇险船只、飞机或个人所携带的示位标装置发出的救援信号，为救援中心提供搜救信号。新建成的两座地面测控站，一座位于欧洲最南端西班牙的马斯帕洛马斯（Maspalomas），另一座位于北极圈内挪威的斯瓦尔巴群岛（Svalbard）。欧洲空间局对两座地面站进行了联合救援信号测试。试验表明，“伽利略”卫星可在数分钟内定位模拟应急示标位信号，精度约为 2 ~ 5 公里。Maspalomas 和 Svalbard 地面站的投入使用，是“伽利略”计划的一个重要里程碑，标志着“伽利略”导航系统与全球卫星搜救系统（COSPAS/SARSAT）实现了对接。

7. 海洋资源开发

2013 年 3 月，日本成功从近海地层蕴藏的甲烷水合物（也称“可燃冰”）中分离出甲烷气体。可燃冰分布于深海沉积物或陆域的永久冻土中，由天然气与水在高压低温条件下形成的类冰状的结晶物质。日本的石油天然气和金属矿物资源机构和产业技术综合研究所的作业地点位于日本爱知县和三重县近海。工作人员利用“地球”号深海勘探船，在水深约 1000 米的海底挖掘探井，通过降低地层压力将可燃冰中的甲烷气体与水分离并提取出来。这是日本向商业化开采可燃冰迈出的关键一步。据估算，日本周边海域可燃冰中天然气潜在蕴藏量相当于日本 100 年的天然气消费量。

2013 年 9 月，我国建成亚洲最大的深海油气平台——“荔湾 3-1”天然气综合处理平台。“荔湾 3-1”天然气综合处理平台将海底抽上来的油气通过导管架外设置的管道输送到天然气平台，然后进行油气分离、去除杂质、水分。预计其天然气年处理能力为 120 亿立方米，相当于一个小型炼油厂。“荔湾 3-1”平台有三层主甲板，最上层平台主甲板长 107 米、宽 77 米，略大于一个标准足球场；主甲板距离地面 41 米，相当于 18 层楼的高度；平台三层甲板东侧有一栋三层的“生活楼”，可容纳 120 人生活起居。

8. 深海探测作业

2013 年 6 ~ 9 月，我国在广东沿海珠江口盆地东部海域首次钻获高纯度天然气水合物样品。此次发现的天然气水合物样品埋藏浅、厚度大、类型多、纯度高，天然气水合物样品中甲烷含量最高达 99%。通过实施 23 口钻探井探测，控制天然气水合物分布面积为 55 平方公里，折算成常规天然气的控制储量达 1000 亿 ~ 1500 亿立方米，相当于特大型常规天然气气田规模。

2013 年 10 月，我国研制的无人无缆深潜器“潜龙一号”成功下潜。“潜龙一号”是我国自主研制的服务于深海矿产资源勘察的实用化深海装备，由中国科学院沈阳自动化研究所总体负责，联合中国科学院声学研究所、哈尔滨工程大学、国家海洋局第二海洋研究所、北海标准计量中心等单位共同完成。截至 2013 年 10 月，“潜龙一号”已在东太平洋作业区连续 3 次成功下潜，成功实现在东太平洋 5000 多米水深持续工作近 10 小时的试验性应用，最大下潜深度为 5080 米，创下了我国自主研制水下无人无缆深潜器深海作业的新纪录。

2013 年 11 月，我国首个实验型深海移动工作站完成总装。深海移动工作站像一个运载平台，与载人深潜器相比，能够在海底工作更长时间和更大范围，配备多类深海机器人，开展更多的深海科学实验研究。该实验型工作站由中国船舶重工集团公司研制，重 35 吨，可载 6 个人，在海底工作的时间为 12～18 小时。未来，我国还将研制 300 吨级的中型深海移动工作站，以及 1500 吨级和 2500 吨级的大型深海移动工作站。

2013 年 4 月，“蛟龙号”载人潜水器，通过专家验收并正式转入试验性应用阶段。2013 年试验性应用航次分为 3 个航段，分别航行 43 天、42 天和 28 天。“蛟龙”号试验性应用航次创造了 10 项佳绩：首次搭载科学家多次下潜、两套定位系统同时精准定位、首次实现连续 4 天 4 次下潜作业、首次近距离观察冷泉区生物群落、对新的作业区域进行了搜寻、完成海底巡航、在科学家指导下采取海底样品、首次在海底火山复杂地形巡航、首次在南海观察到多金属结核、在舱内开展科普教育试验。

六、先进制造与交通技术

2013 年，先进交通技术和先进制造技术正在改变人们的生活。3D 打印渗透到多个制造领域，各种先进机器人不断涌现，制造技术加速向智能化和定制化方向发展；氢燃料汽车、无线充电电动汽车和可飞行汽车等先进汽车不断出现，使路线交通向清洁和便捷化方向发展；大型运输机、高超音速飞行器、电动飞机等先进飞机亮相，让空中交通向着重型化、清洁化和快速化方向发展；氢燃料电池电动机车、新型磁悬浮列车、大功率交流客运电力机车等新产品问世，使轨道交通朝着快速和节能的方向发展。

1. 重大装备

2013 年 7 月，太原重工股份有限公司、中化二建集团和中科合成油技术有限公司联合研制的液压复式起重机进行了动载吊装试验。该起重机是目前世界上提升重量最大、提升高度最高的陆地起重设备，可将 6400 吨的重物吊升至 120 米的高空，载荷量相当于 100 节满载的火车厢。

2013 年 7 月，中国航天科工集团公司研制的高层楼宇导弹灭火系统试验成功。该系统使用了航天发射技术、控制技术和信息处理技术，可将灭火弹精确投入高层楼宇起火现场，进而扑灭火灾，特别适合城市复杂环境条件下的消防救援。试验中，该系统发射的灭火弹成功穿透 19 毫米厚的玻璃幕墙，准确击中 145 米高的靶标，并将 60 立方米室内烟火成功扑灭。

2013 年 9 月，中国科学院研制出全球唯一实用化深紫外全固态激光器。深紫外全固态激光源指输出波长在 200 纳米以下的固体激光器，与同步辐射和气体放电光源等现有光源相比，具有高的光子流通量/密度、好的方向性和相干性，在物理、化学、材料、信息、生命、资源环境等学科领域均有重大的应用价值。研究人员首先制造出大尺寸氟硼铍酸钾晶体，在此基础上发明了棱镜耦合技术，并以此研制出深紫外全固态激光器。这使我国成为世界上唯一一个能够制造实用化、精密化深紫外全固态激光器的国家。

2013 年 11 月，我国成功研制出 20 兆瓦超大功率轧机主传动系统。冶金轧机是重要的战略设备，轧机的“极高功率”和“控制精度”两项关键性指标均由轧机的主传动系统技术决定。中国南车株洲电力机车研究所有限公司牵头联合北京科技大学和广西百色银海铝业公司，攻克了主传动系统极高可靠性、高过载倍数、冲击负荷大、响应速度快等关键性技术难题，经历大量仿真及实验性研究，研制出 20 兆瓦超大功率主传动系统。该系统能同时驱动两台 5 兆瓦同步电机，并使电机在 0.05 秒内达到 2500 千牛 · 米的最大转矩，相当于万辆宝马跑车同时提速迸发出的力量。该系统具有结构简单、体积小、重量轻、谐波污染小等诸多优点，在测试过程中表现出良好的控制精度和稳定的性能。

2013 年 12 月，中国中铁装备公司研制的世界最大矩形盾构机下线。盾构机全名为盾构隧道掘进机，广泛用于地铁、铁路、公路、市政、水电等隧道工程。与圆形盾构机相比，采用矩形盾构机施工，可使隧道空间利用率提高近 20%，且隧道埋深较浅、坡度较小，更加有利于通行。中国中铁隧道装备制造公司研制的矩形盾构机长 10.12 米、高 7.27 米、机头呈方形，设计上突破了六刀盘复合开挖联合控制技术、盾体推进过程中减少摩擦、超薄壳体和超大断面的结构强度设计优化等关键技术。

2. 先进机器人

2013 年 2 月，我国研发的风能机器人——“极地漫游者”首次在南极冰盖上“行走”。“极地漫游者”由北京航空航天大学牵头研制，本体长 1.8 米、高 1.2 米、宽 1.6 米、重 300 公斤，可在风能发电驱动下不间断地昼夜行走，能跨越高度约半米的障碍物，并可在地形复杂的冰盖上进行多传感器融合的自主导航控制，或是由国内通过卫星链路进行遥控，未来还可搭载大气传感器、冰雪取样器、地理地质分析器等 50 公斤的任务载荷。

2013 年 3 月，中国科学院光电技术研究所研制出一台多功能水下智能检查机器人。与其他水下智能机器人不同的是，该智能检查机器人在水下动密封技术、水下姿态检测、多传感器信息融合、图像识别、水下测量等关键技术上较为先进，可以在水下高辐射环境中，从事核电水下探测、堤坝检查、管道检测、异物水下打捞等工作。

2013 年 6 月，美国加利福尼亚大学伯克利分校开发出能全方位模拟苍蝇飞行的机器人[37]。苍蝇能够做出极为独特且灵巧的动作，如敏捷地躲避苍蝇拍、巧妙地停留在随风摇曳的花朵上，难以在实验室中复制。美国加利福尼亚大学伯克利分校的研究人员用了 15 年时间，制造出了一只能够模拟苍蝇飞行的机器苍蝇。该机器苍蝇的翅膀由碳纤维骨架强化的聚酯薄膜构成，翅膀上的"肌肉"使用了压电晶体，后者可根据电压变化而收缩或伸展。该机器苍蝇仅有 80 毫克重，翼展 3 厘米，能够在一秒钟内扇动翅膀 120 次。由于目前还没有体积和重量足够小的电池为机器苍蝇提供动力，它尚不能在倒塌建筑内开展搜索任务。

2013 年 7 月，美国波士顿动力公司研制的人形机器人"阿特拉斯"（Atlas）亮相。"阿特拉斯"身高 1.9 米，体重 150 千克，由头部、躯干和四肢组成，能像人类一样用双腿直立行走，能在实时遥控下穿越比较复杂的地形。"阿特拉斯"将首先提供给美国军方使用，用于在危险环境下的救援工作。

2013 年 8 月，韩国海洋科学技术研究院开发出可自行寻矿的深海采矿机器人。该采矿机器人名为"Minero"，长 6 米、宽 5 米、高 4 米，重 28 吨，配有移动用履带、浮力系统、采矿以及储藏系统，可在没有母船指示下自行在海底寻找锰结核。采矿试验显示，该机器人可自行在水深 1370 米的海底挖掘锰结核。目前，该机器人还不能将挖掘到的锰结核输送到母船，离大规模采矿应用还有一段距离。

2013 年 12 月，中国科学院重庆绿色智能技术研究院成功研发出一台 3D 打印并联机器人。该机器人高约 1.8 米，活动范围能达到直径 800 毫米，是一般家庭式 3D 打印机的 8 倍左右，打印速度可以达到每秒 4 厘米。国外的大尺度 3D 打印机价格在 400 万～500 万元人民币，而这台 3D 打印机器人成本仅为 10 万元左右。

3. 先进汽车

2013 年 3 月，韩国现代汽车公司推出首款氢燃料电池电动车的量产车型——途胜 ix。途胜 ix 氢燃料电池电动车安装有现代汽车公司研发的 100 千瓦燃料电池系统和 2 个 700 标准大气压储氢罐。途胜 ix 汽车一次充电可行驶 594 公里，每辆车生产成本为 1 亿韩元（折合人民币约 56.7 万元）左右。该汽车将率先向欧洲出口，预期 2015 年前量产 1000 辆。

2013 年 6 月，加拿大庞巴迪公司展出了一款无线充电式电动大巴车。该电动大巴车采用锂电池组作为动力，安置在汽车的顶部，电池组与安置在汽车底盘上的电力接收系统相连，共同驱动电动发动机。在充电方式上，庞巴迪公司使用了无线充电技术，可在车辆停站的10～30秒内，通过建在公交车站地下的电磁感应系统为大巴车高速充电200千瓦时。测试显示，庞巴迪公司开发出的无线充电技术安全可靠，充电过程不会给乘客安全带来影响，也不会对植入乘客体内的心脏起搏器等电磁敏感设备造成影响。

2013年11月，英国Gilo Industries公司制造出全地形飞行汽车——“天行者”。“天行者”陆上时速从0公里提升到100公里所用时间不足5秒，空中飞行速度可达到每小时88公里，最大飞行高度可达到4572米。“天行者”从汽车变身为飞机需要大约3分钟，利用伞翔技术在空中飞行，可以在机场、草坪或者海滩上起飞。“天行者”造价在7.5万英镑左右，预计将于2014年上市。

4. 先进飞机

2013年1月，我国自主研制的“运-20”大型运输机首飞成功。“运-20”是一种大型、多用途运输机，采用4台发动机和高T尾翼设计，机体长47米、翼展45米、高15米、实用升限13 000米、最高载重量66吨、最大起飞重量220吨。“运-20”由中航工业西安飞机工业集团研制，可在复杂气象条件下执行各种物资和人员的长距离航空运输任务。

2013年5月，美国X-51A高超音速飞行器创造最长飞行距离。该飞行器名为“乘波者”（Waverider），由美国空军研究实验室和波音公司联合研制。“乘波者”长4.3米，采用超燃冲压发动机。在试飞中，“乘波者”挂在一架B52H战略轰炸机的机翼下方，在15.2千米高度被释放；在26秒内，安装在“乘波者”上的固体火箭助推器将其飞行速度加速到4.8马赫左右后与之分离；此后，“乘波者”超燃冲压发动机点火，在18.3千米的飞行高度加速至5.1马赫，持续飞行240秒，飞行距离达到426千米，并按计划坠落于加利福尼亚西太平洋试验场海域。

2013年9月，沈阳航空航天大学开发出一款电动飞机——RX1E锐翔双座电动轻型飞机。RX1E以蓄电池为能源，每充电1.5个小时可飞行40分钟；每次充电仅需电量10千瓦时，能耗极低，振动很小。RX1E最大巡航速度可达150公里/小时，最高升空距离3000米，最大起飞重量为480公斤，可满足两个人乘坐。RX1E起飞距离为290米，着陆滑翔距离为560米。

5. 轨道交通

2013年2月，西南交通大学开发出“蓝天号”氢燃料电池电动机车。“蓝天号”采用 150 千瓦燃料电池作为牵引动力、2 台 120 千瓦永磁同步电机作为牵引电机，设计时速每小时 65 公里、持续牵引力 20 千牛、牵引重量 200 吨，装满氢气可轻载连续运行 24 小时。“蓝天号”氢燃料电池电动机车工作时不产生任何有害气体，特别适合在相对密闭的地铁、隧道、矿山等环境下使用，未来可广泛用于工程作业车、检修车和站场调车等轨道交通领域。

2013 年 6 月，日本 JR 东海铁路公司制造出时速为 500 公里的新型磁悬浮列车。该列车由 5 辆车厢组成，商业行驶速度为每小时 500 公里。8 月，该列车在位于山梨县境内的试验轨道上进行了试验，时速达到了每小时 500 公里，并接受了日本国土交通大臣和一般民众的预约试乘。该列车预计将于 2027 年在东京—名古屋的中央磁悬浮新干线上运行，届时这段车程耗时将从 90 分钟缩短至 40 分钟。

2013 年 8 月，我国首台大功率交流客运电力机车——HXD1D 型机车完成试跑。HXD1D 型机车由中国南车株洲电力机车有限公司研制，最大牵引功率 7200 千瓦，最大载客量 3000 人，持续运营时速可达 160 公里。HXD1D 型机车加速性能良好，时速从 0 公里加速到 160 公里只需要 5 分钟。一年试跑结果显示，HXD1D 型机车能适应国内复杂多变的地形和 -40 ~ 40℃ 的温度，以及风、雨、雪、盐雾、粉尘等复杂工况，可在国内大部分疆域载客运行。HXD1D 型机车实现了准高速客运电力机车动力由直流向交流转变，可望推动准高速列车的升级换代。

参 考 文 献

[1] Liu X, Chraplyvy A R, Winzer P J, et al. Phase-conjugated twin waves for communication beyond the Kerr nonlinearity limit. Nature Photonics, 2013, 7: 560-568.

[2] Liu V, Parks A, Talla V, et al. Ambient backscatter: wireless communication out of thin air. http://homes.cs.washington.edu/~gshyam/Papers/amb.pdf [2014-01-22].

[3] Wang J Y, Yang B, Liao S K, et al. Direct and full-scale experimental verifications towards ground-satellite quantum key distribution. Nature Photonics, 2013, 7 (5): 387-393.

[4] Ding D S, Zhou Z Y, Shi B S, et al. Single-photon-level quantum image memory based on cold atomic ensembles. Nature Communications, 2013, doi: 10.1038/ncomms3527.

[5] Neftci E, Binas J, Rutishauser U, et al. Synthesizing cognition in neuromorphic electronic systems. Proceedings of the National Academy of Sciences, 2013, 110 (37): E3468-E3476.

[6] Tachibana M, Amato P, Sparman M, et al. Human embryonic stem cells derived by somatic cell nuclear transfer. Cell, 2013, doi: 10.1016/j.

[7] Hou P, Li Y, Zhang X, et al. Pluripotent stem cells induced from mouse somatic cells by small-molecule compounds. Science, 2013, 341 (6146): 651-654.

[8] Hou Y, Fan W, Yan L, et al. Genome analyses of single human oocytes. Cell, 2013, 155 (7): 1492-1506.

[9] Barouch D H, Stephenson K E, Borducchi E N, et al. Protective efficacy of a global HIV-1 mosaic vaccine against heterologous SHIV challenges in rhesus monkeys. Cell, 2013, 155 (3): 531-539.

[10] Sun C, Chen Z, Tang X, et al. Mucosal priming with a replicating-vaccinia virus-based vaccine elicits protective immunity to simian immunodeficiency virus challenge in rhesus monkeys. Journal of Virology, 2013, 87 (10): 5669-5677.

[11] Zhao Y, Liu J, Hu Y, et al. Highly compression-tolerant supercapacitor based on polypyrrole-mediated graphene foam electrodes. Advanced Materials, 2013, 25 (4): 591-595.

[12] Sun H, Xu Z, Gao C. Multifunctional, ultra- flyweight, synergistically assembled carbon aerogels. Advanced Materials, 2013, 25 (18): 2554-2560.

[13] Secor E B, Prabhumirashi P L, Puntambekar K, et al. Inkjet printing of high conductivity, flexible graphene patterns. The Journal of Physical Chemistry Letters, 2013, 4 (8): 1347-1351.

[14] Yang X, Cheng C, Wang Y, et al. Liquid- mediated dense integration of graphene materials for compact capacitive energy storage. Science, 2013, 341 (6145): 534-537.

[15] Li H, Song Z, Zhang X, et al. Ultrathin, molecular- sieving graphene oxide membranes for selective hydrogen separation. Science, 2013, 342 (6154): 95-98.

[16] Shulaker M M, Hills G, Patil N, et al. Carbon nanotube computer. Nature, 2013, 501 (7468): 526-530.

[17] Sato H, Kosaka W, Matsuda R, et al. Self- accelerating CO sorption in a soft nanoporous Crystal. Science, 2014, 343 (6167): 167-170.

[18] Augustyn V, Come J, Lowe M A, et al. High- rate electrochemical energy storage through Li^+ intercalation pseudocapacitance. Nature Materials, 2013, 12 (6): 518-522.

[19] Kim Y, Lee J, Yeom M S, et al. Strengthening effect of single- atomic- layer graphene in metal-graphene nanolayered composites. Nature Communications, 2013, 4: 2114.

[20] Liu X C, Zhang H W, Lu K. Strain-induced ultrahard and ultrastable nanolaminated structure in Nickel. Science, 2013, 342 (6156): 337-340.

[21] Pan S J, Kota A K, Mabry J M, et al. Superomniphobic surfaces for effective chemical shielding. Journal of the American Chemical Society, 2013, 135 (2): 578-581.

[22] Xie Y, Wang T T, Liu X H, et al. Capture and conversion of CO2 at ambient conditions by a conjugated microporous polymer. Nature Communications, 2013, 4.

[23] Rekondo A, Martin R, de Luzuriaga A R, et al. Catalyst- free room- temperature self- healing elastomers based on aromatic disulfide metathesis. Materials Horizons, 2014, 1: 237-240.

[24] Khai T, Na H G, Kwak D S, et al. Synthesis and characterization of single- and few-layer mica nanosheets by the microwave- assisted solvothermal approach. Nanotechnology, 2013, 24 (14): 145602.

[25] Bianco E, Butler S, Jiang S, et al. Stability and exfoliation of germanane: a germanium graphane analogue. ACS Nano, 2013, 7 (5): 4414-4421.

[26] Cairns A B, Catafesta J, Levelut C, et al. Giant negative linear compressibility in zinc dicyanoaurate. Nature Materials, 2013, 12 (3): 212-216.

[27] Yang Z, Deng J, Chen X, et al. A highly stretchable, fiber-shaped supercapacitor. Angewandte Chemie International Edition, 2013, 52 (50): 13453-13457.

[28] Villar G, Graham A D, Bayley H. A tissue-like printed material. Science, 2013, 340 (6128): 48-52.

[29] Yang H, Sun L, Zhai J, et al. In situ controllable synthesis of magnetic Prussian blue/graphene oxide nanocomposites for removal of radioactive cesium in water. Journal of Materials Chemistry A, 2014, 2 (2): 326-332.

[30] Howard T P, Middelhaufe S, Moore K, et al. Synthesis of customized petroleum- replica fuel molecules by targeted modification of free fatty acid pools in Escherichia coli. Proceedings of the National Academy of Sciences, 2013, 110 (19): 7636-7641.

[31] Wang H, Sun K, Tao F, et al. 3D honeycomb-like structured graphene and its high efficiency as a counter- electrode catalyst for dye-sensitized solar cells. Angewandte Chemie, 2013, 125 (35): 9380-9384.

[32] Abdi F F, Han L, Smets A H M, et al. Efficient solar water splitting by enhanced charge separation in a bismuth vanadate- silicon tandem photoelectrode. Nature Communications, 2013, 4, doi: 10.1038/ncomms3195.

[33] Xie X, Ye M, Hsu P C, et al. Microbial battery for efficient energy recovery. Proceedings of the National Academy of Sciences, 2013, 110 (40): 15925-15930.

[34] Seh Z W, Li W, Cha J J, et al. Sulphur- TiO_2 yolk- shell nanoarchitecture with internal void space for long- cycle lithium- sulphur batteries. Nature Communications, 2013, 4: 1331.

[35] Liu Z, Fu W, Payzant E A, et al. Anomalous high ionic conductivity of nanoporous β- Li_3PS_4. Journal of the American Chemical Society, 2013, 135 (3): 975-978.

[36] Li K, Ju J, Xue Z, et al. Structured cone arrays for continuous and effective collection of micron-sized oil droplets from water. Nature Communications, 2013, 4: 2276.

[37] Ma K Y, Chirarattananon P, Fuller S B, et al. Controlled flight of a biologically inspired, insect-scale robot. Science, 2013, 340 (6132): 603-607.

Overview of the High-tech Development in 2013

Ren Zhongbao
(Institute of Policy and Management, Chinese Academy of Sciences)

The global economy continued to grow at a low rate in 2013. The United States, EU and other countries and areas adjusted their strategic investment in direction in high-tech areas under strong financial pressure. In the new round of high-tech investment, many countries focused on graphene, brain science, supercomputing, mobile communications, aerospace manufacturing, 3D print and so on. Major technological breakthroughs concentrated on quantum communication, supercomputers, high-speed broadband networks, medical devices, artificial organs, stem cell therapy, chronic drug, graphene, lunar exploration, spacecraft, advanced robotics, and 3D print and so on.

Information technology goes into the dramatic transformation stage. The fourth generation mobile communication (4G) technology, high-speed fiber-optic network and wireless network, supercomputer, and Big Data stimulated the development of the information industry. Quantum communication and quantum computer input powers to information revolution. A number of three-dimensional display technological breakthroughs accelerated the pace into naked eye 3D era. New information storage technology continued to improve information storage capacity and storage time. At the same time, Edward Snowden Incident raised awareness about information security technology.

Biotechnology technology exhibited strong vitality in 2013. Several induced pluripotent stem cells (iPS cells) therapy went into clinical studies phase. Chemically induced pluripotent stem cells (CiPS cells) was invented, which brings hope for iPS cells therapy technology to avoid the ethical controversy and potential risk of genetic mutation. EU and the United States have invested huge amounts of money in Brain Science Programs, which will promote the human brain disease treatment and artificial intelligence industry. Medical treatment of major diseases such as AIDS and cancer went ahead as before. A variety of chronic disease (such as diabetes and hepatitis) medicines went into market. Artificial organs and advanced medical equipment provided more methods for disease treatment.

New material development was extraordinarily bustling in 2013. Graphene showed the extraordinary prospect in the field of energy and information. Nano-materials and devices were still hot research fields of materials, and high-strength nanofibers, nanotubes computer, and environment friendly nano-materials kept popping up. Special feature metallic materials and polymer materials continued to provide powers for energy storage, energy saving and environmental protection. A large number of new electronic materials and biomaterials have been developed, which brings unlimited reverie of information and bio-industry.

There were serials technological breakthroughs in clean use of fossil fuels, large-scale use of renewable energy, and safety use of nuclear technology in 2013, helpful to resolve the energy crisis and the environmental crisis. In the field of coal, oil and natural gas utilization, a variety of new technologies were developed to reduce environmental pressures. The negative impact of the Fukushima nuclear accident was reduced and the third-generation nuclear power plant construction got attention again. Large-scale and efficient use of solar and wind energy was hotpot of renewable energy technology development.

Aerospace and marine development was the eye-catching high-tech field in 2013. Much Moon and Mars probe was launched, which expanded the range of human activities. Large number of advanced artificial earth satellites were launched, which provided strong support for economic and social development. Cargo ship, manned spacecraft and carrier rocket went ahead, and some U. S. companies were deeply involved in the aerospace technology development. Marine resource survey have get remarkable achievements, and gas hydrates, deep-sea oil and gas development were accelerated obviously.

Advanced transportation technologies and manufacturing technology was improved people' s life in 2013. The 3D print and advanced robots promoted the manufacturing technology into customization and intelligent. Hydrogen fuel vehicles, wireless charging electric vehicles and flying cars moved route traffic in clean and convenient direction. Large transport aircraft, hypersonic aircraft, and electric aircraft changed the competitive landscape of the aviation industry. Hydrogen fuel cell locomotive, magnetically levitated train pushed forward rail transport continually.

第二章 材料技术新进展

2.1 稀土永磁材料研究新进展

闫阿儒　陈仁杰
（中国科学院宁波材料技术与工程研究所）

进入21世纪，稀土永磁材料产业成为中国最具有资源特色的战略性新兴产业之一，在节能环保、新能源、新能源汽车三大领域备受市场瞩目，其技术和规模均取得了长足发展。国内稀土在永磁材料制造中的应用量近30年增长了70多倍。以烧结钕铁硼磁体为代表的稀土永磁材料产业成为稀土应用领域发展最快、规模最大的产业。2012年，中国稀土永磁材料产量接近8万吨，占世界总产量的85%以上，是我国为数不多的在国际上具有重要地位和较大影响力的产业之一。目前，稀土永磁材料已广泛应用于社会生产、生活及国防和航天领域，成为支撑社会进步的重要基础材料。下文将重点介绍稀土永磁材料领域的发展现状，并展望其未来。

一、国际重大研究进展

20世纪以来，中国将稀土产品以极其低廉的价格销往国际市场，成为国际稀土市场最主要的供应方，这种做法致使我国稀缺的稀土资源严重外流，储量锐减。同时，在稀土开采、冶炼等环节中，还存在着资源浪费严重，废水、废气、废渣及氨氮排放超标等问题，导致生态环境恶化。为了解决这些问题，从20世纪90年代开始，我国政府逐步出台政策，管理和保护稀土资源。1998年，我国开始实施稀土产品出口配额许可证制度。2009～2010年，我国稀土出口配额数量出现不小的降幅，国际市场稀土原材料价格飙升，稀土的价格重新回归。2009年7月～2011年7月，部分稀土原料价格曾经出现近20倍的升幅。这种情况使得稀土永磁材料的低成本化技术和现有稀土永磁材料替代品的研究等成为近几年国际关注的焦点。

(一) 低/无重稀土高稳定性稀土永磁材料

目前的研究认为，决定稀土永磁材料抗退磁能力（矫顽力）的因素主要有两个：内禀的晶体结构参量和微观结构参量。前者取决于构成晶格的元素种类，后者取决于制备过程中形成的晶粒形态与晶界结构等。由于重稀土在地壳中的丰度远低于轻稀土，因此，对钕铁硼磁体的抗退磁能力和稳定性具有重要增强作用的重稀土元素镝（Dy）、铽（Tb）等的价格远远高于轻稀土元素钕（Nd）、镨（Pr）等。通过采用技术手段优化磁体微观结构来提高其稳定性，以避免使用昂贵重稀土，并促进铈（Ce）、镧（La）等廉价的高丰度稀土元素的应用，是当前技术发展的重要方向。主要技术手段有如下几个方面。

1. 利用晶粒细化技术制备高矫顽力磁体

2010年以来，烧结钕铁硼磁体的发明人佐川真人（Masato Sagawa）博士领导的研究组进一步挖掘现有烧结钕铁硼产业化技术的潜力。他们利用高速气流磨技术，将磁粉尺寸降低至1微米左右，并发明了配套的“无压烧结”（press-less process）技术，使最终烧结后的无重稀土磁体晶粒尺寸达到1～2微米，磁能积保持在50兆高斯·奥斯特（MGOe），矫顽力则显著提升到约20千奥斯特（kOe）（类似成分的商业磁体矫顽力为12～15 kOe）[1]。随后，佐川真人和美国特拉华大学（University of Delaware）分别对纳米晶粒结构的氢化-歧化-脱氢-再化合（HDDR）粉末进行再破碎，获得了直径平均为500纳米甚至更小的单晶颗粒[2,3]。目前尚未见到利用这种超细粉末进行烧结磁体研制的报道。根据现有的经验和技术水平，超细粉末在后续制备过程中的防氧化技术，以及超细粉与传统烧结技术的兼容问题，将是获得高稳定性超细晶烧结磁体所需突破的关键技术瓶颈。

2. 晶界扩散技术

晶界扩散技术是人们在对磁体退磁机制深刻认识的基础上，发展起来的对材料微观结构进行设计和优化的手段，对重稀土的高效利用和节约成本具有重要的意义。

对烧结钕铁硼磁体矫顽力机制的研究表明，晶界处的缺陷导致磁体矫顽力的显著降低，如果在技术上能够强化晶粒边缘区域抗退磁能力，那么在一定程度上应该能够增强烧结钕铁硼磁体的矫顽力。2004 年，日本信越化学工业株式会社首先提出，利用晶界扩散的办法可使重稀土元素镝富集于晶粒边界处，这种镝元素分布的壳层结构很好地实现了晶粒边界区域的磁“硬化”。这为增强磁体矫顽力提供了新方法。

近两年，随着稀土价格的迅速上涨，以及实际应用中对高矫顽力、高稳定性磁体需求的增加，重稀土高效使用的晶界扩散技术迅速成为研究的重点。科学家发展了表面涂覆、镀膜等磁体晶界扩散技术，以及对初始粉末进行表面包覆后再进行成型烧结的扩散技术[4, 5]。目前研究的重点在于如何去除扩散过程中形成的梯度变化的重稀土元素含量和晶界结构优化对磁性能均匀性的影响。

3. 高丰度稀土应用技术

相对廉价且丰度较高的镧（La）、铈（Ce）、钇（Y）等稀土元素在稀土永磁材料中的应用一直是重要的发展方向。2012 年以来，美国通用电机研发中心利用快淬技术制备出 $Ce_2Fe_{14}B$ 基永磁材料，但其磁性能远低于商业的钕铁硼永磁体[6, 7]。稀土元素具有伴生的特点，开发含钕元素的混合稀土永磁材料不仅能够促进高丰度稀土的普遍利用，减少稀土分离提纯工艺的步骤，显著降低磁体的原材料成本，而且能使材料保持较高的永磁性能。美国阿莫斯实验室（Ames Laboratory）利用传统的烧结与热变形技术，开发出钇－钕－镝和镧－钕－镝等混合稀土的 $Re_2Fe_{14}B$ 基永磁材料[8, 9]。

（二）新型制备技术的探索与发展

1. 热压/热变形技术

与传统的烧结钕铁硼磁体制备技术不同，热压/热变形技术无需磁场取向即可得到致密的各向异性永磁体，且具有工艺流程短、磁体耐蚀性好等特点，特别是在电机中应用的辐射取向多极整体环形磁体的制备方面具有显著优势[4]。以钕铁硼材料（$Nd_2Fe_{14}B$）为例，由于晶体在不同晶轴方向的弹性模量不同，在压力作用下，其晶粒趋向于一致排列，从而获得了宏观各向异性。近年来，该技术与晶界扩散技术、混合稀土利用技术的结合引起了研究者的兴趣[5, 10]。另外，利用热变形技术获得各向异性的纳米复合永磁材料也成为当前的研究热点，人们期望在此方向上掌握长期以来无法实现的纳米复合磁体取向技术，开发出超强的永磁材料[11,12]。

2. 稀土永磁体循环利用技术

随着稀土永磁的广泛应用，大量失效器件（如永磁电机、计算机硬盘等）上的废弃永磁体没有得到有效利用；在烧结稀土磁体的生产过程中，也有约1/4的残次品。对这些残废永磁体进行合理的循环利用，将会创造巨大的经济价值。英国伯明翰大学（University of Birmingham）的研究人员利用氢破碎技术（HD）直接对废旧器件中的磁体进行处理，得到了可直接用于粘接或烧结的稀土永磁粉末，避免了繁重的人工拆卸及清除磁体表面防护层的工作，形成一种处理废旧磁体的简便经济的技术手段。近年来，这种方法进一步发展，利用HDDR或d-HDDR技术制备出的磁粉具有抗氧化性和磁各向异性，这种磁粉更加适用于后续的粘接或烧结工艺。此项研究成果为发展产业化技术奠定了坚实的基础[13,14]。

（三）新一代稀土永磁材料的探索

自从20世纪80年代第三代稀土永磁材料——钕铁硼磁体发明以来，研究人员从未停止对更高性能的稀土永磁材料的探索。在新型永磁性化合物的探索方面，虽然发现了诸如钐铁氮（$Sm_2Fe_{17}N_x$）这样具有应用潜力的化合物，但总体来说尚未发现性能超过钕铁硼磁体的新型材料体系。90年代出现的纳米复合磁体为新一代永磁材料的开发提供了另一种研究思路。经过多年的科学实践，人们发现将具有高磁化强度的软磁材料与具有强磁晶各向异性的永磁材料在纳米尺度下复合后会发生磁性的交换耦合现象，这使磁体的磁性显著增强。虽然理论预测这种复合磁体的最大磁能积可达到烧结钕铁硼磁体的两倍，但实际制备的纳米复合磁体的磁能积却远低于烧结钕铁硼磁体。其根本原因在于难以实现纳米复合磁体的宏观各向异性。近几年，各向异性的纳米复合永磁材料的研究获得了突破[12]。上文提到的热压/热变形技术是利用纳米晶结构的前驱体获得织构的有效手段，把软/硬磁相材料混合后再进行热压/热变形，可实现一定程度的纳米复合磁体的织构化。利用薄膜制备技术对微观结构的精确调控能力，设计和发展纳米复合材料，进一步提高了纳米复合磁体的磁性能。2012年，日本和德国的课题组分别报道，研制出磁能积超过60MGOe的$Nd_2Fe_{14}B/FeCo$[15]和达到50MGOe的$SmCo_5/Fe/SmCo_5$纳米复合永磁膜[16]。

鉴于传统技术在纳米复合磁体双相磁耦合强度控制和织构形成等方面存在的困难，21世纪初，美国得克萨斯州大学阿灵顿分校的J. P. Liu教授提出“自下而上”（bottom-up）的方法，即用纳米颗粒或纳米线等低维纳米材料来构建纳米复合永磁材料。使用这种方法的前提是需要在可控的条件下制备出具有磁各向异性的纳米永磁颗粒。近几年，国际上主要的进展包括分别利用化学自组装法、物理沉积法、表面活性剂球磨法成功制备出纳米尺度的稀土永磁颗粒，以及在此基础上采用温压致密化等方法得到的致密的纳米复合块体材料[12]。纳米粒子表面缺陷过多造成的磁性能较低是利用自下而上方法制备纳米复合永磁体的难点。

二、国内研发现状

进入 21 世纪，随着我国稀土永磁产业的迅速发展，为满足生产和应用中的实际需求而开展科学研究成为稀土永磁研究的一大特色。2010 年以来，国家进一步规范稀土行业的秩序，工业和信息化部、科学技术部等政府部门有针对性地加大了对包括稀土永磁在内的稀土功能材料研发的支持力度。钢铁研究总院、北京科技大学、北京工业大学、浙江大学和中国科学院宁波材料技术与工程研究所等研究机构，以及北京中科三环高技术股份有限公司等先进的生产企业，在烧结钕铁硼磁体制备技术、低重稀土高性能稀土永磁材料等方面开展了大量工作，其中有代表性的研究方向包括：利用晶粒细化与晶界扩散技术制备低/无镝高矫顽力永磁体、混合稀土与高丰度稀土永磁材料的研究，以及高温、高稳定性稀土永磁材料的研究等。在产业技术需求的推动下，我国研究者开展的低重稀土永磁体的制备技术、高矫顽力晶界扩散技术，以及高丰度磁体的制备技术等走在世界的前列[17,18]。此外，以热压/热变形技术为代表的新型制备技术已成为研究热点，我国在这方面有望掌握更多的自主知识产权，并使之成为新的产业增长点。2006 年，钢铁研究总院、中国科学院宁波材料技术与工程研究所率先在国内开展热压/热变形钕铁硼永磁体的研究获得科学技术部“863”计划的支持。随后北京工业大学、四川大学、华南理工大学等研究单位也逐步开展该方向的研究工作，燕山大学进一步将该技术应用在利用非晶前驱体研制各向异性纳米复合永磁体的工作中，取得了有意义的研究成果[19]。在新一代永磁材料的探索方面，我国逐渐形成了百花齐放的繁荣局面。北京工业大学、中国科学院宁波材料技术与工程研究所等单位在表面活性剂球磨法和化学自组装法制备各向异性纳米颗粒方面取得了显著的进展[20,21]。

三、发展趋势及前沿展望

稀土永磁材料的研究是磁学与磁性材料领域的重要组成部分，在未来的实际应用中将发挥不可替代的作用。进一步发展新型稀土永磁材料，以推动社会生产生活的变革，仍是未来稀土永磁材料研究的重点。随着节能减排技术的发展，研发满足电动汽车、节能家电等节能领域及风力发电等新能源领域需要的稀土永磁材料已成为当前稀土永磁材料研究领域最重要的发展方向。为使稀土永磁材料更好地满足实际应用的需要，应在现有产业技术基础之上进行技术优化与革新，以提高其性能（包括磁性能、耐蚀性、机械强度等）的稳定性；同时通过发展微观结构的精确控制技术、新型的近终成型技术及高丰度稀土的应用技术，以进一步降低磁体的原料和生产成本。

开发新型高性能永磁材料一直是人们的梦想。自钕铁硼材料被发现以来，虽然研究者们也发现了具有一定内禀永磁特性的新型稀土永磁化合物，但开发具有更高磁性能的新一代稀土永磁材料仍然面临巨大的挑战。开发新型永磁材料的另一思路是利用现有的磁性材料体系，利用现代技术手段，形成高性能的复合材料，其中软/硬磁纳米复合稀土永磁材料是这种“人造结构”的典型。根据纳米复合磁性增强的理论，进一步深入探索合成技术，以实现软/硬磁相界面的精确控制及有效的磁性耦合，将是发展高性能实用化的纳米复合稀土永磁材料的关键。

在研究方法上，传统的新材料研发是一门实验科学。随着电子计算机的飞速发展及对物质基本属性认识的日益加深，计算机辅助手段与实验研究结合，是探索新型稀土永磁化合物，寻找磁体成分、结构和磁性能定量关系的有效手段，可望大大缩短新材料的研发周期。可以预见，在未来的稀土永磁材料研究中，计算机计算与模拟必将发挥越来越重要的作用。

参 考 文 献

[1] Sagawa M. Development and prospect of the Nd-Fe-B sintered magnets. // Kobe S, McGuiness P J. REPM’10-Proceedings of the 21st Workshop on Rare-Earth Permanent Magnets and their Applications. Bled, Slovenia: JoŽef Stefan Institute, 2010: 183-186.

[2] Nakamura M, Matsuura M, et al. Preparation of ultrafine jet-milled powders for Nd-Fe-B sintered magnets using hydrogenation-disproportionation-desorption-recombination and hydrogen decrepitation processes. Applied Physics Letter, 2013, 103: 022404.

[3] Li W F, Hu X C, et al. Magnetic property and microstructure of single crystalline $Nd_2Fe_{14}B$ ultrafine particles ball milled from HDDR powders. Journal Magnetism and Magnetic Materials, 2013, 339: 71-74.

[4] Sugimoto S. Current status and recent topics of rare-earth permanent magnets. Journal Physics D: Applied Physics, 2011, 44: 064001.

[5] Sepehri-Amin H, Ohkubo T, et al. High-coercivity ultrafine-grained anisotropic Nd-Fe-B magnets processed by hot deformation and the Nd-Cu grain boundary diffusion process. Acta Materialia, 2013, 61: 6622-6634.

[6] Herbst J F, Meyer M S, Pinkerton F E. Magnetic hardening of $Ce_2Fe_{14}B$. Journal Applied Physics, 2012, 111: 07A718.

[7] Skoug E J, Meyer M S, et al. Crystal structure and magnetic properties of $Ce_2Fe_{14-x}Co_xB$ alloys. Journal Alloys and Compounds, 2013, 574: 552-555.

[8] Tang W, Wu Y Q, et al. Improved energy product in grained aligned and sintered $MRE_2Fe_{14}B$ magnets (MRE = Y+Dy+Nd). Journal Applied Physics, 2010, 107: 09A728.

[9] Tang W, Wu Y Q, et al. Studies of microstructure and magnetic properties in sintered mixed rare earth (MRE) -Fe-B magnets (MRE = Nd + La + Dy). Journal Applied Physics, 2011, 109: 07A704.

[10] Tang W, Xing Q F, et al. Anisotropic hot-deformed MRE-Fe-B magnets with Zn powder addition (MRE = Nd+Y+Dy). IEEE Transaction on Magnetics, 2012, 48 (11): 3147-3149.

[11] Coey J M D. Hard magnetic materials: a perspective. IEEE Transaction on Magnetics, 2011, 47 (12): 4671-4681.

[12] Poudyal N, Liu J P. Advances in nanostructured permanent magnets research. Journal Physics D: Applied Physics, 2013, 46: 043001-1-23.

[13] Gutfleisch O, Güth K, et al. Recycling used Nd-Fe-B sintered magnets via a hydrogen-based route to produce anisotropic, resin bonded magnets. Advanced Energy Materials, 2013, 3: 151-155.

[14] Sheridan R S, Sillitoe R, et al. Anisotropic powder from sintered NdFeB magnets by the HDDR processing route. Journal Magnetism and Magnetic Materials, 2012, 324: 63-67.

[15] Cui W B, Takahashi Y K, Hono K. $Nd_2Fe_{14}B$/FeCo anisotropic nanocomposite films with a large maximum energy product. Advanced Materials, 2012, 24: 6530-6535.

[16] Neu V, Sawatzki S, et al. Fully epitaxial, exchange coupled $SmCo_5$/Fe multilayers with energy densities above 400 kJ/m^3. IEEE Transaction on Magnetics, 2012, 48 (11): 3599-3602.

[17] Hu B P, Niu E, et al. Study of sintered Nd-Fe-B magnet with high performance of Hcj (kOe) + $(BH)_{max}$ (MGOe) > 75. AIP Advances, 2013, 3: 042136.

[18] Yan C, Guo S, et al. The evolutions of coercivity and grain boundary chemistry of sintered Nd-Fe-B magnets with Ce addition. In 58th annual conference on magnetism and magnetic materials, 4-8 Nov, 2013, Denver, Colorado, USA.

[19] Li H, Lou L, et al. Simultaneously increasing the magnetization and coercivity of bulk nanocomposite magnets via severe plastic deformation. Applied Physics Letter. 2013, 103: 142406-1-5.

[20] Nie J W, Han X H, et al. Structure and magnetism of SmCo5 nanoflakes prepared by surfactant-assisted ball milling with different ball sizes. Journal Magnetism and Magnetic Materials, 2013, 347: 116-123.

[21] Liu R M, et al. Structure and magnetic properties of ternary Tb-Fe-B nanoparticles and nanoflakes. Applied Physics Letter, 2011, 99: 162510-1-3.

Recent Advancement in Rare Earth Permanent Magnetic Materials

Yan Aru, Chen Renjie
(Ningbo Institute of Materials Technology and Engineering, Chinese Academy of Sciences)

As the essential components to provide a strong magnetic flux, rare earth permanent magnets (REPMs) are widely used in many fields, especially electric machines. After the development of Nd-Fe-B magnets, research of new type magnets with higher magnetic performances is always one of the focuses on REPMs' research. Up to now, no rare earth compound with better performance than $Nd_2Fe_{14}B$ has been found. The studies of nanocomposite magnets have become widespread because they demonstrated a possible opportunity for development of future generation REPMs. In order to match application requirement, most efforts in recent years have been devoted to improve the magnetic properties' stability of REPMs. In fact, enhancement of coercivity (ability of resistance to demagnetization) is one of the critical factors. Some methods, such as grain refinement, optimization of grain boundary, are considered as the effective methods. New technologies, such as hot pressing/die upsetting, low Dy content, and grain boundary diffusion, have attracted much attention because they can reduce the costs of raw materials and production.

2.2　新型陶瓷材料技术新进展

李龙土*　周　济
（清华大学材料学院，新型陶瓷与精细工艺国家重点实验室）

新型陶瓷，也常被称为特种陶瓷、高技术陶瓷、现代陶瓷、高性能陶瓷、精细

* 中国工程院院士。

陶瓷等。与传统陶瓷相比，这类陶瓷在原材料、制备技术、显微结构、使用性能，尤其是应用领域等方面具有其独特性和新颖性。目前，新型陶瓷材料已成为信息、能源、汽车、航空航天、先进制造、生物医学、军事、环境等高新技术领域中不可替代的重要材料；同时，其自身也已形成了一个产品种类繁多、市场规模巨大、高速增长的高技术产业。下文将重点介绍近几年该技术领域的重大研发进展及未来发展趋势。

一、国际若干主要研究进展

由于新型陶瓷在许多尖端技术和国民经济等领域具有战略意义，世界各国政府、产业界以及国防机构都投入大量的人力、物力和财力开展新型陶瓷的研发，并取得了一些重要的成果[1,2]。

1. 信息功能陶瓷

电子元器件是功能陶瓷的主要应用领域。微小型化（包括片式化）是目前电子元器件研发的一个重要方向，而实现微小型化的基础在于提高陶瓷材料的性能和发展相关的先进制备工艺与技术。

多层陶瓷电容（MLCC）是应用量最大的片式陶瓷元器件，其中环境友好的 $BaTiO_3$陶瓷是 MLCC 的主流介质材料。MLCC 的主要发展趋势是发展微型化、大容量的以镍为内电极的贱金属电极多层陶瓷电容（BME-MLCC）。其介质层厚度从最初的 10 微米减小到现在的接近 1 微米，层数从数十层增加到现在的 600 ~ 800 层（实验室条件下甚至可达到 1200 层）。目前，技术处于国际领先地位的日本和韩国企业生产的 MLCC 单层厚度已接近 0. 5 微米。大容量超薄层 MLCC 的研究尚有诸多技术难题，其中最突出的是介质层的超薄化，这对介质材料的性能提出了更高的要求[3,4]。

微波介质陶瓷元件是无线通信技术中必不可少的元件。自 20 世纪末微波介质谐振器的实用化取得突破以来，多种微波介质陶瓷材料相继被开发出来。这些材料在微波频段下具有低损耗和高介特性[5]。

压电陶瓷的应用研究十分活跃。美国近年来一直致力于将压电陶瓷应用于航天和军事领域，而日本和欧盟各国则致力于把多层陶瓷驱动器应用于消费类产品（如汽车、电子等）。自欧盟决定限制 6 种有害元素用于电子元器件以来，无铅压电陶瓷成为国际上近年来的研究热点，并取得了显著进展，至今已研发出多种压电陶瓷材料体系[6]。

近年来，具有铁电、铁磁的多铁性陶瓷材料的研究也十分引人注目。多铁性材料可分为单相多铁性材料和复合磁电材料。目前，单相多铁性磁电材料或者居里温度很低，或者磁电效应很微弱，远远不能满足实际应用。因此，多功能磁电复合材料有望成为率先获得应用的多铁性陶瓷材料。基于界面应力传递的铁电/压电–铁磁界面耦合型的复合材料一直是国际上研究的主流方向，其耦合效应的大小主要受到材料的微结构、铁电/压电–铁磁相间应力和界面结构等的限制。目前，已经发展出多种高磁电耦合系数的复合体系，其重要的潜在应用价值已经引起了欧美一些发达国家的高度重视，这些国家已开始开发一些基于磁电效应的器件[7]。

2. 新型陶瓷在能源、环境领域的应用

近年来，新型陶瓷材料在能源和环境领域的应用发展迅速，已在固态氧化物燃料电池、锂离子电池、太阳能电池、钠硫电池方面形成规模化应用的市场，在光电转换、热电转换、储能、核能及风能技术中的应用也初具规模。在环境技术方面，陶瓷催化材料在机动车尾气净化领域已实现产业化[1]。

3. 功能陶瓷的新兴前沿领域

一些前沿交叉领域中，功能陶瓷材料的研究进展也颇为引人注目。例如，在氧化物电子学领域，近期科研人员在高质量钙钛矿介电体界面附近发现了高迁移率电子气，这使得氧化物陶瓷材料具有半导体异质结的功能。此项研究成果将拓展陶瓷材料在电子器件中的应用范围[8]。基于陶瓷材料的介质基及本征型超材料的研究也取得了一些重要进展[9]。

4. 高温结构陶瓷

高温结构陶瓷在极端条件下具有不可替代的作用，美国、欧盟、日本等国家和地区的研发及应用处于领先地位，已将材料模拟仿真计算及快速性能评价手段用于这类新材料研发。碳化硅（SiC）材料因其具有高热导、高比刚度性能，以及可实现精确控制技术条件下的应力消除、可实现复杂形状大尺寸部件的制造等特点，而成为轻量化反射镜应用的首选材料。SiC 基复合材料作为热结构材料已在多领域得到应用。美国、法国、德国等开展了碳/碳化硅（C/SiC）复合材料的研究，并将其应用于宇宙飞船的面板、小翼、空间光学系统和航天飞机等的制造。目前，通过先进的复合手段所制备出的多种复杂形状的碳化铪/碳化硅（HfC/SiC）复合材料，可耐2500℃以上的高温[10]。新一代的材料不仅要具有优异的结构与力学性能，还必须能在不损失材料力学性能的前提下充分发挥其功能特性（如透/阻波、光学透明等），以实现结构-功能一体化。氮化硅（Si_3N_4）以其优异的力学性能和介电常数低、介电损耗小、使用温度高等特点，成为新一代高温透波天线罩的首选材料。氮氧化铝（AlON）和赛龙（SiAlON）具有透红外、强度高、硬度大、抗热冲击、耐腐蚀等特性，已被美国应用于制造高速飞行器的整流罩。透明陶瓷作为新一代高功率激光器介质，具有陶瓷的高强度、高硬度、耐腐蚀、耐高温等优点，且工艺简单、成本低，易实现批量化生产，可实现高掺杂浓度，是近年来发展较快的一类陶瓷材料。目前陶瓷激光器的输出性能已与单晶具有可比性[11]。

5. 生物陶瓷

作为生物硬组织的代用材料，生物惰性陶瓷的发展趋势是高化学性能的稳定性和高生物相容性；而生物活性陶瓷材料的发展方向则是通过表面修饰和形成多孔结构，实现与生物组织的完全结合，甚至被吸收后诱发新生骨的生长。以羟基磷灰石陶瓷为代表的生物陶瓷已广泛应用于临床，例如，羟基磷灰石涂层可用作人工关节和牙种植体表面的生物活性涂层。近年来，生物陶瓷材料又有了新的发展，磷酸三钙等可生物降解陶瓷能在体内逐步降解并随之被新骨所替换[12]。

二、国内研究水平和进展

我国在新型陶瓷材料的研究方面有很好的基础。近年来，国家“863”计划，“973”计划，国家自然科学基金重大、重点项目等为新型陶瓷及其相关元器件技术的研发提供了持续的支持。清华大学新型陶瓷与精细工艺国家重点实验室、中国科学院上海硅酸盐研究所高性能陶瓷与微细结构国家重点实验室、哈尔滨工业大学特种陶瓷研究所等一批高水平先进陶瓷科研基地在信息功能陶瓷材料和高温结构陶瓷材料等领域取得了一系列有影响的科研成果，并通过产学研结合加速了研究成果的转化，提升了企业的自主创新能力，有力地推动了我国新型陶瓷及其相关产业的发展。

在纳米晶功能陶瓷方面，清华大学发展了一种两段式常压烧结制备纳米晶陶瓷的普适性技术，研制出了钛酸钡（$BaTiO_3$）及铁氧体，以及多元复合的压电陶瓷体系等一系列纳米晶陶瓷，所制备的 5 纳米 $BaTiO_3$ 陶瓷是国际上报道的晶粒尺寸最小的致密陶瓷，并且仍具有铁电性。该技术利用晶界扩散和晶界迁移不同的动力学机制来达到微晶控制的目的，被国际同行广泛采用，并被评价为制备纳米晶陶瓷最重要的有效技术[13]。利用该技术发展出的超薄层大容量多层 BME-MLCC 陶瓷电容，其单层厚度达到 0.8～1.2 微米。

在微波介质陶瓷材料方面，浙江大学研制出 K_2NiF_4 结构类型、$MReAlO_4$（M＝Sr,

Ca；Re=La，Nd，Sm，Y）基的低损耗微波介质陶瓷新体系[14]。通过协同置换，大幅度改善了材料的微波性能，研究出了一系列低成本、低损耗微波介质陶瓷。西安交通大学研制出了分别可在600℃、550℃与460℃烧结的 Bi_2O_5-Mo_2O_3、Li_2O-Bi_2O_3-Mo_2O_3 与 K_2O_3-Mo_2O_3 基低温烧结微波介质陶瓷新体系[15]，并应用于相关的微波器件中。

在复合多铁性陶瓷研究方面，清华大学等创新设计了新概念磁电子学器件，这种新的磁电子学器件，使用电压而非电流来调控磁化方向的特性，将焦耳热耗散量降至最低，可望实现全新的超低功耗、快速的磁信息存储处理等[16]；采用改进的硬性锆钛酸铅（PZT）纤维膜，与铁磁非晶 FeBSiC 复合，将其谐振磁电耦合效应进一步提高到 750 伏/(厘米·奥斯特)，开发出了新的具有超强磁电耦合的多铁性块体磁电复合材料；基于块体复合材料，设计演示了超高灵敏度磁传感器、可调式磁电变压器、可调式 I-V 转换器、新型可调倍频器件。

在陶瓷基超材料方面，清华大学近年来先后提出并实现了基于铁电体、铁氧体、晶格谐振和电子电磁偶极跃迁的新型本征型超材料[17]，研发出基于高介电常数介质陶瓷米氏谐振的多种介质基超材料，并发明了基于负介电常数材料的无绕线电感结构，推进了无源集成系统小型化、高集成度的进程。

在高温结构材料方面，中国科学院上海硅酸盐研究所采用常压烧结工艺制备出碳化硅反射镜材料，已实现工程应用；中国建筑材料科学研究总院、中国科学院长春光学精密机械与物理研究所、哈尔滨工业大学和国防科学技术大学等采用反应烧结工艺制备了 SiC 及 C/SiC 复合材料反射镜。我国高温宽频天线和超音速红外透明陶瓷的研究以哈尔滨工业大学、山东大学、国防科学技术大学、中国科学院上海硅酸盐研究所为代表，近年来也取得了重要进展[18]。清华大学在防弹陶瓷、抗打击纤维陶瓷复合材料以及氮化硅基复合陶瓷刀具的研发及工程应用方面均取得了显著进展[19]。在工艺方面，中国科学院上海硅酸盐研究所、中南大学等单位采用注浆成型或凝胶注模成型工艺，结合无压烧结工艺和外场辅助法，研制出具有优异性能的高取向度的织构化硼化物基超高温陶瓷[20]。

三、发展趋势与展望

高新技术的发展对新型陶瓷材料性能及制备技术不断地提出新的挑战，已成为新型陶瓷发展的主要驱动力，同时也决定了新型陶瓷的发展方向和趋势。

随着电子信息产品进一步向微型化、薄层化、集成化、多功能化、高可靠和宽带化的方向发展，功能陶瓷元器件的多层化、多层元件片式化、片式元件集成化和多功能化已成为发展的主流。因此，功能陶瓷的细晶化、电磁特性的高频化、低温共烧陶瓷等技术将成为发展新一代片式电子元器件的关键技术。在能源领域，新能源技术的进一步发展有赖于功能陶瓷材料及其制备技术的创新与突破，例如，基于多层陶瓷技术的介质储能技术可望解决高密度能源存储的难题。在环保、仪器仪表制造、自动控制等领域，种类繁多、功能各异的传感器要求有更多、更高性能的新型敏感陶瓷材料的出现。此外，由于现有的基于自然材料结构的材料难以满足材料功能设计的要求，因此，发展基于人工结构的新型功能材料（如功能复合材料、异质结材料、超材料等）也将成为功能陶瓷发展的重要方向。

对于结构陶瓷，近年来航天航空、兵器、能源、激光、机械、汽车、冶金、化工等领域的技术发展，对材料在极端条件下的服役性能提出了越来越苛刻的要求。超高温、超低温、超大热流、超高压、超高腐蚀、超高辐射等极端环境已成为先进陶瓷必须面对的“常态”服役条件。同时，随着新型陶瓷材料越来越多地进入到生物医学领域，具有更好的亲水性、可与细胞等生物组织表现出更好的亲和性的高性能结构陶瓷将拥有更广阔的应用空间。

未来若干年，我国将从制造业大国走向制造业强国，新型陶瓷材料作为先进制造业中必不可少的基础核心材料，其研究、开发及生产将在我国的经济和社会发展中占有重要的战略地位。为加速我国新型陶瓷材料的研究及其产业化，应围绕国家重大产业（如电子信息、新能源、航空航天、国防军工、生物医学等）的战略性需求，加大对新型陶瓷的支持力度，加强相关研究、开发和产业化基地的建设，促进产学研结合，提升企业的自主创新能力；同时，加强新型陶瓷领域的基础研究工作，鼓励源头创新，努力占据新型陶瓷材料的若干制高点。

参 考 文 献

[1] Rohrer G S, Affatigato M, Backhaus M. Challenges in ceramic science: a report from the workshop on emerging research areas in ceramic science. Journal of the American Ceramic Society, 2012, 95 (12): 3699-3712.

[2] Zhou J. Towards rational design of low-temperature co-fired ceramic (LTCC) materials. Journal of Advanced Ceramics, 2012, 1 (2): 89-99.

[3] Pan M J, Randall C A. A brief introduction to ceramic capacitors. IEEE Electrical Insulation Magazine, 2010, 26 (3): 44-50.

[4] Bell A J. Ferroelectrics: the role of ceramic science and engineering. Journal of the European Ceramic Society, 2008, 28 (7): 1307-1317

[5] Narang S B, Bahel S. Low loss dielectric ceramics for microwave applications: a review. Journal of Ceramic Processing Research, 2010, 11 (3): 316-321.

[6] Leontsev S O, Eitel R E. Progress in engineering high strain lead-free piezoelectric ceramics. Science and Technology of Advanced Materials, 2010, 11 (4): 044302.

[7] Roy S, Majumder S B. Recent advances in multiferroic thin films and composites. Journal of Alloys and Compounds, 2012, 538: 153-159.

[8] Lu H L, Liao Z M, Zhang L, et al. Reversible insulator-metal transition of $LaAlO_3/SrTiO_3$ interface for nonvolatile memory. Scientific Reports, 2013, 3: 2870.

[9] Wang R, Zhou J, Qiu X. Intrinsic abnormal electromagnetic medium based on polar lattice vibration. Chinese Science Bulletin, 2011, 56 (13): 1318-1324.

[10] Verdon C, Szwedek O, Jacques S, et al, Hafnium and silicon carbide multilayer coatings for the protection of carbon composites. Surface & Coating Technology, 2013, 230: 124-129.

[11] Kodera Y, Hardin C L, Garay J E. Transmitting, emitting and controlling light: Processing of transparent ceramics using current-activated pressure-assisted densification. Scripta Materialia, 2013, 69 (2): 149-154.

[12] Kosuge D, Khan W S, Haddad B. Biomaterials and scaffolds in bone and musculoskeletal engineering. Current Stem Cell Research & Therapy, 2013, 8 (3): 185-191.

[13] Hao Y, Wang X H, Zhang H, et al. A novel approach to the preparation of a highly crystallized $BaTiO_3$ layer on Ni nanoparticles. Journal of the American Ceramic Society, 2013, 96 (9): 2696-2698.

[14] Li K, Zhu X, Liu X. Evolution of structure, dielectric properties, and re-entrant relaxor behavior in $Ba_5La_xSm_{1-x}Ti_3Nb_7O_30$ (x=0.1, 0.25, 0.5) tungsten bronze ceramics. Journal of Applied Physics, 2013, 114 (4): 044106.

[15] Zhou D, Randall C, Pang L, et al. Microwave dielectric properties of Li_2 (M_2+) $2Mo_3O_{12}$ and Li_3 (M_3+) Mo_3O_{12} (M = Zn, Ca, Al, and In) lyonsite-related-type ceramics with ultra-low sintering temperatures. Journal of the American Ceramic Society, 2011, 94 (3): 802-805.

[16] Ma J, Hu J, Li Z, et al. Recent progress in multiferroic magnetoelectric composites: from bulk to thin films. Advanced Materials, 2011, 23 (9): 1062-1087.

[17] Bi K, Zhou J, Liu X. Multi-band negative refractive index in ferrite-based metamaterials. Progress in Electromagnetics Research, 2013, 140: 457-469.

[18] Lü Z, Jiang D, Zhang J, et al. ZrB_2-SiC laminated ceramic composites. Journal of the European Ceramic Society, 2012, 32 (7): 1435-1439.

[19] Peng Y, Miao H, Peng Z. Development of TiCN-based cermets: mechanical properties and wear mechanism. International Journal of Refractory Metals and Hard Materials, 2013, 39: 78-89.

[20] Zou J, Zhang G J, Vleugels J, et al. High temperature strength of hot pressed ZrB_2-20 vol% SiC ceramics based on ZrB_2 starting powders prepared by different carbo/boro- thermal reduction routes. Journal of American Ceramic Society, 2013, 33 (10): 1609-1614.

Recent Progress in New Ceramics Technology

Li Longtu, Zhou Ji
(School of Materials Science & Engineering, State Key Lab of New Ceramics and Fine Processing, Tsinghua University)

New ceramics is a large kind of advanced materials for high technology. It is playing an important role in information technology, new energy, biotechnology, aeronautics and space technology, advanced manufacture, defense, and environmental technology etc. New ceramics is paid much attention by both governments and industries in the world. Many progress in research and development of new ceramics was achieved in recent years. In this report, the current situation and tendency of the scientific technology, and industrilization of new ceramics are briefly reviewed; some significant progress in this area, such as nano-crystallized ceramics, microwave dielectric ceramics, piezoelectric ceramics, multiferroic ceramics, structural ceramics, and bioceramics, etc. , is introduced; and the trend and prospect for the development of new ceramic technology is forecasted.

2.3 先进高分子材料研究新进展

杨振忠
（中国科学院化学研究所）

高分子材料是目前应用最广泛的材料之一，在人们生活中发挥着重要作用。随着科技的快速发展，信息、能源、环境、健康等许多领域对高分子材料提出了越来越多的需求和越来越高的要求。因此，先进高分子材料的开发需求愈加迫切。下文将介绍几类重要先进高分子材料的研究现状并展望其未来。

一、国际重大进展

近年来，国际上高分子材料领域在以下几个方面取得了重大进展。

1. 建筑及工业节能材料

在日常生活和工业生产中，经常会遇到大量余热被耗散的现象。因此，回收余热是节能的有效途径之一。储能材料在建筑、工业余热回收、电力的移峰填谷等领域将大有作为。例如，建筑物内部一般白天温度较高而晚上温度较低，利用储能材料可将余热收集起来加以循环利用，以实现温度的自我调控，同时起到削峰填谷的效果。这样做既可以提高建筑物内部的舒适程度，又能大大降低总体能耗。

相变储能材料在窄温度区域发生相变，可吸收和释放大量潜热，在储能、隔热和智能控温等领域具有重要的应用价值。但是，相变储能材料在发生固液相变时，易流动、挥发和迁移，严重影响了其应用领域的拓展。对相变材料进行微胶囊化是解决该问题的基本途径。德国巴斯夫（BASF）公司成功地开发了一类相变微胶囊产品，这类产品在轻质建材的节能与隔热方面具有广阔的应用前景。在2010年上海世界博览会上，巴斯夫公司将微胶囊储能材料应用于德国的智能型节能场馆的建造[1]。经测试，每1.5厘米厚含有此种胶囊的砂浆的蓄热能力相当于12厘米厚的砖木结构。Juan F. Rodríguez等利用数字模拟计算了混合各种相变微胶囊的石膏墙板的热力学数据，也证实了相变材料具有很好的节能效果[2]。

2. 高分子多孔膜材料

膜科学技术可与多学科进行交叉和集成，特别适用于开发满足现代工业对节能环保、提高生产效率、重复利用低品种原材和消除环境污染所需要的材料，有助于实现经济的可持续发展。高分子多孔膜由于具有容易加工成型和相对廉价等优点而受到人们的广泛关注。目前，高分子膜材料的研究主要是发明新的合成或者改性方法以提高其各项性能。

伊朗的穆罕默德（M. Mohammadi）等[3]详细研究了凝固浴温度以及聚乙烯吡咯烷酮（PVP）浓度对聚醚砜多孔膜性能的影响，发现PVP的加入和凝固温度的提高能够提升膜对水的渗透性。美国的Kim等[4]先利用紫外臭氧预处理商业化的聚醚砜膜表面，接着在膜表面接枝聚合物，提高了膜表面抗蛋白的吸附能力。法国的Nguyen等[5]提出了一种方法，利用干法制膜工艺（dry-cast process）来制备不同结构的微孔膜，具有很好的普适性且简单环保。

3. 有机太阳能电池

太阳能电池是太阳能光伏发电的基础和核心，是一种利用光生伏打效应把光能转换成电能的器件，因而又被称作光伏器件。太阳能电池至今已经发展到第三代——有机太阳能电池。聚合物材料因具有柔性好、制作容易、材料来源广泛、成本低等优势，在大规模利用太阳能与提供廉价电能等方面具有重要意义。

与传统硅基太阳能电池相比，聚合物太阳能电池的效率目前还很低，提高光电转换效率是其最终实现商业化的关键。当前，限制聚合物电池转换效率提高的主要因素有：聚合物光活性材料的光响应范围、载流子的迁移效率、电极对载流子的收集效率和给受体界面形貌等[6]。近几年，共轭聚合物光伏材料和聚合物电池器件结构的研究取得了突破性进展。2010 年，美国芝加哥大学和朔纶（Solarmer）公司报道了开发出基于苯并二噻吩和窄带隙并噻吩单元的聚｛苯并二噻吩-噻吩并［3,4-b］噻吩｝（PBDTTT）共聚物的新闻，这类聚合物有较宽的可见吸收区和较低的能级，与聚［6,6］-苯基-C_{61}-丁酸甲酯（PCBM）共混后制备出的聚合物太阳能电池的最高能量转换效率超过了 7%[7]。2011 年，加拿大的 Mario Leclerc 实验室报道了开发出基于二噻吩并噻咯和噻吩并吡咯二酮的新型交替共聚物 PDTSTPD 的新闻，这类聚合物的能量转换效率达到 7.3%[8]。美国北卡罗来纳大学 You 等报道了开发出基于氟取代的苯并二噻吩和苯并噻唑的共聚物聚｛苯并二噻吩-联二噻吩-二氟苯并三氮唑｝（PBnDT-FTAZ）的新闻，该聚合物也展现出 7.1% 的效率[9]。2013 年，美国加利福尼亚大学洛杉矶分校杨阳等人报道了开发出基于聚｛二噻吩并吡喃-二氟苯并噻二唑｝（PDTP-DFBT）和聚［6,6］-苯基-C_{70}-丁酸甲酯（PC71BM）的新闻，用该聚合物构成的传统器件的效率达到 7.9%；通过对器件制备过程和结构的优化，他们制备出效率高达 10.6% 的聚合物叠层太阳能电池，这是目前报道的效率最高的聚合物电池器件[10]。

4. 生物医用高分子材料

生物医用材料（biomedical materials）又称生物材料（biomaterials），是一种与生物系统结合后，可以诊断、治疗或替换机体中的组织、器官或增进其功能的材料。高分子材料所具有的优良的生物相容性、生物可降解性、降解速率的可调节性及良好的可加工性能，为药物制剂的进一步创新提供了便利条件。高分子水凝胶具有亲水的内部网络，能负载亲水小分子或生物大分子药物，可以保护药物不受外界环境的破坏。使用环境响应性水凝胶是发展自我调节给药体系的理想选择，温度和 pH 是环境响应最常用的触发信号。高分子水凝胶广泛应用于组织工程领域，可用于修复和再生多种组织。由于细胞基质和种子细胞间缺乏把细胞引导成期望组织的相互作用的机制，如将生物分子结合到水凝胶上则可制备出细胞响应性水凝胶基质（如生物活性多肽链段、蛋白质、多糖或 DNA 分子）[11]。可注射水凝胶是利用原位化学聚合或溶液-凝胶相转换而形成的，作为生物材料，引起了人们极大的关注[12]。注射后形成的凝胶在很多方面具有优势：首先，它可直接注射基体而不用经手术植入到人体内；其次，注射前可将生物分子或者细胞混合在溶液中，然后将溶液包裹在凝胶内，在注入人体后，这些基体可以成为药物制剂中的药物释放基点或者组织再生的细胞生长基点；再次，在组织工程方面，注射后可将负载细胞的支架材料植入需要部位，从而避免了手术植入的痛苦和烦琐，且其原位细胞固定也有利于填充不规则的组织缺陷。

二、国内研发现状

国内高分子材料研究在近几年也取得了长足的发展，在以下几个方面取得了突破。

1. 建筑及工业节能材料

据《中国建筑节能年度发展研究报告2013》统计，全国城镇累计建成节能建筑面积达69亿平方米，能够节能6500万吨标准煤。但目前，我国现有建筑大多数仍为高能耗建筑（达数百亿平方米），能源利用率只有30%，能源消耗系数比发达国家高4~8倍。因而，节能材料的发展任重道远，同时市场潜力和发展空间巨大。在可智能调温的相变储热材料方面，中国科学院化学研究所基于聚合诱导相分离的原理，利用乳液聚合技术，建立了一种批量制备相变微胶囊的方法；所制的微胶囊已实现中试生产，具有焓值保有率高、环保、热稳定性好等优点，且制备方法简单、高效。此外，该研究所与北新建材公司合作，成功实现了相变微胶囊与石膏板的复合，并用所制的相变材料石膏板建造了样板房。实测数据显示：一年四季，与空白参照样板房相比，相变样板房的实际应用效果较好，具有温度波动小、舒适度高且节能效果显著等优点[13]。

2. 高分子多孔膜材料

四川大学高分子研究所的夏和生等[14]提出了一种利用溶剂挥发诱导相分离制备微孔硅橡胶膜的方法，并对孔的形成机理进行了研究。该方法简单且成本低廉，有效解决了因交联硅橡胶在可挥发性有机溶剂中不溶所导致的无法利用相分离法制备多孔硅橡胶膜的难题。该硅橡胶多孔膜有望用于生物医药领域，如人造皮肤或者作为组织工程的支架等。浙江大学安全福等[15]通过在聚合过程中原位加入聚乙烯醇的方法，制备出多孔聚酰胺的纳滤复合膜。这种方法使该复合膜的亲水性以及通流量得到了很大提高，此外，由于引入聚乙烯醇而使该膜具有了良好的抗污性能。浙江大学徐志康等[16]提出了利用热致相分离技术来制备聚丙烯腈多孔膜的方法，并对孔的形态进行了深入研究。中国科学院化学研究所徐坚等[17]提出了一种利用界面聚合制备具有优异性能的反渗透膜的方法，该方法有望拓展到制备其他多功能膜。浙江理工大学的俞三传等[18]通过在聚酰胺反渗透膜表面涂覆温敏 *N*-异丙基丙烯酰胺聚合物（PNIPAM），较大提高了膜的抗污性能和冲洗效率。

在动力电池隔膜方面，聚烯烃材料具有力学性能优异、化学稳定性高和相对廉价等特点，因此聚烯烃微孔膜在锂离子电池研究开发初期便被用作锂离子电池的隔膜。中国科学院化学研究所从“七五”开始就致力于高性能多孔隔膜的研制及其中的关键物理化学问题的研究，提出了双向拉伸制备聚丙烯多孔隔膜的新技术，并在20 世纪 90 年代开发出具有自主知识产权的聚丙烯隔膜的制备工艺。目前，该实验室已成功实现了聚丙烯隔膜的批量制备，其性能与国外进口产品基本相当；并在此基础上开发出一种全新的高性能复合多孔膜制备技术，所制备的复合膜具有优异的高温性能，在 180℃时闭孔并能保持膜的完整性。该实验室还与北京兴宇中科膜技术开发有限公司合作开展工艺研究和产业化生产，使动力锂离子电池隔膜的技术进一步成熟。这些成果对打破国外技术壁垒具有重要意义。

3. 有机太阳能电池

中国太阳能电池的研究水平处于国际领先地位。2011 年，李永舫研究员在二维共轭聚合物光伏材料方面取得突破，通过把噻吩支链引入到高效共轭聚合物 PBDTTT 的苯并二噻吩单元上，得到了光伏效率达 7. 59% 的二维聚合物，这是当时效率最高的新型共轭聚合物光伏材料之一[19]。华南理工大学曹镛和吴宏滨等利用一种醇溶性共轭聚合物聚｛萘二甲酸乙二酯纤维｝(PEN) 阴极修饰层，使基于 PBDTTT 的传统结构的太阳能电池能量的转换效率达到 8. 37%，后来又将 PEN 修饰在 ITO 电极上制备出效率达到 9. 2% 的反向结构聚合物太阳能电池[20]。2013 年，四川大学彭强通过添加低带隙的共轭聚合物，使得基于聚｛苯并二噻吩-联二噻吩-氟代苯并三氮唑｝(PBDTFBZS) 和 PC71BM 构成的叠层电池器件的效率达到 9. 4%[21]。

4. 生物医用高分子材料

在高分子水凝胶研究方面，复旦大学丁建东等制备出温度敏感的聚丙交酯-乙交酯-聚乙二醇-聚丙交酯-乙交酯（PLGA-PEG-PLGA）水凝胶，并把它作为水溶性抗癌药物拓扑替康（TPT）的载体。这一发现揭示了药物与生物材料间的新关系，即选择合适的生物材料可以改变某些药物在水溶状态下存在的可逆结构的转换平衡常数[22]。清华大学危岩等以壳聚糖为原料，利用动态键制备出具有自我修复功能的高分子水凝胶，该水凝胶可用作为小分子药物和蛋白药物的释放载体[23]。

三、发展趋势

根据目前的技术发展状况判断，未来先进高分子材料的发展将呈现出如下的趋势。

1. 高分子材料与其他功能材料的复合

这是开发高性能高分子材料的有效手段，但目前还存在一些问题有待解决，如高分子复合材料的宏观形态控制、多尺度组分复合和微结构的调控、组分和功能在不同尺度上的分区控制以及材料性能的提升等。深入理解并有效解决这些基本问题，有助于进一步弄清材料结构与性能的关系，对先进高分子材料的发展和应用具有决定作用。

2. 重视基础研究与产品的开发应用相结合

在高分子材料的结构控制与高性能化方面，研发人员在实验室中已经取得了许多具有重要意义的成果。如何将实验室技术成功转移到工业开发中以形成高性能的高分子材料产品，是目前制约先进高分子材料发展的重要瓶颈。

参考文献

[1] Bourzac K. “Melting” drywall keeps rooms cool. Technology Review. http://www. technologyreview. com/news/417365/melting-drywall-keeps-rooms-cool/ [2010-02-04].

[2] Borreguero A M, Sanchez M L, Valverde J L. Thermal testing and numerical simulation of gypsum wallboards incorporated with different PCMs content. Apply Energy, 2011, 3: 930.

[3] Amirilargani M, Saljoughi E, Mohammadi T, et al. Effects of coagulation bath temperature and polyvinylpyrrolidone content on flat sheet asymmetric polyethersulfone membranes. Polymer Engineering and Science, 2010, 50: 885-893.

[4] Liu S X, Kim J T. Characterization of surface modification of polyethersulfone membrane. Journal of Adhesion Science and Technology. 2011, 25: 193-212.

[5] Nguyen Q T, Alaoui O T, Yang H, et al. Dry-cast process for synthetic microporous membranes: physico-chemical analyses through morphological studies. Journal of Membrane Science, 2010, 358: 13-25.

[6] 李永舫，何有军，周炜．聚合物太阳电池材料和器件．北京：化学工业出版社，2013.

[7] Liang Y Y, Xu Z G, Xia J B, et al. For the bright future-bulk heterojunction polymer solar cells with power conversion efficiency of 7.4%. Advanced Materials, 2010, 22: E135-E138.

[8] Chu T Y, Lu J P, Beaupré S, et al. Bulk heterojunction solar cells using thieno [3, 4-c] pyrrole-4, 6-dione and dithieno [3, 2-b: 2′, 3′-d] silole copolymer with a power conversion efficiency of 7.3%. Journal of America Chemistry Society, 2011, 133: 4250-4253.

[9] Price S C, Stuart A C, Yang L Q, et al. Fluorine substituted conjugated polymer of medium band gap yields 7% efficiency in polymer-fullerene solar cells. Journal of America Chemistry Society, 2011, 133: 4625-4631.

[10] You J B, Dou L T, Yoshimura K, et al. A polymer tandem solar cell with 10.6% power conversion efficiency. Nature Communications, 2013, 4: 1446.

[11] Banta S, Wheeldon I R, Blenner M. Protein engineering in the development of functional hydrogels. Annual Review of Biomedical Engineering, 2010, 12: 167-186.

[12] Nguyen M K, Lee D S. Injectable biodegradable hydrogels. Macromolecular Bioscience, 2010, 10: 563-579.

[13] 中科国际技术转移中心．新型节能储能材料——石蜡相变微胶囊的生产技术．http://www.casnt.com/html/kejiziyuan/jienenhuanbao/2012/0720/711.html [2012-07-20].

[14] Zhao J, Luo G X, Wu J, et al. Preparation of microporous silicone rubber membrane with tunable pore size via solvent evaporation-induced phase separation. ACS Applied Materials Interfaces, 2013, 5: 2040-2046.

[15] An Q F, Li F, Ji Y L, et al. Influence of polyvinyl alcohol on the surface morphology, separation and anti-fouling performance of the composite polyamide nanofiltration membranes. Journal of Membrane Science, 2011, 367, 158-165.

[16] Wu Q Y, Wan L S, Xu Z K, et al. Structure and performance of polyacrylonitrile membranes prepared via thermally induced phase separation. Journal of Membrane Science, 2012: 409-410, 355-364.

[17] Zou H, Jin Y, Yang J, et al. Synthesis and characterization of thin film composite reverse osmosis membranes via novel interfacial polymerization approach. Separation and Purification Technology, 2010, 72: 256-262.

[18] Yu S C, Liu X S, Liu J Q, et al. Surfacemodification of thin-film composite polyamide reverse osmosis membranes with thermo-responsive polymer (TRP) for improved fouling resistance and cleaning efficiency. Separation and Purification Technology, 2011, 76: 283-291.

[19] Huo L J, Zhang S Q, Guo X, et al. Replacing alkoxy groups with alkylthienyl groups: a feasible approach to improve the properties of photovoltaic polymers. Angewandte Chemie International Edition, 2011, 50: 9697-9702.

[20] He Z C, Zhong C M, Su S J, et al. Enhanced power-conversion efficiency in polymer solar cells using an inverted device structure. Nature Photonics, 2012, 6: 593-597.

[21] Li K, Li Z J, Feng K, et al. Development of large band-gap conjugated copolymers for efficient regular single and tandem organic solar cells. Journal of America Chemistry Society, 2013, 135: 13549-13557.

[22] Chang G T, Ci T Y, Yu L, et al. Enhancement of the fraction of the active form of an antitumor drug topotecan via an injectable hydrogel. Journal of Controlled Release, 2011, 156: 21-27.

[23] Zhang Y L, Tao L, Li S X, et al. Synthesis of multi-responsive and dynamic chitosan-based hydrogels for controlled release of bioactive molecules. Biomacromolecules, 2011, 12: 2894-2901.

Recent Progress in Advanced Polymeric Materials

Yang Zhenzhong

(Institute of Chemistry, Chinese Academy of Sciences)

Within the recent century, polymeric materials have become one of the most widely used materials. With the rapid development of technology, we face many serious challenges in many fields such as information, energy, environment, health, etc. The advanced properties of polymeric materials have been demanded for these problems. In this mini review, the current situation and developing trend of several important advanced polymeric materials will be especially focused on. We introduce some representative advanced progress in polymeric materials, and discuss the development and prospect of these materials all over the world here. The structure design and potential applications of these materials are also summarized, and the corresponding challenges will also be presented. The main fields are as follow: the current development in the research and progressive tendencies of advanced polymer materials, especially in polymeric porous membrane, organic solar cell devices, phase change microcapsules, and biomedical polymer materials.

2.4 先进复合材料技术新进展

益小苏 贺德龙 郭妙才

（中航工业北京航空材料研究院，中航工业复合材料技术中心）

复合材料是指由两种或两种以上的具有不同性质的组分经过特定的复合工艺而形成的含有两相或多相结构的材料。各相组分在性能上差异很大，各自发挥不同的作用，但是能够相互协同形成一个统一的整体，使复合材料的综合性能优于各个组分材料。从结构上来讲，复合材料是由起增强作用的相-增强体和起联结作用的连续相-基体组成。先进复合材料是指由高性能的增强体和基体形成的性能优异的高性能结构材料。复合材料广泛应用在航空航天、国防、能源、医疗、汽车、工业基础设施、体育休闲等领域，逐渐成为与金属、无机非金属和聚合物并列的四大基础材料之一，在国民经济和国家安全中发挥着越来越重要的作用。下文将简要介绍近年来世界先进复合材料技术的研发进展，以及未来的发展趋势。

一、国际重大研发进展

国际上，特别是欧美发达国家和日本，一直非常重视对新材料、新技术，特别是先进复合材料方面的研发投入。这些国家正在通过各种大型的研究计划和项目，来聚集工业企业和研究院所的优势力量，以集中解决目前复合材料在设计、制造、机理研究等方面遇到的重大难题，并开发新型的高性能先进复合材料。目前，其整体的理论研究水平和工业化制造水平都保持全球领先的地位。

1. 大型复合材料结构的整体化设计和制造技术

飞机结构整体化技术可以使结构的紧凑性和承载的合理性大幅提高，减少飞机零件、紧固件数目以及装配环节，提高性能和降低价格。近年来，复合材料整体化设计和制造技术在大型民用机上的应用取得了进一步的突破。欧洲空中客车公司制造的首架 A350 XWB 宽体飞机于 2013 年 6 月 14 日在法国顺利完成首飞任务[1]。在这款新型飞机的制造材料结构中（图 1），复合材料所占的比例高达 53%，是继波音公司 B787 梦幻飞机之后复合材料技术在大型民用客机上的又一次成功的应用。大量复合材料的应用使 A350 XWB 飞机的结构重量大幅降低，与目前的同级别飞机相比，每座的燃油效率提高了 25%，排放减少了 25%。航空复合材料技术反映了复合材料发展的前沿，代表着一个国家复合材料的最高水平。A350 XWB 首飞成功不仅是空中客车公司也是全球航空业的一个重大事件。此外，先进热塑性树脂基复合材料，由于其优异的抗冲击韧性、生产周期短、预浸料保存方便、可再加工和回收利用等突出的优点，也是近年来国际上研究的热点之一。一个典型的代表就是 2012 年巴斯夫公司（BASF）推出的全球首款适合量产的由长玻璃纤维增强的聚酰胺 Ultramid ® Structure 工程塑料轮毂，它在大幅减轻整车重量的同时，也降低了能耗和排放。

图 1　空中客车公司 A350 XWB 客机各不同材料所占重量比例示意图

图片来源：altairenlighten. com

2. 纳米改性的多功能复合材料技术

随着纳米材料的基础理论、制备技术、结构/性能表征手段、产业化应用等研究的不断深入，人们想到借用这种材料的结构和性能优势来解决目前先进复合材料在应用中所遇到的问题。其中，碳纳米管（carbon nanotubes，CNTs）材料尤其受到重视并被赋予极大的期望。

CNTs 通常被看做是由单层或多层石墨烯（单一石墨片层）卷曲而形成的中空管状结构，根据被卷曲的石墨烯层数，可分为单壁碳纳米管（直径约为 1 纳米）和多壁碳纳米管（直径一般在几到几十纳米）。CNTs 具有质轻（全部由碳元素组成）、长径比大、化学性能稳定、力学性能和导电导热性能优异（如弹性模量约为 1 太帕，拉伸强度约为 50 吉帕，高热导率约为 3000 瓦/(米・开尔文)）和可以承受非常高的电流密度（约 4×10^9安/厘米^2）等优点，这些优点使其成为一种非常理想的高性能、多功能纳米尺度的增强体。就其在高性能碳纤维增强树脂基复合材料中的应用而言，碳纳米管可以通过如下方式引入到复合材料中（图 2）[2]：①将其分散到基体树脂中；②通过物理或化学方法将 CNTs 附着在增强纤维表面；③将 CNTs 阵列置于预浸料表面（复合材料层间）[3]；④利用化学气相沉积的方法将 CNTs 原位接枝在纤维或纤维织物的表面[2,4]等。一般来讲，前三种方法需要对 CNTs 粉末或阵列进行预处理，然后再用来制备复合材料，以提高基体树脂的力学性能（弹性模量、强度等）、纤维与树脂的界面结合性能、复合材料的抗层间剪切性能、导电性能和导热性能等。目前，这些方法已广泛用于生产 CNTs 增强预浸料。但是，CNTs 在树脂中的分散问题、CNTs 引起的树脂加工工艺性能变差（如黏度增加）和健康安全等问题，仍在制约着这些技术的发展。

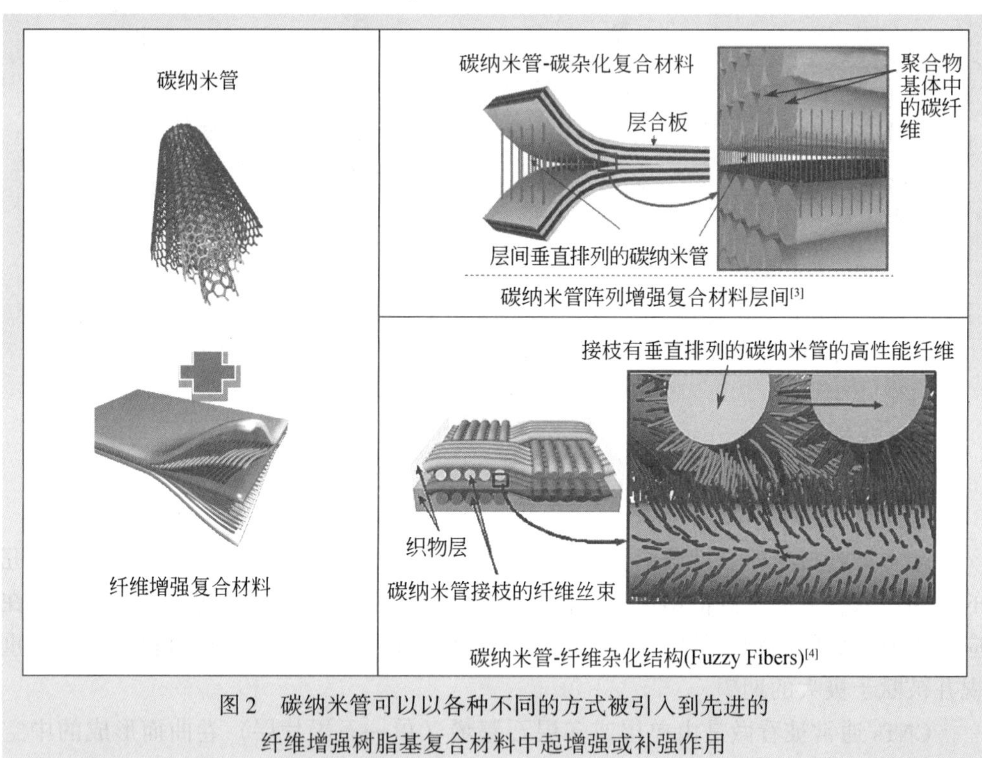

图 2　碳纳米管可以以各种不同的方式被引入到先进的纤维增强树脂基复合材料中起增强或补强作用

近年来，广泛发展的原位接枝纳米材料的化学气相沉积技术可以将高密度 CNTs 原位均匀地接枝在纤维或纤维织物表面[2,5]，以这种纳米/微米多尺度杂化体为增强体制备复合材料，可有效地避免碳纳米管的团聚、分散困难等难题，显著地提高复合材料的力学性能和导电导热性能。更为重要的是，这种工艺有利于产业化和大批量制造。

3. 高性能碳纳米管纤维

通过将碳纳米管直接纺丝[6]或先将其分散到一定的有机溶液或树脂中再经过特定的纺丝工艺来制备高比模量和高比强度碳纳米管纤维[7]，也是近年来国外先进复合材料领域的一大研究热点。与常见的聚丙烯腈（PAN）基-碳纤维和沥青基-碳纤维相比，碳纳米管纤维具有更低的密度，更高的比强度和比模量，以及更好的导电和导热性能，可实现结构和功能的一体化。

4. 复合材料健康监测技术

随着复合材料的大幅应用，其结构健康监测技术成为一个非常重要的发展方向。该技术主要依靠微观传感器对压阻效应、谐振频移、压电效应、电容变化、光学性能变化等的监测来分析复合材料的应力或应变和损伤。将新型纳米材料集成在高性能复合材料中，并利用其独特的力学性能和功能特性（如压阻效应等）来实现对复合材料的健康监测，也是近年来国外研究的热点之一。由此产生的新方法可以解决传统光纤传感器在操作和监测使用过程中容易脆断的工艺难题，提高材料使用的可靠性。

二、国内重大研发进展

1. 碳纤维复合材料的高增韧技术

飞机结构的选材主要以结构强度和损伤容限，以及结构的稳定性、可靠性和抗腐蚀性等为基本准则。因此，目前广泛应用的热固性树脂基复合材料的增韧问题成为近年来国内先进复合材料领域的一大研究热点。其主要研究大致分为两个方面：一是对树脂基体的改性增韧，即利用在树脂基体中引入弹性体、热塑性体或刚性颗粒等物理掺杂或化学改性的方式来提高热固性树脂基体的韧性；另一种是采用层间增韧的“离位”（ex-situ）增韧新技术，既保持了传统复合材料的优良的工艺特性又兼顾了高损伤容限。所谓“离位”，就是将复相增韧技术中的增韧相从基体中分离，让它单独与增强相复合。这种技术方法既可以应用在量大面广的热压罐成型预浸料复合材料上，也可以应用在液态成型的所谓低成本复合材料上[8]，以较小的成本实现材料的高损伤容限化。

2. 碳纤维复合材料的多功能化技术

随着复合材料在飞机结构上的大量应用，近年来频发的波音 787 事故[9,10]引发了国际社会对复合材料安全性和可靠性的质疑（图 3），如复合材料结构的抗雷击特性、抗冰雹及抗撞击特性、油箱闪电引燃问题、阻燃与阻烟特性等。这既涉及复合材料的力学性能问题，又涉及其功能特性（如导电、阻燃）等问题。因此，国际航空材料工业普遍认为，发展结构-功能一体化的复合材料，或者说复合材料的多功能化，是近期直至今后一个相当长时期的主要任务。

(a) 飞机遭遇雷击

(b) 飞机燃烧失事

图 3　民用飞机的雷击（a）与燃烧灾难（b）

图片来源：news. 163. com，谢麦祥等制作；travel. cnnb. com. cn，责任编辑姚琳

近年来，国内复合材料多功能化技术的研究工作主要是围绕在复合材料结构中引入功能相的纳米材料（如碳纳米管、石墨烯、纳米银颗粒、纳米锆钛酸铅（PZT）颗粒等）来进行。例如，将具有不同功能的纳米材料掺入到聚合物基体，来提高复合材料的导电性、导热性、阻燃性、阻尼性等。同时，研究人员利用所获得的材料的功能特性，来开展复合材料的健康监测的研究。但是，纳米材料的团聚、分散、聚合物黏度增加等问题仍制约着该项技术的广泛使用，是科研人员正在努力解决的关键难题。

此外，还可以利用多功能插层技术（functionalized interlayer technology，FIT）[11]来实现复合材料的多功能化。即将纳米功能材料附载于一种可增韧的插层材料上，然后将其引入到复合材料层间，这样，整个复合材料就获得了韧性性质的提高和特定的功能性质，实现了结构-功能一体化或多功能化[12]。更重要的是，这种方法投资少，容易批量生产和应用。显然，利用一种简单的手段来大幅提高复合材料的抗冲击损伤性能和功能特性的技术，是复合材料领域和飞机制造业领域的一个进步。

3. 绿色复合材料技术

自2009年哥本哈根世界气候大会之后，国际社会普遍开始关注环境、资源、低碳和减排问题。而航空运输业实现这些目标的主要途径之一就是选用天然、更加轻质的材料，特别是复合材料。近年来，国内相关高校和部分科研院所及企业积极参与了中国与欧盟的政府间双边合作计划——绿色航空技术研究国际合作网络（GReener Aeronautics International Networking，GRAIN）。这项合作研究工作的特点就是立足我国富产的植物资源（如松香树脂和苎麻纤维），研究开发可以替代石油基的环氧树脂以及可望替代玻璃纤维的植物纤维，研制资源可再生的所谓“绿色”复合材料技术，并尝试将其应用于航空和地面交通领域[12]。图4所示就是这个项目里研究开发的典型“绿色”复合材料产品。可见，研究开发“绿色”复合材料还同时促进了我国特色农业资源的综合利用，推动了传统麻产业的升级转型。

三、先进复合材料技术发展趋势与展望

纵观复合材料的发展历史和综合分析目前复合材料的研发现状以及社会需求，可以看出如下几个先进复合材料技术的发展趋势。

（1）低成本的高性能复合材料制造技术。随着先进复合材料的应用领域的逐渐拓宽，低成本、高性能增强纤维制造技术、低成本的树脂制造技术及低成本的复合材料加工工艺是目前也是未来研究的热点之一。

（2）仿真模拟和虚拟制造技术。研究人员已经在复合材料的设计—工艺—性能等各个阶段积累了丰富的经验和大量的数据，这将有助于建立更能真实反映复合材料的结构、性能及其损伤行为的数值模型，从而更加准确地预测复合材料在各种不同载荷和环境下的服役行为。虚拟化制造技术也将在先进复合材料的生产和制造中发挥更加重要的作用。仿真模拟和虚拟制造技术的应用可以大幅降低先进复合材料的研发、生产、结构制造成本，缩短研发周期。世界各国广泛开展的“材料基因组计划”对于先进复合材料技术的发展无疑是一个重要的契机。

（3）多功能复合材料和结构-功能一体化复合材料技术。在追求复合材料结构件具有高力学性能的同时，其多功能特性（如导电性、导热性、阻尼、阻燃、吸波、屏蔽、隐身和储能等）也受到越来越多的关注。结构-功能一体化仍然是先进复合材料技术发展的一个重要方向。

（4）绿色先进复合材料技术。发展以植物基纤维为增强体和可再生生物基树脂为主的高性能复合材料技术（图4），以及热固性和热塑性树脂基复合材料的低成本

(a) 苎麻纤维增强蜂窝夹心复合材料曲面面板

(b) 苎麻纤维增强夹心复合材料降噪声面板

(c) 具有我国自主知识产权的"蛟龙"600型水上飞机在2012年中国国际航空航天博览会上亮相

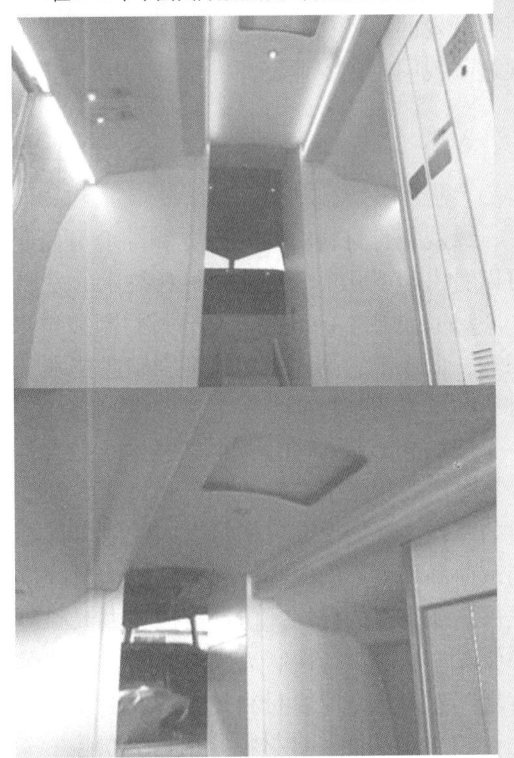

(d) "蛟龙"600型水上飞机驾驶舱采用的"绿色"复合材料内饰结构

图4　绿色复合材料制品及其在飞机内饰结构的典型应用

（北京航空材料研究院提供照片）

回收和再利用技术，是实现“节能减排”、发展“绿色经济”和“低碳经济”的重要手段之一，在人类社会发展中具有重要的实际价值和广阔的发展空间。

过去几年，先进复合材料技术发展迅速，在航空航天、汽车、能源等领域所占的比重大幅上升，大大促进了这些行业的发展。但是，我国复合材料技术的总体研究水平和产业化水平与发达国家相比还有较大的差距。面对激烈的国际竞争，我国必须加大对先进复合材料技术的研发投资，加强开放创新，推动先进复合材料技术整体研发能力的提升和产业化发展，为社会经济的可持续发展做出更大的贡献。

参考文献

[1] 李明．空客首架 A350XWB 宽体飞机完成首飞．2013. http：//news. xinhuanet. com/2013-06/14/c_ 116152392. htm［2013-06-14］．

[2] He D, Zhang J, Saba J, et al. Carbon fiber and nano/micro hybrid structures and their interface in advanced composites // Chehimi M M, Pinson J. Applied Surface Chemistry of Nanomaterials. Hauppauge, New York: Nova Science Publishers, 2013

[3] Garcia E J, Wardle B L, Hart A J. Joining prepreg composite interfaces with aligned carbon nanotubes. Composites: Part A, 2008, 39: 1065-1070.

[4] Garcia E J, Wardle B L, Hart A J, et al. Fabrication and multifunctional properties of a hybrid laminate with aligned carbon nanotubes grown. In Situ Composites Science and Technology, 2008, 68 (9): 2034-2041.

[5] Qian H, Greenhalgh E S, Shaffer M S P, et al. Carbon nanotube-based hierarchical composites: a review. Journal of Materials Chemistry, 2010, 20: 4751- 4762.

[6] Wu A S, Chou T W. Carbon nanotube fibers for advanced composites. Materials Today, 2012, 15 (7-8): 302-310.

[7] Behabtu N, Young C C, Tsentalovich D E, et al. Strong, light, multifunctional fibers of carbon nanotubes with ultrahigh conductivity. Science, 2013, 339 (6116): 182-186.

[8] Yi X, Cheng Q, Liu Z. Preform- based toughening technology for RTMable high- temperature aerospace composites. Science China Technological Sciences, 2012, 55 (8): 2255-2263.

[9] 廖丰．日本两大航企停飞检查 B787. 京华时报，2013-01-17.

[10] 中国国防科技信息中心．美国政府问责办公室质疑波音 787 复合材料安全性．http：//roll. sohu. com/20111031/n324022078. shtml［2011-10-31］．

[11] Guo M, Yi X. The production of tough, electrically conductive carbon fiber composite laminates for use in airframes. Carbon, 2013, 58: 241-244.

[12] 益小苏．航空复合材料科学与技术．2013，北京：航空工业出版社．

R&D Progress in Advanced Composite Materials Technology

Yi Xiaosu, He Delong, Guo Miaocai
(AVIC Beijing Institute of Aeronautical Materials & AVIC Composite Technology Center)

World-widely, the advanced composite materials (ACMs) are playing an increasingly important role in many fields, especially in aeronautics and aerospace, energy, environment, defense, transportation, etc. This chapter reviews recent advances in ACM technology made in China and abroad in the following key areas: integrated design/manufacturing technology, nano- reinforcing technology, structure health monitoring, highly-toughening technology, multi-functional ACMs, and green ACM technology, etc. Then, considering the current R&D status and social needs of ACMs, several of the most important development directions in future are given, such as low-cost manufacturing technology of high- performance ACMs, computer simulation and virtual manufacturing technology, structure/multi-function integration, and green ACM technology. Finally, continuously increased R&D investments and great innovation are strongly suggested in order to promote large-scale industrial application of the ACMs.

2.5 纳米材料技术新进展

唐智勇　吴树仙
（国家纳米科学中心）

纳米材料是纳米科技发展的重要基础。当宏观物质的尺度减小至引起物理、化学现象突变的临界尺寸以下时，许多新颖的性质会出现。纳米材料科学与技术正是研究这个尺度下产生的各种科学现象和技术问题的一门新兴学科。广义上说，纳米材料是指具有纳米尺度结构特征（包括纳米粒子、线/管、孔道和薄膜等）的新型功能材料与结构[1]。因其独特的力学、电学、光学和热学等特性，纳米材料具有重要的应用前景和价值，对纳米科学的总体发展和社会进步产生了巨大影响。下文将简要介绍纳米材料领域的发展状况，并展望其未来。

一、国际重大进展

1. 总体发展态势

近 10 年来，纳米材料的研究经由超细粉体、纳米粉体等发展到结构/尺寸可控的单分散纳米基元，对纳米材料性质的探索由单纯追求小尺寸、大比表面积向系统研究其物理和化学性质转变。材料在纳米尺度上所表现出的一系列特性和诱人的应用前景，有力地促进了物理学、化学、材料科学等的交叉与融合，为纳米科技的发展奠定了基础。2010 年，二维结构碳纳米材料石墨烯的发现者安德烈·海姆和康斯坦丁·诺沃肖洛夫获得了诺贝尔物理学奖。此后，全世界掀起了低维纳米材料研究的热潮。

纵观纳米技术的发展，纳米技术产品可分为四代。第一代为 2000 年以前的被动式纳米结构，包括纳米涂层、纳米粒子及纳米结构的金属、陶瓷和高分子；第二代为 2005 年后的主动式纳米结构，包括 3D 电晶体、放大器、靶向药物及制动器等；第三代为 2010 年后的纳米体系的组成系统，包括引导式装配、3D 网络及机器人等；第四代为 2015 ~ 2020 年的分子纳米系统，包括自组装分子元件、原子设计及新兴机能等。据美国雷克斯研究咨询（Lux Research）公司发布的报告预计，世界纳米技术产品市场 2020 年将达到 3 万亿美元[2]。

鉴于纳米材料在高技术领域所占有的重要地位，世界主要发达国家和发展中国家的政府都部署了纳米科技研究规划。美国自 2000 年通过“国家纳米计划”（National Nanotechnology Initiative，NNI）以来，纳米材料的研究得到了长足发展。至今，美国联邦政府已为 NNI 投入了近 200 亿美元[3]，这大大激发了世界其他各国对纳米材料研究的支持。

据中国科学院文献情报中心的分析，材料领域（包括材料结构、功能、制造工艺和应用等）是纳米技术专利最多的领域，且近年来纳米材料领域出现了种类增加、应用范围扩大的趋势。申请纳米技术专利最多的机构主要分布在日本、中国、美国、德国等国家。2013 年 11 月 12 日 Web of Science 数据库的检索显示，2001 ~ 2012 年纳米材料相关的研究论文数量呈线性增长（图 1），美国、中国、德国和日本位居前列。

总体来看，世界上纳米材料研究的发展趋势主要有以下特点：一是基础研究与应用研究和产业化并重；二是向多学科交叉融合的方向发展，以材料为基础向生物、器件、环境和能源方面发展；三是越来越重视纳米材料的安全性研究。

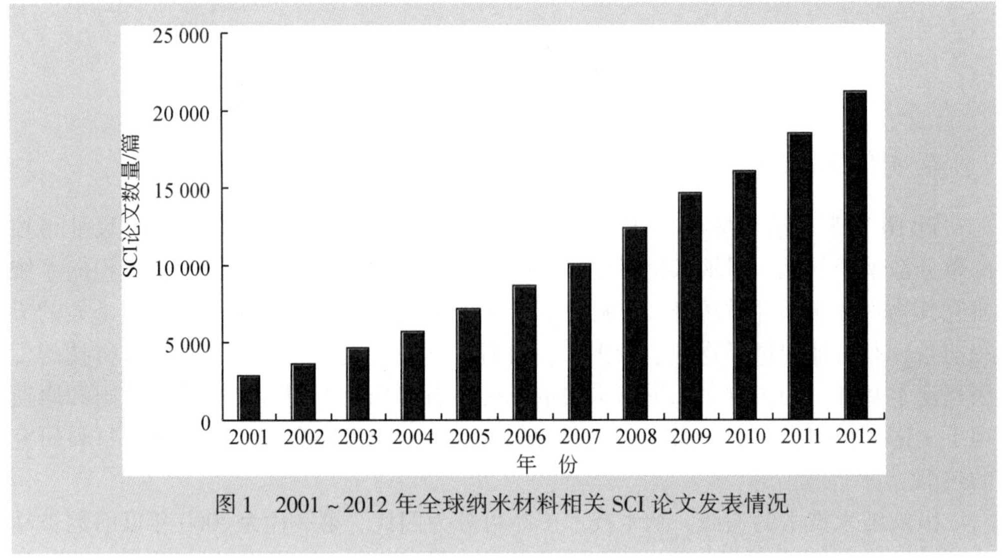

图 1 2001～2012 年全球纳米材料相关 SCI 论文发表情况

2. 基础研究进展

纳米材料的结构直接决定其性能。开展基于纳米结构材料的基础研究（包括材料的合成、组装，新型结构材料的设计开发，纳米材料基础性质研究等），有助于构筑纳米材料的结构–性能关系，获得具有特定的物理化学性能的纳米材料，为纳米材料的技术应用奠定基础。

在纳米材料的合成和自组装方面，研究重点逐渐从制备简单形貌的纳米结构（粒子、线、棒、带或管等）向设计和精细调控具有特定功能性质的纳米材料和结构过渡（如金属–半导体杂化材料、不同晶面结构精确可控的纳米晶体等）；以高分子、DNA 等生物大分子为模板的纳米粒子的自组装展示出丰富的可设计性和功能性，通过纳米粒子与高分子链的相互作用可以组装成链、球、环等复杂的结构，并且能够组装对环境响应的有序的三维网络结构；多元纳米粒子的自组装也有了新的突破。例如，采用 13.4 纳米三氧化二铁（Fe_2O_3）和 5 纳米金（Au）颗粒在胶体溶液中自组装，可制备出具有五重准晶结构的二元纳米粒子的有序结构[4]。此外，对纳米材料的光学、生物新功能的开发（包括金属、半导体纳米粒子光学手性的研究）也有一系列的报道[5]。

在新型结构材料设计开发方面，石墨烯因其极佳的导电性、导热性和坚固性而备受瞩目。2012 年，韩国和美国的研究人员共同开发了一种低成本的方法，通过混合固态 CO_2 和相应溶剂，能简单、经济地大规模生产出高质量的纳米石墨烯薄片[6]。2013 年，美国麻省理工学院和哈佛大学的科学家利用 DNA 构建出具有独特电子特性的石墨烯纳米结构，向大规模生产石墨烯电子芯片迈出了非常重要的一步。碳纳米管的研究也有了重要进展。来自 IBM、苏黎世理工学院和美国普渡大学的研究人员构建出了首个 10 纳米以下的碳纳米管晶体管[7]，这种微型晶体管能在极低的工作电压下保持出众的电流密度，这正是未来 10 年计算技术发展所需要的。日本科学家研究出一种在任何极端温度下都不会损坏的碳纳米管“橡胶”材料，它可以广泛应用到各个领域[8]。近期，美国科学家使用遗传算法逆向设计出一种架构，并将这种架构用于新型纳米材料的设计。这是科学家们首次证明，可用逆向设计方法来设计自组装的纳米结构[9]。该研究说明了“大数据”方法在设计纳米材料方面的巨大潜力。使用“大数据”概念和新技术来发现和设计新式纳米材料，是美国 2011 年启动的“材料基因组计划”（Materials Genome Initiative）的一个优先领域。“材料基因组计划”与“国家纳米计划”紧密结合，其目的是研发出新方法来革新材料的设计。

3. 应用研究进展

纳米材料研究不仅要重视材料基础性能的研究，也要重视材料的应用性研究。获得高性能的纳米结构材料并用于创造社会价值以推动社会进步是纳米材料研究的终极目标。目前纳米材料应用已经在催化、能量存储和生物检测等方面取得显著效果。

在催化方面，许多不同的催化体系和概念被进一步开发出来。例如，在水溶性的聚乙烯基吡咯烷酮保护下，用粒径约为 2 纳米的钌簇金属催化剂来实现水介质费托反应；在贵金属铂（Pt）表面上构建具有配位不饱和的亚铁纳米结构，成功地实现了室温条件下分子氧的高效活化，由此发展出“界面限域催化”的概念[10]；中孔与微孔材料结合生成的纳米片是良好的高活性、长寿命的催化剂，可用于石油化工催化裂解。

在能量高效储存与转化方面，纳米粒子能够提高高能电池中的能量储存和转化效率；纳米电极材料可以增大比表面积，减小极化，提高离子的扩散速率和材料的电化学容量，改善电极的循环稳定性和寿命；低铂高效的纳米铂/碳（Pt/C）或铂-钌/碳（Pt-Ru/C）催化剂是提高燃料电池性能的关键技术之一；纳米材料在提高染料敏化太阳电池效率方面也具有显著优势。在生物检测方面，磁性四氧化三铁（Fe_3O_4）、氧化锰（MnO）等逐渐应用于生物成像的磁共振成像，是生物医学领域里实际应用最成功的纳米材料之一。

4. 纳米材料的安全性研究

纳米材料的小尺寸使其穿越生物屏障的可能性加大，它的暴露可能会给人体与环境带来新的风险。随着纳米材料和纳米技术的迅速发展与广泛应用，人们接触纳米材料的机会大大增加，引发了社会对纳米材料安全性的关切。纳米材料的安全性既是一个科学问题，也是一个伦理问题。从科学问题的角度来看，纳米材料与生命体系相互作用是纳米科技领域的前沿科学问题，应加强研究。美国“国家纳米计划”（NNI）在这方面率先开展相关研究，并于2008年制定了在环境、健康与安全（EHS）领域的战略规划，EHS是NNI近5年投资增长最快的领域。迄今为止，世界上许多实验室对纳米材料的安全性进行了研究，如布雷第希–斯托勒（Braydich-Stolle）、古德曼（Goodman）和德尔福斯（Derfus）等[11]。但是得到的实验结果并不相同，纳米材料的安全性还没有得到明确的结论。从伦理问题的角度看，必须加强政府监管，欧盟是这方面的先行者。2011年10月，欧盟委员会发表了“建议”的纳米材料定义，随后又颁布了一些法规，对纳米材料的监管做出了明确的规定[12]。

二、国内研发现状

我国一直高度重视纳米科技的研发工作，2001年就制定了《国家纳米科技发展纲要（2001—2010年）》，近年来纳米材料领域的发展水平与国际上发达国家相近。其中，功能导向的纳米材料是纳米材料研究发展的关键。我国在该领域有多年的科学积累，在具有特殊光、电、磁、催化性能的纳米材料的构效关系方面做出了有一定影响力的工作，但整体研究力量尚待加强。国内本领域的具体发展情况如下。

1. 纳米材料的结构调控研究

无机纳米粒子的可控自组装是实现其在宏观尺度实际应用的最有效途径。国家纳米科学中心的唐智勇课题组近两年围绕无机纳米粒子可控组装和功能调控开展了系列研究工作，成功实现了多分散（20%～30%）无机纳米粒子在溶液中的可控自组装。该研究对于理解单分散性的病毒等生物体系和聚合物等有机大分子超结构的形成具有指导意义[13]。国家纳米科学中心的丁宝全课题组致力于研究DNA纳米模板法自组装贵金属、半导体和磁纳米颗粒，他们以DNA折纸结构为模板，通过精确控制多个金纳米粒子，制造出具有单一手性、几何构型可控的螺旋纳米链[14]，这使得制备具有特定光学性能的三维等离子体共振结构成为可能。清华大学李亚栋研究团队提出了纳米晶“液相–固相–溶液”界面调控机制，实现了不同类型纳米晶的可控制备。北京大学刘忠范研究团队将有机小分子的自组装概念拓展到准一维碳纳米管领域，建立了多种化学自组装方法，并开拓了自组装膜电化学的研究方法。

2. 有机功能低维纳米材料研究

近年来，我国的科研人员在有机纳米结构和材料的制备上提出一些新方法和概念，特别是在复合有机功能纳米结构和材料的构建及其电学与光学性质研究方面取得了重要进展。这些基于有机功能分子的纳米结构和材料在光电转换、太阳能电池以及信息存储等方面显示出重要的潜在应用价值。清华大学范守善研究团队在碳纳米管的生长机理、控制合成和应用研究方面取得了比较系统的研究成果。最近，国家纳米科学中心的何军课题组使用化学气相沉淀法首次合成了高质量的单晶碲化锡纳米线。这为研究低维拓扑晶态绝缘体（TCI）材料在纳米电子学和自旋电子学器件领域的应用打下了坚实的基础[15]。在生物学应用方面，国家纳米科学中心的生物效应与安全性研究室探索了纳米材料在蛋白质检测、药物输运和降低细胞毒性方面的作用[16]。

3. 纳米材料的催化研究

小管径中限域催化剂的制备技术以及有效的表征手段一直是纳米材料催化领域发展的瓶颈。中科院大连化物所催化基础国家重点实验室包信和院士的研究团队，在碳纳米管的限域催化研究方面取得了新进展，该研究组成功实现了在管径小至1.5纳米左右的单壁碳管内高效组装限域催化剂[17]。该研究团队经过多年的研究，还提出了“碳纳米管的催化协同限域效应”的概念。国家纳米科学中心的宫建茹课题组也在光催化方面做了一些研究工作。

4. 纳米材料的安全性研究

我国学界对此关注较早，2010年我国学者出版了“纳米安全性系列丛书”[18]，这是世界上第一套纳米安全性的系统书籍，按纳米材料种类分类撰写，汇编了国内外富勒烯、碳纳米管、纳米银（Ag）等纳米材料的安全评价研究中的最新结果与数据。国家纳米科学中心陈春英研究组与唐智勇研究组合作，以秀丽线虫为模型在纳米材料生物效应方面取得了重要进展[19]。这些研究成果不仅有助于人们理解不同纳米材料与生物体系相互作用的机制与规律，同时对合理设计和安全使用纳米材料也具有参考价值。

三、发展趋势及前沿展望

纳米材料的研究不仅具有重要的科学意义，而且具有重要的社会意义。它增加了人们认识自然的新层次，与应用领域的衔接愈来愈紧密。在我国现阶段确定的七个战略性新兴产业之中，以纳米材料为代表的新材料产业在国民经济增长方面起着非常关键的作用。此外，纳米技术的全球化也对各国政府部门的政策制定水平与监管职能提出了更高的要求。

时至今日，纳米材料研究经过多年的发展，已奠定了一定的理论和技术基础。然而，其巨大应用潜力还未被完全挖掘出来，充分产业化可能要到2020年左右。随着全球生态与人类社会的变化，纳米材料未来的研究与应用重点可能集中在以下四个方面。

1. 面向能源领域的纳米材料

纳米材料在解决21世纪的能源危机上将获得重大进展并形成新的经济增长点。未来的发展方向主要包括：纳米光电催化材料的相关研究、纳米材料在能量高效储存与转化中的应用基础研究、化石能源的高效转化等。

2. 面向环境领域的纳米材料

纳米材料有望在环境应用领域取得重大突破，实现对环境污染的高效治理。研究去除环境中有毒污染物的纳米材料和纳米技术，将为满足我国环境安全的战略需求、实现社会的可持续发展做出重要贡献。

3. 面向生物医学领域的纳米材料

纳米材料对疾病的诊断和治疗产生了深远的影响，将会更多地用于药物输运系统、诊断系统和治疗系统，特别是重大疾病的早期诊断和治疗。

4. 面向信息领域的纳米材料

纳米技术在电子信息产业中的应用将对相关产业的发展产生革命性的影响，这些技术突破将全面地改变人类的生存方式，它所带来的经济价值是难以估量的。

参 考 文 献

[1] 国家自然科学基金委员会，中国科学院．未来10年中国学科发展战略·纳米科学．北京：科学出版社，2012

[2] Roco M C，Mirkin，C A，Hersam M C. Nanotechnology Research Directions for Societal Needs in 2020——Retrospective and Outlook. Springer，2011，4-9.

[3] National Science and Technology Council. The National Nanotechnology Initiative——Supplement to the President's 2014 Budge. http：//www. nano. gov/node/1016 [2013-03-15].

[4] Talapin D V，Shevchenko E V，Bodnarchuk M I，et al. Quasicrystalline order in self-assembled binary nanoparticle superlattices. Nature，2009，461：964-967.

[5] Zhou Y，Yang M，Sun K，et al. Similar topological origin of chiral centers in organic and nanoscale inorganic structures：effect of stabilizer chirality on optical isomerism and growth of CdTe nanocrystals. Journal of the Amerian Chemical Society，2010，132：6006-6013.

[6] Jeon I，Shin Y，Sohn G，et al. Edge-carboxylated graphene nanosheets via ball milling. Proceedings of the National Academy of Sciences，2012，109（15）：5588-5593.

[7] FranklinA D，Luisier M，Han S，et al. Sub-10 nm carbon nanotube transistor. Nano Letter，2012，12（2）：758-762.

[8] Xu M，Futaba D N，Yamada T. Carbon nanotubes with temperature-invariant viscoelasticity from-196℃ to 1000℃. Science，2010，330：1364-1368.

[9] Srinivasan B，Vo T，Zhang Y，et al. Designing DNA-grafted particles that self-assemble into desired crystalline structures using the genetic algorithm. Proceedings of the National Academy of Sciences，Published online before print October 28，2013，doi：10. 1073/pnas. 1316533110.

[10] Wittstock A，Zielasek V，Biener J，et al. Nanoporous gold catalysts for aelective gas-phase oxidative coupling of methanol at low temperature. Science，2010，327：319-322.

[11] 刘颖，陈春英．纳米材料的安全性研究及其评价．科学通报，2011，56（2）：119-125.

[12] European Commission，Commission Recommendation of 18 October 2011 on the definition of nanomaterial（2011/696/EU），Official Journal of the European Union，20. 10. 2011

[13] Xia Y，Nguyen T，Yang M，et al. Self-assembly of self-limiting，monodisperse supraparticles from polydisperse nanoparticles. Nature Nanotechnology，2011，6：580-587.

[14] Shen X，Song C，Wang J，et al. Rolling up gold nanoparticle-dressed DNA origami into three-dimensional plasmonic chiral nanostructures. Journal of the Amerian Chemical Society，2010，132：6006-6013.

[15] Safdar M，Wang Q，Mirza M，et al. Topological surface transport properties of single-crystalline SnTe nanowire. Nano Letter，2013，13（11）：5344-5349.

[16] Zhang Y，Guo Y，Xian Y，et al. Nanomaterials for ultrasensitive protein detection. Advanced Materials，2013，25：3802-3819.

[17] Zhang F, Pan X, Hu Y, et al. Tuning the redox activity of encapsulated metal clusters via the metallic and semiconducting character of carbon nanotubes. Proceedings of the National Academy of Sciences, 2013, 110 (37): 14861-14866.
[18] 赵宇亮. 纳米安全性丛书. 北京: 科学出版社, 2010.
[19] Qu Y, Li W, Zhou Y, et al. Full assessment of fate and physiological behavior of quantum dots utilizing caenorhabditis elegans as a model organism. Nano Letters, 2011, 11 (8), 3174-3183

Recent Advancement in Nanomaterial Research

Tang Zhiyong, Wu Shuxian
(National Center for Nanoscience and Technology, Chinese Academy of Sciences)

Nanomaterials are an important basis for the development of nanotechnology. Currently, there are three characteristics of the nanomaterials research. Firstly, the investment focus on basic research, application research and industrialization; secondly, the research issues tend towards interdisciplinary subjects integration, and seek for a breakthrough for nanobiotechnology and nanodevices based on functional nanomaterials; thirdly, more attention has been paid to the safety research of nanomaterials. China is on the nearly same level as developed countries in nanomaterial research. Yet, some areas such as large-scale controllable fabrication of nanomaterials and related application are still lack of breakthrough results. To attain more innovative achievements and resolve the crucial problems of the nation's strategic development, the priority fields of nanomaterial research in the future may include nano- energy materials, nano-bio materials, nano-info materials and environmental nanomaterials.

2.6 材料设计技术新进展

孙　强　朱贵之
(北京大学工学院材料系)

要想加速材料的合成，节省人力和其他资源，需要改变传统的“反复试验、不断摸索”(trial and error method) 材料研发模式。利用现代高性能超级计算机和高速发展的材料模拟技术，从原子和电子层次上构建新材料，从而实现从微观结构到宏观性能的调控，这就是当代“材料设计技术”的概念。下文将简要介绍该领域的进展及其未来发展趋势。

一、国际重大新进展

2011年6月24日，美国总统奥巴马宣布了一项超过5亿美元的“先进制造业伙伴关系”（AMP）计划，以期通过政府、高校及企业的合作来强化美国的制造业。“材料基因组”（MGI）计划是AMP计划中的重要组成部分[1]。美国提出MGI计划的目的是希望通过发展材料科学技术，使其继续保持在核心科技领域的优势，提升其先进制造业能力，从而促进美国制造业的复兴，增强其在全球的竞争力。截至2013年6月，美国政府及一些私营部门已采取了一系列举措以支持MGI计划，这些举措包括：国家标准及技术研究院成立新的卓越中心，一些著名大学联合创立的材料创新加速网，以及一些公共-私营部门协作成立的研产链机构。

材料设计技术的进展主要涉及两个领域的发展，即计算机硬件与数据库技术、理论方法与计算机建模技术。

1. 计算机硬件与数据库技术

近年来，世界上超级计算机发展迅速。国际TOP 500组织在2013年11月18日公布了最新全球超级计算机500强的排行榜（表1），中国国防科学技术大学研制的“天河二号”以比第二名美国的“泰坦”快近一倍的速度再度轻松登上榜首。据美国专家预测，在一年时间内，“天河二号”仍将是全球最快的超级计算机[2]。最重要的是，“天河二号”不仅运算速度快，而且整个系统大多是中国自主研发的。计算机技术的快速发展不仅为中国的材料模拟设计提供了保障，而且为材料数据库系统的共享、优化管理及动态和时序分析奠定了基础。

此外，为实现新材料研发周期减半的目标，需要增强实验技术、计算技术和数据库之间的协作和共享，数据库技术就是研究大数据集存储、搜索和分析的技术。在材料设计领域产生的大量复杂的数据集，需要有比现有的数据库技术更高级的支持。例如，德国施普林格（Springer）集团旗下的Landolt-Börnstein材料数据库拥有全球材料科学领域最大的物理化学数据资源，它收录了250 000种物质和材料体系，覆盖了3000种材料性质，包含了1 200 000个文献引用。由此可以看出，有当今先进的IT技术的支撑，数据库技术必将积极促进材料设计的快速发展。

表 1　国际 TOP 500 组织 2013 年 11 月公布的全球超级计算机排行榜前 6 强

排名	研制单位	系统名称	核数	运算速度 /(TFlop/s)*	功率 /千瓦
1	中国广州国家超级计算机中心	天河二号	3 120 000	33 862.7	17 808
2	美国橡树岭国家实验室	泰坦	560 640	17 590.0	8 209
3	美国劳伦斯-利弗莫尔国家实验室	红杉	1 572 864	17 173.2	7 890
4	日本理化研究所	京	705 024	10 510.0	12 660
5	美国阿尔贡国家实验室	米拉	786 432	8 586.6	3 945
6	瑞士国家计算中心	代恩特峰	115 984	6 271.0	2 325

* TFlop/s 为运算速度单位，表示每秒所执行的浮点运算次数。

2. 理论方法与计算机建模技术

爱因斯坦早在 50 多年前曾作过如下的预言：“电脑非常快且准确，但是很愚蠢，人类非常慢且不准确，但是很聪明，只有将人类的智慧与计算机的运算速度和精度结合起来，才能够产生超乎想象的力量”[3]。这其间的桥梁，就是理论方法与计算机建模技术。

材料模拟设计涉及物理、化学、数学和算法语言等领域。诺贝尔化学奖曾两次颁发给模拟计算领域的科学家。1998 年 10 月 13 日，瑞典皇家科学院公布的 1998 年度诺贝尔化学奖获得者为美国的奥地利裔科学家瓦尔特・科恩（Walter Kohn）教授和英国的约翰・波普尔（John A. Pople）教授，他们的工作让实验和理论能够共同协力探讨物质体系的性质，使整个化学领域发生了一场革命性的变化[4]。2013 年 10 月 9 日，瑞典皇家科学院宣布，将 2013 年诺贝尔化学奖授予美国科学家马丁・卡普拉斯（Martin Karplus）、迈克尔・莱维特（Michael Levitt）和亚利耶・瓦谢尔（Arieh Warshel），以表彰他们“在开发多尺度复杂化学系统模型方面所做的贡献”[5]。

在材料的模拟设计中，20 世纪 60 年代科学家们所发展的密度泛函理论（DFT）[6]发挥着重要的作用。其基本思想是把空间电荷密度作为基本变量（遵从科恩-沈吕九（Kohn-Sham）方程[7]），而体系的物理性质可以用电荷密度表示出来。与薛定谔方程中的多变量波函数相比，电荷密度函数不仅使薛定谔方程所包含的变量数大大减少，而且还能把理论计算的电荷密度直接与实验测量的电荷密度相比较。随着科学研究的进一步深入，人们发现了许多复杂的材料体系和物理化学过程。要对这些复杂的体系和过程进行合理的描述，密度泛函理论本身需要得到进一步的发展。密度泛函理论体系的发展由图 1 所示的 4 个方面组成：①建立新的交换关联函数，研究弱相互作用体系及强关联体系；②发展含时密度泛函理论，研究与激发态相关的物理化学过程；③发展相对论密度泛函理论，研究重元素体系；④发展线性标度密度泛函理论，研究结构复杂的大体系（如生物材料等）。

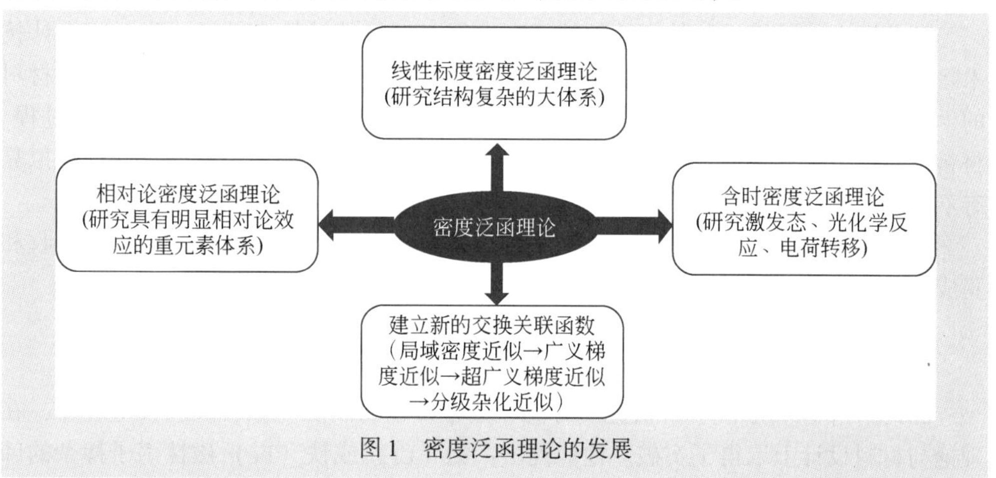

图1　密度泛函理论的发展

密度泛函理论为认识材料的微观结构和微观机理提供了重要的理论基础。然而，它受到时间尺度和空间尺度的限制。为了从微观尺度→介观尺度→宏观尺度深入认识材料的结构和特性，目前科学家们正在努力发展多尺度的模拟方法（图2），努力将量子力学计算、原子模拟、有限元方法、连续介质方法、热力学和统计物理方法有机地结合起来，以跨越时间尺度和空间尺度，使得材料的模拟设计能够快速有效地完成从微观结构的构筑到宏观特性的调控，这是一个涉及多变量的复杂过程。

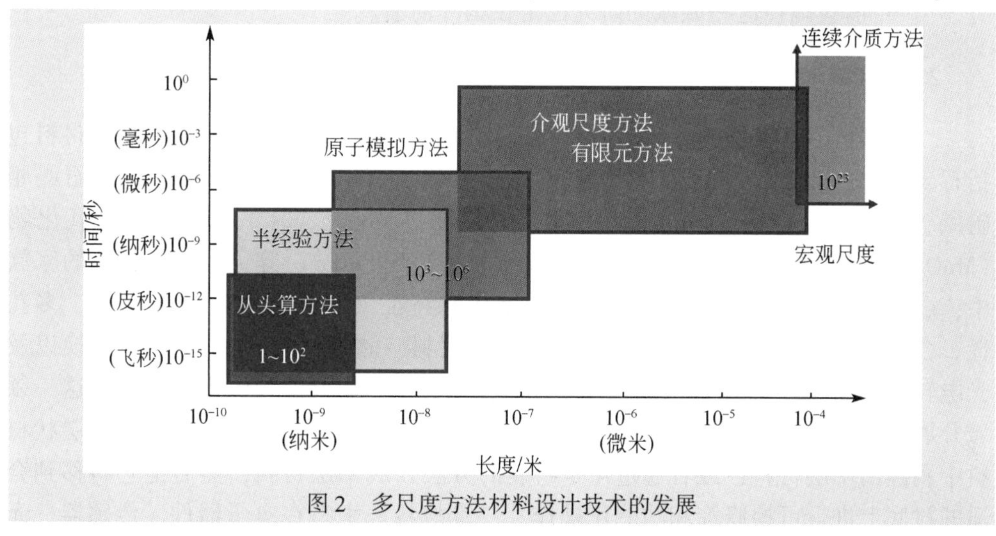

图2　多尺度方法材料设计技术的发展

二、国内研发现状

随着国内外计算机硬件和软件的不断发展，材料的计算模拟已成为材料设计技术除实验研究和理论研究之外的第三大支柱。从原子和电子水平上理解和认识材料的生长过程、材料与周围环境的动态相互作用（物理的、化学的或生物的）过程、材料在极端条件（超高压、超高温、超强电磁场）下的结构与特性等，计算模拟具有不可替代的作用。

近年来，我国已经有意识地在相关领域培育了一定的力量，通过引进、吸收和集成创新，在一些材料设计的热点领域取得了若干成果。

1. 拓扑绝缘体材料

2010 年中国科学院物理研究所方忠、戴希带领的团队与张首晟教授等合作，在理论与材料设计上取得了突破。他们提出：铬（Cr）或铁（Fe）磁性离子掺杂的碲化铋（Bi_2Te_3）、硒化铋（Bi_2Se_3）、碲化锑（Sb_2Te_3）族拓扑绝缘体中存在着特殊的 Vleck 铁磁交换机制，能形成稳定的铁磁绝缘体，是实现量子反常霍尔效应的最佳体系[8]。2013 年，中国科学院物理研究所何珂的团队和清华大学物理系薛其坤的团队合作攻关，实现了对拓扑绝缘体的电子结构、长程铁磁序以及能带拓扑结构的精密调控；利用分子束外延方法，生长出了高质量的 Cr 掺杂 $(Bi, Sb)_2Te_3$ 拓扑绝缘体磁性薄膜，并在极低温输运测量装置上成功地观测到了“量子反常霍尔效应”[9]。目前我国在这一领域的研究已走在国际前沿。

2. 二维纳米材料

二维材料因其独特的几何结构和物理特性吸引了人们的广泛关注。这类材料包括石墨烯（graphene）、石墨炔（graphynes）、硼氮（h-BN）、硅烯、锗烯、石墨相碳氮（$g\text{-}C_3N_4$，$g\text{-}C_4N_3$）、过渡金属二硫化物（MoS_2，WS_2）、层状金属氧化物（MnO_2，ZnO，TiO_2）和金属有机单层聚合物（Poly-Fe-Pc）等。在二维材料的家族中，金属有机二维多孔材料具有独特的结构和特征（暴露的金属原子点位、多孔性、合成的灵活性、低成本），在自旋电子学材料、储氢材料、CO_2 捕获与转换以及光电转换等领域有着十分重要的应用。北京大学、南开大学和山东大学等在这一领域开展了一系列的研究工作[10~12]。在二维材料的合成技术上，已经可以从非层状材料中剥离出单层材料，或者通过化学组装的方法合成单层材料，然后把它转移到合适的衬底上进行可控修饰和功能化操作。二维材料未来将在电子器件、传感器、光学器件、能量收集和储存、催化、生物工程和气体分离等领域有着广泛应用。

3. 超材料

超材料是指一些具有天然材料所不具备的超常物理性质的人工复合结构或复合材料。超材料技术是通过改变材料建筑单元（原子、分子、纳米结构等）的排列组装方式从而调控其物理特性和功能。例如，利用超材料对电磁波的响应可以任意控制电磁波传播的方式，并实现负折射率、电磁隐身衣等奇特功能，这在国防科技中有着重要的应用。近年来，清华大学[13]、浙江大学[14]、兰州大学[15]、南京大学[16]已经在光子晶体和隐身材料等领域开展了一系列国际领先的研究工作。

三、发展趋势及前沿展望

材料是推动经济发展和社会进步的物质基础，新材料、信息技术、生物技术共同构成了当今世界高新技术的三大支柱，成为产业进步、国民经济发展和保证国防安全的重要推动力。当前，材料设计技术等相关领域已成为材料科学发展的主要生长点。图3简要描述了材料设计的热点领域，包括以下六个方向。

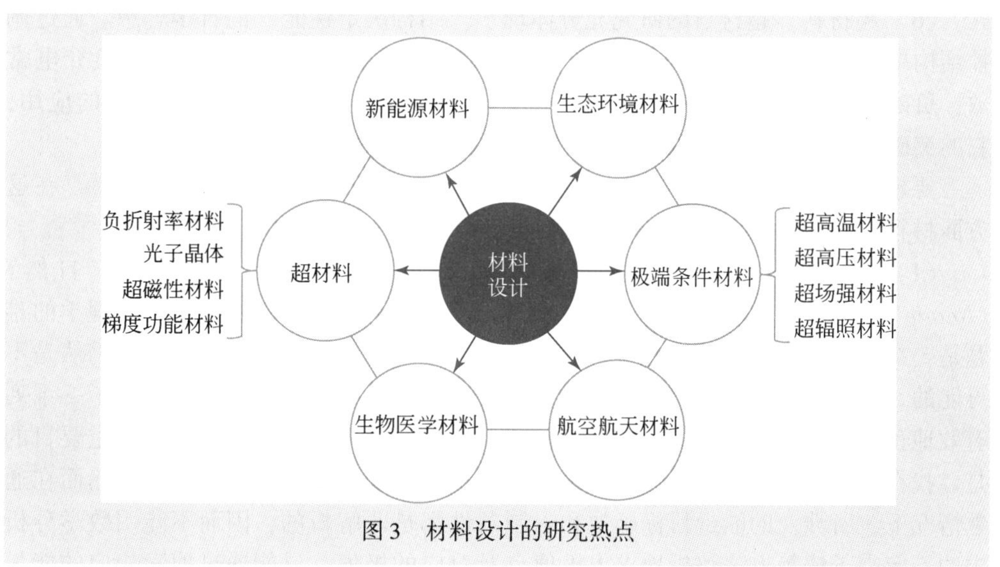

图3 材料设计的研究热点

（1）新能源材料。目前地球上的主要能源——化石燃料——存在的最突出的问题是利用效率低、环境污染严重且储量有限。因而，开发新能源和节能技术是全球科学家共同关心的研究课题，包括核能技术材料、太阳能电池材料、锂离子电池材料、储氢材料、燃料电池材料、热电转换材料等。

（2）生态环境材料。该领域主要研究对能源和资源消耗最少，对生态环境影响最小，再生循环利用率最高，使用性能优异的新型材料。生态环境材料是未来国际高技术新材料研究中的一个重要领域，其主要研究方向是生物可降解材料、CO_2（SO_x、NO_x）催化转化材料与环境中重金属离子捕获材料。

（3）生物医学材料。随着人类寿命的延长和社会老年化趋势的加重，面向人类健康与福祉的生物医学材料便成为新材料设计和开发的重点之一。研究兴趣将集中在用于假肢、植入器件及人工器官的新材料方面，包括生物活性陶瓷、生物降解高分子材料、医用复合生物材料、功能性生物复合材料，以及带有治疗功能的生物复合材料等。

（4）航空航天材料。“玉兔”号月球车的成功登月，更加激发了全球对航空航天材料的研发热情，特别是可用于不同环境下的智能复合材料。这种材料要求具备的特性包括高强度、轻质量、耐磨，以及灵敏而稳定的数据采集能力和接收传输能力。

（5）极端条件材料。核能技术、深海技术、深井勘察及航天技术都需要材料在极端条件下能具有稳定的结构和良好的性能。因此，有必要大力研发极端条件材料。这类材料包括：超高温材料、超高压材料、超场强材料和超辐照材料等。

（6）超材料。超材料的研究充分体现了“结构决定性能”的哲学思想。通过调控结构单元在空间中的排列方式可使材料具有超乎寻常的物理性能（如负介电常数、负磁导率）。这类材料在隐身技术及太赫兹激光器等领域有十分重要的应用，它的突破性进展依赖于新的材料合成技术。

要想在以上重要领域有突破性进展，材料模拟技术本身需要进一步发展。在这方面材料结构的优化算法和材料的逆向设计方法尤其值得高度关注。

（1）材料结构的优化算法。早在 1988 年，时任著名科学杂志《自然》（*Nature*）主编的约翰·马多克斯（John Maddox）指出：“一个长期困扰物理学的难题是：在仅知道化学构成的前提下，准确预测晶体结构目前在总体上而言仍然是不可能的。”[17] 现在距离马多克斯发表此论点已过去二十余年，人们已经发展了一系列有效地预测材料结构的方法，在一定程度上解决了这一难题。这类算法的主要目的是寻找在一定条件下热力学方面能量最低的结构，即求解条件极值问题。然而在通常情况下，所涉及的能量目标函数和限制条件都是非解析的，因而不能用数学分析中的不定乘子法等方法解析地求出极值点及对应的极值，只能通过搜索相应的能量函数曲面来实现全局优化。当前最为常用的做法是，利用全局优化算法对晶体结构的能量曲面进行全局搜索，以期找到全局最稳定的几何结构。其研究方法包括随机搜索算法、模拟退火算法、谷跃迁算法、进化算法、粒子群算法[18] 等。这些算法各具特点，分别适用于不同特定条件下的全局优化问题。对于结构复杂的体系，由于组态空间的高维度、非线性以及能量曲面的高度复杂性，几何结构的预测要求进一步发展具有稳定性、收敛性、高效率和可靠性的优化算法。

（2）材料逆向设计方法。这种方法突破了传统的“结构决定性质”的思想，从材料性质出发，设计出满足特殊性能的材料结构。2013 年，复旦大学龚新高教授组发明了一种基于粒子群算法的逆向能带结构设计方法，并用它来寻找直接带隙的硅材料；他们设计出的立方相态 Si_{20} 具有 1.55 电子伏特（eV）的直接带隙[19]。与传统间接带隙的硅材料相比，直接带隙的硅材料在提高硅基材料的太阳能转换效率和降低其成本方面具有很大的优势。这种由性能到结构的逆向设计方法非常具有启发和借鉴意义，在未来的材料设计领域中应该进一步推广和扩充，以便用于其他物理性质导向的材料结构设计。

纵观人类历史，从石器时代、青铜时代、铁器时代、电子材料时代，到纳米智能材料时代，我们不难发现，材料的发展史是人类社会的发展史，也是科学技术的发展史。新材料的设计和研发必将推动人类文明的进步和社会经济的发展。可以预测，随着国家科研投入的增加和管理体制的日益完善，中国新材料的设计和研发必将会取得突破性进展。“材料梦”的实现将会为“中国梦”的实现奠定坚实的基础。

参 考 文 献

[1] Kalil T, Wadia C. Materials Genome Initiative: A Renaissance of American Manufacturing. http://www.whitehouse.gov/blog/2011/06/24/materials-genome-initiative-renaissance-american-manufacturing [2011-06-24].

[2] Lin X. China's Tianhe-2 Supercomputer Maintains Top Spot on 42nd TOP500 List. http://news.sciencenet.cn/htmlnews/2013/11/285226.shtm [2013-11-19].

[3] Kern G M, Dunphy S M. Testing Einstein's faux formula: fast computers+slow humans=creative brilliance. DOI: 10.1080/0144929X.2013.822019 [2013-09-04].

[4] Nobelprize Org. The Nobel Prize in Chemistry 1998. http://www.nobelprize.org/nobel_prizes/chemistry/laureates/1998/ [2013-11-30].

[5] Nobelprize Org. The Nobel Prize in Chemistry 2013. http://www.nobelprize.org/nobel_prizes/chemistry/laureates/2013/ [2013-11-30].

[6] Hohenberg P, Kohn W. Inhomogeneous electron gas. Physical Review, 1964, 136 (3B): 864-871.

[7] Kohn W, Sham L J. Self-consistent equations including exchange and correlation effects. Physical Review, 1965, 140 (4A): 1133-1138.

[8] Yu R, Zhang W, Zhang H J, et al. Quantized anomalous hall effect in magnetic topological insulators. Science, 2010, 329 (5987): 61-64.

[9] Chang C Z, Zhang J, Feng X, et al. Experimental observation of the quantum anomalous hall effect in a magnetic topological insulator. Science, 2013, 340 (6129): 167-170.

[10] Zhou J, Sun Q. Magnetism of phthalocyanine-based organometallic single porous sheet. Journal of the American Chemical Society, 2011, 133: 15113-15119.

[11] Li Y F, Zhou Z, Shen P W, et al. Two-dimensional polyphenylene: experimentally available porous graphene as hydrogen purification membrane. Chemical Communications, 2010, 46: 3672-3674.

[12] Tan J, Li W, He X, et al. Stable ferromagnetism and half-metallicity in two-dimensional polyporphyrin frameworks. Rsc Advances. 2013, 3: 7016-7022.

[13] Fu M, Zhou J, Xiao Q F, et al. ZnO nanosheets with ordered pore periodicity via colloidal crystal template-assisted electrochemical deposition. Advanced Materials, 2006, 18 (8): 1001-1004.

[14] Chen H, Zheng B, Shen L, et al. Ray-optics cloaking devices for large objects in incoherent natural light. Nature Communications, 2013, 4: 2652.

[15] Ma Q, Mei Z L, Zhu S K, et al. Experiments on active cloaking and illusion for laplace equation. Physical Review Letters, 2013, 111 (17): 173901.

[16] Zhu B O, Zhao J, Feng Y. Active impedance metasurface with full 360° reflection phase tuning. Scientific Reports, 2013, 3: 3059.

[17] Maddox J. Crystals from first principles. Nature, 1988, 335: 201.

[18] Wang Y, Lv J, Zhu L, et al. Crystal structure prediction via particle-swarm optimization. Physical Review B, 2010, 82: 094116.

[19] Xiang H J, Huang B, Kan E, et al. Towards direct-gap silicon phases by the inverse band structure design approach. Physical Review Letters, 2013, 110: 118702.

Recent Advancement in Materials Design Technology

Sun Qiang, Zhu Guizhi

(Peking University)

Materials Genome Initiative (MGI) aims at doubling the speed and reducing the cost of discovering, developing, and deploying novel materials, which can be achieved by using materials design technologies. In this article, we briefly summarize the recent advancement in this field focusing on computer technology and simulation methodology. New progress is given for the research in topological insulators, two-dimensional materials and meta-materials. We have also discussed the future research trends in materials design for energy, environment, aerospace, biomedicine, and applications in extreme conditions. Global optimization algorithms and the inverse design approach are specially emphasized for further development.

2.7 锑化物基光电子材料和器件的新进展

徐应强 王国伟 张 宇 牛智川
(中国科学院半导体研究所)

锑（Sb）化物基光电子材料主要是指包含（InGaAl）（AsSb）等元素的典型Ⅲ-V族化合物半导体，其光电物理性质独特、内涵丰富。锑化物材料在高性能中波红外激光器、中长波红外探测器、高速低功耗微电子器件及热电和制冷器件等诸多领域具有广阔的应用前景，近年来发展迅猛。开展锑化物低维材料物理和关键制备技术的研究，对开发下一代高性能器件具有十分重要的科学意义和应用价值。下文将重点介绍近几年这方面的重要进展，并展望未来。

一、国际重大进展

锑化物材料与器件的研究主要包含五个方向：①GaSb单晶与外延衬底材料；②超晶格材料与中长波红外探测器件；③ 量子阱材料与红外激光器件；④超高速微电子器件、太赫兹（THz）与亚毫米波器件；⑤纳米结构热光伏与热电器件。

1. GaSb单晶与外延衬底材料

锑化物材料与器件的发展依赖GaSb单晶及衬底制备技术的出现。20世纪70年代，虽然理论上预言了锑化物是制造高性能红外光电器件与低功耗高速电子器件的理想材料[1]，但当时还无法制备出外延用高质量GaSb衬底，外延技术也不成熟。进入21世纪后，英国Wafer Technology（WT）公司采直拉法（Czochralski法）生产的直径2～4英寸GaSb衬底，其表面位错密度（EPD）小于1000/厘米^2，满足了外延生长和高性能器件制备的严格要求[2]。目前，大部分已知高性能锑化物光电器件都采用了该公司的衬底。随着锑化物器件性能的不断提升，其应用前景日趋明朗，应用领域高度敏感。2009 年开始，该公司产品实施包括中国在内的出口禁运。近年来，中国科学院半导体研究所自主开发了 GaSb 单晶和衬底材料制备技术，目前能够小批量生产 GaSb 衬底，其质量与 WT 公司接近。这为国内锑化物相关研究和发展提供了重要保障。

2. 超晶格材料与中长波红外探测器件

高性能红外探测器的研究长期以来是国际前沿和热点。20 世纪 90 年代提出的第三代红外探测技术主要具备三个特征：①高工作温度、高探测率、高量子效率；②多光谱、高分辨率、大面阵；③低成本、低制备难度。与当前最主流的碲镉汞（MCT）红外材料相比，锑化物 InAs/GaSb 超晶格（SL）以其独特的能带特性和材料制备技术成为目前开发第三代红外探测器的最优选材料之一[3]。理论证明，锑化物的 SL 能带带隙可以调节覆盖 2～30 微米的红外波段，其量子效率与 MCT 相当，暗电流低于 MCT。2000 年开始，多个著名实验室，包括德国弗朗霍夫协会应用固体物理研究所（Fraunhofer-Institut für Angewandte Festkörperphysik，IAF）、AIM 公司（AIM Infrarot-Module GmbH），美国西北大学（Northwestern University）量子器件中心（Center for Quantum Devices，CQD）、新墨西哥大学（University of New Mexico）高技术材料研究中心（Center for High Technology Materials，CHTM），以及美国空军实验室（Air Force Research Laboratory，ARL）、海军实验室（Naval Research Laboratory，NRL）、喷气推进实验室（Jet Propulsion Laboratory，JPL）、国家反导弹机构（National Missile Defence System）、波音国防和太空研究中心（Boeing Defense，Space & Security Communications）、陆军作战实验室、马里兰大学（University of Maryland）等，先后掌握了先进的锑化物 SL 材料能带理论、SL 材料外延和器件设计技术，开发了适于锑化物的材料器件先进工艺技术，实现了分子束外延对掺杂、超晶格界面、少子寿命、外延缺陷密度的精确控制，探测器综合性能在短短 10 多年的时间里得到迅速提高，在以下几个方面达到或超越了 MCT 探测器（其发展历程为 60 多年）。

（1）面阵规模。至 2012 年，中长波双色探测器最大阵列规模为 640×512[3,4]，单色 SL 探测器阵列达到 1024×1024[5]。

（2）探测效率。至 2012 年，3～16 微米 SL 探测器 D^* 已经非常接近 MCT 探测器液氮温度（78 开尔文）的理论值。锑化物 SL 中红外探测器 D^* 探测率达到 1×10^{13} 厘米·赫兹·瓦（cm·Hz·W），量子效率为 85%[6]，长波及甚长波锑化物 SL 探测率的均匀性明显优于 MCT[7]。

（3）工作温度。中波段超晶格探测器工作温度处于 77～185 开尔文区间[8]，长波、甚长波 SL 探测器工作的温度性能优于 MCT 探测器[9]。

（4）暗电流。2012 年的数据表明，3～16 微米锑化物 SL 探测器 R_{0ASL}与 MCT 探测器阻抗值 R_0A_{MCT}已经非常接近，在长波范围超晶格探测器的阻抗性能或暗电流水平与 MCT 探测器相比有一定优势。

最近几年，锑化物 SL 红外探测器正在走向应用。德国 AIM 公司与 IAF 研究所首先研制出世界上第一款商用双色 SL 红外焦平面相机[10, 11]。2009 年，美国国防部先进研究项目局（Defense Advanced Research Projects Agency，DARPA）设立专项 FASTFPA 计划[12, 13]，集中了美国西北大学、新墨西哥大学、海军实验室、喷气推进实验室，英国 IQE 公司、雷神公司、FLIR 系统公司、BAE 系统公司等英美红外器件和系统制造先进机构，部署了 InAs/GaSb SL 焦平面器件与系统应用的研究计划。瑞典 IRnova 公司计划在 2014 年推出高工作温度的红外探测器（图 1）[14,15]。

图 1　瑞典 Irnova 公司生产的高工作温度锑化物 SL 红外探测器组件及其成像图片
组件重量 550 克，功耗低于 10 瓦，等效噪声温差（NETD）小于 25 毫开尔文

3. 量子阱材料与红外激光器件

锑化物Ⅰ型量子阱（QW）和带间级联 ICL 量子阱结构是实现 1.85～4 微米波段电泵浦在室温中连续工作的高效率半导体激光器的核心材料体系。锑化物Ⅰ型 QW 工作波段 2～3 微米，ICL 工作波段 2～4 微米。美国 NRL、JPL、纽约州立大学石溪分校，德国弗朗霍夫协会 IAF 研究所、慕尼黑工业大学、DILAS 公司、Nanoplus 公司等近几年先后开发出了高性能锑化物激光器。例如，德国 DILAS 公司产品有 1.85～3.0 微米波段的单管激光器、Bar 条激光器[16]，其中 1.94 微米单管 QW 激光器的室温连续功率 2 瓦，脉冲功率 9 瓦，电光转换效率（wall-plug efficiency）为 19%，工作电流 10 安时效率为 13.5%，寿命达 7000 小时；2.9 微米单管 QW 激光器功率为 360 毫瓦（10℃）；10 Bar 条集成 1.9 微米 QW 激光器 20℃下连续输出功率达 140 瓦。美国 NRL 2013 年制备成功 ICL 结构 3.7 微米激光器，在 20℃下输出功率达到 470 毫瓦[17]。德国 Nanoplus 公司采用侧面金属光栅，使单模分布反馈式（DFB）激光器在 0.76～6.0 微米波段任意中心波长里实现了小于 3 兆赫兹的超窄线宽和高边模抑制比（SMSR）。2011 年，美国国家航空航天局（NASA）发射了“好奇号”火星探测器；探测器上搭载了 Nanoplus 公司的锑化物 QW DFB 激光器和 JPL 的 ICL DFB 激光器[18]，用于火星表面气体成分分析（图 2）。2012 年“好奇号”到达火星后，科学家成功分析出火星表面 H_2O（特征吸收峰 2.783 微米）、CO_2（特征吸收峰 2.785 微米）和 CH_4（特征吸收峰 3.3 微米）三种气体浓度，检测灵敏度达到了 2 毫克/升（H_2O，CO_2）和 2 微克/升（CH_4）。

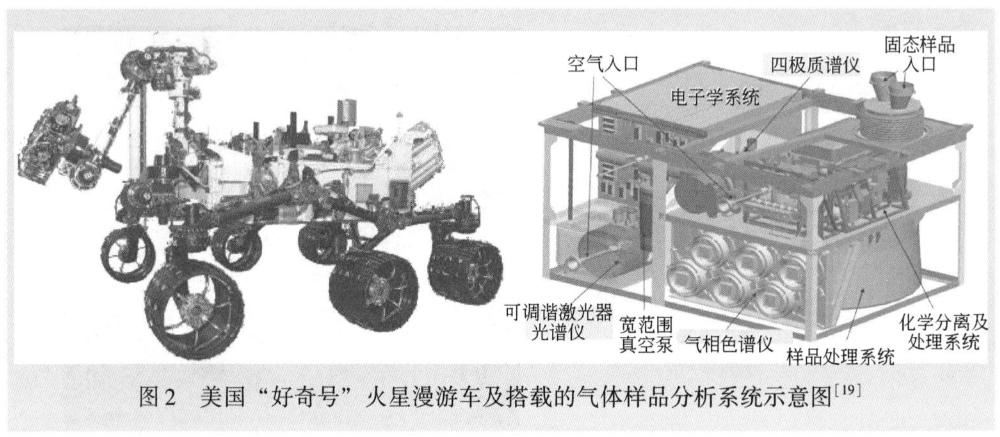

图 2　美国“好奇号”火星漫游车及搭载的气体样品分析系统示意图[19]

4. 超高速微电子器件、太赫兹（THz）与亚毫米波器件

锑化物不仅具有Ⅱ型能带结构特性和极高电子迁移率，而且在太赫兹和亚毫米波区也显示出其优越的性能。太赫兹区域锑化物器件有两类：一类是基于高迁移率特性实现的太赫兹光源[20]，与小体积的光纤飞秒激光器匹配具有体积小、成本低的优点；另一类是Ⅱ型能带异质结反向二极管（HBD）太赫兹阵列探测器，其中的 80×64 锑化物 HBD 阵列探测器已经实现 0.6～1.2 太赫兹探测[21]。

5. 纳米结构热光伏与热电器件

GaSb 带隙较窄，可以将红外光转化为电能。红外光需要加热产生，因此 GaSb 基光电池属于热光伏（TPV）电池类。GaSb 基 TPV 可用于深空探测、野外环境无噪声发电、工业废热回收[22]。早期 GaSb 基热光伏电池主要吸收能量大于 0.5 电子伏红外光，需要上千摄氏度的热源。2013 年，美国科学家设计带间级联 TPV 电池[23]，使 GaSb 基带间级联热光伏电池实现了对 5 微米以上红外光的吸收发电，其开路电压为 0.6 伏（传统电池为 28 毫伏），所需热源温度从上千摄氏度降低到几百摄氏度。

近年来人们发现，与传统热电材料相比，InAs/GaSb 超晶格电传输方向与热传输方向相互垂直[24]。这一特性可使器件室温降到液氮温度，实现无限级联制冷。InAs/GaSb 超晶格可能会成为一种新型的无运动部件的、长寿命、无噪声的低温制冷器件。采用同类材料可以实现红外光电器件与制冷器件的片上集成。

二、国内研发现状

锑化物材料包含的各种元素（如 Ga、In、Sb 等）已经成为欧盟等发达国家和地区认定的具有战略意义的资源，这些元素的矿藏储量和产量一半以上来自中国。中国科学院半导体研究所目前能够提供 GaSb 单晶材料和最大直径为 7.5 厘米的 GaSb 衬底[25]，其物理性质基本达到国外先进水平。

锑化物 SL 红外探测器的研究起步较晚。中国科学院半导体研究所和上海技术物理研究所近年来相继在 GaSb 基 InAs/GaSb 超晶格焦平面器件的研究中取得阶段性成果，2010 年和 2011 年先后实现了 5 微米和 9 微米波段探测器[26, 27]。2013 年，中国科学院上海技术物理研究所首先制备成功 128×128 像元[28]单色红外焦平面探测器。随后中国科学院半导体研究所与中国空空导弹研究院合作也获得同样的结果[29]，并进一步研制双色红外焦平面。华北光电技术研究所、昆明物理研究所、哈尔滨工业大学等也开展了相关研究。

锑化物激光器的研究单位主要包括中国科学院上海微系统与信息技术研究所、中国科学院半导体研究所、中国科学院长春光学精密机械与物理研究所、长春理工大学等。2001 年，中国科学院上海微系统与信息技术研究所[30]在国内首次报道了 2 微米量子阱激光器，其输出功率为 30 毫瓦。长春理工大学[31]研制的 2.2 微米激光器，输出功率为 32 毫瓦。中国科学院半导体研究所研制的 2 微米激光器，最高工作温度达到了 80℃[32]，室温连续输出功率为 357 毫瓦[33]。

三、未来发展趋势

目前，2～4 英寸单晶和衬底材料制造技术已基本成熟，更大尺寸衬底制备技术的发展依赖于锑化物光电器件的需求。基于锑化物 SL 材料的探测器在结构设计方面有巨大的灵活性，其前沿课题主要是优化提高载流子寿命所需要的锑化物低维结构。锑化物表面钝化技术是这类探测器的制备工艺中的难题，很大程度上决定了探测的光电效率、工作温度、噪声等性能。而从应用需求来看，锑化物探测器研究热点方向有以下三个。

（1）适应第三代红外探测技术所需要的大面阵、多色、低成本探测器的产业化技术。

（2）目前中长波红外探测器工作温度大多在液氮温度，而 16 微米以上甚长波探测器的工作温度需要低至 10 开尔文。结构复杂的低温制冷部件使得探测器系统体积大、成本高，限制了其使用寿命和可靠性。基于锑化物 SL 材料发展新型势垒结构（barrier infrared detector）的探测器，有可能实现高工作温度和低噪声。

（3）雪崩倍增（APD）探测器及主被动红外探测技术的应用。通过能带设计锑化物 SL 结构，可以实现更高的电子和空穴电离率，研制出更高灵敏度和响应速度的 APD 器件。

另外，如果能够将锑化物 APD 探测器与锑化物红外激光器联用，那么它有可能使红外激光雷达技术中的激光器件与探测器件的材料同属一个体系。

锑化物激光器的发展趋势是开发出 2 ~5 微米波段的更大功率、高光束质量单管激光器或阵列，以及窄线宽 DFB 或外腔可调谐激光器，以满足主动式光电对抗系统以及高灵敏度气体检测系统的需求。锑化物 HBD 阵列太赫兹器件的未来发展方向是进一步扩大其阵列尺寸并配备读出电路模块。锑化物热光伏电池具有可吸收中红外光，大大降低供电系统的设计难度，以及提高电池对废热的回收效率等优势，这也是未来重要的发展方向。

总体来说，锑化物光电器件种类几乎涵盖红外系统的所有关键部件，在下一代小体积、轻质量、低功耗、低成本（low SWaP-C）系统的应用方面具有优势。2 微米以上高性能锑化物光电器件已被西方国家列为限制出口的技术产品[34]。锑化物材料与器件研究正处于从实验室到应用的重要时期，将面临新的重大发展机遇。

参 考 文 献

[1] Sai-Halasz G A, Esaki T R. A new semiconductor superlattice. Applied Physics Letters, 1977, 30: 651-653.

[2] Martinez R, Amirhaghi S, Smith B, et al. Towards the production of very low defect GaSb and InSb substrates: bulk crystal growth, defect analysis and scaling challenges. Proceedings of SPIE, 2013, 8631: 86311N-1-8.

[3] Rogalski A, Antoszewski J, Faraone L. Third-generation infrared photodetector arrays. Journal of Applied Physics, 2009, 105 (9): 091101

[4] Huang E K, Razeghi M. World's first demonstration of type-Ⅱ superlattice dual band 640×512 LWIR focal plane array. Proceedings of SPIE, 2012, 8268: 82680Z.

[5] Haddadi A, Darvish S R, Chen G, et al. High Operability 1024×1024 long wavelength infrared focal plane array base on type-II InAs/GaSb superlattice. IEEE Journal of Quantum Electronics, 2012, 48: 221-228.

[6] Lawson W D, Nielsen S, Putley E H, et al. Preparation and properties of HgTe and mixed crystals of HgTe-CdTe. Journal of Physics and Chemistry of Solids, 1959, 9: 325-329.

[7] Rogalski A. New material systems for third generation infrared photodetectors. Opto-Electronics Review, 2008, 16: 458-482.

[8] Pour S A, Huang E K, Chen G, et al. High operating temperature midwave infrared photodiodes and focal plane arrays based on type-II InAs/GaSb superlattices. Applied Physics Letters, 2011, 98: 143501-3.

[9] Becker L. Current and future trends in infrared focal plane array technology. Proceedings of SPIE, 2005, 5881: 588105.

[10] Rehm R, Walther M, Schmitz J, et al. Type-Ⅱ superlattices: the fraunhofer perspective. Proceedings of SPIE, 2010, 7660: 76601G.

[11] 德国 AIM 公司．双色 384×288 锑化物超晶格红外焦平面探测器及碲镉汞红外焦平面探测器产品参数．http://www. aim-ir. com/en/main/products/modules. html [2013-12-15].

[12] Zheng L, Tidrow M, Bandara S, et al. Update on Ⅲ-Ⅴ antimonide-based superlattice FPA development and material characterization. Proceedings of SPIE, 2011, 8012: 80120S.

[13] Zheng L, Tidrow M, Aitcheson L, et al. Developing high-performance Ⅲ-Ⅴ superlattice IRFPAs for defense: challenges and solutions. Proceedings of SPIE, 2010, 7660: 76601E.

[14] Asplund C, Marcks W R, Lantz D, et al. Performance of mid-wave T2SL detectors with heterojunction barriers. Infrared Physics & Technology, 2013, 59: 22-27.

[15] 瑞典 IRnova 公司．单色中波段 320×256 及 640×512 高工作温度锑化物超晶格红外焦平面探测器产品参数．http://www. ir-nova. se/products/mwir [2013-12-15].

[16] Hilzensauer S, Giesin C, Schleife J, et al. High-power diode lasers between 1.8μm and 3.0μm for military applications. Proceedings of SPIE, 2013, 8898: 88980U.

[17] Vurgaftman I, Bewley W W, Canedy C L, et al. Interband cascade lasers with low threshold powers and high output powers. IEEE Journal of Selected Topics in Quantum Electronics, 2013, 19: 1200210

[18] Mahaffy P, Webster C, Cabane M, et al. The sample analysis at Mars investigation and instrument suite. Space Science Review, 2012, 170: 401-478.

[19] 唯锐科技有限公司．好奇号火星车机载设备重要激光光谱仪采用德国 Nanoplus 公司锑化物红外激光器 http://www.nanoplus.com/index.php?option=com_content&view=article&id=78%3Amars&catid=1%3Alatest&Itemid=111&lang=［2011-11-26］．

[20] Krotkus A. Semiconductors for terahertz photonics applications. Journal of Physics D: Applied Physics, 2010, 43, 273001

[21] Burdette D J, Alverbro J, Zhang Z, et al. Development of an 80×64 pixel, broadband, real-time THz imager. Proceedings of SPIE, 2011, 8023: 80230F

[22] Qiu K, Hayden A C S. Development of a novel cascading TPV and TE power generation system. Applied Energy, 2012, 91: 304-308.

[23] Lotfi H, Hinkey R T, Li L, et al. Narrow-bandgap photovoltaic devices operating at room temperature and above with high open-circuit voltage. Applied Physics Letters, 2013, 102, 211103.

[24] Zhou C, Birner S, Tang Y, et al. Perpendicular heat flow: (p_ n)-type transverse thermoelectrics for microscale and cryogenic peltier cooling. Physical Review Letters, 2013, 110: 227701.

[25] 中国科学院半导体材料科学重点实验室．对外提供单晶片种类、参数一览表．http://lab.semi.ac.cn/semi/contents/721/8870.htm［2013-11-24］．

[26] Wang G W, Xu Y Q, Guo J, et al. Complete fabrication study of InAs/GaSb superlattices for long-wavelength infrared detection. Journal of Physics D: Applied Physics, 2012, 45: 265103.

[27] Wang G, Xu Y, Wang L, et al. Growth and characterization of GaSb-based type-Ⅱ InAs/GaSb superlattice photodiodes for mid-infrared Detection. Chinese Physical Letters, 2010, 27: 077305.

[28] Jianxin C, Yi Z, Zhi C X, et al. InAs/GaSb type-Ⅱ superlattice mid-wavelength infrared focal plane array detectors grown by molecular beam epitaxy. Journal of Crystal Growth, 2013, 378: 596-599.

[29] 王国伟，向伟，徐应强，等．基于 InAs/GaSb 超晶格的中波段红外焦平面材料生长与器件制备．半导体学报，2013，34：114012-114015.

[30] Lin C, Li A Z. Temperature and injection current dependencies of 2 μm InGaAsSb/AlGaAsSb multiple quantum-well ridge-waveguide lasers. Journal of Crystal Growth, 2001, 227: 591-594.

[31] You M H, Gao X, Li Z G, et al. 2.2 μm InGaAsSb/AlGaAsSb laser diode under continuous wave operating at room temperature. Laser Physics, 2011, 21: 493-495.

[32] Zhang Y, Wang Y B, Xu Y Q, et al. High-temperature (T= 80℃) operation of a 2 μm InGaSb-AlGaAsSb quantum well laser. Journal of Semiconductors, 2012, 33: 044006-1-2.

[33] Xu Y, Wang Y B, Zhang Y, et al. High power 2μm room temperature continuous wave operation of GaSb based strained quantum well lasers. Chinese Physics B, 2013, 22 (9): 094208.

[34] Commerce Control List (CCL): Sensors and Lasers. http://www.bis.doc.gov/index.php/forms-documents/doc_download/446-category-6-sensors-and-lasers［2013-12-15］．

Recent Advancement in Antimonide-Based Optoelectronic Materials and Devices

Xu Yingqiang, Wang Guowei, Zhang Yu, Niu Zhichuan
(Institute of Semiconductors, Chinese Academy of Sciences)

The antimonide (Sb) optoelectronic materials are typical Ⅲ-Ⅴs compound semiconductors and mainly consist of (InGaAl) (AsSb) elements with unique physical properties and abandent research contents. The antimonide (Sb) materials have been developed rapidly recent years and have great applications for high performance mid-infrared lasers, long-wavelength infrared detectors, high speed with low power consumption microelectronics and high efficiency thermoelectricity devices. The development of Sb-based Ⅲ-Ⅴ semiconductor compounds for optoelectronic applications in the mid-wavelength infrared (MWIR) and long-wavelength infrared (LWIR) range were reviewed in this paper. The advantage of narrowbandgap Sb-based devices over conventional GaAs- or InP-based devices is the attainment of high-frequency operation with much lower power consumption for electronic devices. Antimonide-based material has very important scientific significance and application value to carry out systematic investigations on fundamental physics and key technologies, and to exploit new generation optoelectronic and electronic devices.

第二章 能源技术新进展

3.1 洁净煤技术新进展

任相坤
（中国矿业大学低碳能源研究院，北京宝塔三聚能源科技有限公司）

煤炭是世界上重要的化石燃料，不仅可以转化为清洁的电力，还可以生产出清洁的燃气、液体燃料和化学品。洁净煤技术的发展不仅为能源安全提供了重要保障，同时也有助于解决煤的利用所带来的环境问题，因而引起了世界各国的重视。下文将重点介绍近几年洁净煤技术的发展现状，并展望其未来。

一、国际重大进展

洁净煤技术的发展主要涉及两大基本领域：洁净煤发电技术和洁净煤转化技术。洁净煤发电技术主要指高效、洁净燃煤发电或整体煤气化联合循环发电（IGCC）等先进的发电技术。洁净煤转化（现代煤化工）技术是指除燃烧之外的煤炭的化学转化，主要包括煤气化、液化、热解和焦化等技术。发展洁净煤技术是实现煤炭资源分级利用，提高煤炭转化效率，促进煤转化产业结构的调整和优化的重要途径。

（一）洁净煤发电技术

燃煤发电是煤炭利用的主要方式，大力发展高参数、大型化的先进高效洁净煤发电技术是提高火电行业平均供电效率的有效途径。未来洁净煤发电技术的发展方向主要包括先进超超临界燃煤发电技术、IGCC 技术、先进循环流化床发电技术和碳的捕获、利用和封存技术（CCUS）等。

1. 先进超超临界燃煤发电技术

在以煤炭为燃料的发电技术中，各国均在优先发展超临界和超超临界技术，前者已经成熟，较广泛地被采用；后者正在发展中，应该说技术也是成熟的。无论是从热效率还是环保性能来看，超超临界加烟气污染控制技术都是目前最具竞争力的新型发电技术。600℃等级的超超临界燃煤发电技术成熟后，进一步发展更高参数的700℃超超临界燃煤发电技术已是目前国际上火力发电的发展方向。

2. IGCC 技术

随着煤气化技术和燃机技术的不断发展，IGCC 朝着大容量、高效率、低排放的方向发展，而全球煤气化容量虽然逐年有所波动，但始终保持着增长的态势。随着 IGCC 技术的发展、环保标准的提高和石油、天然气等能源价格走势的上升，IGCC 正从商业示范走向商业应用的阶段。美国能源部（DOE）2003 年提出“未来发电”（FutureGen）项目，主要目的是发展 IGCC 和碳捕集与封存技术。尽管美国能源部对 FutureGen 项目的资金支持时断时续，但是参与 FutureGen 联盟的企业仍然在坚持发展这一技术。美国、欧盟、日本等也分别建设了若干 IGCC 示范项目，其中美国新建的最大规模的商业化装置已投产[1]。

3. 先进循环流化床发电技术

自从第一台专门设计用于生产蒸汽的循环流化床（CFB）锅炉在德国建成并投运以来，经过 30 多年的技术开发和工程化的应用，目前 CFB 锅炉已发展出不同的流派和炉型，技术上也渐趋成熟。FW 公司（Foster Wheeler Energy International Inc.）和美国 ABB-CE 公司分别是生产和制造 FW 型、Lurgi 型循环流化床锅炉的主要厂家。在欧洲，芬兰奥斯龙公司（Ahlstrom）公司、德国鲁奇（Lurgi）公司和法国 Stein 公司等均致力于大型循环流化床锅炉的产品开发工作[2]。

4. CCUS 技术

中国首创的 CCUS 起源于国外提出的 CCS（CO_2捕集与封存）。随着应对气候变化压力的日益增大，发达国家积极开展了 CCUS 单元技术的研发和工程示范工作，为世界大规模发展 CCUS 积累了大量宝贵的工程经验。很多发达国家制订了专门的计划，为本国发展 CCUS 技术提供支持，如美国的“碳捕集和封存发展计划”、欧盟的 NER300 计划、澳大利亚的 ZeroGen 计划和日本的“新阳光”计划等[3]。

（二）洁净煤转化技术

洁净煤转化技术在能源转换效率、资源综合利用水平的提高、硫等污染物回收、CO_2捕集等方面有一定的竞争性优势。世界上现代煤化工的产业技术水平进入了一个新的阶段，产业链已经形成，各类工艺的工业装置已经建立起来。出于资源战略、环境因素及政策等因素的考虑，国外发达国家虽然持续不断地研发新技术，但却在发展中国家尤其是在中国推广新技术，而自身煤化工产业始终处于相对停滞和冷静观察的阶段。

1. 煤焦化技术

焦化主要技术拥有国有德国、俄罗斯、美国、日本、乌克兰等。世界钢铁工业的发展带动了焦化工业的发展。欧盟国家研发并建设了超大型焦炉，日本研发并实施了基于轻度热解的具有目前最高效、最好煤种适应性的 SCOPE21 炼焦技术，美国热衷于热回收炼焦，印度选择捣固炼焦和热回收焦炉，巴西建设了 6 米顶装焦炉和热回收焦炉，韩国建设了 7.63 米超大型顶装焦炉，等等[4]。

2. 煤气化技术

煤气化技术被认为是煤炭清洁利用和现代煤化工的基础。国外有代表性的工业化煤气化炉型包括：固定床气化（W-G 或 3M、UGI、Lurgi 炉和 BGL 炉），流化床气化（Winkler 炉、HTW 炉、U-Gas 炉、KRW 炉和 CFB 气化炉），以及气流床气化（KT 炉、GE/Texaco 炉、Shell 炉、Prenflo 炉、GSP 炉和 E-gas 炉）[1]。随着众多炉型的不断推陈出新，Lurgi 固定床加压气化、GE（Texaco）水煤浆加压气化和 Shell 煤气化等技术的优势凸显出来。

3. 煤制天然气技术

随着世界对天然气等清洁能源需求的增加，煤制天然气技术的发展和应用受到世界各国的广泛关注，已成为煤气化中独特的技术。近年来，国外重点关注具有高温稳定性的甲烷化催化剂的研发。目前，德国鲁奇公司、英国 DAVY 公司和丹麦拓普索公司的甲烷化技术处于世界领先地位，这些公司正以技术转让和合资兴建等方式参与中国煤制天然气工程的建设。

美国于 20 世纪 70 年代建设的大平原合成燃料厂拥有目前世界上运行最好的煤

化工装置，是煤制天然气的成功案例。美国近年来在工业应用中成功定型了新的甲烷化催化剂，同时开始开发该工厂的新模式。

4. 煤制液体燃料技术

目前，美国、日本、德国、南非等国家相继完成了煤直接液化、煤间接液化等煤基清洁转化技术的开发和储备。在间接液化方面，南非 SASOL 公司在已有三座间接合成油厂的基础上，正准备兴建一座更大规模的工厂。在煤炭直接液化技术方面，美国、德国、日本也相继开发出 SRC、H-coal、EDS 、IGOR、NEDOL 等直接液化工艺技术，目前重点关注已有技术的商业化应用，以及新的直接液化工艺和催化剂的研发[1]。

5. 煤制化学品技术

随着现代煤化工技术的快速发展，煤炭已经开始替代石油来生产各种传统石油衍生化工产品（包括煤制氯乙烯、煤制醋酸乙烯、煤制甲醇、煤制烯烃、煤制二甲醚、煤制乙二醇、煤制醋酸，以及煤经甲醇、醋酸制乙醇等）。目前，国外主要技术供应商相继开发出了年产百万吨以上的甲醇生产技术并实现了商业化，这使得甲醇成为煤化工的一个重要的平台化合物。在此基础上开发的甲醇制烯烃等技术，使人们认识到，有可能在全部产业链上实现由煤替代石油来生产化工产品。

二、国内技术现状

煤炭是中国储量最丰富的化石燃料，一直在一次能源生产和消费结构中占据着主导地位。因此，洁净煤技术在中国受到了重视。科学技术部确定近期的洁净煤技术的主要方向是清洁煤发电、煤炭清洁转化及污染物控制和综合利用。近几年，国内在洁净煤发电和洁净煤转化技术方面取得了重要进展。

（一）洁净煤发电技术

1. 先进超超临界燃煤发电技术

国内从 2002 年开始 600℃超超临界机组的技术开发及工程实践。截至 2012 年年底，我国在运百万千瓦超超临界火电机组达到 39 台，已成为国际上投运等级机组最多的国家[1]。超超临界火电机组已成为我国新建机组的主力机型。目前，在现有成熟材料技术的基础上，我国正在充分挖掘材料的潜能，进一步提高机组的参数，同时进行优化设计，进一步提高机组的容量，研发建设超600℃的大容量机组。

2. IGCC 技术

中国 IGCC 的技术研究开发工作在“八五”期间开始起步。经过 15 年的发展，我国在 IGCC 及其多联产技术的研发上取得了长足的进展，主要集中在重点单元技术的开发方面。2012 年，我国第一座 265 兆瓦等级的 IGCC 示范电站建成并投入运行[1]。此外，西安热工研究院有限公司与北京国电华北电力工程有限公司等机构联合进行 IGCC 电站系统的研究，已开发出具有自主知识产权的 IGCC 电站仿真机[1]。

3. 先进循环流化床发电技术

中国 CFB 锅炉技术正向大型化方向发展，已完成了 300 兆瓦等级的 CFB 锅炉的自主研制和示范运行；自主开发、设计、制造的600 兆瓦超临界循环流化床燃煤示范工程锅炉，已于2011 年 7 月投入商业运行。CFB 锅炉在工程应用领域已经由“十五”期间引进技术占绝对统治地位，转变为 300 兆瓦及以下规模 CFB 锅炉以我为主、300 兆瓦以上规模 CFB 锅炉与国外技术相竞争的局面。

4. CCUS 技术

早在 20 世纪 90 年代我国就已开始了富氧燃烧方式的研究。目前，在国家能源局和科学技术部的支持下，我国将在“十二五”期间建立 3 兆瓦全流程富氧燃烧试验系统，开展 35 兆瓦半工业示范的相关工作[5]。中国的企业和研发机构也对 CCUS 技术研发给予了高度的重视，并开展了一系列 CCUS 工业示范和中试项目，其中 CO_2 捕集示范项目和富氧燃烧 CO_2 捕集示范项目如表 1 所示。

表 1　国内 CO_2 捕集和富氧燃烧示范项目

项目名称	捕集技术	示范起始时间	示范规模	业主
绿色煤电实验室	变压吸附，膜分离	2011 年启动，2013 年调试运行	热功率 20 兆瓦	华能集团
鄂尔多斯煤制油 10 万吨 CO_2 捕集与封存项目	煤化工	2010 年 12 月底	10 万吨/年	神华集团
富氧燃烧全流程试验系统	富氧燃烧	2011 年 3 月	热功率 3 兆瓦	华中科技大学
应城久大 35 兆瓦富氧燃烧工程示范	富氧燃烧	2011 年启动，2013 年调试运行	热功率 35 兆瓦	久大盐业公司

（二）洁净煤转化技术

中国以煤为主的能源结构和资源条件的约束，决定了洁净煤技术在促进国民经济发展和保障国家能源安全等方面仍将起到重要作用。自“十一五”以来，我国煤炭转化产业发生了巨大的变化，煤炭转化的总量有较大的增加，煤转化产业有较大的发展，煤转化技术有了重大的进步。

1. 煤制液体燃料技术

在直接液化方面，中国建立了世界上首个百万吨级的现代化煤直接液化装置——神华集团鄂尔多斯煤直接液化项目，已于2012年实现盈利，环保指标达到目前煤化工界世界最高水平。在煤炭间接液化方面，我国开发了多种不同的具有自主知识产权的铁基低温浆态床、高温浆态床、高温流化床费托合成核心工艺和催化剂等技术，以及钴系催化剂固定床新工艺；山东兖矿集团百万吨级低温浆态床工业装置已经处于建设后期，神华宁夏煤业集团400万吨级大规模高温浆态床工业装置也已获得正式批准，处于建设期。神华集团掌握了大规模煤炭直接液化的产业化技术，中科合成油品有限公司、山东兖矿集团分别开发了成熟的间接液化的工业化技术。在煤油共转化方面，陕西延长石油（集团）有限责任公司采用国外技术的50万吨级工业试验装置即将建成；宁夏宝塔石化集团有限公司采用自主技术建设的20万吨级示范项目已经开工[6]。煤炭分级转化煤焦油制取液体燃料技术也在中国得到了快速发展，陕西煤业化工集团有限责任公司、湖南长岭石化科技开发有限公司、神木天元有限公司、神木富油能源科技有限公司、抚顺石油化工研究院和北京宝塔三聚能源科技有限公司等都掌握具有自主知识产权的技术，其中大部分已建立了示范装置，多套装置在建或审批中，这些发展为实现煤制液体燃料开辟了新路线。

2. 煤制化学品

为建立新型产业链，缓解石油供应的不足，我国在煤基甲醇替代石油制化学品，如甲醇制烯烃（MTO/P）、甲醇制汽油（MTG）、甲醇制芳烃（MTA）、煤制乙二醇等领域取得一系列重大进展，形成了中国科学院大连化学物理研究所甲醇制烯烃（DMTO），上海石油化工股份有限公司甲醇制烯烃（SMTO），清华大学流化床甲醇转化丙烯（FMTP）和流化床甲醇制芳烃（FMTA），中国科学院山西煤炭化学研究所MTG、MTA和合成气制乙二醇等一系列技术竞相规模化和产业化的发展格局。目前，我国已建成并投产的主要有以下项目。

（1）4套MTO/P示范项目：神华包头煤化工有限公司年产60万吨的MTO项

目、神华宁夏煤业集团公司年产 52 万吨的 MTP 项目、大唐多伦煤化工有限公司年产 46 万吨的 MTP 项目、中国石化中原石油有限公司年产 20 万吨的 MTO 项目。

（2）云南煤化工集团有限公司年产 20 万吨的 MTG 示范装置、晋煤集团年产 10 万吨的 MTG 项目等煤基甲醇制汽油项目。

（3）内蒙古庆华集团年产 10 万吨的 MTA 项目[1]。

此外，还有更多的工业项目在批准或建设中。

三、发展趋势及前沿展望

洁净煤利用技术应向大型化、基地化、多联产和高可靠性的方向发展，同时需要贯彻分级转化、清洁生产和循环经济的理念，以实现高效节水、低碳环保的目的。其发展趋势可以概括为以下几方面。

（1）原料煤适应性更加广泛；

（2）分级转化和多联产特征更加明显；

（3）单体设备生产能力更大；

（4）综合转化效率更高；

（5）设备运转可靠性更好；

（6）物质消耗与污染排放强度更低；

（7）经济竞争力更强。

在洁净煤发电的具体技术方面，超超临界燃煤发电技术应重点开发二次再热机组，研究开发具有自主知识产权的 700℃ 超超临界机组，重点推进资源化环保技术和多种污染物联合处理新技术的研发和应用，推广燃煤发电与太阳能等可再生能源发电复合的发电技术；IGCC 技术应通过现有示范工程积累经验，尽快掌握和改进技术，重点发展大容量机组，突破煤气化和重型燃气轮机技术；循环流化床发电技术要进一步提高机组可靠性，降低厂用电率、提高燃烧效率，深度降低污染物 SO_2、NO_x，发展超临界/超超临界大容量、高参数循环流化床锅炉技术；CCUS 技术应重点开发新技术，并推进燃煤电厂 CO_2 捕集示范项目，重视 CO_2 在驱油和煤层气方面的利用。

在洁净煤转化的具体技术方面，煤炭焦化技术在今后一段时间内的发展方向主要是拓宽炼焦用煤范围、扩大炭化室容积、提高焦炭质量、降低炼焦能耗及减少污染物排放等，以及具有战略意义的非焦煤炼焦的新一代焦化技术；煤炭气化技术要结合不同煤种和不同应用，进一步升级现有技术和发展新技术，重点提高现有大型气化技术的煤种适应性，增强长周期运行稳定性，降低投资和运行成本，同时针对煤基燃气的生产，提高块煤气化炉的效率和热量综合利用率，降低污染排放，此外还需开发低劣煤的高效气化技术；对于煤制天然气技术来讲，要重点解决甲烷化工艺和催化剂的制备等关键技术，以满足示范工程技术支撑的需要，同时开发适合于煤制天然气的新型气化技术和新一代等温甲烷化、直接甲烷化等变革性技术，以满足该产业的持续和大规模发展；对于煤液化技术而言，要完善现有工艺和开发新工艺，建立和示范分级转化技术路线，并通过高效、高活性催化剂的开发，降低催化剂的用量和成本，提高煤转化率和油收率，以提高煤液化的经济性。此外，配合煤炭分级转化技术的发展和逐渐应用，发展减少、处置和利用煤转化过程中排放的温室气体的技术，也将是洁净煤转化领域的发展方向。

参 考 文 献

[1] 谢克昌. 中国煤炭清洁高效可持续开发利用战略研究. 北京：中国工程院，2013.

[2] Huang C, Cheng L M, Zhou X L, et al. Suspended surface heat transfer in a large circulating fluidized bed boiler furnace. Journal of Zhejiang University (Engineering Science), 2012, 46 (11): 2128-2132.

[3] Chao C, Rubin E S. CO_2 control technology effects on IGCC plant performance and cost. Energy Policy, 2009, 37 (3): 915-924.

[4] 谢克昌，赵炜. 煤化工概论（现代煤化工技术丛书）. 北京：化学工业出版社，2012: 67-79.

[5] Jin H G, Gao L, Han W, et al. Prospect options of CO_2 capture technology suitable for China. Energy, 2010, 35 (11): 4499-4506.

[6] 谢克昌. 能源金三角发展战略研究. 北京：中国工程院，2013.

Recent Progress in Clean Coal Technology

Ren Xiangkun

(Low Carbon Energy Institute, China University of Mining and Technology;
Beijing Baota Sanju Energy Science & Technology Co., Ltd)

Coal is the most abundant fossil fuel in China, which dominates China's primary energy production and consumption structure. Coal can be converted to not only clean electricity, but also clean gases, liquid fuels and chemicals. So the development of clean coal technology provides guarantees for national energy security. Clean coal power generation, clean conversion of coal and pollution control and comprehensive utilization have been determined as the main near-term direction of clean coal technology by Ministry of Science and Technology (MOST). This article focuses on the development status of clean coal technology and prospecting the future development direction, which is large-scale, base construction, polygeneration and high reliability as well as achieving high-efficiency, water saving and low-carbon emissions, and environmental.

3.2 先进核裂变能源技术新进展

徐瑚珊　顾　龙

(中国科学院近代物理研究所)

核能作为重要的非化石能源，在减排温室气体、保障能源供给安全和调节能源消耗结构等方面起着至关重要的作用。为了更安全、可靠和高效地利用核裂变能，世界上主要的核电大国在提升现有核能系统的安全性和经济性的同时，都在积极开展第三代、第四代核能系统的开发，探索先进的核燃料循环技术，以提高核燃料的利用效率，降低核废料的产生量，促进核裂变能的可持续发展。下文将重点介绍近几年第三代、第四代核电技术及先进核燃料循环技术的发展现状和未来。

一、国际重大进展

核反应堆的商业发电始于 20 世纪 50 年代。根据不同的核反应堆技术，可将核电站分为四代。第一代核电站属于原型堆核电站，堆型多样，主要验证了核电在工程实施上的可行性。第二代核电站是 20 世纪 70 年代投入运行的商业反应堆，主要验证了核电在经济性上与化石燃料电价的可比性。1979 年，美国的三哩岛核电事故和 1986 年苏联切尔诺贝利核电事故后，公众对核电安全的强烈关注促使各国改进了二代轻水堆的设计，由此出现了第三代核电站。第四代核电站是下一代核能系统，现处于研发阶段，预计可在 2030 年左右投入使用[1]。近几年，核能技术在以下几方面取得了重大的进展。

（一）第三代核电技术

人类历史上两次重大的核事故，使得公众对于核电的安全性有了进一步的要求。1990 年美国出版了共三卷的《先进轻水堆用户要求文件》（URD），1994 年欧盟出版了共四卷的《欧洲用户要求文件》（EUR），这两部文件对未来压水堆和沸水堆电站提出了明确和系统的要求[2]。虽然URD和EUR对于第三代核电站的要求各有侧重，但总体来说，第三代核电站需满足以下要求。

（1）更高的安全性。堆芯热工安全裕量>15%；堆芯损坏概率<10^{-5}/堆年；大量放射性外泄概率<10^{-6}/堆年。

（2）更好的经济性。机组额定电功率在1000～1500兆瓦，机组可利用因子>87%，换料周期在18～24月，核电站寿命为60年。

此外，还要求通过模块化建造使得核电站的建设周期缩短为48～52月，以进一步降低成本。

目前，国际上较为成熟的第三代核电机组有美国的AP1000和ESBWER、法国的EPR、韩国的APR-1400、俄罗斯AES-2006、日本的ABWR及加拿大的ACR电站。日本的ABWR已建成首座示范电站，但尚未批量推广。世界先进压水堆核电站在建8台，其中法国1台（EPR）、芬兰1台（EPR）、中国6台（2台EPR，4台AP1000）。

（二）第四代核能系统

2001年7月，各核能大国在美国能源部的倡导下成立了第四代核能系统国际论坛（GIF）并签署了协议，就发展核电达成了如下共识：社会发展和改善全球生态环境需要发展核电；第三代核电还需改进；发展核电必须提高其经济性和安全性，并且必须减少废物，防止核扩散；核电技术要同核燃料循环统一考虑等[2]。参会代表从技术上推荐了6种第四代堆型，即超临界水堆（SCWR）、超高温气冷堆（VHTR）、熔盐堆（MSR）、钠冷快中子堆（SFR）、铅冷快中子堆（LFR）和气冷快堆（GFR）[3]。

1. 超临界水冷堆系统

超临界水冷堆目前的研究和发展都遵循着2009年的研究计划规定的路线进行：加拿大提出了CANDU-X压力管型超临界水冷堆的概念设计，并对相关技术的研究作了较为系统的布置；欧盟计划于2020年完成压力壳型超临界水冷堆（POAK）的原型堆建设。

2. 超高温气冷堆系统

日本高温工程试验堆（HTTR）自1998年达临界后，于2010年3月完成了连续50天950℃的运行；2011年经济合作与发展组织核能署（OECD-NEA）启动了“冷却剂丧失”（Loss of Forced Coolant，LOFC）计划，设计了 50 兆瓦的 HTGR 方案，提出了天然安全的概念。

3. 熔盐反应堆系统

2012 年，俄罗斯在 ISTC#3749 机构的支持下实施了“熔盐中次锕系核素的再循环”（Minor Actinides Recycling in Molten Salt，MARS）计划，对钚和次锕系核素的三氟化物在熔盐系统中的循环和嬗变概念进行了可行性研究；在 DOE 的“先进反应堆”（ARC）计划支持下，美国于 2011 年对流动氟化物高温堆（FHR）进行了概念设计，在此方案的基础之上，2012 年美国设计了一个热功率为 3400 兆瓦的熔盐冷却先进高温堆（AHTR）。

4. 液态钠冷却快堆系统

GIF 组织成员国于 2012 年提出了“系统集成与评估”（System Integration and Assessment，SIA）计划，旨在通过研究法国凤凰堆、日本文殊堆、中国实验快堆和俄罗斯 BN800 实验堆，提出钠冷快堆设计的准则、商业电站推广所需的经济和安全评估方法。

5. 铅合金液态金属冷却快堆系统

俄罗斯将于 2017 ~ 2020 年建成两个临界反应堆：铅铋冷却反应堆 SVBR100 和铅冷反应堆 BREST，其目的之一是作为验证 ADS 的预研装置。2010 年，欧盟在前期项目的研究基础上，在第七届框架协议会议上提出了两个项目：实验快堆嬗变实验装置 CDT-FASTEF 计划；欧盟先进铅冷示范快堆 LEADER 计划。

6. 气冷快堆系统

欧盟计划于 2021 年建成一个气冷快堆原型电站；美国通用原子能公司（GA）开发气冷快堆方案 EM^2 已提交美国核管会，申请建造许可证；日本在 2011 年福岛事故后也开始重点发展气冷快堆技术。

（三）核燃料循环

核燃料循环包括核燃料进入反应堆前的制备、在反应堆中的燃烧及以后处理的整个过程，即铀和钍等资源开发、矿石加工冶炼、同位素分离、燃料加工制造，燃料在反应堆中的使用，乏燃料后处理、处置等三大部分。其中，核燃料循环以燃料在反应堆中的燃烧过程为中心，分为核燃料循环前端和后端。对于核燃料循环前端，截至2012年年底，全球19个国家共提供了68 864吨八氧化三铀（U_3O_8）①，可以满足全世界86%的市场需求；其中哈萨克斯坦、加拿大和澳大利亚三国供给了全球市场的64%。目前，全世界铀转化厂的生产能力小于需求，共有4家大型铀浓缩服务供应商，即法国阿海珐集团（AREVA）、欧洲铀浓缩公司（Urenco）、美国铀浓缩公司（USEC）和俄罗斯技术装备出口公司；其中俄罗斯的铀浓缩能力占全世界的40%，铀转化能力占25%。世界有14个国家建有轻水堆核燃料制造厂，法国阿海珐集团、全球燃料制造厂（GNF）和美国西屋电气公司是世界上最大的3个核燃料制造跨国公司，全球整体燃料制造能力过剩，竞争十分激烈。

对于核燃料循环后端，美国、北欧和加拿大等国家和地区采取对乏燃料不进行后处理，而是采用将乏燃料直接进行地质储存的开式核燃料循环（或称一次通过式循环）。该循环的好处是过程简单、短期风险小、费用低、没有钚扩散风险，缺点是废物量和体积大、废物放射毒性高且持续时间长、处置库负担重、铀资源利用率低。法国、英国、俄罗斯和日本采取对乏燃料进行后处理，回收铀钚资源重新进入燃料循环体系的闭式燃料循环。该燃料循环的优点是提高了铀资源的利用率，减少了废物的处置量，缺点是整个循环的技术复杂，费用较高，增加了钚扩散的风险[4]。

目前，核燃料循环研究的前沿问题包括以下几个方面[5]：

（1）非传统意义的铀资源的开发（少量二次产出可回收的铀资源）；

（2）新型燃料元件的设计和制备；

（3）乏燃料分离后处理技术（修正PUREX方法；湿法过程提取铀；湿法过程提取次锕系核素；湿法处理裂变废物和管理过程；高温化学方法提取铀和超铀元素）；

（4）钍燃料循环；

（5）更先进的“分离-嬗变”闭式燃料循环，包括废物处理的管理策略，快堆和加速器驱动的次临界系统（简称“ADS系统”）的分离嬗变过程。

对于ADS系统，核大国均有战略规划，目前基本处于概念性研究阶段，各国主要安排的是单项技术攻关，唯有欧盟的高技术应用的“多用途混合研究堆”（MYRRHA）计划是一个建立集成系统的实质性研究计划。

二、国内研发现状

尽管日本发生了福岛核泄漏事故，但我国积极稳妥地发展核能的基本国策没有

① 铀的化学性质很活泼，自然界不存在游离的金属铀，它总是以化合状态存在，八氧化三铀是最稳定也是最重要的铀氧化物之一。

改变。巨大的能源需求使我国成为世界上核电发展最迅速的国家之一。按照《核电中长期发展规划（2005—2020）》的设想，我国将在2020年步入核电大国行列，核电装机容量可达约5800万千瓦，核电建设规模将位列世界第一位[6]。尽管如此，由于核电自主化进程较为缓慢，我国还不能称为核电强国，其原因是民用核能事业起步较晚，资金和人员投入较少。为了实现在2020年成为核电强国的目标，在未来的6年里，我国必须对核电研究给予足够的支持和重视，加强原始创新，积极探索新的核电技术和堆型。近年来，国家已经在某些领域投入了资金和人力，取得了若干创新成果。

1. 第三代核电技术

我国在建三代核电主要是AP1000和EPR两种。当前，世界上三代核电工程在建8台机组中中国有6台。具体情况为：AP1000核电站4台机组全部在中国；EPR在建工程一共4台机组，1台在芬兰（仍未建成），1台在法国，2台在中国台山。

我国自主研发的CAP1400核电机组，目前的主要工作集中在重大关键技术的攻关上。此外，中国核工业集团公司和中国广东核电集团有限公司还在自主开发三代核电技术ACP1000和ACPR1000，当前各方正在积极进行国际项目的投标或者核电出口的谈判。

2. 第四代核能系统

第四代核能系统的6种候选堆型，除气冷快堆外，其他5种堆型在我国目前均有研究，其中超高温气冷堆和钠冷快堆的研究较为迅速。

（1）2012年，在清华大学2兆瓦高温气冷实验堆HTR-10的基础上，山东省荣成市新建一座电功率为20万千瓦级的模块式高温气冷示范电站[7]。

（2）中国实验快堆（CEFR）于2011年7月22日成功实现40%的满功率并网发电，运行时间达24小时，目前正处于科学技术部和国防科技工业局对CEFR进行验收的阶段[8]。

（3）在中国科学院战略性科技先导专项“未来先进核裂变能——TMSR核能系统”项目的支持下，中国科学院启动了钍基熔盐堆的研发工作，目标是建立一座2兆瓦的熔盐实验堆[9]。

（4）在“973”计划的支持下，由上海交通大学牵头，会同国内多家研究单位，共同开展了“超临界水堆关键科学问题的基础研究”项目[10]。

（5）在中国科学院战略性科技先导专项“未来先进核裂变能——ADS嬗变系统”项目的支持下，中国科学院核能安全技术研究所开展了铅铋冷却次临界反应堆的研究工作。

3. 核燃料循环

我国核燃料循环的整体情况是：有相对完善的核燃料循环前端，核燃料循环后端的产业规划和建设相对滞后[11~16]。

在核燃料循环前端，根据经济合作与发展组织核能署（OECD-NEA）和国际原子能机构（IAEA）联合出版的红皮书——《铀 2011：资源，生产和需求》报告中估计，中国共探明铀资源储量 221 500 吨，还有约 200 万吨的铀资源储量可供开发。我国铀浓缩产业已完成由扩散法向离心法的过渡，掌握了铀同位素分离技术的自主知识产权，具有 1500 吨的转化能力。在核燃料制备方面，目前形成了南北两个核燃料制造基地：中核建中核燃料元件有限公司和中核北方燃料元件公司，可以生产压水堆、重水堆以及各种实验堆的燃料元件，基本能够满足国内需求。2013 年年底，新组建的中核包头核燃料元件股份有限公司可以建成规模为年产 400 吨的 AP1000 燃料组件生产线。从 2011 年开始，中核四〇四公司改造了原有的 MOX 芯块实验线，以期在 2015 年前建成年生产能力达 500 千克 MOX 燃料芯块科研实验线。

在核燃料循环后端，我国自主创新的动力堆乏燃料后处理中间试验厂于 2010 年 12 月 21 日成功实现了热调试，这标志着我国已掌握了相关的核心技术。高放废物处置的研究集中在高放废物地质深埋处置，以及开发新型嬗变装置以实现“分离-嬗变”燃料循环。我国地质深埋的候选厂址在甘肃省北山，地质深埋方面的工作主要集中在前期的基础研究。新型嬗变装置的研究重点是 ADS 系统，目前在中国科学院战略性科技先导专项的支持下，我国已启动了 ADS 系统关键技术的研究和开发；10 兆瓦的 ADS 原理验证装置已列入国家重大科技基础设施建设中长期规划“十二五”建设重点之中，预计于 2023 年建成。为了实现“分离-嬗变”燃料循环，彻底解决核能中长期发展的瓶颈问题——核废料的安全处置，用于嬗变研究的 ADS 试验装置和放射性燃料元件的开发仍需要从国家层面安排重大专项予以支持。

三、发展趋势

近年来，随着化石能源的逐步枯竭，预计核电的发展将进入一个新的高峰期。核能的未来发展趋势是提高其自身的可持续性，最大化地利用铀资源，减少废物的产生和积累，进一步提高核能系统的安全性和可靠性，增强防止核扩散的能力和提高系统的经济性。只有这样，核能才能够为人类的发展提供安全可靠的动力。

为了确保核裂变能发展的可持续性，先进的燃料循环（包括核燃料资源的开发、核燃料的浓缩、核燃料的制备、乏燃料中可裂变产物的回收利用、核废料的安全处理处置等）技术必须与反应堆技术协调发展。

全世界已投入巨大的力量研发第四代核能系统和新型的核燃料循环方式，取得了良好的成绩，新的技术和工艺革新不断涌现。由于核能系统的研发与整个国家的工业体系密切相关，新核能系统的研发大幅度促进了整个国家的工业水平的提高，同时也促进了新材料、新信息技术和高端装备制造业不断向前发展。此外，由于核能是一个多学科融合交互的研究领域，新型核能系统的研发必将促进物理、化学、生物、材料和信息等学科的发展，由此衍生出的技术和方法不仅可以运用到新型核能系统本身，而且也可以促使相关产业的技术革新。

尽管我国在新型核能的研究领域起步较晚，但在国家的大力支持下，已经取得一些具有自主知识产权的核心技术。这些技术也已经产生了巨大的经济价值，并且还有进一步挖掘经济和社会价值的巨大空间。核能是一个初始研发投入大、研究成果的经济和社会效益显著的行业，只有持续不断地提高研发投入，我国才能在未来成为依靠自主创新屹立于世界的核电强国。

参 考 文 献

[1] IAEA. Nuclear Power Reactors in the World. Vienna：IAEA，2013.

[2] 欧阳予，林诚格．非能动安全先进压水堆核电技术．北京：原子能出版社，2010.

[3] GIF Symposium. GIF Symposium Proceedings. San Diego：GIF Symposium，2012：1-122.

[4] IAEA，OECD NEA. Uranium 2011：Resources，Production and Demand. Paris，2012：1-489.

[5] OECD NEA. Trends towards Sustainability in the Nuclear Fuel Cycle. Paris：OECD NEA，2011：79-135.

[6] 国家发展和改革委员会．核电中长期发展规划（2005—2020 年）．中国工程建设通讯，2007，(019)：1-16.

[7] Zhang Z Y，Wu Z X，Wang D Z，et al. Current status and technical description of Chinese 2× 250 MWth HTR- PM demonstration plant. Nuclear Engineering and Design，2009，239（7）：1212-1219.

[8] 何佳润，郭正荣．钠冷快堆发展综述．东方电气评论，2013，27（3）：36-43.

[9] 江绵恒，徐洪杰，戴志敏．未来先进核裂变能——TMSR 核能系统．中国科学院院刊，2012，27（3）：366-374.

[10] 刘晓壮．超临界水堆堆芯中子特性及核热耦合作用研究．华北电力大学硕士学位论文，2010.

[11] 李冠兴．我国核燃料循环前端产业的现状和展望．中国核电，2010，3（1）：2-9.

[12] 李冠兴．我国核燃料循环前端产业的现状和展望．中国核电，2010，3（2）：102-107.

[13] 周荣生，钱锦辉．我国核燃料循环后端的挑战与建议．中国核工业，2013，10：27-29.
[14] 张天祥，王健，吴涛，等．我国动力堆乏燃料后处理中间试验厂热调试进展．科学通报，2011，56（21）：1679-1682.
[15] 宗自华，陈亮，陈强，等．高放废物处置北山预选区地表岩体结构与岩体质量相关性及其应用研究．岩土力学，2013，34：279-285.
[16] 詹文龙，徐瑚珊．未来先进核裂变能——ADS 嬗变系统、中国科学院院刊，2012，27（3）：375-381.

Recent Development in Nuclear Fission Energy Technology

Xu Hushan, Gu Long
(Institute of Modern Physics, Chinese Academy of Sciences)

Nuclear power has already been widely recognized as one of the most important sustainable energy sources in the world. Many countries, especially for the countries such as China and India where demand for electricity is growing rapidly, have thus been pursuing rapid deployment of nuclear energy and related fuel cycle elements even after the recent accident at Fukushima Daiichi. For making the nuclear power as a substantial contribution to meet the world's energy demand, developments in reactor and related nuclear fuel cycle technologies have been pursued to enhance longer-term sustainability recently. The recent worldwide technical development on the third and fourth generation nuclear power plants and the advanced nuclear fuel cycle are briefly introduced in this report.

3.3　先进磁约束核聚变能源技术新进展

李建刚
（中国科学院等离子体物理研究所）

能源是人类可持续发展最重要的基础。核聚变能具有资源丰富和环境友好等优点，因而成为人类社会未来发展的理想能源。大力开发核聚变能源是彻底解决人类能源问题的根本出路之一。下文将介绍近几年来国内外磁约束聚变技术的进展。

一、国际重大进展

人类受控热核聚变研究经过数十年的不懈努力，到20世纪80年代中期，一批大型托卡马克（Tokamak）装置建成[1]、运行，并取得了突破性的成果，等离子体温度达4.4亿℃[2]，脉冲聚变输出功率超过16兆瓦[3]，聚变输出功率与外部输入功率之比Q（能量增益）等效值超过1.25。磁约束聚变研究已进展到实施热核聚变工程实验堆建设的阶段，国际热核聚变实验堆（ITER，俗称“人造太阳”）计划应运而生。ITER计划是目前为止全球规模最大、影响最深远的国际合作项目之一。其目标是建造一个可自持燃烧的托卡马克核聚变实验堆，以便深入探索未来聚变示范堆及商用聚变堆的物理和工程问题。

随着ITER计划的顺利实施，在过去的几年里，国际磁约束聚变主要围绕未来ITER科学实验所可能涉及的重大科学问题开展理论和试验研究，同时继续开发建设ITER所需的重大技术，开展大规模的装置建设等工作。

（一）重大科学问题的主要进展

以国际托卡马克物理活动组织（ITPA）为核心，从事磁约束聚变的各国科学家，围绕未来ITER最核心的科学问题，在高能粒子、边界物理、偏滤器、不稳定性及控制、约束与输运、诊断、集成稳态运行等7个方面继续开展理论与实验研究[4]。其主要进展如下。

1. 成功实现对Ⅰ类边界局域模的控制

Ⅰ类边界局域模（Ⅰ-ELM）是一种对未来ITER甚至示范堆第一壁材料有较大损伤的磁流体的不稳定性模式。在磁约束聚变的反应堆中，必须对Ⅰ类边界局域进行有效控制，使其每次模能量损失的幅值降低到材料损失阈值以下，同时提高其爆发频率，减少单次能量的损失。国际上多个托卡马克装置，如美国的DIII-D、德国的ASDEX-U、英国的MAST、欧盟的JET、韩国的KSTAR及我国的HL-2A和EAST装置利用多种方法，都实现了对Ⅰ-ELM的有效控制。通过理论和模拟分析与实验的对比，科学家对其机理进行了分析和研究。未来，ITER的运行将以内部磁共振线圈和弹丸注入的方式为主，来实现对Ⅰ-ELM的有效控制。

2. 全金属第一壁等离子体的特性

第一壁是核聚变中面对等离子体的一层固体结构，从等离子体中逸出的氢离子会严重溅蚀壁材料。在未来的 ITER 和聚变反应堆中，面向等离子体的材料只能使用金属材料。由于聚变等离子体对杂质辐射的损失特别敏感，在过去的几十年中，磁约束托卡马克装置的面向等离子体的材料基本上都是石墨或其他低电荷数的材料。未来 ITER 运行的一些重要物理基础大都是来自石墨材料的实验数据，而全金属第一壁材料的实验数据主要来自德国的 ASDEX-U 托卡马克装置。过去的几年内，欧洲联合环（JET）托卡马克装置，在模拟未来 ITER 第一壁材料的条件下（即偏滤器使用钨、第一壁使用铍），开展了相关的实验工作，验证了尽管等离子体运行区比使用石墨材料时有所减少，但依然可以很好地有效控制金属杂质的辐射，该实验为未来 ITER 金属壁的运行奠定了很好的基础。

（二）重大技术问题的主要进展

1. ITER 铌三锡中心螺旋管线圈导体的退化问题得到解决

铌三锡中心螺旋管线圈导体在长时间、多重复条件下性能的退化问题一直是 ITER 建设的重大技术难题。日本和美国科学家经过近三年的合作，通过模拟分析和详细的实验，改进铌三锡的股线性能，优化扭矩和冷却条件，彻底解决了这一技术难题。

2. ITER 设计的两项重要技术的改进

2013 年 11 月，经 ITER 理事会批准，历经两年论证的使用全钨偏滤器开始 ITER 试验运行。同时，这也是一个将垂直不稳定性（VS）和 ELM 控制线圈纳入 ITER 计划基准的方案。这两条技术路线的实施，在技术上进一步确保了未来等离子体实验的高参数的获取和高效安全的运行，同时能节约项目建设和运行的成本[5]。

二、国内研发现状

当前，我国社会和经济发展面临着能源短缺和环境污染两大主要难题。开发核聚变能源，对于我国的可持续发展有着重要的战略和经济意义。2007 年 2 月，国务院批准设立“国家磁约束核聚变能发展研究专项“（国家 ITER 专项），以切实履行我国在 ITER 计划中的权利和义务，掌握 ITER 计划产生的成果，加快我国聚变能研究的进程，培养人才队伍，并为自主建设聚变堆奠定基础。

根据国务院的批复，科学技术部制定了“国家磁约束核聚变能发展研究专项规划”，确定该专项是针对国家磁约束聚变能的科学发展和技术进步而制定的具有全局性和带动性的研究发展专项，旨在解决对人类认识世界将起重要作用的聚变科学和技术的前沿问题，提升我国磁约束聚变研究的自主创新能力，并为国民经济和社会可持续发展提供科学支撑，为未来高新技术的原始创新奠定基础。

几年来，在国家 ITER 专项、国家重大科技基础设施建设、国家自然科学基金委员会等部门专项经费的支持下，我国磁约束聚变的研究得到了迅速的发展。国内磁约束聚变的研究主要以两个专业院所为主体，相关大学和研究所则从事关键技术、基础研究和人才培养等工作。国内的两大主力托卡马克装置分别是中核西南物理研究院的环流二号（HL-2A）和中国科学院等离子体物理研究所的全超导东方超环(EAST)[6-7]。

HL-2A 于 2009 年实现了高约束（H 模）模式放电[8]。利用该装置科学家在磁约束研究方面首次发现了自发产生的粒子输运垒的存在，首次观测到与理论一致的准模结构，首次证实了低频带状流的环向对称性现象，并发展了多项国际先进水平的诊断技术。

EAST 获得了多项重大成果，例如，稳定高参数长脉冲放电；利用低杂波和射频波实现多种模式的高约束等离子体；长脉冲高约束放电；超过 400 秒两千万度偏滤器等离子体；实现稳定重复超过 30 秒的高约束等离子体放电[9]，创造了国际托克马克装置最长时间高约束放电、最长高温等离子体放电等两项世界纪录。这些成果的取得标志着我国在稳态高温等离子体研究方面走在了国际前列。

随着 HL-2A 和 EAST 的扩建和性能的改善，未来可以进一步在两个装置上开展与先进聚变反应堆密切相关的前沿性的探索研究，为聚变能的前期应用奠定重要的工程和物理基础，同时为 ITER 的安全运行和稳态实验提供强有力的支持。

在国家 ITER 专项的大力支持下，我国高校和相关研究院所的磁约束核聚变与等离子体物理的研究也有了较大的发展，最有代表性的机构是中国科学技术大学、华中科技大学和中国工程物理研究院。北京大学、清华大学、上海交通大学、浙江大学、大连理工大学、四川大学、东华大学、北京科技大学、北京航空航天大学等学校的研究人员开展了托卡马克等离子体湍流与输运过程、磁流体不稳定性、快粒子物理、波与等离子体相互作用、等离子体与壁相互作用、聚变堆材料和聚变工程技术等方面的研究，培养了一批研究生和年轻的研究人员，并取得了一些较好的成果。

在 ITER 采购包中国项目的支持下，我国企业从事聚变的研发和制造能力有了长足的进步，企业的创新能力不断增强。这些企业在聚变能发展所需材料的研发和制备、大装置电源系统、先进制造、自动控制等方面都取得了较大的发展，基本具备了完成我国采购包的能力。通过国家 ITER 专项的有效实施，我国有可能在未来 10 年培育出一大批有能力承担 ITER 采购包及建设我国聚变堆的企业群。

三、发展趋势及前沿展望

国际聚变界的普遍共识是：在过去的十多年中，ITER 的七大部件的研发已取得了快速的发展，成功建设 ITER 在工程上已无障碍。但顺利实现 ITER 的科学目标依然有一定的风险和不确定性。为了成功运行 ITER 以及确定未来聚变示范堆的发展路线，在过去的 2 ~ 3 年中，美国和欧盟聚变界开展了大规模的科学研讨，对国际聚变研究的现状、成功建设和运行 ITER 所需的物理技术基础与存在的差距，以及未来聚变示范堆（DEMO）的发展战略进行了分析，分别提出了目前成功运行 ITER 的风险、存在的差距和前沿科学技术问题。未来 5 ~ 10 年，聚变研究的前沿方向和科学技术问题集中在以下 7 个方面[4]。

（1）燃烧等离子体物理。燃烧等离子体是指在聚变功率增益（Q）为 5 以上，氦粒子的自加热占主要成分条件下发生的物理问题，它是未来 ITER $Q=10$ 的物理基础。目前尚无任何装置可以进行 D-T 运行下 $Q=5$ 的等离子体实验，但可以对这一物理问题开展相关的理论和实验验证工作。

（2）先进托卡马克稳定运行和可靠控制。先进托卡马克位型是指在大拉长偏滤器高约束条件下的等离子体位型。这一位型的精确可靠控制和运行（包括对等离子体破裂、边界局域模等磁流体不稳定性的有效控制等），是 ITER 安全运行的基本保证。目前国际上有很多装置可以开展这一问题的研究。

（3）ITER/DEMO 等离子体条件下的等离子体与材料的相互作用。此项研究是要通过一系列的科学和技术的集成，在反应堆（每平方米 20 兆瓦高热负荷和放电持续时间大于 400 秒）条件下，开展氘氚等离子体与材料相互作用、杂质控制及氚在材料中驻留行为与除氚技术等问题的研究[10]。

（4）稳态条件下的物理和技术。主要解决 ITER $Q=5$（放电时间大于 3000 秒）和未来示范堆稳态运行（特指在反应堆条件下的长时间运行）中的科学技术问题，其中包含 ITER 计划以外的科学问题，如高效的稳态电流驱动、加热、约束和控制等。这是托卡马克能否实现稳态发电的最重要的科学技术问题之一。

（5）聚变等离子体性能的科学预测。这是基于大型托卡马克理论与数值模拟，对 ITER 燃烧等离子体的性能进行预测和分析，在有充分实验验证基础的条件下，形成完善的对未来反应堆等离子体性能的理论分析和科学预测。

（6）反应堆核环境条件下的材料和部件。14 兆电子伏特（MeV）中子轰击下的聚变材料是发展未来聚变堆的难点之一，特别是反应堆内部整体部件（如偏滤器、氚增殖包层）的功能、寿命和可靠性是未来聚变堆的关键，必须有可靠的解决方法。

（7）示范堆的集成设计。聚变示范堆是为了验证未来聚变电站的工程可行性和商业可行性，其设计不但要集成 ITER 的科学技术成果，同时也为未来聚变电站的发展奠定可靠的科学技术基础。

深入理解这 7 个方面并提供可靠的解决方法，是成功运行 ITER、实现其科学目标，进而成功建设 DEMO 的关键。未来 10 年，国际聚变界将围绕上述 7 方面进行大量的科学探索。

我国磁约束核聚变能的未来发展思路是：以参加 ITER 计划为契机，全面深入参与 ITER 装置建造和实验开发利用的工作，加快我国磁约束聚变能的基础与应用研究，提高磁约束聚变反应堆关键技术的开发和部件的制造能力，全面掌握 ITER 计划的知识产权；大力提升我国核聚变能发展研究的自主创新能力，结合国家大科学工程 EAST 和 HL-2A 装置在未来可能提供的实验条件，开展核聚变堆的设计研究、关键技术预研和反应堆建设工作，培养并形成一支稳定的高水平核聚变能研究开发和工程建设队伍，努力在 2020 年前后使我国具备设计建设核聚变示范堆的能力，适时启动高效安全聚变堆研究设施的建设，加快聚变能走向实际应用的进程；通过试验堆的建设，带动一大批企业全面发展高新技术，初步形成我国聚变工业产业链，为今后大规模聚变能的发展奠定较为完整的工业基础。

参 考 文 献

[1] Wesson J. Tokamaks. Oxford：Oxford University Press，2011.

[2] Hawryluk R J，Batha S，Blanchard W， et al. Results from deuterium-tritium tokamak confinement experiments. Reviews of Modern Physics. 1998，70：537-587.

[3] Keilhacker M，Watkins M L ，JET team. High fusion performance from deuterium- tritium plasmas in JET. Nuclear Fusion，1999，39：209-234.

[4] Loarte A，Lipschultz B，Kukushkin A S， et al. Progress in the ITER physics basis_ Chapter 4：Power and particle control. Nuclear Fusion，2007，47，S203-S263.

[5] Jin H，Weiss K，Wu Y. IEEE Transactions on applied. Superconductivity，2013，24 （3）:8400504.

[6] Normile D. Waiting for ITER，fusion jocks look EAST. Science，2006，312：992-993.

[7] Fuyuno I. China to make fusion history. Nature，2006，442：853-858.

[8] Duan X R，Dong J Q，Yan L W， et al. Preliminary results of ELMy H-mode experiments on the HL-2A tokamak. Nuclear Fusion，2010，50 （9）：0029-5515，

[9] Li J，Guo H Y，Wan B N，et al. A long- pulse high- confinement plasma regime in the Experimental Advanced Superconducting Tokamak. Nature Physics，2013，9 （12）：817-821.

[10] Tsitrone E. Key plasma wall interaction issues towards steady state operation. Jouranal of Nuclear Material，2007，（363-365）：12-23.

Progress of Magnetic Confined Fusion Energy Research

Li Jiangang
(Institute of Plasma Physics, Chinese Academy of Sciences)

Fusion is the process that powers the sun and the stars. Magnetic Confined Fusion (MCF) research offered developing a safe, abundant and environmentally responsible energy source. Fusion energy application is very important for China. Significant progress has been made in MCF for past 50 years. Tokamak is the leading configuration which will lead to future fusion reactor. ITER which designed to demonstrate the scientific and technological feasibility of fusion power will be the world´s largest experimental fusion facility by seven party's joint efforts. Efforts have been made for the past few years within world fusion community for solve the scientific and technical problems to ITER construction and safe operation. Successful control of edge localized mode instability (ELM) and adopt W as divertor material are the key progress. Chinese fusion scientists and engineers have contributed many efforts for ELM control and W material on EAST superconducting tokamak and HL-2A tokamak. EAST also achieved world records for the longest H-mode duration and over 400s divertor plasma discharge. Combining microwave beams for ELMs suppression with the advanced lithium wall treatment on EAST could provide a fruitful new direction for fusion-energy development. This combination of techniques offers an attractive regime for high-performance, long-pulse operations for next generation device. By joining ITER project together with fast domestic MCF program, Chinese MCF will be further enhanced in near future for a goal to build Chinese fusion engineering test reactor around 2020.

3.4 太阳能技术新进展

沈文忠 王如竹
(上海交通大学)

太阳能技术主要是指人类主动利用太阳能资源，并将其作为一种有效的能源形式用于生活、生产的技术方式。根据原理与技术的不同，太阳能技术可分为两大类，即光热技术与光伏技术。太阳能光热技术（包括光热发电）是将太阳辐射能转换为热能并加以利用，主要由光热转换和热能利用两个部分组成。太阳能光伏技术的核心器件是太阳电池，其主要原理是利用半导体材料的光伏效应与半导体器件工艺来实现发电。下文将重点介绍该两类技术的发展现状，并展望其未来。

一、国际重大研发进展

（一）太阳能光热技术

世界各国，特别是欧美等发达国家和地区纷纷制定政策规划，以推进太阳能的利用。较为著名的有欧盟的“2020 战略”，即到 2020 年欧盟各国可再生能源占总能耗的 20%，其中太阳能热利用达到 12 兆吨油当量①，2010 ~ 2020 年的年增长率为 23.1%；太阳能热发电规模将达 15 吉瓦，发电量为 43 太瓦时，2010 ~ 2020 年的年增长率为 31.1%。近 3 年来，欧盟还开始了太阳能中温集热技术的工业应用——太阳能锅炉，并通过一系列示范推进了太阳能空调的使用。美国能源部于 2008 年启动的“太阳计划”（SunShot Initiative）[1]，连续多年为太阳能热发电技术的研发提供了支持，2013 年该计划资助了多个美国国家实验室承担热发电方面的研究项目。

1. 太阳能光热利用

太阳能光热利用是以热能转换为主的太阳能转换和利用过程，主要涉及太阳能中低温热利用，如太阳能常规利用、太阳能热利用与建筑一体化、太阳能空调制冷、太阳能海水淡化等。近期，国际上的主要进展包括太阳能中温集热技术、太阳能空调技术及与此相关的太阳能蓄热技术。

（1）太阳能中温集热技术：主要是利用太阳能获得 80 ~ 250℃ 范围的热能，涉及：①真空管中温集热涂层技术。涂层技术的突破，可以使 150℃ 的集热效率达 45%；②采用菲涅耳透镜线聚焦技术，可产生 200℃ 左右的热能；③采用槽式集热器线聚焦技术，可产生 200℃ 以上的热能。原来用于中高温热发电（槽式和菲涅耳式）的太阳能集热器正通过降低集热管的成本来扩大其工业应用的范围。

（2）太阳能空调技术。主要有溴化锂-水吸收式制冷、硅胶-水吸附式制冷、氨-水吸收式制冷，以及利用干燥剂除湿的除湿制冷[2]。太阳能低温干燥储粮技术、太阳能中央空调、住宅用空调制冷/供热系统已有应用。德国 SolarNext 公司开发了

① 吨油当量（ton of oil equivalent，toe）是指量 1 吨原油所含的热量相当于某种能源品种多少所含热量，约为 42 吉焦耳。

半效溴化锂-水吸收式制冷机和硅胶-水吸附制冷机，可实现75℃热水制冷①。日本矢崎（Yazaki）公司开发成功10~30千瓦低热水温度（68℃）驱动太阳能溴化锂吸收式空调②。随着太阳能热利用与常规化石能源（天然气）的结合，单双效结合的太阳能溴化锂-水吸收式空调应运而生。由于太阳能中温集热技术的突破，太阳能驱动的可单-双效转化的溴化锂-水吸收式空调获得成功应用。

（3）太阳能蓄热技术。近年潜热蓄存材料已经商品化。2011年，英国PCMP公司推出的A164相变材料，在相变温度为164℃时蓄热密度达到306千焦/千克[3]。2012年，德国Zschimmer & Schwarz化学公司推出的RT110相变材料，在相变温度为112℃时蓄热密度达到213千焦耳/千克。德国巴斯夫（BASF）公司2011年推出的Micronal相变蓄存材料为封装型材料，具有高传热率、不腐蚀金属等特点，可用于太阳能空调的蓄冷，寿命可达30年。利用吸附和吸收过程储热的化学蓄热技术也已经成为国际储热研究的热点。

2. 太阳能热发电技术

太阳能热发电主要采用聚焦集热技术，以产生发电时驱动热力机所需要的高温液体或蒸汽。根据聚焦技术的不同，聚光光热发电（CSP）可分为槽式、塔式、碟式和菲涅耳式发电技术。槽式发电已有多年商业运行的经验，塔式发电已证明了商业运行的可行性。常规火力发电机组的技术已经成熟，而太阳能热发电的热-功转换部分与常规火力发电机组基本相同，因此特别适宜于大规模使用。2012年全球CSP容量增长超过60%，其总规模达到了2550兆瓦电量[4]。

（1）槽式热发电系统的结构相对简单，采用串、并联排列方式，可构成较大容量的热发电系统，已较早实现了商业化。随着技术的不断发展，系统的效率已由初始的11.5%提高到13.6%，发电成本已由26.3美分/千瓦时降到9.1美分/千瓦时。德国肖特公司研发的集热管涂层，发射率≤9.5%，吸收率≥95.5%；热损耗循环测试证实，其工作温度400℃时热损小于250瓦/米。集热管利用太阳能辐射加热专用的合成导热油，可使最高温度达到400℃；直接采用水做传热介质，可降低太阳能热电站的建设和运营成本。2010年，Abengoa公司在美国建设的直接蒸汽型槽式系统的示范工程成功发电。2011年，德国肖特公司生产的槽式系统采用熔盐作为导热介质，其最高工作温度可达550℃[5]。

（2）塔式太阳能热发电可实现高聚光比，使吸热器能够在500~1500℃范围内

① 参见：http：//www. solarnext. eu/eng/home/home_ eng. shtml.

② 参见：http：//www. yazakienergy. com/products. htm.

运行，在提高发电效率方面具有很大的潜力。塔式系统从光到电的年平均效率已提高到 20%。传统的中央接收器温度低于 600℃，热力循环效率约为 40%；在较高温度下，熔盐工质变得不稳定。使用固体颗粒直接吸收，接收器的最高温度可达到 1000℃以上，循环效率达 50% 以上[6]。美国桑迪亚国家实验室（Sandia National Laboratories）联合德国航天局太阳能研究所，于 2012 年获得美国能源部的资助，正在合作进行相关的研究。

（二）太阳能光伏技术

太阳能光伏产业主要涉及光伏材料、太阳电池与组件、光伏逆变器、光伏系统集成技术等[7]。其核心器件是太阳电池，目前已商业化的太阳电池主要是晶体硅太阳电池与薄膜太阳电池两大类。研发的热点是效率>20% 的高效晶体硅电池和先进薄膜电池。

1. 效率超过 20%的高效晶体硅电池

在效率超过 20% 的高效太阳电池研发方面，美国与日本的企业走在了前面。他们所采用的技术是全背电极（IBC）和晶体硅-非晶硅异质结（HIT）两种技术；美国阳光电力（SunPower）公司和日本松下（Panasonic）公司都实现了 22% ~24% 的转换效率，并先后实现了产业化。

2010 年，美国阳光电力公司推出了其第三代 IBC 电池，进一步改进了表面结区掺杂和其他工艺，减小了金属接触区域的复合；同时还采用热加工工艺，加强了对氧化堆垛层错的控制，在 n 型直拉（CZ）硅衬底上使电池达到了 24.2% 的光电转换效率[8]。最近几年，除了美国阳光电力公司之外，有许多研究机构和太阳电池公司也开始研制 IBC 电池。其中，典型的有位于比利时的欧洲独立微电子研究中心（IMEC）研发的尺寸为 2 厘米×2 厘米的 IBC 电池，其光电转换效率达到 23.3%[9]。它采用了美国阳光电力公司第一代和第二代 IBC 电池的 n^+与 p^+区域相连接的自对准结构。

2013 年，日本松下公司进一步提升了它的非晶硅膜生长工艺，在一块面积为 101.8 平方厘米、厚度为 98 微米的硅片上创造了 n 型硅电池的最新世界纪录：24.7% 的光电转换效率[10]。由于近年来 HIT 的专利已过期，国内外多家公司开始研制异质结的电池。如德国 Roth&Rau 公司的 HJT 电池，效率已达到 21% 以上。

2. 先进薄膜电池

碲化镉（CdTe）和铜铟镓硒（CIGS）薄膜太阳电池技术也是目前世界各国重

点开发的光伏技术。随着专业的光伏真空设备技术的发展，近些年，这两种薄膜电池的研究发展非常迅速，尤其是实验室太阳电池光电转换效率的提高[11]。2013 年 6 月，美国通用电气全球研发中心（GE Global Research）最新的 CdTe 太阳电池的光电转换效率达到 19.6%；CIGS 太阳电池的最高转换效率是由德国太阳能和氢能研究中心（ZSW）于 2013 年 10 月创造的 20.8%。瑞士联邦材料科学与技术实验室（EMPA）2012 年 9 月在柔性衬底上也成功制备出光电转换效率达到 20.4% 的 CIGS 太阳电池。

CdTe 薄膜电池目前真正实现大规模生产的只有美国第一太阳能（First Solar）公司。2013 年，第一太阳能公司的光伏组件的转换效率超过了 16%，产能超过 2 吉瓦，在薄膜电池领域一家独大。目前，CIGS 薄膜电池处于产业化的初级阶段，主要是美国、德国和日本等发达国家的公司在进行这种电池的产业化。其工艺各具特色，但都采用真空溅射技术，制备 CIGS 吸收层的部分工艺有差别。2013 年 6 月，日本昭和壳牌石油公司旗下的 Solar Frontier 公司成功生产出组件面积为 1.23 平方米、光电转换效率达 14.7% 的 CIGS 太阳电池组件，使 CIS 薄膜太阳电池的转换效率达到多晶硅电池的水平。2013 年 11 月，韩国三星 SDI 公司最新的大面积（1.44 平方米）CIGS 薄膜太阳电池经过德国莱茵 TüV 认证，其光电转换效率达到 15.7%。美国 MiaSole 公司也实现了 15.7% 的转换效率。从事 CIGS 太阳电池开发和生产的还有美国的 Nanosolar（印刷技术）、美国的 SoloPower（柔性技术）、德国的 Avancis 和德国 Q-Cells 的子公司 Solibro 等公司。但以上多数公司的产品还处在研发阶段，少数能达到数十到几百兆瓦的生产规模。2010 年，CIGS 实际产量在 0.5 吉瓦之内，2012 年为 2 吉瓦。

二、国内同类研发的现状

（一）太阳能光热技术

2012 年底，全球热水集热器的产量已达到 255 吉瓦热量，中国占 70% 以上。2012 年中国累计热水器的安装已超过 2 亿平方米以上。在太阳能中温集热器的研发方面，我国处于世界领先地位，真空管集热器从质量到成本均领先世界，已大量出口国外。力诺太阳能公司和皇明太阳能公司都开发了 10 吨以上的太阳能锅炉。力诺太阳能公司生产的用于驱动太阳能空调的太阳能中温集热器的集热效率已达到 40% 以上（集热温度 150℃），2013 年已有一批太阳能锅炉获得实际应用。我国在利用太阳能中温集热器驱动的太阳能空调技术已取得突破，有可能初步实现商业化应用。

上海交通大学积极推进太阳能建筑的一体化应用、太阳能中温集热及其工业应用，以及与各类太阳能热源温度匹配的太阳能空调技术的研发，并同时积极推动空气源热泵热水系统、空气源热泵热水、空调和采暖的研发和应用。上海交通大学与国内企业合作开发了硅胶-水吸附式空调、单-双效转化的溴化锂-水吸收式空调，以及适用于变热源温度的 1. n 效溴化锂-水吸收式空调。

涉足太阳能光热发电的公司有皇明太阳能公司、力诺太阳能公司、浙江中控太阳能公司、浙江三花股份、湘电集团有限公司和中航工业西安航空发动机（集团）有限公司等。皇明太阳能公司开发了可用于热发电的太阳能槽式集热器，其工作温度可达 400℃，效率高于 50%；还成功开发出塔式定日镜系统。浙江中控太阳能公司成功开发出基于智能小镜、熔盐蓄热、模块化等技术的塔式热发电系统。2013 年 7 月，该公司投资建设的中国第一座商业化 50 兆瓦电量塔式太阳能光热发电站一期 10 兆瓦电量顺利并网发电[12]。湘电集团公司的碟式太阳能光热发电装置的研制已取得突破性进展，在布雷顿循环、斯特林循环关键技术的研制上取得实质性成果，整机效率提高到 38%，适应了商业化发展的需求；同时，建成具有完全自主知识产权的第二代 25 千瓦电量碟式太阳能光热发电装备系统[13]。

中国科学院电工研究所在槽式、塔式、碟式太阳能集热和热发电技术方面有较强的研究基础。该所研制的 1 兆瓦电量塔式太阳能热电站于 2012 年 8 月成功发电。

（二）太阳能光伏技术

从 2005 年以来，我国光伏产业发展迅猛，近几年来世界 60% 以上太阳电池都产自我国，预计未来 10 年内我国作为太阳电池第一大国的地位不会改变。目前，我国常规工艺单晶硅电池的光电转换效率可达 19% 左右，多晶硅电池的光电转换效率可达 17% 左右，光伏企业几乎全部集中在常规工艺晶体硅电池领域，这一领域的太阳能光伏产业处在国际领先水平。这使得太阳能光伏产业成为我国为数不多的具有国际竞争优势的战略性新兴产业[7]。

目前，我国一些骨干企业已经开始将效率为 20% 的晶体硅太阳电池的规模化生产作为重点突破方向。金属贯孔（metal-wrap-through，MWT）电池具有减少前表面遮光的优势。采用 MWT 电池结构，英利绿色能源控股有限公司与荷兰能源研究中心（ECN）合作，在 n 型 CZ 硅片上获得了 20% 光电转换效率的太阳电池[14]；阿特斯阳光电力有限公司也在 n 型 CZ 硅片上实现了 21. 5% 的光电转换效率。杭州赛昂电力有限公司生产的隧穿异质结电池，结构与 HIT 电池类似，其 5 英寸电池已达 729 毫伏的开路电压和 21. 4% 的光电转换效率[15]。IBC 和异质结电池的研发工作已经成为国内热点。

在先进薄膜电池的研发方面，我国与国际先进水平的差距是巨大的。国内许多高校和科研机构很早就开展了 CdTe 薄膜太阳电池研究，在材料物性和制作工艺方面有较好的基础，但目前唯一能规模生产 CdTe 组件产品的企业只有龙焱能源科技（杭州）有限公司。该公司有一条年生产能力 30 兆瓦、全国产化、全自动化的 CdTe 薄膜太阳电池组件的生产线；研制的 0.72 平方米的 CdTe 薄膜光伏组件的光电转换效率达到 12.03%，小面积单体电池和薄膜组件的转换效率达到 14% ~15%。高校和科研院所也长期开展了 CIGS 薄膜太阳电池的基础物性和新材料新工艺的研发工作。目前，国内 CIGS 太阳电池的转换效率最高的是中国科学院深圳先进产业技术研究院的样品，其小面积 CIGS 薄膜太阳电池的光电转换效率是 19.06%，大面积的为 12.6%。汉能控股集团于 2012 和 2013 年先后收购了德国 Q-Cells Solibro、美国 MiaSole 和 Global Solar Energy 三家 CIGS 公司，开始大举进军 CIGS 薄膜电池领域。

三、发展趋势及前沿展望

太阳能热利用技术正向高效低成本的方向发展。太阳能中温利用技术将在不同的工业部门拓展其应用范围。它可以为太阳能锅炉提供适当的解决方案，以实现太阳能的高效集热系统与化石燃料的一体化综合利用。中温太阳能集热器和各类吸收或吸附制冷机的有机组合是未来太阳能空调的一个发展方向。太阳能热利用还需要拓展到更多的领域（如太阳能海水淡化）。太阳能蓄热技术的突破有可能为太阳能热利用带来新的商机。

太阳能热发电将朝着以下方向发展：①高反射率、高耐久性的反射材料；②有高性能涂层的反射器或接收器；③高温、高效率的太阳能接收器的材料和设计；④新型高温传热流体；⑤高温、低成本储热材料和系统；⑥高效率电力循环；⑦新型低耗水热电站的运行和维护技术；⑧高度自动化的生产设施和设备；⑨快速的现场安装和最简单的整地技术；⑩新型 CSP 元件及系统；等等。槽式集热器的成本近期将下降至 235 美元/米^2。通过场地、集热系统、蓄热、发电循环等全方位的创新，太阳能热发电的成本力争到 2020 年降到 6 美分/千瓦时[16]。

目前，光伏产业链的发展路线图已经比较清晰。对于晶体硅电池来说，大规模生产的太阳电池的光电转换效率要求达到 20% ~25%，甚至更高，其开发热点是 IBC、HIT 和双面电池。这些高效电池都基于 n 型单晶硅片，n 型磷掺杂单晶硅片技术的前景较为明朗；多晶硅材料采用流化床反应器方法呈上升趋势，多晶硅材料及硅片将以更加集群的方式发展，单个企业产能将达到每年 10 万吨或更大规模；太阳电池组件将出现规模化集群式的发展，单个企业产能将达到 1 ~3 吉瓦甚至更高；单个电站在沙漠地带可达到 1 ~ 10 吉瓦甚至更大规模；光伏发电可以采用多种应用形式来推广，如屋顶电站、地面电站以及分布式能源等。

薄膜太阳电池因为低材料消耗和不断提高的转换效率，在未来光伏电池技术中将占有重要的位置，柔性薄膜是其最重要的特色之一。柔性太阳电池一直是太阳电池研发的一个热点，可以利用塑料、金属等柔性片材作为电池的衬底材料，这也是薄膜电池的优势。可以设想，在不久的将来，薄膜电池目前面临的问题将逐一得到解决，其性能不断得到提高，将满足未来消费者对能源的差异化需求。

参 考 文 献

[1] US Department of Energy, Solar Energy Technologies Program, Office of Energy Efficiency and Renewable Energy. Multi Year Program Plan 2008-2012. 2008：8-12.

[2] 王如竹，代彦军．太阳能制冷．北京：化学工业出版社，2007：38-46.

[3] Barlev D, Vidu R, Stroeve P, Innovation in concentrated solar power. Solar Energy Materials and Solar Cells, 2011, 95：2703-2725.

[4] Sawin J L. Renewables 2013 global status report. http：//www. ren21. net [2013-12-05].

[5] Joseph S, Levi I, Ranga P. Technical challenges and opportunities for concentrating solar power with thermal energy storage. Journal of Thermal Science and Engineering Applications, 2013, 5：021011-(1-11).

[6] Greenpeace International, 2009 IEA SolarPACES, ESTELA. Global concentrating solar power outlook 2009. http：//www. greenpeace. org/international/en/publications/reports/ concentrating-solar-power-2009/56-60 [2013-12-20].

[7] 沈文忠．太阳能光伏技术与应用．上海：上海交通大学出版社，2013.

[8] Smith D, Cousins P, Masad A. SunPower's Maxeon Gen III solar cell：high efficiency and energy yield. 39th IEEE Photovoltaic Specialist Conference, Tampa, 2013, Paper #256.

[9] Alemana M, Dasa J, Janssensa T, et al. Development and integration of a high efficiency baseline leading to 23% IBC cells. Energy Procedia, 2012, 27：638-645.

[10] Taguchi M, Yano A, Tohoda S, et al. 24.7% record efficiency HIT solar cell on thin silicon wafer. 39th IEEE Photovoltaic Specialist Conference, Tampa, 2013, Paper #884.

[11] Green M A, Keith E, Yoshihiro H, et al. Solar cell efficiency tables (Version 42). Progress in Photovoltaics：Research and Application, 2013, 21：827-837.

[12] 浙江中控太阳能技术有限公司．中控德令哈 50MWe 塔式太阳能光热发电一期顺利并网发电．http：//solar. supcon. com/view. asp? id=62 [2013-12-21].

[13] 湘潭电机股份有限公司．湘电碟式太阳能光热发电装备．http：//www. xemc. com. cn/product/Product. aspx? channel=4&productID=144 [2013-12-12].

[14] Guillevin N, Heurtault B J B, Geerligs L J, et al. 279 watt metal-wrap-through module using industrial processes. 27th European Photovoltaic Solar Energy Conference, Germany, 2012: 2025-2029.
[15] Beitel C, A greater than 20-percent efficient crystalline cells without silver. Photon's 8th PV Production Equipment Conference, Shanghai, 2012.
[16] US Department of Energy. Concentrating solar power, key activities. http://www1.eere.energy.gov/solar/sunshot/csp.html [2013-12-12].

Recent Advancement in Solar Technology

Shen Wenzhong, Wang Ruzhu
(Shanghai Jiao Tong University)

Solar technology include conventional solar thermal applications, solar thermal power technologies and photovoltaic technologies. In conventional solar thermal applications, medium temperature solar collector (80-250℃), solar thermal energy storage technologies as well as solar air conditioning and refrigeration technologies have achieved significant progress in recent years. United States and European countries are leading countries in developing advanced solar thermal power technologies. The US DOE programs SunShot Initiative has set a goal to achieve US $ 0.06/kW · h in concentrated solar power through continuous efforts. Chinese researchers have worked actively and made great contributions in solar air conditioning and refrigeration technologies, while Chinese companies have also made substantial progress in developing cost-effective technologies on middle temperature solar boilers for industry uses. The universal application of solar photovoltaic depends on the conversion efficiency of solar cells and the cost of the required materials. The rapid progress of current photovoltaic R&D and material science greatly promote the development of this cost-competitive renewable energy technology. Chinese photovoltaic industry has shown great advantages on the traditional crystalline silicon solar cells, however, United States, Japan and European countries dominate the recent achievements in novel solar cells and photovoltaic technologies, especially on the high efficiency (>20%) crystalline silicon solar cells and advanced thin film solar cells.

3.5 页岩气勘探开发技术新进展

马永生* 赵培荣

（中国石油化工股份有限公司）

页岩气（shale gas）是指赋存于富含有机质的泥页岩及其夹层中，以吸附或游离状态为主要存在方式的一种非常规天然气资源。页岩气（藏）也被称为“人造气藏”，必须通过大型人工造缝（网）工程才能形成工业生产能力。页岩气的勘探和开发将有助于增加全世界的天然气供应总量。下文将重点介绍近几年页岩气勘探开发技术的重大进展，并展望其未来。

一、国际重大进展

页岩气的勘探、开发最早始于美国。1821 年，第一口页岩气井在纽约 Chautauga 县泥盆系 Perrysbury 组 Dunkirk 页岩钻探成功。1914 年，美国在阿巴拉契亚盆地泥盆系 Ohio 页岩中获得了日产 2.83 万立方米的天然气流，发现了世界上第一个页岩气田——Big Sandy 气田[1]。

为应对 1973 年阿以战争期间的石油禁运和 1976 ~ 1977 年的第一次石油危机，美国能源部组织高校等研究部门，开展了“东部页岩气工程”（EGSP）等一系列的基础研究项目，重点研究和开发页岩气的增产技术。1978 年，美国相继颁布了《天然气政策法案》、《原油意外获利法》等政策，采取为致密气、煤层气、页岩气等非常规天然气的开发提供补贴、减免税收等措施，鼓励人们对非常规天然气的勘探开发进行投资。经过近 30 年的持续攻关，美国形成了以水平井分段压裂技术为核心的页岩气开发系列技术，促进了美国页岩气产量的快速增长。2000 年，美国页岩气产量为 80.6 亿立方米；2012 年，产量超过 2500 亿立方米[2]。目前，美国已在近 30 个盆地的 36 套页岩开展了勘探工作，形成了巴奈特（Barnett）、费耶特维尔（Fayetteville）等 9 个页岩气产区[3]。

美国页岩气的快速发展得益于以下四点。

（1）丰富的资源、简单的构造和良好的地质条件，降低了页岩气勘探、开发的

* 中国工程院院士。

地质风险，为其发展奠定了良好的物质基础；

（2）政府早期对基础研究的投入和制定的鼓励政策，为页岩气的突破、发展创造了条件；

（3）完整、成熟和市场化的石油技术工程服务产业体系，为水平井分段压裂技术等核心技术的创新和发展提供了支撑；

（4）发达的天然气管网体系和无歧视的准入规则，为页岩气的发展提供了公平的市场环境。

美国页岩气勘探、开发的巨大成功，引起了世界各国政府和能源公司的高度重视，掀起了世界页岩气研究、勘探和开发的高潮。利用邻国的勘探开发技术，加拿大成为继美国之后全球第二个实现页岩气商业化开发的国家；2007 年第一个页岩气藏投入商业化开发，2010 年页岩气产量达到 100 亿立方米[4]。阿根廷在内乌肯盆地也取得了单井的突破。波兰、英国、法国、德国、南非、印度等国家也都开展了页岩气的研究及评价工作。

美国页岩气勘探开发技术处于世界领先地位，已经建立了成熟的页岩气勘探开发技术体系。以美国为代表的世界页岩气的先进勘探开发技术体系主要包括以下几个方面。

1. 地质综合评价技术

美国埃克森美孚（Exxon-Mobil）公司、英国石油公司（BP）公司、美国雪佛龙（Chevron）公司等国际能源公司具备自身勘探开发的技术能力，已经掌握了成熟的页岩气地质综合评价技术，即采用常规地质调查、地球物理勘探、参数井钻探和实验室分析测试等手段，开展页岩气关键特征参数的研究，进而对页岩气富集区、核心区、甜点区进行评价与优选，形成了以下几种选区方法。

（1）以 BP 公司、新田公司为代表的综合风险分析法（CCRS）方法；

（2）以埃克森美孚公司为代表的基于贝叶斯数学概率统计理论的边界网络节点法（boundary network node，BNN）；

（3）以雪佛龙、美国赫斯（HESS）公司为代表的地质参数图件综合分析法等。

地质各项参数的定量化、半定量化的评价正在成为各能源公司地质综合评价技术的发展方向。

2. 地球物理“甜点”预测技术

地球物理“甜点”预测技术在页岩气的勘探开发中发挥了重要作用，主要表现在以下几个方面。

（1）利用伽马、密度等地球物理参数，预测高有机碳含量页岩的分布范围；

（2）利用地震不连续检测技术、地震曲率分析技术、地震振幅随偏移距变化（AVO）技术、地震振幅随方位角变化（AVAz）技术和方位弹性波阻抗反演（EI）技术，预测页岩的微裂缝表征；

（3）基于叠前 AVO 同步反演或弹性波阻抗反演（EI）的弹性参数，预测页岩脆性和岩石力学的特征；

（4）基于地震属性分析和叠后、叠前的反演结果，结合测井评价的结果，分析地层压力和地应力的空间展布特征；

（5）利用三维地震技术，设计水平井井眼轨迹。

目前，斯伦贝谢（Schlumberger）、埃克森美孚等国外公司均利用地球物理技术开展页岩气的"甜点"预测研究，形成各自的地球物理预测技术，大大提高了页岩气勘探开发的成功率。

3. 水平井钻井及多级压裂技术

在水平井钻井方面，国外专业技术服务公司已经掌握了大位移水平井、侧钻水平井、丛式水平井、欠平衡水平井和连续油管钻井等技术，制造出旋转导向、随钻测量（NWD）和随钻测井（LWD）等高技术装备，钻井速度不断提高。采用高造斜率旋转导向系统，可保持井眼光滑，并提高水平井的钻井速度；利用水平井地质导向技术，可随时探测钻头与地层和油气水边界的距离，及时控制井眼轨迹，实现水平井的精确导航。目前，哈里伯顿（Halliburton）公司已经使其钻井技术的探测距离达到 5.5 米。

围绕裸眼、筛管和套管等不同水平井的完井方式，美国研制出了较为成熟的水平井分段压裂配套技术与工具。

（1）贝克休斯、威德福、哈里伯顿与斯伦贝谢等公司均研制出裸眼封隔器+滑套多级压裂技术，可实现 60 级压裂，使封隔器耐压差达 70.0 兆帕，耐温 204℃；

（2）哈里伯顿、贝克休斯、斯伦贝谢、威德福等公司均研制出泵送可钻式桥塞压裂技术，可使桥塞耐压差达 86 兆帕，耐温 232℃，在 51/2″套管内实现 42 级压裂；

（3）哈里伯顿、贝克休斯等公司将连续油管与水力喷射相结合，在 5″套管内实现了 43 段压裂施工。

在压裂装备方面，哈里伯顿公司生产的 2000 型及 2500 型压裂设备仍为国内外主力压裂设备。为适应页岩油气大排量、大液量的施工要求，国外正攻关研究采用 140 兆帕高压管汇和连续混配装置的 3000 型压裂设备。

4. 微地震监测技术

微地震监测技术主要指在压裂过程中，利用压裂导致岩石破裂所诱发的微地震现象，监测裂缝的形成的地震技术。该技术可以提供压裂产生的裂缝的高度、长度等空间展布信息，为优化压裂设计和开发井网提供依据。目前国际上，微地震技术已广泛应用于页岩气开发中。微地震检测技术可以分为井中和地面两种。掌握井中微地震技术的公司主要有威德福、法国 CGG 公司和斯伦贝谢等，地面微地震技术只有美国微震（MicroSeismic）公司和 Global Geophysical 公司能提供商业服务。目前，微地震数据采集正向多分量、大范围埋置采集的方向发展，可通过无线/网络传输实现实时采集、实时处理、实时监测地下压裂情况。微地震解释技术则趋向精细化，对震源机制反演提出了更高的要求。震源机制反演正朝以下方向发展。

（1）采用矩张量反演的方式，把振幅信息破裂分解为各向同性（ISO）、补偿线性矢量偶极（CLVD）和双力偶（DC）三部分；

（2）采用逆时波场方式，对破裂面进行成像。

5. 页岩气开发技术

在北美地区，有数万口页岩气井正在生产，并已形成配套成熟的开发技术体系。这些地方主要采用井工厂模式来实现低成本、规模化开发，形成了以经济效益为核心，按照投资与产量的经济效益最优的要求来确定开发井网、水平井长度、压裂段数、规模等开发施工参数的开发模式。这种模式涉及页岩气试采评价、页岩气井工厂开发、页岩气开发经济评价、环境保护与水资源综合利用等一系列配套技术。

二、国内研发现状

我国自 2000 年以来一直密切关注北美页岩气的发展动态，并于 2009 年开始了页岩气的勘探工作。总体上讲，我国页岩气产业尚处于起步阶段，但已展现出良好的发展势头。

通过调查，我国已初步摸清了富有机质页岩分布的范围，确定了主力层系，优选出一批页岩气富集有利区。国土资源部依据新一轮页岩气资源调查项目的阶段成果，于 2012 年 3 月 1 日向社会公布了中国页岩气可采资源量为 25.08 万亿立方米；同年末，中国工程院发布中国页岩气可采资源量为 11 万亿立方米。

目前，我国页岩气的勘探开发工作主要集中在四川盆地及周缘、鄂尔多斯盆地。中国石油化工集团公司（中国石化）在重庆涪陵焦石坝区块取得了重要的商业发现，已有十多口开发试验井获得高产气流，累计日产气超过 150 万立方米，已经具备年产 5 亿立方米天然气的生产能力。中国石油天然气集团公司（中国石油）在四川长宁、威远地区的多口井获得了工业气流[5]。延长石油集团在延安张家滩地区的多口页岩气探井获得了天然气流。

经过近 5 年来的技术攻关，我国已经初步形成了页岩气地质综合评价技术体系。中国石化根据我国页岩的地质特点，经过多轮的评价研究，已优选出页岩厚度、面积、有机碳含量（TOC）等 15 项关键参数的评价指标，并对各项参数建立了量化评价标准；同时根据页岩的含气性、工程技术的可实施性、经济性评价等关键要素，建立了页岩气选区的统一评价平台，并在重庆涪陵焦石坝等地区页岩气的勘探和开发中取得了突破。

在页岩气地球物理技术方面，我国在单项技术方面取得了进展，已初步开展了数字岩芯技术和岩石物理特征的研究；在页岩含气性测井评价技术方面，取得了基于 AVO 等多属性页岩含气性预测研究的进展；基于地震不连续性监测和叠前 AVAz 属性的裂缝预测技术研究也取得重要进展；但尚未建立符合中国地质特点的“甜点”预测和描述技术体系。

在水平井分段压裂技术方面，我国已形成钻井、压裂等一体化设计与优化的模式；形成了页岩气水平井压前评价、大型压裂设计与压后评估技术；初步配套建立了海相页岩中浅层水平井分段压裂技术体系，具备钻探 1500 米长的水平段水平井（最高压裂段数 23 段，最大压裂液量 4.66 万立方米，最大加砂量 2018 吨）的施工能力。在关键压裂设备的研制方面，裸眼封隔器+滑套分段压裂工具、泵送易钻电缆桥塞工具已经进行中试和工业化推广；中国石化研发的国际领先、具有自主知识产权的 3000 型压裂车，已在涪陵地区投入使用，设备各项技术指标达到要求。与国外同类技术相比，我国在水平井钻进速度、井筒质量、压裂技术体系的成熟性等方面仍有不小的差距。

在微地震监测技术方面，我国大庆、胜利等油田企业，中国石油大学，长江大学等高校开展了微震监测技术的研究与试验，取得了初步的成果。与国外相比，国内微地震数据的采集精度还存在较大差距。微地震数据的处理与解释仍处于攻关阶段。

在页岩气开发方面，我国已经开展了开发井组的试验，并按照井工厂的模式，初步建立了钻井、压裂等一体化设计与优化的模式以及边钻井、边压裂、边生产的交叉作业模式，多口生产井已进行试采。与北美拥有数万口生产井的开发技术体系相比，我国在这方面基本上处在空白阶段。

三、发展趋势与前沿展望

以页岩气为代表的非常规油气资源的成功勘探与开发，是全球油气工业又一次理论和技术上的突破。它的意义在于突破了早期油气工业的常规储层下限和传统的圈闭成藏观念，增加了油气资源的勘探开发类型与资源量，实现了当前油气开采技术的升级换代。美国通过规模化应用以水平井分段压裂技术为代表的新技术，实现了页岩气的快速工业化开发，进一步推动了天然气工业的发展，成为全球最大的天然气生产国，基本实现了天然气的自给，同时引发了全球能源格局的变化。可以预见，以页岩气为代表的非常规油气资源在全球的能源结构中将占越来越重要的地位，正在成为油气勘探的战略性领域。发展页岩气对推动我国油气工业的科技进步、带动其他非常规油气资源的发展、改善能源结构和保障能源安全具有重要意义。

当前，国际上水平井分段压裂设备正朝大功率、模块化、小型化、便携化方向发展，压裂技术正向高效、低成本、环境友好的方向发展，如正在逐步推广的高通道压裂、无水压裂等技术。与国际先进技术相比，我国在页岩气勘探开发技术与装备方面均存在较大差距，建议国家尽快落实页岩气产业化优惠政策的实施细则，鼓励国有、民营等各类企业开展页岩气勘探开发装备的研发、制造以及技术服务，充分利用好“后发优势”，尽快形成市场化的石油工程技术服务的产业链，以实现我国页岩气勘探开发技术的跨越式发展。

参考文献

[1] 邹才能，等. 非常规油气地质（第二版）. 北京：地质出版社，2013：1-374.

[2] EIA，Annual Energy Outlook. Washington D C，2013.

[3] US Department of Energy，Office of Fossil Energy，National Energy Technology Laboratory. Modern Shale Gas Development in the United States. Washington D C，2011.

[4] Kuuskraa V，Stevens S，Leeuwen T，et al. World shale gas resources：an initial assessment of 14 regions outside the United States. Research Report of US Energy Information Administration，Washington D C，2011.

[5] 中国工程科技发展战略研究院. 2013 年中国战略性新兴产业发展报告. 北京：科学出版社，2012：291-299.

New Progress of Technology in Shale Gas Exploration and Development

Ma Yongsheng, Zhao Peirong
(China Petroleum & Chemical Co. Ltd.)

The great success of shale gas exploration in America has attracted great attention of global governments and energy companies. The oil & gas industry in China is in its infancy while showing good sign of development. Exploration of shale gases by SINOPEC at the Fuling area, Chongqing, has made important commercial founds. More than ten wells were drilled and large gas flows were tested, producing 5×10^8 m^3 gases per year. Many wells drilled by PetroChina at the Changning area, Sichuan Province, have also gotten high gas yields. A comprehensive geological evaluation technology of shale gases has been preliminarily constructed according with the geological background of China. A technological system involving stage fracturing of horizontal wells in middle-shallow buried marine shales has been formed. We have made progress in geophysical technology in shale gas exploration. The research and experiment of microseismic monitoring has gained certain results. However, huge gap exists between the domestic and the foreign advanced technologies and equipments for shale gas exploration and development. Future development of shale gas E&P would focus on high-efficiency, low-cost and environmentally friendly technologies.

3.6 油气勘探开发技术新进展

马永生* 赵培荣
(中国石油化工股份有限公司)

近十年来，在新技术的推动下，全球油气资源持续增加，石油天然气的产量稳定增长，供需基本平衡。截至2012年年底，全球原油探明（剩余可采）储量可满足全球53年的生产需求，天然气可满足55年的需求[1]。国际能源格局正在发生改变，海洋深水、陆地深层和以页岩油气为代表的非常规油气发展迅速，正成为促进

* 中国工程院院士。

全球油气储量和产量增长的主要因素。下文将重点介绍以上三方面的勘探开发技术，并展望其未来。

一、国际重大进展

1. 海洋深水勘探开发技术

自 1947 年第一个海上油井在美国艾利湖成功实施以来，人类海洋开发油气的进程不断加快、加深，已从浅海水域（<300 米）向深水（300～1500 米）、超深水（>1500 米）进军。2012 年，深水油气新增储量占全球油气新增储量的 77%[2]，已经形成美国墨西哥湾、巴西、西非、澳大利亚和东非五大深水油气区。

深水油气勘探开发是一项庞大的系统工程，深水工程新技术和重大装备的研发是实现深水油气勘探开发的关键。英国石油公司（BP）、巴西国家石油公司、挪威国家石油公司、埃克森美孚公司、壳牌公司、哈斯基公司、优尼科公司等是国外从事深水油气勘探开发的主力，拥有深水勘探开发的核心技术。当前，世界上已开发出 24 缆拖缆物探船、第六代钻井船、深水作业铺管船、深水生产平台、水下生产设施等深水配套技术与装备。第六代深水钻井船的工作水深达 3658 米，钻井深度 11 000米；深水铺管作业船起重能力达 14 000 吨，水下焊接深度为 400 米，水下维修深度为 2000 米，深水铺管长度达到 12 000 千米[3]。在深水生产平台中，张力腿平台（TLP）最大工作水深已达 1434 米，立柱式平台（SPAR）为 2073 米，浮式平台（FPSO）为 1900 米，深水多功能半潜式平台工作水深在 1920 米以上。全球已开发深水油气田 50 多个，投产油气田的最大水深为 2743 米，最大钻探水深 3095 米；已有 240 座深水平台、6400 多套水下生产装置，深水油田年产能已达到 2 亿吨[3]。

2. 陆上深层油气勘探开发技术

陆上油气勘探开发的深度正在加深，大于 4000 米埋深的新增油气储量占 2000 年以来陆上探明油气储量的 65%[2]。高精度、高密度三维地震技术，深层、超深层钻井、完井技术的发展推动了深层油气藏的勘探和开发。

以百万道地震采集、逆时偏移成像、全波形反演为代表方向的高精度、高密度三维地震技术正在广泛应用于深层油气勘探开发的全过程，并获得了前所未有的成功。在地震采集方面，法国赛尔（Sercel）公司的 508XT 地震采集系统，具备记录超 100 万道实时数据的能力，能进行有线和无线的混合采集工作，实现实时数据的访问与质量监控；高密度地震技术的采集网格可达 6.15 米×6.15 米，成像炮道密度可达 1000 万道/千米^{2}以上。在地震处理方面，已开发出逆时偏移、波束成像等高精度处理、全波形反演和海量数据处理等技术，能够更快、更真实、更高质量地处理海量的地震数据。图形识别、渲染等图像处理技术已用于解释三维地震资料，加速了地震解释的智能化进程。三维数据体曲率等多属性的新技术的综合应用，提高了解释的可靠性，很大程度提高了对构造、缝洞、流体、储层等进行预测描述的能力。

深层超深层钻井、完井技术是勘探和开发深部油气资源必不可少的关键技术，也是衡量一个国家或公司钻井技术水平的重要标志之一。目前，美国已经生产出钻深达 22 860 米的钻机，泥浆泵泵压达 79.1 兆帕，防喷器级别达 175 兆帕。连续管钻井技术与装备已经成熟并配套，得到了商业化应用。

（1）在高效破岩技术方面，已研制出聚晶金刚石复合片（PDC）与牙轮复合、新型尖齿 PDC 等新型钻头。钻头的耐温能力和寿命正在不断提高。贝克休斯公司的先锋地热钻头，最高工作温度为 288℃；斯伦贝谢公司的 Kaldera 钻头，可在 160℃ 高温高硬岩下连续工作 77 小时。钻头的破岩效率也在不断提高。与原有 PDC 钻头相比，新型双级扩孔钻头的钻井速度平均提高了 40%。

（2）在随钻测控方面，自动垂直钻井系统、旋转导向钻井系统、精细控压钻井技术已得到商业化应用。贝克休斯公司的 VertiTrak 垂钻系统的井斜控制精度达到 ±0.1°；斯伦贝谢公司 Power Drive Archer 旋转导向系统，采用推靠与指向式相结合的方式，其最大造斜率可达 18°/30 米。哈里伯顿公司的精细控压技术同时具备微流量监测和动态环空压力控制的功能，其自动控制精度为 0.35 兆帕。

（3）在超深井钻井液方面，已建成最高应用温度为 265℃、最高密度为 2.6 克/厘米^{3}的泥浆体系。

（4）在超深层固井方面，已经开发出成熟的胶乳防气窜的固井技术、高密度水泥浆技术、低密度水泥浆技术、防酸性气体腐蚀的水泥环技术和泡沫水泥浆固井技术。

3. 非常规油气勘探开发技术

非常规油气资源包括页岩油气、致密砂岩油气（简称致密油气）、煤层气、油页岩、油（沥青）砂、天然气水合物等。与传统开发的常规油气资源相比，非常规油气具有资源类型多、赋存方式多样、连续性分布、资源量大等优势，但同时也有资源丰度低、技术要求高、开发成本大等劣势。非常规油气总体上属于低品质的油气资源，针对性技术的采用、规模化生产、高效的运行组织是可持续开发非常规油气资源的关键。

以美国为代表的北美地区在非常规油气的开发利用方面处于领先地位，率先实现了致密气、页岩气、煤层气等非常规天然气的大规模的商业化生产。美国是全球最大的天然气生产国，2012 年非常规天然气的产量已占美国天然气总产量的67%[4]。同时，美国也是全球原油产量增长最快的国家，2012 年页岩油、致密油等非常规石油产量超过 1 亿吨[4]。加拿大、爱沙尼亚等国家也正积极开发油砂、油页岩。此外，美国、日本、加拿大等国已开展天然气水合物的开发试验，并取得了一定成果。在以页岩气为代表的非常规油气的开发方面，水平井钻井、多级压裂、微地震等一批勘探开发的关键核心技术取得了突破性进展①。

二、国内研发现状

2012 年，我国新增探明储量的油气当量达 24.81 亿吨[5]，为历年最高。我国已成为全球第四大产油国、第七大天然气生产国。尽管如此，国内油气的供给仍不能满足经济快速发展的需求，特别是原油的对外依存度已超过 50%。为了解决供需矛盾，我国大力发展油气勘探开发技术，并取得了新的进展。

1. 海洋油气勘探开发技术

在 300 米以内的浅水海上油气勘探开发方面，我国已经形成较为成熟的技术体系。在深水油气勘探开发方面，在南海北部已发现荔湾 3-1 井等三个深水天然气田，累计探明天然气 661 亿立方米[5]。经过技术攻关，我国已拥有国际水平的深水油气工程装备，初步形成了深水油气勘探开发的能力；已建成五型深水作业装备，作业水深达到 3000 米的世界先进水平。2010 年 2 月，第 6 代深水半潜式钻井平台“海洋石油 981”成功下水，其最大作业水深达 3050 米，钻井深度为 10 000 米，可在 1500 米水深内锚泊定位。深水铺管起重船“海洋石油 201”是世界第一艘同时具备 3000 米级深水铺管能力、4000 吨级重型起重能力和 DP3 级全电力推进的动力定位的船型工作作业船。我国已建造了 3000 米水深工程勘探船“海洋石油 708”、30 万吨级的海上浮式生产储油装置（FPSO）“海洋石油 117 号”和 12 缆海洋物探船“海洋石油 720”等深水配套工程船舶。这些技术为我国的深水油气勘探开发打下了坚实的基础。然而，与世界先进水平相比，我国在深水勘探开发技术方面仍有较大差距：一是深水工程重大装备的核心设备全部依靠进口；二是个别装备已达到世界水平，但多数装备的性能仍有较大差距；三是深水生产平台、深水水下生产系统、

① 该部分内容在本书《3.5 页岩气勘探开发技术新进展》中已经提到，此处从略。

深水修井船和应急救援等大型装备目前尚未形成。

2. 陆上深层油气勘探开发技术

据国土资源部油气储量评审办公室统计，2012 年我国深层、超深层新增石油探明储量占全国新增石油探明储量的 15%，天然气为 37%，深层、超深层油气正在成为我国油气勘探开发的重要领域。高精度三维地震技术在该领域发挥了重要作用，已催生出深层、超深层生物礁滩储层、碳酸盐岩岩溶缝洞储层等独具特色的地球物理预测系列技术，成功指导发现了“普光”、“塔河”等一批亿吨级油气田。高密度地震勘探技术正处于科研和先导试验的阶段，单炮采集的道数大都在万道左右，采集间距一般为 10 米×10 米以上，CDP 网格细分达到了 5 米×5 米。在资料处理和解释技术方面，国内开展了相应的研发工作，掌握了逆时偏移等核心技术，已开发出具有自主知识产权的商业化软件系统。总体来说，国内地震技术与国外最新技术相比仍有较大差距，其研发还处于跟踪阶段，在设备上主要依赖进口。

在超深层钻、完井技术方面，我国已取得明显进展，有力支撑了深层、超深层油气田的发现与开发。目前，我国已自主研制出 120 00 米钻深的钻机，涡轮钻具+孕镶金刚石钻头和高效 PDC+螺杆的复合钻井技术、高压喷射技术和气体钻井技术均取得了不错的应用效果。在随钻测控技术方面，中国石油天然气集团公司（中国石油）利用国际合作已掌握较为成熟的垂直钻井技术。在精细控压钻井技术方面，国内技术的控制精度可达±0.5 兆帕，且具备在线自诊断功能；旋转导向技术正处于样机的试制阶段。在超深井钻井液方面，已开发出超高密度（2.87 克/厘米^3）的钻井液，新型耐高温（240℃）聚合物钻井液和新型聚胺钻井液。在超深固井方面，中国石油化工集团公司（中国石化）已研发出多套新型水泥浆体系及配套的工艺技术。与国外相比，我国超深井钻井液和固井技术已处于领先地位，但在高效破岩的配套工具、垂直钻井系统、旋转导向钻井系统等装备方面仍有不同程度的差距。

3. 非常规油气勘探、开发技术

我国致密气的勘探、开发正处于快速增长阶段，2011 年致密气产量占我国天然气总产量的 1/4，已经形成鄂尔多斯、四川、塔里木致密气生产基地。煤层气已进入商业开发的阶段，形成了沁水、鄂尔多斯盆地两个煤层气生产基地。页岩气虽处于起步阶段，但已展示出好的势头。在四川盆地，中国石化已形成 5 亿立方米的产能规模，中国石油多口页岩气井已获工业气流。在页岩油方面，中国石化在河南泌阳泌页 HF-1 等井采用水平井分段压裂技术获得了油流。青海祁连山、南海北部已获得了天然气水合物的样品，并开展了实验室的模拟开发等工作。

在水平井分段压裂技术方面，我国已初步配套建立了海相页岩中浅层水平井分段压裂技术的体系。在关键压裂设备的研制方面，我国也取得了一定的成绩。在微地震监测、旋转导向、地质导向等关键技术与设备等方面，石油企业和相关院校等已开展相关的研究工作并取得了一定的进展。

我国非常规油气勘探开发与国外相比存在不小的差距。首先是前期地质的基础研究工作起步晚，导致我国对非常规油气资源的认识不足。其次，关键技术的部分技术及工具、材料处于现场试验、试用的阶段，尚未形成有效、成熟的关键技术体系，关键核心工具和设备仍需从国外引进。最后，我国页岩气等非常规资源富集区多位于中、西部地区。这些地区地形地貌条件复杂，水源缺乏，环境敏感脆弱，天然气管网缺乏，这使中国在勘探和开发非常规油气时面临着如何有效降低成本的巨大挑战。

三、发展趋势与前沿展望

核心勘探开发技术的不断进步，极大地改变了传统油气勘探开发的理念。油气勘探开发正从陆地向海洋、从浅部向深层、从局部构造圈闭向全盆地、从高、中品位向低品位油气资源不断拓展。其技术发展趋势如下。

1. 由单项技术向综合集成技术发展

勘探与开发技术的提高，需要许多不同专业的技术进行协作才能实现，如随钻测井技术需要对钻井、测井、地质和信息技术等进行综合集成。未来油气勘探开发技术将更加注重多个单项技术的集成，以突破技术发展的瓶颈，实现跨越式发展。

2. 新技术、新材料与传统油气勘探开发技术相结合

以信息、纳米等为代表的新技术、新材料将逐步成为油气工业的核心和常规技术。高性能计算机的应用可以及时处理并解释海量地震数据。利用全球定位系统和远程数据传输技术可以实时传输钻井、生产中的地质和工程数据，提高油气勘探开发的效率。利用3D打印技术可以极大提高工程装备的设计水平。纳米驱油气剂、纳米油气开采机器人等新技术的应用，将进一步提高常规、非常规油气资源的开发水平。

3. 绿色、环保技术正日益引起重视

油气资源的勘探开发和利用对人类经济和社会的发展做出了贡献，但同时也引

发了许多环境问题。例如，2012 年，在美国墨西哥湾，BP 公司深水地平线钻井平台事故引发的环境污染。因此，绿色、环保技术（如激光钻井技术、CO_2驱油气技术等）开始受到国内外能源企业的重视，并把它作为衡量技术进步的重要指标。

我国拥有丰富的深水、深层、非常规油气资源。针对上述领域的关键技术，建议充分发挥企业、院校各自优势，协同配合，集中攻关；并结合我国实际情况，超前布局，开展以无水压裂技术为代表的创新性关键技术的研发，为我国油气工业可持续发展奠定基础。

参考文献

[1] BP. BP Statistical Review of World Energy. London，2013.
[2] IHS. Energy Worldwide. Washington D C，2012.
[3] 中国工程科技发展战略研究院 . 2014 年中国战略性新兴产业发展报告 . 北京：科学出版社，2013：256-273.
[4] EIA. Annual Energy Outlook. Washington D C，2013.
[5] 国土资源部 . 2012 年全国油气矿产储量通报 . 北京，2013.

New Progress of Technology in Oil & Gas Exploration and Development

Ma Yongsheng，Zhao Peirong
（China Petroleum & Chemical Co. Ltd.）

During the latest decades，as the development of new technologies，offshore deep water resources，onshore deep buried resources and unconventional oil and gas has become a major driving force behind global oil & gas reservation and yield growth. In China，five different specifications of equipment for offshore deep water operation have been constructed. The operating water depth reached the 3，000 meters. The abilities for offshore deep water oil and gas exploration and development have gained. Technology of high accuracy 3-D seismic exploration has been developed for geophysical prediction in（ultra-）deep fractured-vuggy reservoirs of paleokarst carbonates and organic reef and shoal reservoirs etc. These technologies had led to the discoveries of oil & gas fields with hundreds million tons reservation，such as Puguang Gasfield，Tahe Oilfield etc. We have made drilling rigs which can drill up to 12，000 meters underground. The technologies of well drilling fluids and well cementing in ultra-deep wells have reached the world advanced level. Moreover，the well drilling and completing technologies are continuously developing，which provide strong support for the found and development of oil & gas fields. The stimulation of tight reservoir is the key technology in unconventional oil and gas exploration and development. A technological system involving stage fracturing of horizontal wells in middle-shallow buried marine shales has been set up. Some of the key fracturing equipment has been through the middle test, and entered into industrial popularization. Future development of the oil & gas E&P would rely on the comprehensive integration of new technologies, application of new materials, green and environmentally friendly technologies.

3.7 风能技术新进展

贺德馨

(中国可再生能源学会风能专业委员会)

风能技术是一项高新技术。作为技术相对成熟、并具规模化开发条件和商业化发展前景的一种可再生能源，风能已在能源大家庭中占有了一席之地，正在向着应用比例更大化的目标前进。近年来，全球风能技术取得了长足的进步，有力支撑了风能产业的快速发展。下文简要介绍2010年以来国内外风能技术研究现状和发展趋势。

一、国外研究新进展

(一) 大型风电机组研发技术

进入21世纪，风电机组单机容量持续增大。2012年全球平均单机容量已超过1.6兆瓦。5兆瓦和6兆瓦风电机组已投入运行，8兆瓦以上的风电机组正在研发。大型风电机组取得了重要的新进展。

1. 优化设计技术

大型风电机组的型式主要是水平轴风力机，采用变桨变速恒频技术来调节功率。其中有齿轮箱的双馈型异步机组占多数，其次是无齿轮箱的全功率变频直驱型低速同步机组和有齿轮箱的全功率变频异步型机组。2010年以来，许多新的传动链型式的风电机组陆续安装并网发电，如有齿轮箱的全功率变频高速同步机组、具有低速齿轮传动的全功率变频半直驱型中速同步机组、两叶片紧凑型同步机组和取消变频器的前置液力、液压差动机构调速或电磁调速的恒速同步机组等。其中，风电机组传动链和变速恒频技术是最富有创意的集成设计系统。

大型风电机组优化设计的目标是降低载荷、减轻重量和提高效率，在保证全生命周期中的风电机组的可靠性和发电量的基础上进一步降低成本，并与电网友好和与环境和谐，这是一个多目标优化的集成设计。在一个机型上要同时满足众多的条件很难，因此，需要在一个主机型的基础上根据不同运行环境的要求，分别研发低风速、抗低温、抗台风、防风沙和高原型等一系列不同的风电机组。

目前，低风速机组已经成为世界风电主要国家的发展趋势，同功率机组风轮直径越来越大；低温型机组已在北美、北欧和中国“三北”地区广泛使用；关于抗台风问题，由中国和日本等国家发起、国际电工委员会（IEC）成立的专门小组，正在研究台风型风电机组相关标准的制订。

2. 新的制造技术

随着大型风电机组功率的增大，其部件尺寸和重量相应增加（如叶片长度达到80米，塔筒高度超过100米），这对部件的结构形式、材料和工艺提出了新的要求。目前，叶片已采用可折叠式设计、分段式变桨结构、碳纤维复合材料和应用新的成型工艺；由成形技术、热处理技术、机械加工技术、表面改性技术和长效防保技术等集成的抗疲劳制造技术也应用于轴承和齿轮的制造。

3. 先进的智能控制技术

风电机组控制技术的总体发展方向是智能化和信息化。2010年以来，在风电机组上已开始采用先进的智能控制技术。例如，利用传感器对风电机组运行的外部环境进行识别和对机组运行状态进行监测，以修正机组的控制模型，调整控制模式，实现最佳运行控制；通过对风电场各机组的运行数据进行共享和对比分析，提前发现异常现象，实现冗余控制，提升风电场运行的可靠性。

（二）海上风电技术

海上风电是世界风电发展的一个主要方向。全球海上风电场主要分布在欧洲。到2012年年底，全球海上风电总装机容量达5111兆瓦，约占全球风电总装机容量的1.8%[1]。海上风电建设不同于陆上风电，技术的掌握和经验的积累是至关重要的。目前，建设海上风电的技术基本具备，但需要继续优化，以进一步降低成本和减少风险[2]。

1. 风电机组

正在运行的海上风电机组的单机容量一般在 3.0 兆瓦量级，占海上风电市场的 41%。5 兆瓦以上的风电机组仅占 3%。与陆上风电机组相比，大型海上风电机组在海洋环境下运行，更需要提高其质量和可靠性。直驱型和半直驱型风电机组的可靠性较高，因此逐渐被采用。防腐蚀和抗台风是海上风电机组要解决的关键技术。德国西门子公司和丹麦维斯塔斯公司在海上风电市场上已经有较好的业绩，积累了较丰富的经验；国际电工委员会及相关国家已经在研究制订与台风相关的技术标准。

2. 基础结构

海上风电机组的基础结构有桩式、重力式和漂浮式等多种型式。目前，已运行的风电机组主要采用单桩式的基础结构，但因其不适用于在水深超过 30 米海域中工作的容量在 3.0 兆瓦以上的风电机组，逐步被改进的单桩式结构（三脚架式和三桩式基础）以及多桩式结构替代。改进后的机组可工作于水深 40 ~ 50 米的海域。正在研发的水深在 60 米以上深海使用的风电机组采用了漂浮式基础结构。漂浮式海上风电机组是一个大型的刚柔组合的弹性体，在风、海浪和洋流的耦合作用下，其载荷特性和结构动力学特性表现得更为复杂。2011 年，丹麦维斯塔斯公司在葡萄牙安装了一台 2 兆瓦漂浮式风电机组，进行深海漂浮式基础结构的研究和示范。

3. 运输安装

建设海上风电场时，通常需要专用的运输安装船，水深 35 米以内的安装可以用自升式安装驳船。安装海上风电机组时可以采用整体吊装技术或部件吊装技术。大规模海上风电场建设则需要更多的大型起重机，并对安装过程进行三维虚拟仿真优化。

4. 并入电网

海上风电场并入电网时，一般采用高压交流输电的海底电缆和输电线路。未来，远海风电场则将逐步采用高压直流输电技术。高压直流输电虽然成本较高，但线路损耗较少，有效电量增加，可以用在 100 千米以上的长距离输电中；如用在海上建立的网状电网中，风电场只需要配置一个网侧变流器，未来将逐步采用高压直流输电技术。德国 ABB 公司已将柔性高压直流输电技术成功用于海上风电场。

5. 运行维护

海上风电场运行维护时，需采用远程状态监测系统对风电机组实行全生命周期的健康管理。目前，正在开发在极端气候条件下可以从空中或海面进入风电机组内进行维修的技术，以减少其停运时间，降低维护成本。

（三）风电并网技术

风能是一种波动性的电源。使电力系统在秒级、分钟级时间尺度内保持电力的实时平衡和保证电能品质，以实现电网的稳定安全运行，是风能可持续发展的重要条件。欧洲在风电并网技术方面主要采取如下的措施[3]。

1. 预测风电功率

风电功率预测是电网平衡风电波动，减少备用容量和实现经济运行的重要技术手段。风电功率预测的方法包括物理方法和统计方法。影响预测精度的主要因素是数值天气预报模型、风电场电力预测模型和预测系统的性能，次要因素是预测的区域范围、预测的时间尺度和风电场的特征（如地形、风电机组型式、风电机组布局和风电机组装机容量等）。目前的重点是对短期（提前 4 ~6 小时）和超短期（提前 2 ~4 小时）风电功率的预测方法和预测结果的不确定性进行研究，一般预测精度可达 15% ~20%。

2. 改革风电调度方式

风电接入电网后，为了满足电力系统的实时平衡，必须从总体上对大型风电电源和电网（包括同网其他电源和负荷）进行考虑，通过仿真来建立适应风电的调度方式。例如，欧洲通过北海跨国电网（NSTG）建立了无国界的电力高速通道，由北欧电力交易中心负责北欧四国 70% 的风电交易，以保障风电的大规模并网发电。

3. 发展规模化储能技术

储能电站可以用来控制风电波动对电网稳定性的影响，以提高供电的可靠性和电能质量。储能形式包括物理储能和化学储能。目前，抽水储能电站技术最为成熟，对风电有灵活的调峰作用。压缩空气储能技术、超导储能和大规模液流储能电池的产业化技术也在发展。此外，给电动汽车充电和用风电储热也是保持电力平衡的一种措施。

（四）风电应用技术

用好风电是风能利用的最终目标，除了通过电网将风电输入用户端，还可以有其他多种应用风电的方式。

1. 分布式发电和微网技术

分布式发电，特别是并网分布式发电是近年来国际上应用可再生能源的一个重要方式。能源结构的调整和节能减排的需要，使储能技术和智能电网技术得到了应用。在无电地区或电网末端可以使用微电网系统，这种微电网以风电、太阳能光伏发电、小水电、户用小型燃机发电等多种能源组成的互补发电系统作为主要的发电源，并以储能作为系统能量平衡的手段。

2. 风能多元化应用技术

风能除了并入电网，还可以在当地消纳，将风电转换成热能，通过热力系统提供给用户或直接应用于一些工业用户；无风时再用电网的电力进行补充。

（五）风电系统模型与仿真技术

风力发电是一个系统工程。风电系统是由环境、风电机组、风电场、电网和用户等系统组成的一个复杂的大系统，通过风电系统可以实现能量转换和应用。

气象学、数学、力学、机械学、电子技术、计算技术、信息技术等的发展和它们之间的交叉与耦合，使我们可以用数值和物理方法对系统进行模拟和仿真，然后把模拟和仿真的结果用于系统的优化设计和功能评估。数值仿真用的是数学软件，物理仿真用的是试验平台，两者可以结合起来应用。

目前，有多种商用软件可以对各个风电分系统进行建模和仿真。如可以用ADAMS和SIMPACK多体系统动力学软件平台对风电机组的结构动力学特性进行建模和分析。另外，近几年来，可用于模拟动态载荷作用的大型风电机组传动系统试验平台得到了广泛应用，该试验平台利用数值仿真和物理仿真来优化风电机组虚拟样机的设计。

目前，风电分系统的建模工作相对成熟。风电大系统的建模工作还在进一步研究中，需要有一个更能反映风电系统实际运行过程的普适的风电系统模型，来对风电能量转换和应用的全过程进行仿真和分析[4]。

二、国内研究现状

自《中华人民共和国可再生能源法》颁布实施后，中国风能得到了快速发展。2010 年后逐步进入到稳中求进的转型时期。2012 年中国（不含港澳台地区）已建设 1445 个风电场（总装机容量达到 7532 万千瓦），是全球风电装机容量最多的国家，已成为“风能大国”，有 4 个风电开发商和 4 个风电制造商分别进入全球前十位。在市场和产业发展的推动下，风能技术也有了长足的进步，主要表现在如下几个方面[5]。

1. 基本掌握大型陆上风电机组的设计技术和制造技术

我国经过技术引进、消化吸收、联合研发与国外咨询等阶段，正逐步走向自主创新的阶段，基本掌握了大型陆上风电机组的设计技术和制造技术。2012 年，我国风电场的主流机型（占 90% 以上）是 1.5 ~ 2.5 兆瓦风电机组。目前，3.0 兆瓦和 3.6 兆瓦风电机组已批量生产，5.0 兆瓦和 6.0 兆瓦风电机组已投入运行，7 兆瓦和 10 兆瓦风电机组正在研发。

在中国，大型风电机组的主要型式是双馈型，占 72.0%；其次是直驱型，占 27.4%。结合复杂的气候环境和地理条件，我国于 2012 年年底前已经研发了一系列的抗低温、抗风沙、抗台风、低风速和高原型的 1.5 ~ 2.5 兆瓦风电机组，并制订了相应的国家标准和认证规范。

近年来，我国风电机组逐步走向国际。至 2012 年年底，已有 14 家风电机组制造商生产的兆瓦级风电机组出口到 19 个国家，总装机容量达到 700.15 兆瓦。

2. 陆地风电场建设的技术已成熟并规范化

根据国情，我国在主要发展陆地集中式风电场和鼓励发展陆上分散式风电场的同时，积极推进海上风电场建设。我国陆地风电场建设的技术已成熟并规范化，近年来开始承接国外风电场工程项目的建设。海上风电场建设尚处于示范阶段。2012 年年底，我国建设了 15 个海上风电场，风电总装机容量达到 389.6 兆瓦。这些风电场主要分布在近海潮间带地区，为我国进一步在近海和远海发展海上风电技术打下了良好的基础。

3. 风能技术能力建设逐步完善

风能技术能力建设是风电可持续发展的重要保障，我国已建立了多个风能领域的重点实验室和工程研究中心，建设了一批公共技术服务平台和大型的试验基地。风电标准、检测和认证体系基本形成，标准已与国际接轨，并根据中国国情进行修订，制订了并网型风电机组的国家标准45项；与国外合作的检测和认证开始实现互认。另外，风能专业人才培养也纳入了国家教育体系。

4. 风电技术的研究取得了进步

近年来，在国家“973”计划中开展了“大型风力机的空气动力学基础研究”，在国家“863”计划中开展了“先进风力机翼型族设计与应用技术研究”、“海上风电场建设关键技术研究”、“超大型海上风电机组设计技术研究”、“前端调速式风电机组设计制造关键技术研究”、“适合低风速、高原、耐低温风电机组设计制造关键技术研究”、“海上风电电力输送、施工和浮动式基础关键技术研究与示范”和“风电直接制氢及燃料电池发电系统技术研究与示范”等课题的研究[6]。此外，国家发展和改革委员会和科学技术部还安排了其他多项专项计划和支撑计划的研究项目。上述科技项目的研究成果对促进我国风电产业发展，推动风电技术进步，特别是提升我国技术创新能力发挥了重要的作用。

5. 积极参与国际风能技术合作与交流

目前，中国和丹麦政府合作的“可再生能源发展”项目以及中国和德国政府合作的“风电研究与培训项目（二期）”等技术项目正在开展。2010年，中国可再生能源学会风能专业委员会（简称“中国风能协会”）代表国家参加了国际能源署风能实施协议执行委员会（IEA-Wind），到2013年已组织了25个单位近50名专家和技术干部参加了8项研究课题，其中多数课题涉及风能的基础研究和应用研究[7]。另外，我国还参与国际电工委员会组织的多项风能国际标准的制定和修订。上述合作项目对提升我国风电技术水平发挥了重要的作用。

三、展　　望

目前，欧美正在研究制定风电等可再生能源大比例应用的发展规划。欧盟提出的目标是到2020年可再生能源利用占总能源利用的20%，到2050年达到55%。美国提出的目标是到2035年可再生能源利用占总能源利用的80%[8]。大比例开发和利用风能是可再生能源发展的基本趋势。相关的风能技术将有如下的发展趋势。

（1）第三次工业革命中的一个重要的基础设施建设是将可再生能源融入互联网中，推进互联网与能源的结合[9]。信息化和智能化将给风能技术带来一个新的发展机遇，智能控制技术、虚拟仿真技术、互联网管理技术、大数据云计算技术等都将在风力发电系统中得到广泛的应用。

（2）能源发展在长期内需要取长补短和多元化，风能与其他非化石能源，特别是与其他可再生能源的结合和互补技术（包括大规模储能技术）将会继续受到重视。

（3）利用好风能是开发风能的最终目的，效率高、成本低、可靠性好是用好风能的基本要求。风力发电输入电网是利用风能的主要形式，但不是唯一的形式。风能利用形式的多样化，特别是分布式供能走进用户的方式是一个重要的模式。另外，用风电提供热源，或进行海水淡化以及制氢等工业直接应用也是未来发展的模式[10]。

（4）海上风电是风电发展的一个方向，也是发展海洋经济的一个重要组成部分。欧洲的目标是到 2020 年，海上风电装机容量要占风电总装机容量的 18%。而 2012 年，这一数字仅为 10%，原因是技术复杂和建设成本高。未来海上风电的技术路线是向远海和深海海域发展，采用漂浮式风电机组。在漂浮式风电机组系统的结构动力学特性、柔性高压直流输电方式以及远海、深海风电机组的运输、安装和运行维护技术等方面需要开展一系列基础性和应用性的研究。

（5）风能的大规模利用对电网和环境都会产生影响，需要对其进行深入研究。欧洲的经验已经表明，从技术上可以解决风能大规模利用对电网的影响，如智能电网可为风电的科学调度提供更好的服务[4]。

我国风能的发展还存在着一些制约因素，需要在顶层设计、风能技术发展路线、风电标准、检测和认证、国际合作和人才培养等方面做出更大的努力。

参 考 文 献

[1] BTM Consult. International Wind Energy Development：Forecast 2013 ~ 2017. Denmark：2013. 3：31.

[2] Carbon Trust. Offshore Wind Power：Big Challenge，Big Opportunity. 2008，咨询公司的内部报告.

[3] 欧洲风能协会. 为欧洲提供动力：风能与电网. 中国可再生能源学会风能专业委员会译. 北京：中国科学技术出版社，2012.

[4] 姚兴佳，等. 风力发电机组理论与设计. 北京：机械工业出版社，2013.

[5] 中国可再生能源学会风能专业委员会. 2012 年中国风电装机容量统计. 风能，2013，3（37）：44 ~ 55.

[6] 科学技术部. 这十年：能源领域科技发展报告. 北京：科学技术文献出版社，2012：116.

[7] IEA Wind. IEA Wind Annual Report. http：//www. ieawind. org [2013-12-30].

[8] 王仲颖，等. 面向 2050 年的可再生能源战略. 2013，内部报告.

[9] 杰里米·里夫金．第三次工业革命：新经济模式如何改变世界．张体伟，孙豫宁译．北京：中信出版社，2012.
[10] Maegaard P, Krenz A, Palz W. Wind Power for the World: International Reviews and Developments. Danvers: Pan Stanford Publishing, 2013: 180 ~ 181.

New Progress in Wind Energy Technology

He Dexin
(Chinese Wind Energy Association)

Developing renewable energy has great significance to adjusting energy structure, ensuring energy security, coping with climate change, constructing ecological civilization, building harmonious society and promoting the sustainable development of economic society. Wind energy, as one kind of renewable energies with relatively mature technology, large-scale development conditions and commercial prospects, has taken a place in the energy family, and it is moving towards a goal of greater application proportion in the future. Wind power is a high and new technology. In recent years, the global wind energy technology has made considerable progress, strongly supported the rapid development of wind power industry. This paper briefly introduces the status and development trend of wind power technology research at home and abroad and also puts forward some suggestions on China's wind energy development.

3.8 生物能源技术新进展

程 序
(中国农业大学生物质工程中心)

现代生物能源是可再生能源的重要组成部分。液体及气体生物燃料始终是各国生物能源研发的“重中之重”。随着第一代生物燃料发展势头的衰减，新一代性能优异、使用“非粮”原料的“先进生物燃料”（advanced biofuel）的研发近年取得了可观的进展，若干品种已处于大规模商业化的前夜。下面将重点介绍其近几年来的新进展，并展望未来。

一、国际重大进展

虽经各国学者和技术专家十余年的努力，纤维素乙醇的研发迄今尚未突破商业化的瓶颈，但内涵扩大的多个品种的“先进生物燃料”却应运而生。此外，由于已有的生物燃料技术均难以解决木质素（其能量占原料总能量30%左右）的利用问题，热化学转化法应运而生，促使制取、裂解提质/合成生物燃油和生物合成天然气技术取得重大进展。目前，先进生物燃料的研发与产业化的竞争已达到白热化程度。

（一）木质纤维类乙醇

虽经多年研发，木质纤维类乙醇“第二代生物燃料”迄今仍未实现商业化。美国能源部曾批准为POET公司的以玉米秸作原料、年产2000万加仑①的大型纤维素乙醇厂提供1.05亿美元的贷款担保。然而，目前类似的企业仍需要进一步降低生产成本[1]。丹麦诺维信生物技术公司发明的水解酶制剂CTec3，能将玉米秸秆纤维转化所用酶制剂的成本降低30%，但预处理和酶的成本高的瓶颈仍未能彻底突破[2]。壳牌石油公司基于该技术曾推出与加拿大Iogen公司合作的年产2300万加仑的纤维素乙醇项目，但该项目现已被终止[3]。美国2011年纤维素乙醇的生产目标2.5亿加仑，但实际上2011年美国纤维素乙醇产量仅为600万加仑。

（二）先进生物燃料

针对第一代生物燃料在原料、净能产出及CO_2减排量上的局限性，美国环保署2009年提出了“先进生物燃料”的概念，标准是温室气体排放量要比化石燃料低至少50%，但目前其技术成熟度尚未完全达到商业化生产和应用的标准。这类燃料包括BTL（即生物质转化为液态燃料）柴油、呋喃类油和生物合成天然气等。国际能源署特别看好用“创新技术”（novel technology）研发的“生物基生物柴油”（bio-based diesel）。

1. 气化-合成途径和热化学裂解-提质途径生物合成柴油

生物气化合成燃油（属BTL范畴）的技术源于煤气化合成燃油（CTL）技术。CTL技术的致命弱点是耗水量大和排放大量的CO_2，因此不能推广。相比之下，生

① 1加仑≈3.785升。

物气化合成燃油温室气体的排放量可减少60%，且耗水量少。德国科林（Choren）公司开发出核心技术——Carbo-V双反应器气化炉，能适应包括植物和动物废弃物在内的多种原料并彻底解决焦油面临的难题，于2003年在世界上第一次生产出用木屑合成的液体柴油——阳光柴油（sun diesel），现正在进行产业化[5]。

2. 热化学裂解-提质途径生物合成柴/汽油

采用超高加热速率和超短产物停留时间技术，使有机高聚物分子迅速断裂为短链分子，可最大程度降低焦炭和产物气的产出，并尽可能多地获得生物（原）油（bio-oil，又称裂解油）。然而，反应器由于在设计上不完善，导致生物原油的得率较低，油中含固灰多，油质差（富氧、热值低、不稳定），且生产成本高。因此，该技术始终未能实现商业化[6]。

技术的升级换代是解决上述问题的一种有效方法。荷兰生物质技术集团（BTG BV）研发出的锥式高效快速裂解反应器，使粗油的产率高达70wt%。美国能源部的几个国家实验室研究催化剂和精制反应器，开发出高效直接水热液化技术（HTL）和裂解油精炼制取车用生物柴/汽油技术，目前这些技术已接近实现工业化规模生产[7]。另一种方法则以高效催化技术为核心，将木质纤维类生物质裂解以制成可“直接使用的生物柴、汽油”（drop-in biofuels），可替代常规汽、柴油，也可与汽、柴油以任何比例掺混成生物合成燃油，而无需单独的储运和掺混基础设施，亦无需改装发动机[8]。

（1）全球首条商业化规模运行、用木质纤维类生物质经无氧催化热裂解制成“直接使用”生物柴、汽油的装置，由美国KiOR公司建成并于2013年起供应商品生物柴油。其原料为木片/屑，采用自行开发的沸石催化系统和流态催化裂化反应器及“一步催化法”裂解工艺。这种装置具有原料适应面广的特点，被业内认为具有潜在的全球性影响[9]。

（2）美国燃油研究所（Gas Technology Institute，GTI）研发出生物质中温高压氢裂解（hydropyrolysis）工艺——IH^2，其裂解液体脱氧的效果显著，可使生物质合成为用于精炼汽油和柴油的烃类。其日产50千克直接使用生物柴、汽油的中试厂，到2013年10月已连续运行了750小时[9]。

（3）美国Ensyn公司使用不含催化剂的“冲击流介质流态催裂化”装置，每年能够生产出3700万加仑裂解油并获得盈利。该公司已与美国能源部所属的国家实验室和Envergent Tech公司合作，在夏威夷建成“连续催化加氢系统”精制裂解油的示范工程[9]。

（4）荷兰屯特大学（University of Twente）等在生物裂解原油制备，及其轻、重组分分离后轻质组分与化石原油共精炼技术方面取得了进展。而美国 Ensyn 公司则成功地与石化炼油厂联合，将裂解油掺入化石原油后共精炼出质量优于常规汽油、柴油的车用油品[10]。

3. 糖基乙酯类生物柴油

爱尔兰、印度和欧盟等国家和地区的学者提出了生产糖基乙酯类生物柴油（ethyl levulinate，EL 生物柴油）的新路线：不用植物油而是将木质纤维类生物质水解生产出乙酰丙酸、糠醛和甲酸，然后再用乙醇催化酯化乙酰丙酸使之成为“可掺混柴油”（DMB）。DMB 燃烧充分，尾气含硫低。日产 1 吨 DMB 的中试厂已连续运行数年[11]，Biofine 公司在意大利的示范厂产能可达 300 吨/天。

4. 合成气经二甲醚制生物汽油

煤制甲醇制烃技术中的甲醇经二甲醚制汽油（MTG）技术已重新受到重视，但生产原料已由煤炭变成木质农林废弃物。美国 Sundrop Fuels 公司开发出用固定床甲醇 MTG 技术合成的可“直接使用”的生物合成汽油，其辛烷值达 92 且完全不含硫，原料的转化率高达 38%；设计年产量为 5000 万加仑的工厂已于 2012 年开始动工建设[12]。

5. 煤/生物质混合原料变油

美国科学院、美国工程院和美国国家研究会（NRC）联合组建的研究组认为，鉴于美国煤储量极大，美国应重视以生物质与煤的混合物作原料生产烃类燃油，这类油称为“煤/生物质混合原料变油”（CBTL）。其碳的净排放量比单用煤转化的燃油大幅减少，有助于实现大幅减排 CO_2 的国家目标[13]。2012 年，美国普林斯顿大学发现，以煤天然气和生物质的混合物作原料，借助高温气化等技术，可生产出合成汽油和润滑油（CBGTL）。只要在全美建成 130 座合成燃料工厂，美国就可以完全利用本国资源，在今后 30～40 年内完全消除对化石原油的依赖，并减少 50% 的 CO_2 排放[14]。

6. 微藻类生物柴油

美国加利福尼亚大学圣迭戈分校斯克里普斯（Scripps）海洋研究所发现，用基因敲除的方法可抑制硅藻中的脂肪酶的作用，既显著地增加了油脂的生成，又避免了对藻类生长的影响，这是一项重大的成果[15]。西班牙 Alicante 大学研发出全新的高效光合生物反应器，能大量、快速培养油藻且无需频繁地清洁和维护反应器[16]。

美国能源部正在研究设立从油藻种选育到藻类生物燃油加工的系统组装式的研发项目，其目标是到2018年和2022年，生产率分别能达到每英亩培养面积生产生物燃油2500加仑（7吨）和5000加仑（14吨）[17]。美国《自然·通讯》杂志报道，佐治亚理工学院化学与分子工程系的Deng团队，探索出用光化学及热化学法降解生物质获得电能的新途径[18]。

7. 生物甲烷

用微生物厌氧发酵将含水量较高的生物质（如生活污水中的剩余污泥、畜禽粪便、食品加工业废弃物等）转化为沼气，进而净化和提纯，以获得品质与常规天然气一样（甲烷含量相同）的生物天然气（即生物甲烷，bio-SNG），是一种绿色环保的技术，其产业将成为新兴的绿色能源产业。但微生物转化法不适用于转化含水量低和可生物降解物少的木质废弃物。这就排除了把资源量可观的林木类生物质作为原料的可能性。将生物质热解气化后所得的含 CO 和 H_2 的混合气重整后再甲烷化，可将木质废弃物转化为甲烷[19]。

荷兰能源研究所（ECN）已研发出间接供热气化炉技术，该研究所与HVC Groups合作，建成了两座能够气化林业剩余物的生物天然气厂，其日产分别为1400立方米和1.2万立方米；另有一座日产2.5万立方米生物天然气的工业化生产装置正在建造中[20]。奥地利维也纳技术大学则研发出采用双流化床气化工艺合成生物甲烷的技术，采用该技术日产1000立方米生物天然气的中试厂迄今已成功地连续运行了3.5万小时。瑞典Chalmers技术大学和瑞士CTU公司（拥有CFB甲烷化工艺）合作，于2012年在瑞典的哥德堡建成了第一家日产2800立方米的气化生物天然气示范厂，另一座年产8000万立方米生物天然气的商业生产厂预计2016年投产[21]。

二、国内研发现状

我国在研发纤维素乙醇的同时，在第二代生物燃料及国际所称的先进生物燃料开发方面，也出现了好的发展势头，个别品种已进入国际领先行列或属国际独创，但在研发的规模、深度及产业化上与国际先进水平相比尚有很大差距。

（1）山东大学微生物技术国家重点实验室为了将半纤维素转化为低聚木糖、木糖醇等高附加值产品，集成发明了成套的生产工艺技术，大幅度降低了纤维素乙醇生产的成本，提高了总体的经济效益。山东龙力公司用该技术率先建成了年产量为3000吨玉米穗轴纤维素乙醇的中试装置和万吨级示范装置，其产品获准进入燃油市场。

（2）武汉凯迪公司采用自主研发与集成创新的技术路线，自行研发和建设了国内首条年产量为 1 万吨的生物质气化合成燃油生产线，该生产线于 2013 年 1 月 20 日投产。与生物质干馏、直接液化，以及生物质热解/气化生产甲醇、二甲醚（均难成为大规模使用的车用燃料）完全不同，其原料采用林木废弃/剩余物，产品可以直接替代柴油、汽油及煤油等。这是生物质气化生产合成油领域的一项重大技术突破。

（3）内蒙古金骄集团公司自行开发出生产“糖基乙酯/二甲氧基烷烃类生物柴油”的技术。该技术用木质类资源酸催化双水解产生中间产物糠醛和乙酰丙酸后，再分别通过加氢、酯化、缩合等生物炼制环节，生产出乙酰丙酸酯和二甲氧基烷烃类两种主要的生物柴油组分（后者为国际首创），最后再调配制出燃烧性能优异（十六烷值高、发火性能优、凝点低、氧化安定性卓越）、环保性能显著优于常规柴油的商品化高端生物柴油；所产的部分生物柴油和润滑油已作为专供军用的油料。包头市和赤峰市已分别于 2009 年和 2012 年建成了两座年产能分别为 10 万吨和 8 万吨的生产厂。

（4）在生物质快速热解领域，山东科技大学研发的自混合下行式循环流化床热解反应器，具有可缩短反应时间、提高热效率和液体油收率等特点，能确保生物原油中不含固态灰粒，从根本上解决该技术工业化放大中存在的问题。他们与泰然新能源有限公司合作，在山东省广饶县已建成万吨级秸秆快速热解制生物燃料示范厂并投产。青岛科技大学研发出“下吸式移动床秸秆闪速热解制油工艺”，实现了 1000 千克/小时的工业化生产。该技术采用裂解燃气作为裂解炉热源，使制取的生物油不含固体悬浮物且质量高。使用该技术的万吨级生物质热裂解液化自动化生产装置已于 2012 年 7 月 28 日在吉林长春高新区投入运行。

（5）中国科学院青岛生物能源与过程研究所承担了“生物基合成气经二甲醚制汽柴油”项目，已建设了“生物质气化”等三个中试实验平台，并独立开发了“DME 制汽油催化剂”，实现了从实验室规模到年产 100 吨汽油的中试规模工艺的放大。

（6）上海交通大学刘荣厚团队发现，采用有双功能催化剂的一步法脱氢酯化法（OHE），可使生物质快速热裂解生物原油的提质精制效果达到最好；同时，采用水蒸气重整技术可制氢。生物质热裂解制取生物燃油的千吨级示范项目已在建。

（7）中国科学院青岛生物能源与过程研究所已研发出亚临界条件下高含水量藻泥的直接油脂提取法。该技术用乙醇-己烷共溶剂提取油脂，使油脂的提取效率达到 90%，溶剂的用量大幅度降低，同时表现出较高的提取效率和较低的能耗，所制取的生物柴油的质量达标。

此外，微生物法制取车用生物天然气技术、生物质成型颗粒燃料分布式供热技术，已开始进入产业化阶段。在生物质热电联产方面，除进一步增加电厂数外，技术的发展正在走先提取价值高的纤维素、后利用剩余物再发电的路子。

三、发展趋势及前沿展望

降低纤维素乙醇的成本以取得商业化上的最终突破有望到2016～2020年间实现。即便如此，其大规模的生产和应用因需要专用设施和发动机，仍然存在着不确定性。因此，从长远看，利用目前的技术制取纤维素乙醇可能只是一种过渡性的方法。在煤炭储量丰富的国家，把煤混合生物质转化为合成燃料则是中期内一种较现实的选择。

制取“直接使用”生物燃油有两个优势：一是可利用已投资了几千万亿美元的化石燃油的输送和分配设施，二是原料非常丰富。因此，制取这类生物燃油引领了当前全球先进生物燃料的大规模商业化利用的方向，其前景十分光明。据美国预测，大规模应用该技术到2050年可生产450亿加仑的车用生物燃油，能替代80%的化石燃油的消费量同时减排80%的温室气体[8]。

随着相关技术趋于成熟，由生物途径和热化学途径规模化制取生物（合成）天然气的趋势必得到更大的加强。全球生物天然气的产量2012年是41亿立方米，到2016年将增至65亿立方米[22]。其中，热化学途径生物合成天然气目前所占的比例很小，但随着技术和工艺水平的提高，预计将占生物天然气总产量中相当大的份额。

国际能源署（IEA）2012年预测，到2050年，液/气体生物燃料将占交通运输燃料总量的27%，且每年可减少21亿吨CO_2的排放[23]。

参考文献

[1] Bullis K. The cellulosic ethanol industry faces big challenges. http：//www. technologyreview. com/news/517816/the-cellulosic-ethanol-industry-faces-big-challenges [2013-08-12].

[2] Schnoor J L. Cellulosic biofuels disappoint. Environmental Science & Technology，2011，45（17）：7099.

[3] Lane J. Shell，iogen，and cancellation in Manitoba：answers to your questions，biofuel digest. http：//www. biofuelsdigest. com/bdigest/2012/05/01/shell-iogen-and-cancellation-in-manitoba-answers-to-your-questions/ [2012-05-01].

[4] EPA. EPA announces E15 partial waiver decision and fuel pump labeling proposal. http：//www. epa. gov/otaq/regs/fuels/additive/e15/420f11003. htm [2013-12-30].

[5] Petersen S. Choren gasification technology sold to Linde. http：//www. biofuelstp. eu/btl. html [2013-12-30].

[6] Xiu S，Shahbazi A. Bio-oil production and upgrading research：a review. Renewable and Sustainable Energy Reviews，2012，16：4406-4414.

[7] Elliot D C. Transportation fuels from biomass via fast pyrolysis and hydroprocessing. WIREs Energy Environ, 2013, 2: 525-533.

[8] Committee on Transitions to Alternative Vehicles and Fuels, Board on Energy and Environmental Systems, Division on Engineering and Physical Sciences, et al. Transitions to alternative vehicles and fuels. http://www.nap.edu/catalog.php? record_ id=18264 [2013-12-30].

[9] Bettenhausen C. Race to create pyrolysis biofuels gets hot. http://www.cen-online.org/articles/91/i45/Race-Create-Pyrolysis-Biofuels-Hot.html [2014-02-10].

[10] Agblevor F A, Mante O, Mcclung R. Co-processing of gas oil and biocrude oil to hydrocarbon fuels. Biomass and Bioenergy, 2012, 45: 130-137.

[11] Nandiwale K Y, Niphadkar P S, Deshpande S S, et al. Esterification of renewable levulinic acid to ethyl levulinate biodiesel catalyzed by highly active and reusable desilicated H-ZSM-5. Journal of Chemical Technology and Biotechnology, 2013, DOI: 10.1002/jctb.4228.

[12] Green Car Congress. Sundrop fuels finalizes ExxonMobil MTG technology license for "green gasoline" production facility. http://www.greencarcongress.com/2012/06/sundrop-20120628.html [2012-06-28].

[13] Committee on America's Energy Future, National Academy of Sciences, National Academy of Engineering. et al. America's energy future, technology and transformation: summary edition. http://www.nap.edu/catalog.php? record_ id=12710 [2009-12-30].

[14] Baliban R C, Elia J A, Floudas, C A. Process synthesis of hybrid coal, biomass, and natural gas to liquid via Fisher-Tropsch synthesis. Computers and Chemical Engineering, 2012, 47: 29-56.

[15] Marcarelli R. Algal biofuel could help reduce enviroment-harming fossil fuel use. http://www.hngn.com/articles/17896/20131121/algal-biofuel-could-help-reduce-environment-harming-fossil-fuel-use-researchers-step-closer-to-making-it-a-reality.htm [2013-11-21].

[16] University of Alicante. Researchers design photobioreactor to produce biofuel from algae. http://phys.org/news/2013-05-photobioreactor-biofuel-algae.html#jCp [2013-05-30].

[17] Asociación RUVID. Researchers design photobioreactor to produce biofuel from algae. www.sciencedaily.com/releases/2013/05/130524104158.htm [2013-05-30].

[18] Liu W, Mu W, Liu M. Solar-induced direct biomass-to-electricity hybrid fuel cell using polyoxometalates as photocatalyst and charge carrier. http://www.dx.doi.org/10.1038/ncomms4208 [2014-02-25].

[19] Görling M, Lasson M, Alvfors P. Bio-methane via fast pyrolysis of biomass. Applied Energy, 2013, 112: 440-447.

[20] Meijden C M, Veringa H, Vreugdenhil B J, et al. Production of biomethane from woody biomass. http://www.ecn.nl/docs/library/report/2009/m09086.pdf [2009-08-06].

[21] Goteborg Energi. Gothenburg biomass gasification project, GoBiGas. http: //www. goteborgenergi. se/English/Projects/GoBiGas_ Gothenburg_ Biomass_ Gasification_ Project [2013-12-30].

[22] Bionergy Connect. New WBA fact aheet: biogas an important renewable energy source. http: //www. bioenergyconnect. net/company. php? type=reports&id=JQghL6TM2t&item=K1PbhyvJzm&page=0 [2013-05-31].

[23] International Energy Agency. Technology roadmap, biofuels for transport, international energy agency. http: //www. iea. org/publications/freepublications/publication/name, 3976, en. html [2011-04-20].

Recent Advancement in Bioenergy Technology

Cheng Xu

(Biomass Engineering Center, China Agricultural University)

Liquid and gaseous biofuels have been highest top priorities for the research and development by many countries over long time. And the considerable achievements have gained in recent years. While cellulosic ethanol did not get breakthrough in commercialization, a few of the advanced biofuels are appearing. The existed biofuel technologies can not make full use of hemicellulose and lignin which contain more than 40 percent of total bioenergy in biomass, thus excluded the utilization of ample resources of lignin-cellulosic feedstuff. Thus the thermo-chemical approaches, which can overcome above shortcomings, have attracted more and more attention, and already achieved great successes in the field of biomass pyrolysis conversion to the ‘drop-in’ biofuels. Today, the competitions in such an area is going to hot and the industrialization could be put into agenda.

3.9 氢燃料电池技术新进展

毛志明 邵 默 毛宗强

(中国可再生能源学会氢能专业委员会，中国氢能与燃料电池协会（筹），清华大学核能与新能源技术研究院)

氢燃料电池是将氢气的化学能直接转化为电能的发电装置。其能量转换效率高达60%～80%，实际使用效率是普通内燃机的2～3倍。氢燃料电池发电时只排出水，具有环境污染低、噪声小、无可动部件、可靠性高及维修性好等优点，因此被认为是最好的利用氢能的发电设备[1]。下文将重点介绍近几年氢燃料电池技术的新进展，并展望其未来。

一、国外新进展

氢燃料电池的种类很多，按照所用电解质的种类，可分为碱性燃料电池(AFC)、质子交换膜燃料电池（PEMFC)、磷酸燃料电池（PAFC)、熔融碳酸盐燃料电池（MCFC）和固体电解质燃料电池（SOFC)，其工作温度分别为60℃、80℃、200℃、600 ℃及500～1000℃；也可按照其燃料分类，如氢燃料电池和直接甲醇燃料电池（DMFC)，等等。氢燃料电池的容量可大可小，可用于生活的方方面面。目前，各种氢燃料电池均有样机示范。

（一）氢燃料电池分布式电站

氢燃料电池分布式电站已经开始商业化，氢燃料电池备用电源不但在环境保护方面优于传统的铅酸电池，而且在经济上也有优势；氢燃料电池汽车的主要技术指标已经赶上汽油车，而其接近零排放的环保效果远优于内燃机汽车。氢燃料电池分布式电站是在用户处建造的燃料电池热电联供装置。

日本的 Ene-Farm 项目[2]已成功地开发出 750 瓦家用氢燃料电池热电联产装置(micro-CHP)。它以居民家中的天然气为原料，同时接入质子交换膜燃料电池或固体氧化物燃料电池。该系统的制氢部分将天然气转化为高纯氢气，以供燃料电池发电；系统中的电力装置将燃料电池发出的直流电变为交流电，并与电网相连；系统的热回收装置将燃料电池的热回收后，为家庭提供热水。自 2009 年市场化以来，截至 2012 年年底，日本 micro-CHP 已销售 3.4 万台，计划 2030 年前销售 530 万台。

日本政府对该产品的补贴随产量及售价的变化及时修订，2005 年每台装置补贴 800 万日元、2009 年补贴 350 万日元、2010 年 130 万日元，2015 年预计补贴 80 万日元，2020～2030 年预计补贴 60 万日元；当产量增加到规模效应时，将取消补贴。目前补贴后售价约为 13 万人民币。

与日本 Ene-Farm 项目相似，韩国正在开发“绿色家园”项目，该项目包括氢燃料电池、地热和太阳能的内容，其目标是到 2020 年安装 10 万个 1 千瓦氢燃料电池的家用系统。韩国最初对此氢燃料电池系统 micro-CHP 的补贴达到全部成本的 80%，显著高于日本；政府的补贴也计划随时间下降直至最终取消。

欧洲的家用 micro-CHP 处于初期阶段。例如，丹麦只是展示了 PEMFC 和 SOFC

技术，德国和英国则对发展燃料电池来替代常规锅炉技术感兴趣。澳大利亚陶瓷燃料电池有限公司（CFCL）已经在英国、德国、荷兰、澳大利亚出售了260套左右1.5千瓦的micro-CHP系统，并获得了2015年之前的660套订单。全球固定式micro-CHP的巨头——松下集团已决定在德国开发micro-CHP燃料电池系统。预计欧洲的micro-CHP市场将迎来迅猛的发展。

北美的家用micro-CHP产品的容量以5千瓦为标杆，如ClearEdge Power公司的产品就使用5千瓦燃料电池，已被住宅、学校及旅馆采用。

除家用的热电联供产品外，还有若干兆瓦级大功率的分布式燃料电池电站在建。如美国位于布里奇波特的14.9兆瓦电站将于2013年年底完工；韩国浦项能源公司在Hwasung市的59兆瓦电站项目将于2013年年底之前发电，2014年达到满负荷运行；美国哈特福特医院1.4兆瓦电站项目得到康涅狄格州LREC计划的支持。

（二）氢燃料电池备用电源

PEMFC特别适合作小功率（5千瓦）的备用电源，可广泛用作通信电站和数据中心的备用电源[3]。目前的备用电源主要使用蓄电池和柴油、液化气（LPG）或汽油发电机，需要联合使用多套发电设备，以保证供电的可靠性。

和蓄电池相比，氢燃料电池的优点是在外部环境剧烈变化的条件下，可以长时间连续工作且具有更高的可靠性。与蓄电池和柴汽油发电机相比，氢燃料电池的运动部件少、维修工作量小，更有利于远程控制，并减少实际的维修时间。与柴汽油发电机相比，氢燃料电池的噪声很小且不排放有害气体。

更重要的是，在连续运行3天（72小时）以上的情况下，使用氢燃料电池所需的费用要比使用蓄电池+发电机或仅使用蓄电池便宜很多。巴特尔记忆研究所（Battelle Memorial Institute）为美国能源部做了全生命周期的价格比较。氢燃料电池与能运行8小时的2千瓦蓄电池及能运行52小时、72小时、176小时的5千瓦蓄电池+发电机比较的结果表明，在室内环境下，氢燃料电池的总费用（包括设备投资和运行成本）比用单纯蓄电池的总费用（设备费和运行费）要便宜；在室外环境，运行52小时，氢燃料电池备用电源总费用与单纯蓄电池的总费用相当，但运行72小时，氢燃料电池的总费用显著低于单纯蓄电池的总费用。目前，美国已经有一些州采用PEMFC作为电信设备的备用电源。

（三）氢燃料电池汽车

最新的氢燃料电池汽车（HFCV）已经可以全面替代汽油内燃机汽车。以丰田FCHV-adv燃料电池车为例，其加注氢气只需3分钟，一次加注氢气后的续驶里程可达800千米，最高车速可达180千米/小时；其氢燃料的全生命（从油井到车轮）效率为汽油车的2倍以上。

氢燃料电池汽车一直是奔驰公司研发的重点之一。该公司计划在2015年左右开始量产HFCV。2011年1月30日，三辆B级奔驰氢燃料电池车自德国斯图加特奔驰公司博物馆出发，历时4个多月，横跨全球四大洲14个国家（包括欧洲南部、北美的一些国家，以及澳大利亚、中国、俄罗斯等）后，于2011年6月1日返回到出发点，向全世界展示了氢燃料电池车的高度可靠性与实用性。

2013年年初，丰田公司的燃料电池组宣布"实现了全球最高的3千瓦/升的输出密度"[4]。他们去掉了燃料电池组曾经必不可少的加湿模块，进一步降低了HFCV的成本。

现代汽车的氢燃料电池版——现代ix35氢燃料电池车采用700巴的压缩氢气，达到100千瓦（134马力）动力，时速0~100公里加速用时12.5秒，最高时速为160公里，续航里程可达594公里。现代ix35作为测试车型已成为2013年欧洲议会、欧洲委员会官员及其他政界人士的工作座驾。欧盟燃料电池和氢能公共事业组织连续两年选择现代ix35来推广燃料电池技术，这也表明韩国氢燃料电池车技术已达到较高的水准。2013年4月，韩国向丹麦和瑞典分别出口了15辆和2辆氢燃料电池车。现代汽车公司计划到2015年使其氢燃料电池车的全球销量达到1000辆。

现在，国际各大汽车厂商都准备迎接氢燃料电池汽车的市场化元年——2015年，计划各生产1000辆左右。此外，他们还把眼光放在世界氢燃料电池车的市场启动年——2020年。2013年1月24日，丰田公司与宝马公司宣布成立氢燃料电池车合作联盟；2013年1月28日，日产雷诺集团、福特和戴姆勒宣布组建氢燃料电池车联盟；2013年7月2日，通用汽车和本田汽车宣布组建氢燃料电池车联盟[5]。至此，世界氢燃料电池车的市场格局初步形成。

建造氢加注站是氢燃料电池汽车发展的关键。目前各国都在加速建造加氢站。截至2013年年底，投入使用的全球加氢站总数已达到208座，计划再建造127座，加氢站的建设正逐步走向网络化。已建成的加氢站的氢气来源有外部供给或加氢站内自行生产两种。加氢站可与天然气加气站或加油站联合建站，欧盟、美国和日本等研发氢能汽车较早的国家和地区已建的数十个加氢站中有不少是采用合建的方式。此外，各国或地区（如德国、日本、韩国、欧盟、美国）都有明确的建站计划。

二、国内发展现状

我国氢燃料电池技术始于20世纪70年代，1990年开始发展起来，当时的PEMFC水平可与欧美相比。目前，我国已经具备生产PEMFC所需全部材料及零部件的能力，有数家公司可以制作千瓦级 PEMFC 系统，但国产氢燃料电池电站还没有进入市场，氢燃料电池备用电源也仅有零星的示范。此外，我国只能以氢气作电池的燃料，还不能直接使用天然气。我国与国际氢燃料电池的分布式电站和氢燃料电池的备用电源相比差距还很大。

我国开发氢燃料电池汽车较早。1998 年，清华大学研制出中国第一辆氢燃料电池汽车，其氢燃料电池由北京富原燃料电池公司提供。后来，国家“863”计划从“十五”开始支持包括氢燃料电池发动机在内的关键零部件技术、动力平台技术和整车集成技术的开发。我国已成功开发出“超越”系列、上海大众“帕萨特领驭”、上汽集团“上海牌”、奇瑞“东方之子”、长安“志翔”等氢燃料电池轿车。目前，上汽集团是我国唯一坚持自主开发氢燃料电池车的厂家，最新的计划是 2015 年生产 80 辆氢燃料电池车，但没有公布具体的技术参数。2010 年，我国自主研发的 90 辆氢燃料电池轿车和 100 辆氢燃料电池观光车、6 辆联合国开发计划署-全球环境基金（UNDP）支持的氢燃料电池城市公交客车圆满完成了上海世界博览会的示范运行，行驶超过 90 万公里，载客超过 180 万人次，其中接待 VIP 就超过 6000 人次。

2011 年 8 月 12 日，在深圳湾体育中心举办的第 26 届世界大学生运动会上，60 辆五洲龙氢燃料电池观光车在大运村内 B 线运营了 21 天，累计零事故安全运营 5790 小时，行驶 41 420 公里，共计发出 1015 个车次，13 795 个班次，运送各类乘客 53.7 万人次。自 2008 年起，我国将新能源车的重点放在了纯电池的电动车上，结果氢燃料电池车的水平不进反退。目前，我国氢燃料电池轿车已经远远落后于国际水平，也远远落后于氢燃料电池轿车起步晚于我国的韩国；车企的氢燃料电池技术，已落后于欧盟、美国和日本的车企，特别是在电池寿命与成本上存在极大的差距。国内相关企业的氢燃料电池的稳定寿命在 2000 小时左右，而国际先进技术已经达到 6000 小时左右；而氢燃料电池的设计寿命要达到 5000 小时才能达到产业化的要求。

至 2013 年年底，我国只有两座车用加氢站，即北京 BP-清华加氢站和上海安亭加氢站。至今，我国还没有明晰的车用氢气加注站的建设规划。

可以说，我国在氢燃料电池技术方面是“起了个大早，赶了个晚集”；如不痛定思痛，奋起直追，在未来的 20～30 年，我国在能源、环境与经济上将处于更加被动的局面。

三、未来展望

全世界纯电池车的推广并不尽如人意，特拉斯公司的纯电池车 3 次着火，导致其股价大跌，官司缠身。世界将目光再次转向氢燃料电池车。在国际各大汽车公司的不懈努力下，从技术上说，氢燃料电池车在充气速度、续驶里程、最高车速等性能方面已经完全可以替代目前的汽油车；而且，氢燃料电池车不排放 CO_2 和氮氧化物等温室气体，有助于减少雾霾的程度与毒性，而这是汽油车无法比拟的。可以预见，在 2020 年左右，世界将进入氢燃料电池汽车的时代。目前，氢燃料电池汽车应用的最大的障碍是缺乏氢气加注站。世界氢气加注站的建设在北美、欧洲与东亚（日本与韩国）逐渐形成了三大中心。2013 年 5 月，美国能源部启动了 H2USA 计划，集合政府和企业的力量，建设车用加氢站。据美国新能源最具权威的派克研究所的报告《氢能基础设施》（*Hydrogen Infrastructure*）预测，至 2020 年全球加氢站的数量将达到 5200 个[6]。

氢燃料电池技术已不再满足于示范，将进入市场。在进入市场的氢燃料电池分布式电站、氢燃料电池备用电源及氢燃料电池车的带动下，氢燃料电池在其他领域的市场化也将迅速展开。预计氢燃料电池特种车辆、氢燃料电池叉车、氢燃料电池轨道牵引车、氢燃料电池船舶、氢燃料电池飞机会紧随其后。2020 年世界燃料电池市场将进入大发展的阶段。

氢气是燃料电池最好的燃料，氢燃料电池的快速发展必将极大刺激市场对氢气的需求，从而促进氢能制备、储存与运输产业的成长。2020 年左右，氢能的发展将形成市场规模。

我国最需要利用氢能来改善生态环境，消除雾霾，实现能源发展方式的转变，以保障经济的可持续发展。国家应该重视氢能的发展，并将它纳入国家发展计划；有必要成立中国氢能界的行业协会（如中国氢能与燃料电池协会），以协助政府制定国家氢能规划，促进氢能行业标准的制定以及国际间的合作。

参 考 文 献

[1] 毛宗强．无碳能源：太阳氢．北京：化学工业出版社，2010：31.

[2] Carter D. Fuel cell today. http：//www. fuelcelltoday. com［2013-12-27］.

[3] 刘强，叶荣，井辉，等．氢燃料备用电源系统在通信基站中应用前景展望．电信工程技术与标准化，2013，9：73-76.

[4] 崔东树．丰田放弃“纯电动”思路值得鉴．http：//auto. sohu. com/20121010/n354572201. shtml［2012-10-10］.

[5] 常旭旻．通用与本田宣联合开发氢燃料电池汽车．http：//auto. 163. com/13/0711/17/93H6TUT800085250. html［2013-07-11］.

[6] Environmental Leader. Hydrogen fueling stations could reach 5200 by 2020. http：//www. environmentalleader. com/2011/07/20/hydrogen-fueling-stations-could-reach-5200-by-2020［2011-07-20］.

Recent Progress of Hydrogen Fuel Cell Technology

Mao Zhiming, Shao Mo, Mao Zongqiang
(China Association for Hydrogen Energy; Preparatory Group of China Hydrogen Energy and Fuel Cell Association; Institute of Nuclear and New Energy Technology, Tsinghua University)

This paper introduces the recent progress of the technology of hydrogen fuel cells. Hydrogen fuel cell distributed power plants have been commercialized, hydrogen fuel cell backup power devices are not only superior to the conventional lead-acid batteries in the aspect of environmental protection, but also have great advantages on economy; Hydrogen fuel cell vehicles, the main technical indicators have caught up with gasoline vehicles and their feature of near zero emissions is much better than the internal combustion engine car to the environmental protection. Hydrogen filling stations for vehicles begin to build all over the world.

This paper introduces the hydrogen fuel cell development process in China, including the achievements and gaps. We suggest the whole Chinese society, especially the government pay more attention to hydrogen fuel cell technology and commercialization, setting up a nationwide that hydrogen development plan to promote the development of hydrogen fuel cell industry in China and strengthen safeguard for sustainable development of China.

3.10 多能互补利用技术新进展

隋　军　许　达　刘启斌
(中国科学院工程热物理研究所)

自然界中存在的可再生能源（如太阳能、风能、生物质等）和地下、海洋深处蕴藏的化石能源（如煤、石油、天然气等），转化后可形成电能、热能、氢能等二次能源。这些不同形式的能源在空间和时间上的分布各具特色，且作功能力（品位）也高低不等（例如，电能的品位很高，热能的品位一般相对较低）。在利用能源从事生产、生活等活动时，根据各种能源的不同特点，充分利用多能互补的优势，往往可以达到事半功倍的能源利用效果。多能互补利用技术是能源，特别是可再生能源实现转化与利用的重要手段。下文将重点介绍近几年多能互补利用技术的新进展及其未来发展趋势。

一、国际重大进展

自 20 世纪 90 年代初，为了有效地解决太阳能的间歇性、分布不均、能流密度低的固有缺陷，太阳能与化石能源互补的能源系统得到了广泛发展，并在美国、以色列、西班牙、德国等发达国家取得了一系列技术突破。太阳能与化石能源互补发电的研究主要分为两大类：一是太阳能与热力循环的“热互补”，即根据太阳能的不同聚光形式，将不同集热温度的太阳热以热量传递的方式注入热力循环；二是太阳能与化石燃料的“热化学互补”，即将太阳热与化石燃料的重整、裂解等转化反应过程相结合，使太阳能转化为燃料化学能，再与热力循环结合以实现热转功。

早期的太阳能与化石燃料互补的热电系统主要以太阳能为主，化石燃料为辅。当太阳能由于天气原因发生变化时，可用一个燃气或者燃油锅炉来弥补太阳能供应的不足。这类互补系统虽然可以改善太阳能的利用效率，但是直接利用高品位的化石燃料来满足太阳能波动带来的低品位能量的需求，会造成化石燃料的利用不尽合理。在这种热电系统中，太阳能的净发电效率不超过 10%。

近年来，基于“热化学互补”的太阳能热化学发电技术和能源系统的开发成为新的热点。国际上主要的研究方向有太阳能水分解、太阳能驱动的煤气化或重整、太阳能驱动的天然气重整等；目前各国学者大都着眼于 600℃以上的中高温太阳能热化学的研究，其目的多为制取清洁燃料氢。

德国和瑞士的科学家提出太阳热能与天然气重整相结合的能量系统，开辟了化石能源转换与太阳能热利用结合的新方向。这种能量系统一方面可以将太阳能转换为能量密度高、可储存、可运输的合成气，即将太阳能以与天然气重整后的合成气（CO、H_2）的化学能形式存储；另一方面，聚集的太阳热能借助以合成气为燃料的联合循环，通过高温燃气透平实现热转功。德国学者提出的太阳能重整甲烷-燃气蒸汽复合的热发电系统，能够使太阳能净热转功效率达到 30%。瑞士联邦理工学院（ETH）和保罗谢勒国家实验室（PSI）在政府资助下，开展了更具广泛性的太阳能-天然气与氧化锌重整的能源环境系统研究。其基本思路是以高温太阳热能作为热源，将天然气重整与氧化锌还原锌的化学过程有机集成，以同时实现天然气的重整制备合成气和燃料锌的制取。锌可以作为金属燃料电池的原料或冶金利用，合成气可用作燃气蒸汽联合循环发电的燃料或经物理、化学方法分离出氢气。

奥尔多·斯坦菲尔德（Aldo Steinfeld）教授的团队在太阳热化学方面的研究主要是利用金属/金属氧化物体系的两步反应制备太阳能燃料。该团队之前在利用太阳热能进行两步热化学循环反应制氢方面做了很多重要的工作。早期两步化学反应主要利用 ZnO/Zn 体系，近年来研究人员的兴趣正转向 ZnO/Zn 的替代体系，特别是以吸收和释放氧原子能力更强的氧化铈体系[1~3]。Steinfeld 团队在 10 千瓦反应器原型机的实验基础上[4]，对用于塔式集热器中并达到商业运行规模的 10 兆瓦太阳能热化学反应器的性能进行了模拟预测。根据模型预测，在反应温度为 1870 开尔文的条件下，其太阳能-化学能的转化效率为 42%，太阳能-热能的转化效率达到 75%。

美国桑迪亚国家实验室的研究人员开发了一套太阳能热化学转化装置。该装置包括面积为 95 平方米的定日镜，直径约 6.7 米的碟式聚光器，以及反向旋转环形接收反应换热器 CR5[5]。定日镜和碟式聚光器构成了日光炉，其总热功率达到 16 千瓦，峰值太阳辐射通量为 500 瓦/厘米^2。CR5 是个筒状的金属设备，内部有热、冷两个腔室，中间安置多个飞盘状的环，每个环的外缘由掺杂钴的铁氧体材料组成，其中 Co 成分起到反应催化的作用；这些圆环在特殊的机械驱动下，交替进入热室和冷室，在热室中使铁氧化物还原释放出氧分子，在冷室中 CO_2 与 FeO 重新生成 Fe_3O_4。当前的研发重点集中在耐高温材料、极端温度下热化学循环过程的热力学和动力学分析、太阳和气相界面辐射特性的测量及新型金属氧化物的开发等方面[6]。

当前，国际上太阳能热化学互补方面的研究尚处于起步阶段，主要着眼于900～1200℃的高温太阳热能的转化和利用；被转化的化石燃料以天然气为主，研究内容多集中在高温聚光镜、太阳能热化学反应器等部件性能的提高和相关新材料的研发上。

二、国内研发现状

国内关于太阳能与燃料的热化学互补的研究起步较晚，主要研究机构有中国科学院工程热物理研究所和西安交通大学等；具有代表性的研究工作是中低温太阳能与燃料热化学互补发电，以及高温太阳能热化学分解生物质制氢。

1. 中国科学院工程热物理研究所分布式供能与可再生能源实验室

针对当前国际上高温太阳能热化学互补发电技术存在的效率低、技术难度大、成本高等问题，金红光研究员的团队围绕太阳能热发电系统中能的梯级利用，光辐照、集热、热力循环三者间能的品位和相互利用机制，太阳能和其他能源互补的系统集成等问题开展了研究，阐明了太阳能与化石能源互补的综合利用原理，原创性地提出了利用槽式太阳能集热器的中低温太阳能热化学发电技术[7]。该团队提出的太阳能热化学发电系统主要由四部分构成，即太阳能燃料转换、合成气储能、动力发电和余热回收利用。太阳能由抛物槽集热装置聚集后，通过太阳能吸收反应器，以反应热的形式驱动吸热的化学反应，从而将能量转换到燃料化学能中；燃料燃烧释放的高温热能则被先进的富氢动力设备用来发电。太阳能热化学发电技术还可以与分布式能源技术结合，如利用吸收式制冷、热泵、除湿等方式可以进一步转换和利用动力排烟的余热（300～500℃），而其中难以转换的低温热则可用于供热。太阳能热发电系统涉及太阳能燃料的转换技术、富氢动力发电技术与系统集成技术，可以解决太阳能的固有缺陷，实现太阳能的存储与高效利用。目前，该研究团队利用研制的国际首套中低温太阳能吸收反应器，试验验证了中低温太阳能品位提升的方法与机理，建立了 10 千瓦太阳能热化学发电装置，同时初步完成了国际首套 100 千瓦槽式太阳能热化学发电系统的设计，发明了中低温太阳能与化石燃料热化学互补的发电系统和冷热电分布式能源系统[8,9]。这项研究引领了国际上太阳能中低温热化学与化石燃料互补研究的新方向，为我国发展具有自主知识产权的太阳能先进能源系统技术、推动能源可持续发展与节能减排提供了新途径。

2. 西安交通大学能源与动力工程学院

郭烈锦教授团队在集成太阳能聚集、吸收、储存，以及生物质超临界水气化制氢各环节的研究成果的基础上，构建了聚焦太阳能与生物质超临界气化耦合制氢系统，装置的设计温度为 700℃，太阳能聚焦功率为 6 千瓦，压力为 30 兆帕，实现了直接太阳能驱动热化学分解水和生物质制氢[10]。初步实验结果验证了太阳能热化学分解和生物质超临界水制氢技术的可行性。在实验研究基础上，该团队设计和构建了一套生物质超临界水气化与直接太阳能聚焦供热耦合制氢中型工业试验装置，该装置的设计参数为 800℃和 35 兆帕，太阳能有效聚焦功率为 163 千瓦，每小时生物质浆料与水的总处理量为 1 吨；其气化反应子系统为一种放大的超临界水流化床，包括多个流化床反应器和管流反应器，布置于太阳能吸收器内并由太阳能提供热量。该研究验证了利用太阳能和生物质来制造出完全可再生的商业制氢系统的可行性[11]。

三、发展趋势及前沿展望

在面向 21 世纪的太阳能战略规划中，发达国家将太阳能与化石燃料互补发电作为一种解决太阳能热发电不稳定的有效途径。太阳能与化石能源互补发电可以利用成熟的常规电站设备和技术，以达到降低太阳能热发电投资成本的目的。采用燃气或燃油锅炉的替代蓄能装置，可以缓解太阳能热发电的不稳定性并提高发电效率。太阳能与化石燃料互补发电将作为21世纪太阳能热发电近、中期发展的主要目标[12]。

在利用太阳能热化学技术生产太阳能燃料的研究方面，当前以高温太阳能燃料的转化为主，而从长远角度来看，水分解制氢是未来清洁燃料的根本生产方式。利用太阳能直接分解水，反应器的温度需要达到2000°C以上。在这种极高温度下利用太阳能直接分解水需要攻克多个科学技术难题。为降低反应温度，避开在高温下分离氢气、氧气的技术难题，众多研究瞄准了多步热化学技术。

高温太阳能热化学研究所需的高温均需要利用大聚光比的抛物碟式或塔式太阳能集热器来实现。国际上关于太阳能热发电的有关数据表明，高聚光比的抛物碟式集热器太阳能发电的价格（换算成人民币）约为5.35元/千瓦时，而较低聚光比的抛物槽式集热器发电的价格仅为1元/千瓦时。通过研发中低温反应体系和新型太阳能吸收反应器，可以把抛物槽式太阳能集热器当作燃料热化学转化的驱动热源，从而使发电成本大幅度降低。槽式太阳能热化学燃料转化及发电技术是太阳能与化石燃料互补发电未来的重要发展方向。

参考文献

[1] Steinfeld A, Weimer A W. Thermochemical production of fuels with concentrated solar energy. Opt Express, 2010, 18: A100-A111.

[2] Furler P, Scheffe J R, Steinfeld A. Syngas production by simultaneous splitting of H_2O and CO_2 via ceria redox reactions in a high-temperature solar reactor. Energy & Environmental Science, 2012, (5): 6098-6103.

[3] Chueh W C, Falter C, Abbott M. High-flux solar-driven thermochemical dissociation of CO_2 and H_2O using nonstoichiometric ceria. Science, 2010, 330: 1797-1801.

[4] Maag G, Rodat S, Flamant G, et al. Heat transfer model and scale-up of an entrained-flow solar reactor for the thermal decomposition of methane. International Journal of Hydrogen Energy, 2010, 35: 13232-13241.

[5] Hogan R E, Miller J E, Chen K S. Modeling chemical and thermal states of reactive metal oxides in a CR5 solar thermochemical heat engine. 6th ASME International Conference on Energy Sustainability. San Diego, 2012.

[6] Arifin D, Aston V J, Liang X, et al. $CoFe_2O_4$ on a porous Al_2O_3 nanostructure for solar thermochemical CO_2 splitting. Energy & Environmental Science, 2012, 5: 9438-9443.

[7] Jin H, Hong H, Sui J, et al. Fundamental study on novel middle-and-low temperature solar thermochemical energy conversion. Science in China Series E, 2009, 52 (5): 1135-1152.

[8] Sui J, Liu Q, Dang J, et al. Experimental investigation of solar fuels production integrating methanol decomposition and mid-and-low temperature solar thermal energy. International Journal of Energy Research, 2011, 35: 61-67.

[9] Hong H, Liu Q, Jin H. Operational performance of the development of a 15 kW parabolic trough mid-temperature solar receiver/reactor for hydrogen production. Applied Energy, 2012, 90 (1): 137-141.

[10] Chen J W, Lu Y J, GuoL J, et al. Hydrogen production by biomass gasification in supercritical water using concentrated solar energy: system development and proof of concept. International Journal of Hydrogen Energy, 2010, 35: 7134-7141.

[11] Lu Y J, Zhao L, Guo L J. Technical and economic evaluation of solar hydrogen production by supercritical water gasification of biomass in China. International Journal of Hydrogen Energy, 2011, 36: 14349-14359.

[12] Steinfeld A, Palumbo R. Solar thermochemical process technologies. Encyclopedia of Physical Science & Technology, 2001, 15: 237-256.

Recent Advancement in Multi-energies Hybrid Utilizing Technology

Sui Jun, Xu Da, Liu Qibin

(Institute of Engineering Thermophysics, Chinese Academy of Sciences)

According to the spatial and temporal distribution characteristic and different energy level of fossil energy and renewable energy, developing complementary utilization of multiple energy resources provides an approach of high efficiency and low cost utilization of energy. Complementary utilization of multiple energy is an important method of renewable energy utilization. Low energy density and discontinuity of renewable energy impedes the reduction of energy cost and generalizing of renewable energy utilization. Complementary utilization of renewable energy and fossil fuels is an effective way of efficient utilization of renewable energy. Complement of collected solar thermal energy and fossil fuel, as an important branch of multiple energy complementary technology, has attracted increasing attention. Methane reforming driven by solar thermal energy has improved net solar-to-electricity efficiency to 30% . Mid-and-low temperature solar thermal energy collected by parabolic trough concentrator hybridization with methanol technology is independently developed in China, which provides a new path of efficient and low cost of solar energy.

3.11 储能技术新进展

来小康[1] 王松岑[1] 陈立泉[2]
(1 中国电力科学研究院; 2 中国科学院物理研究所)

储能技术是发展新能源和智能电网的重要支撑技术，其应用贯穿于电力系统各个环节，可提高电网对可再生能源的接纳能力，提高电力设备的利用率、供电可靠性和电网安全性[1,2]。储能技术的突破将深刻改变能源和电力的生产与消费方式，改变电能生产、输送和使用同步完成的传统模式，催生新能源、电动汽车、智能电网、新材料等相关的战略性新兴产业并促进其发展。作为多学科交叉的战略性前沿技术，储能技术已成为当前和今后一段时期国内外的研究热点。当前，电力系统中的储能技术以已经成熟的抽水蓄能技术为主。全世界现约有 90 吉瓦的抽水储能装置[3]，占全球电力总装机容量的 3%。抽水蓄能由于其选址受到地形地貌、地质、水源等条件的限制，在边远山区的发展还存在施工难度大、投资大等劣势。其他储能技术目前大多处于示范应用或关键技术研发的阶段。下文将以抽水蓄能技术为参照，重点介绍其他各种储能技术的国内外发展现状，并展望其未来。

一、国际重大进展

电能可以转换为化学能、势能、动能、电磁能等并存储起来。储能可分为物理储能和化学储能两大类[4]。物理储能包括抽水蓄能、压缩空气储能、飞轮储能、超导储能及相变储能；化学储能包括电容储能和二次电池（铅酸电池、镍镉电池、镍氢电池、锂离子电池、钠硫电池和液流电池等）储能。

世界各国目前都在大力发展储能技术。美国能源部于 2010 年年底围绕各种电池的发展与应用发布了相关技术的报告[5,6]，计划未来 20 年中将重点关注超级铅酸与先进铅酸电池、锂离子电池、硫基电池、液流电池、功率型储能电池以及金属空气电池、先进压缩空气储能技术等的发展。日本新能源产业的技术综合开发机构于 2009 年也针对各种电池技术发布了详细的发展路线规划[7]，尤其关注锂离子电池、钠硫电池及新型二次电池技术的发展。欧盟于 2012 年年初发布了《低碳能源技术的材料路线图》报告[8]，重点关注金属空气电池、全固态电池、超级电容、锂离子电池、飞轮和压缩空气储能技术中所需材料的发展。

一般来说，储能技术可分为本体技术和应用技术两个主要环节。储能本体技术主要涉及储能技术的原理、材料、工艺制备、关键元部件等；储能应用技术主要包括应用中的配置、系统集成、控制与能量管理、测试与评价、安全预警与防护等。

（一）储能本体技术

1. 压缩空气储能技术

传统压缩空气储能是基于燃气轮机发展起来的。目前，德国和美国各有一座大规模的压缩空气储能电站。传统压缩空气储能需要燃烧汽柴油等化石燃料，且能量密度和效率低，同时需要特定的地理条件等。为了解决这些问题，国内外学者相继提出了带回热的压缩空气储能系统（AA-CAES）、液态压缩空气储能系统和超临界压缩空气储能系统[9,10]。目前这些系统处于研究、实验室样机或示范阶段。

2. 飞轮储能技术

飞轮储能具有功率密度高、使用寿命长和对环境友好等优点，其缺点主要是能量密度低和自放电率较高。近年来，国际上飞轮储能技术的开发和应用研究都十分活跃。其中美国投资最多，规模最大，进展最快；2013 年 Beacon Power 公司在美国宾夕法尼亚州新建了一个发电能力为 20 兆瓦的飞轮储能电站。

3. 化学电池储能

从目前现状及发展趋势看，具备大规模应用前景的化学电池主要包括高温钠系电池、液流电池、锂离子电池和铅酸电池。

（1）高温钠系电池。高温钠系储能电池包括钠硫电池（Na/S）和钠盐（ZEBRA）电池。只有日本 NGK 公司解决了钠硫产业化生产中的技术问题。然而，2011 年 9 月 21 日，NGK 公司设置于三菱材料株式会社筑波制作所内的电力储能用 Na/S 电池在使用过程中发生了火灾，导致 NGK 公司暂停了钠硫电池产品的销售[11]。ZEBRA 电池的工作温度比 Na/S 电池略低，由于没有金属钠，其安全性有所提高。目前，ZEBRA 电池仍处在研究和小规模示范阶段，未来它的产值有可能达到甚至超过钠硫电池。

（2）液流电池（flow redox battery）。液流电池的体系众多，如铁铬体系、全钒体系、锌溴体系和多硫化钠溴体系等。其中，全钒液流电池目前最受关注，是液流电池最主要的发展方向。由于它的正、负极活性物质均为钒，因此可以避免离子通过交换膜扩散时所造成的元素交叉污染。

(3) 锂离子电池。锂离子电池是目前比能量最高的实用二次电池体系，其材料丰富多样，其中适合作储能电池正极的材料有锰酸锂、磷酸铁锂、镍钴锰酸锂，适合作负极的材料有石墨、硬（软）碳和钛酸锂等。已获得规模示范应用的锂离子储能电池的主流为采用磷酸铁锂为正极的能量型/功率型电池和采用钛酸锂为负极的功率型电池。目前，锂离子储能电池材料的研究重点，一是继续提升锰酸锂和三元正极材料电池的寿命和安全性，二是研究和开发新材料（如富锂相正极材料和软碳、硬碳负极材料）。

(4) 铅酸电池。近年来，铅酸电池的性能获得了很大的提升。如将具有超级活性的炭材料添加到铅酸电池的负极板，可使铅炭电池的循环寿命和倍率特性比传统铅酸电池高很多。这种电池已在一些新能源储能系统和混合电动车上示范运行。

4. 超级电容和超导磁储能

超导储能和超级电容储能在本质上是以电磁场来储存能量的，不存在能量形态的转换过程，具有效率高、响应速度快和循环使用寿命长等优点。目前，兆焦级的高温超导储能系统已有示范应用；超级电容在列车制动能量回收以及动态电压恢复器（dynamic voltage restorer，DVR）等方面有一些工程应用，但因成本较高，不具备大规模应用的条件。

5. 熔融盐蓄热储能

熔融盐蓄热储能是通过传热工质和换热器把热量存储在熔融盐中，主要应用在太阳能热发电中。目前，西班牙已投入运行的 17 兆瓦 Torresol Gemasolar 塔式太阳能热电站，就是利用熔融盐蓄热，实现了太阳下山后继续满负荷运行 15 小时的效果，被认为是太阳能发电领域的重大突破。

（二）应用技术

一种储能技术能否得到推广应用，取决于它是否能够达到一定的储能规模等级、是否具备适合工程化应用的设备形态以及是否具有较高的安全可靠性和技术经济性。从技术特点来看，抽水蓄能、压缩空气和化学电池储能都符合大规模应用的条件。特别是电化学储能，具备功率密度高、选址灵活、响应速度快等特点，是目前国内外的研究重点，美国、德国和日本等已经开展了 200 多项示范工程。

在风电等新能源发电的应用研究中，日本的液流电池和钠硫电池处于前列。近年来，日本注重开发风电和太阳能光伏电的储存的集成技术。北海道电力公司与住友电气工业株式会社联合，将在北海道安装 15 兆瓦/60 兆瓦时的液流电池；东北电力有限公司将在日本东北地区安装 20 兆瓦时的锂离子电池，用于调频、平衡负荷和提高风电和太阳能光伏电的接纳能力。

美国储能技术的应用正在向电力系统辅助服务的方向发展，目前各地使用的电网自动发电控制指令（AGC）调频的储能系统的总规模已超过 100 兆瓦。美国加利福尼亚州于 2013 年 9 月 3 日做出决定，要求该州三大电力公司在 2020 年前建设成 1325 兆瓦的储能系统，以增加风能、太阳能发电的接纳能力、提高电网的稳定可靠性、改善需求侧的管理及调控能力。

德国非常关注 P2G（power to gas）技术。该技术用多余的电制氢，然后将一定比例的氢气注入燃气管网，以增加混合燃气的热值。目前，EON 公司已经在德国东部的 Falkenhagen 地区建成了 P2G 示范工厂，每小时可制氢 360 立方米。2013 年 6 月 13 日，该公司第一次将氢气注入天然气管道系统，并开始测试功能。

总体来说，目前国际上储能的示范项目均为展示储能系统的预期功能，尚未从全局的角度对电力系统规划中的储能布局、配置及调控技术开展深入研究。

二、国内研究现状

我国储能技术的研发起步较晚，总体技术水平落后于欧美和日本等。随着国家对储能技术支持力度的加大，与这些国家的技术差距正在逐步缩小。

（一）储能本体技术

1. 压缩空气储能

国内从事与压缩空气储能相关的单位有中国科学院工程热物理研究所、清华大学和华北电力大学等。中国科学院工程热物理研究所在国际上首次提出并自主研发出超临界压缩空气储能系统，已建成 1.5 兆瓦超临界压缩空气储能示范系统。该系统综合了压缩空气储能系统和液化空气储能系统的优点。

2. 飞轮储能

国内从事飞轮研究的单位主要有北京航空航天大学和清华大学等。这两家大学合作，正在研发采用电磁轴承的飞轮储能系统。该系统采用高强度玻璃纤维/碳纤维多层复合材料的轮缘-高强度金属的轮毂、永磁直流无刷电动/发电机、永磁悬吊式上阻尼、动压油膜螺旋槽轴承、挤压油膜下阻尼和真空密封。

3. 化学电池储能

（1）全钒液流电池。我国钒电池的研究主要集中在中国科学院大连化学物理研究所、清华大学、攀钢集团和中南大学等单位。目前已实施了约 20 项示范工程（包括用于 50 兆瓦风电场的全球最大规模的 5 兆瓦/10 兆瓦时全钒液流电池储能系统），初步建立了布局较完整的产业链。未来需要重点突破液流储能电池的关键材料制备技术及其工程化和批量化的生产技术。

（2）高温钠系电池。中国科学院上海硅酸盐研究所长期从事钠系电池的研究，目前攻克了 Na/S 电池及其核心电解质材料的关键技术，其主要指标达到国外先进水平；ZEBRA 电池目前正在研制当中。

（3）锂离子电池。国内开展锂离子电池研究的单位包括中国科学院物理研究所、北京理工大学和南开大学等。我国不少电池厂以及一些有实力的企业集团均看到了锂离子电池的潜在市场，已经投资或正准备建立锂离子电池的生产基地，形成了比较完整的产业链，在市场占有率上形成了中国、日本、韩国三分天下的局面。

4. 超级电容

近年来，上海交通大学、中国人民解放军总装备部防化研究院和成都电子科技大学等都开展了超级电容的基础研究和器件研制工作。其中基于碳纳米管-聚苯胺纳米复合物的超级电容的能量密度已达到 6.97 瓦时/千克。

5. 蓄热

国内在蓄热方面的研究主要集中在相变材料的研究和应用上，已取得了一定的成果。主要研究机构有中国科学院过程工程研究所、清华大学和北京工业大学等。

（二）应用技术

我国虽然在储能本体的原创技术上总体落后于国外发达国家，但在应用技术特别是化学电池储能方面处于国际先进乃至领先水平。这些应用技术主要用于新能源的并网发电、配电网的削峰填谷以及微电网等领域。

在新能源接入应用方面，国家电网公司建设了世界上规模最大的、集风力发电、太阳能光伏发电、储能和智能输电“四位一体”的新能源综合利用工程——张北风光储输示范工程，其中一期建设储能系统包括 14 兆瓦/6 兆瓦时锂离子电池和 2 兆瓦/8 兆瓦时全钒液流电池储能系统。该系统具备平抑可再生电源出力波动、辅助可再生电源按计划曲线出力、黑启动及调峰填谷等各项功能。运行情况表明，储能技术能满足风电和太阳能发电并网的功能性要求，但其储能电池的寿命、大规模应用的安全性等还需要作进一步的验证和评估。

在配电网中的应用方面，南方电网公司建设了深圳宝清电池储能站，目前已投运 4 兆瓦/16 兆瓦时，可实现配网侧削峰填谷、调频、调压、孤岛运行等多种电网应用的功能；全站综合效率达 80%，储能系统最优效率达 88%。

总之，目前国内储能示范项目大多数是在某个典型应用场景下对储能预期功能的展示，还缺乏对具体应用功能下储能系统的性能和运行效果进行全面的评价；未从电力系统规模化应用的全局角度，对储能规划的布局及运行控制开展系统性的深入研究；在储能系统的运行维护、检测评价及安全防护技术等方面的研究也基本上处于起步阶段；就电力系统来说，没有深入研究储能的未来应用场景及需求规模，在未来储能技术广泛接入电力系统方面还缺少预研和相关技术的储备。

三、未来发展趋势

目前，国内外储能技术都处于演示阶段，储能产业刚刚兴起，储能技术未来将出现如下的发展趋势。

（一）储能本体技术

1. 压缩空气储能

压缩空气储能技术未来的主要发展趋势是开发摆脱对地理资源条件依赖的新型压缩空气储能技术，包括带储热的压缩空气储能技术、液态空气储能、超临界空气储能技术、与燃气蒸汽联合循环的压缩空气储能技术，以及与可再生能源耦合的压缩空气储能技术等。

2. 飞轮储能

采用先进复合材料制造飞轮以提高能量密度是一个重要的发展趋势；电磁、永磁混合轴承技术的研究方向是减少主动控制的损耗；开发高承载力、微损耗的高温超导磁悬浮是大容量飞轮储能系统轴承的发展方向；采用模块化运行管理是飞轮储能系统大型化的主要发展方向。

3. 化学电池储能

目前电池技术的主要发展方向是长寿命、高安全、低成本和高效率，而电化学电池储能技术需要重点突破的方向是长寿命和低成本。

4. 超导磁蓄能

当前超导磁蓄能离大规模实用化尚有距离，未来应开展兆焦级中小型高温超导磁蓄能在电力系统的试验示范工程，或与其他分布式能源进行综合示范；应深入研究符合电力系统特征和超导磁储能运行模式的功率变换、状态监测、保护控制和模块化构成等关键技术，掌握与电网匹配运行的实用化技术，探索和研究超导储能技术的新原理和新装置，以使超导电力装置在满足电力系统不同运行状态要求的同时，最大限度地发挥超导磁储能的优越性能。

5. 超级电容储能

提高能量密度是目前超级电容领域的一个研究重点与难点。制作工艺与技术的改进是解决这个难点的一个行之有效的方法；从长远来看，寻找新的电极活性材料才是根本的解决方法。此外，超级电容的大规模应用在串并联组合与控制管理等方面还存在诸多需要进一步深入研究的关键技术问题。

（二）应用技术

储能技术在电力系统中的应用，既要满足电力系统的需求，又要注重利用储能技术本身的优势。当前面向电力系统应用的储能技术尚存在许多基础理论和关键技术问题需要深入研究。

（1）在应用技术层面需要重点开展以下几方面的研究：①规模化储能在电力系统应用中的建模仿真及系统分析与规划技术；②不同应用场景下储能载体、能量转换及系统接入的关键技术；③基于储能的系统有功功率的调节控制技术；④多类型储能组合的应用及其协调控制技术等。

（2）在储能本体和装置技术层面，重点开展储能基础理论、关键材料和元器件、功率变换、系统集成和控制、能量管理策略的研究。

（3）在电池以及超级电容方面重点解决规模化应用时的适用性、安全性、系统管理和评测表征等问题。

（4）在抽水蓄能、压缩空气储能、储热、蓄冷和制氢方面重点解决提高效率和改善动态性能的问题。

（5）在飞轮和超导储能方面重点解决基础材料等科学问题。室温钠离子电池很可能成为下一代的储能电池。

储能是“第三次工业革命”中很重要的一环，中国要重视储能这一战略性前沿技术的开发，抢占这一新兴产业的科技制高点。

参考文献

[1] Faias S, Sousa J, Castro R. Contribution of energy storage systems for power generation and demand balancing with increasing integration of renewable sources: application to the Portuguese power system. European Conference on Power Electronics and Applications, Aalborg, Denmark, 2007: 1-10.

[2] Jewel W T, Wichita State University, Wichita K S. Electric industry infrastructure for sustainability: climate change and energy storage. IEEE Power Engineering Society General Meeting—Conversion and Delivery of Electrical Energy in the 21st Century, 2008 : 1-3.

[3] Cheng S J, Li G, Sun H S, et al. Application and prospect of energy storage in electrical engineering. Power System and Clean Energy, 2009, 25 (2): 1-8.

[4] Zhang W L, Qiu M, Lai X K. Application of energy storage technologies in power grids. Power System Technology, 2008, 32 (7): 1-9.

[5] US Department of Energy Office of Electricity Delivery & Energy Reliability. Electric power industry needs for grid- scale storage applications. http: //energy. tms. org/docs/pdfs/Electric_ Power_ Industry_ Needs_ 2010. pdf [2010-12-01] .

[6] US Department of Energy Office of Electricity Delivery & Energy Reliability. Energy storage program planning document. http: //energy. gov/sites/prod/files/oeprod/DocumentsandMedia/OE_ Energy _ Storage_ Program_ Plan_ Feburary_ 2011v3. pdf [2011-02-10] .

[7] AIST, NEDO. R&D initiative for scientific innovation on next- generation batteries (RISING Battery Project). http: //www. rising. saci. kyoto- u. ac. jp/pdf/RISING_ Battery_ Project_ en. pdf [2009-10-30] .

[8] Chen S J. An analysis of prospects for application of large-scale energy storage technology in power systems. Automation of Electric Power Systems, 2013, 37 (1): 3-8.

[9] Zhang X J, Chen H S, Liu J C, et al. Research progress in compressed air energy storage system: a review. Energy Storage Science and Technology, 2012, 1 (1): 26-40.

[10] Chen H S, Liu J C, Guo H, et al. Technical principle of compressed air energy storage system. Energy Storage Science and Technology, 2013, 2 (2): 146-151.

[11] NGK Insulators. Notification of NAS battery fire and apology. http: //www. ngk. co. jp/english/news/2011/0922. html [2011-09-22] .

Recent Advancement in Energy Storage Technology

Lai Xiaokang[1], Wang Songcen[1], Chen Liquan[2]
(1. China Electric Power Research Institute;
2. The Institute of Physics, Chinese Academy of Sciences)

Energy storage as a natural process is as old as the universe itself. The energy present at the initial formation of the universe has been stored in stars such as the sun, and is now being used by humans directly, or indirectly. Storing energy allows humans to balance the supply and demand of energy. Energy storage systems in commercial use today can be broadly categorized as mechanical, electrical, chemical, biological and thermal.

Energy storage became a dominant factor in economic development with the widespread introduction of electricity. Unlike other common energy storage in prior use such as wood or coal, electricity must be used as it is being generated, or converted immediately into another form of energy such as potential, kinetic or chemical. Electrical energy storage technologies for electricity can be classified by the form of storage, such as pumped hydropower storage, flywheel storage, compressed air energy storage, capacitors and supercapacitors, superconducting magnetic energy storage, sodiumsulfur (NaS) battery, lithium ion battery, and flow battery technology.

Energy storage systems have a wide range of potential applications in generation, transmission and utilization of electricity which serve to cut the peak and fill valley, regulate the power frequency, improve the stability, and raise the utilization coefficient of the grid in the power system. The history of the energy storage dates back to the turn of the 20th century, when power stations were often shutdown overnight, with lead-acid accumulators supplying the residual loads on the direct current networks. Utility companies eventually recognized the importance of the fiexibility that energy storage provides in networks and the first central station for energy storage, a pumped hydroelectric storage was put to use in 1929.

Each energy storage systems system has a suitable application range. Pumped hydropower storage and compressed air energy storage and some batteries are suitable for energy management application. Flywheels, supercapacitors and superconducting magnetic energy storage are more suitable for power quality and short duration UPS.

Pumped hydropower storage will remain a dominant energy storage system at least in the very near future. Compressed air energy storage is expected to have a rapid commercial development especially in countries with favorable geology like the US and Europe. Large-scale batteries such as lead-acid batteries, NaS batteries, flow batteries and lithium ion batteries are expected to be gradually implemented for energy management with decreasing price and increasing cycle life. Further development is expected for commercially available products such as superconducting magnetic energy storage, flywheel and supercapacitor, and their current applications are still focused on power quality applications at least in the very near future.

3.12 智能电网技术新进展

肖立业　李耀华　齐智平
（中国科学院电工研究所）

发展智能电网的根本目的是要解决现有电网存在的问题，以及应对大量新能源接入所面临的重大挑战。从本质上讲，智能电网就是利用现代信息技术、新型电力设备、新材料技术、新的电网结构和新的运行模式等来运行和管理电网，使电网能够大规模地容纳可再生能源的接入，并使电网更加高效、安全、可靠。智能电网技术涉及多学科领域，是一个庞大的技术体系。其中，运行模式的变化是根本性的。运行模式的改变意味着用于智能电网的几乎所有的设备和技术都必须建立在新的运行模式基础之上。近些年来，电网运行模式的一个显著的变化趋势就是从以交流电网运行模式为基础向交流电网和直流电网运行模式共存的方向发展；从长远来看，甚至有可能形成以直流模式为主导的格局[1]。下文将重点介绍近年来在直流电网技术方面的主要进展，并展望其未来前景。

一、国际重要进展

直流电网所涉及的关键技术主要包括直流电能变换与控制技术、直流开断技术、直流电网控制与保护技术、大容量直流输电电缆技术、直流微电网技术、直流电网实时仿真等。

1. 直流电能变换与控制技术

直流电能变换与控制技术主要包括直流换流器与直流电力电子变压器。目前适合于直流电网的直流换流器主要是电压源型结构。基于电压源型换流器的直流输电系统又称为柔性直流输电或轻型直流输电（VSC-HVDC），它具有可同时且相互独立地控制有功功率和无功功率、更加方便地实现潮流反转、便于构成多端口直流网络等优点，在大规模风力发电系统接入与传输、海岛互联、城市中心和偏远地区供电等方面具有显著的优势，是近年来国际直流输电技术发展的重点。目前，欧洲一些著名的电气公司（如西门子公司、ABB 公司和阿尔斯通电力公司）已经实现了 VSC-HVDC换流器的产业化，其最大容量为 1000 兆瓦/±320 千伏（直流电压）。在欧洲，VSC-HVDC 已成为大、小规模可再生能源并网的最经济的选择，且已有总容量为5530 兆瓦的 7 个 VSC-HVDC 工程在欧洲北海建设，其最终目的是构筑北海风电场直流电网，将海上风电送入欧洲大陆。美国将规划建设多端口 VSC-HVDC 系统，将其用于收集和传输海上、陆上风电和其他可再生能源发电，并建设远距离的互联电网，使得发电和需求在一个更大的区域得到均衡[2]。

直流电力电子变压器（PET）是实现直流变压的重要技术手段，主要应用于两个中高压直流电网之间或中高压直流电网与负载之间的互联。它采用电力电子器件和中高频变压器，在完成常规变压器变压、电气隔离和能量传递等基本功能的同时，亦可完成潮流控制、保护和通信等功能，能使智能电网更充分地发挥其优势。用于中高压直流电网的 DC-DC 电力电子变压器是近年来电力行业关注的热点问题之一，国外一些高校和国际大公司都开展了前期的研究工作，提出了一些 DC-DC 电力电子变压器的新型拓扑[3]。

2. 直流开断技术

与交流系统相比，直流系统由于线路阻抗小，短路电流上升更快，要求电流开断速度快；直流电流无电流过零点，开断直流电流时，需要吸收巨大的线路电抗储能；另外直流短路电流具有更快的变化率，会引起更高的过电压。这就决定了现有的交流开关设备不能直接用于直流电流的开断。因此，直流故障电流的快速开断技术一直是制约直流电网发展的关键技术。目前，世界上如 ABB、阿尔斯通、西门子等公司对此开展了大量的研发工作。

2011 年，ABB 公司在国际大电网会议（CIGRE）上宣布，该公司研发成功了基于电力电子技术和快速机械开关技术的新型混合型高压直流断路器样机，其额定电压和电流为 320 千伏 / 2.6 千安，最大关断电流能力为 16 千安，关断时间小于 2 毫秒，损耗不到其传输能量的 0.01%[4]。2013 年 2 月，阿尔斯通电力公司也研发出了基于电力电子技术和快速机械开关技术的混合型高压直流断路器样机，在第三方专家团的见证下，在法国 Villeurbanne 实验室进行了测试，可在不到 2.5 毫秒的时间内切断超过 3 千安的电流[5]。

3. 直流微网技术

直流微网可定义为以直流模式将光伏发电、小型风力发电、微型燃气发电等分布式电源和储能装置以及负荷高度集成起来的面向电力用户的直流电力网络。它可以与外部系统（交流的或直流的）相连接，也可以独立运行。直流微网是分布式发电应用的一种组织形式，其主要优势是节能和环保。美国、日本、欧洲等国家和地区均开展了直流微电网的研究与应用示范。

2007 年，美国弗吉尼亚理工大学提出了未来住宅和楼宇的直流配电方案，2010 年将该方案发展为未来家庭的直流微电网结构[6]，整个系统具有两个电压等级的直流母线：380 伏 和 48 伏，分别给不同等级的负载供电。380 伏母线主要是为了匹配工业标准的直流电压等级，48 伏母线主要是为了匹配通信标准的直流电压等级。美国北卡罗来纳州立大学于 2011 年提出未来可持续的电能输送和管理系统结构，用于构建自动灵活的智能直流配电网络[7]。

近年来，欧洲各国在直流微电网方面开展了大量工作，主要涉及数据中心直流供电、基于分布式电源的通信站直流供电、舰船直流供电，以及用于区域供电的直流微电网等。例如，ABB 公司在苏黎世某数据中心进行了直流微网的示范，其结果表明，直流微网与交流配电网相比，可以使供电系统的效率提高 10%、供电系统的投资减少 15%、占用空间减少 25%、安装费用减少 20%，这表明直流微网具有明显的优越性。

4. 超导直流输电技术

超导直流输电技术是利用具有高密度载流能力的超导材料发展起来的新型输电技术，由于超导材料的载流能力可以达到普通铜或铝的载流能力的 50～500 倍，且其传输电阻为零，因此超导直流输电具有损耗低、效率高、占空小的显著优势，从而成为近年来大容量直流输电电缆的一个重要的发展方向。

2010 年，日本中部大学完成了一组 200 米长、±10 千伏/2 千安高温超导直流电缆的研制和实验。2011 年，韩国拟计划在济州岛智能电网示范项目中，示范一组 500 米长、80 千伏/60 兆瓦的超导直流输电电缆，并利用该电缆作为可再生能源接入电网的通道。2011 年 5 月，德国就开展千公里级高温超导直流输电示范工程的建设召开了国际可行性专题研讨会，与会者对未来通过建设长距离高温超导输电电缆以解决大容量的可再生能源输送问题寄予厚望；2011 年 8 月，在日本召开的第一届亚洲-阿拉伯可持续能源论坛（1st Asia-Arab Sustainable Energy Forum），提出了开发撒哈拉太阳能和风能发电，并采用超导直流输电技术，将电力输送到欧洲和日本的宏伟计划。为此，日本住友电气公司已经启动了一项旨在利用超导直流输电来构造全球性可再生能源网络的前期研究项目。2012 年，俄罗斯开始在圣彼得堡建设一项超导直流输电示范工程，其输电电缆长度为 2.5 公里、电压为 20 千伏、输电容量为

50 兆瓦，该输电系统连接两个 110 千伏交流变电站，预计 2015 年建成[8]。

二、国内重要进展

传统的高压直流输电系统（即点对点的直流输电，而非直流电网）在我国已经得到了很大的发展，甚至特高压直流输电在我国也成为重要的输电方式，如“锦屏-苏南”、“云-广”等±800 千伏的特高压直流输电工程等。

近年来，我国开始关注直流电网技术的研究与发展。在柔性直流输电（VSC-HVDC）关键技术的研发与应用方面，国网智能电网研究院于 2011 年年初研发成功 20 兆瓦/±30 千伏的柔性直流输电成套装置，并于 2011 年 7 月在上海南汇风电场成功投入试运行，这也是亚洲第一套柔性直流输电示范工程。目前正在建设的柔性直流输电工程有 1000 兆瓦/±200 千伏浙江舟山五端柔性直流输电工程和 200 兆瓦/±160千伏广东南澳三端柔性直流输电工程[9]，预计将于 2014～2015 年建成投运。

我国在直流断路器方面的研发刚刚起步，主要集中在拓扑结构、关键部件等前期的基础理论和关键技术研究阶段，尚未有重要的研究成果报道。在电力电子变压器的研发方面，中国科学院电工研究所于 2012 年年底研发成功了一台 10 千伏/400 伏、200 千伏安配网用电力电子变压器样机，目前正在开展 1 兆伏安样机的研制和示范工作。国网智能电网研究院等单位也在开展中高压直流电网用 DC-DC 电力电子变压器的前期研究工作，将为下一阶段的示范样机的研制打下基础。

在直流微网研究方面，中国科学院电工研究所对直流微网的系统结构、关键装备、运行控制与能量管理开展了系统的研究工作，已于 2012 年开始在北京延庆八达岭镇建设了包含多类型光伏发电、小型风力发电、锂电池储能、超级电容储能、飞轮储能、先进铅酸电池储能的直流微网示范系统。该直流微电网建成后，发电功率将达到 1 兆瓦以上，储能系统的总容量达到 500 千瓦以上；在此基础上，将依托其太阳能试验基地建成一个由直流微网供电的绿色智能示范园区。

在超导直流输电方面，2012 年 9 月，中国科学院电工研究所与河南中孚公司合作，在中孚铝冶炼厂建成 360 米长、电流达 10 千安的高温直流超导电缆输电示范工程[10]，这是国际上首条投入实际系统并示范运行的超导直流输电电缆。运行表明，该电缆与常规输电系统相比可以减少 50% 以上的输电损耗，且在经历电压和电流的快速变化时仍可保持较高的运行稳定性。

三、发展趋势与前景展望

直流电网技术是解决可再生能源规模化接入和提高输电网稳定性和安全可靠性

的理想的技术途径，也是未来配电网和微电网进一步提高能效和面向直流负荷的理想选择。

从输电网层面来讲，采用直流输电网技术，将从根本上解决交流电网所固有的安全稳定性问题。此外，直流输电还具有输送能力强、输电距离远、便于实现双向潮流控制等优势。因此，直流输电网非常适合于可再生能源发展的需求。在欧洲，欧盟联合研究中心提出的“超级智能电网”（super smart grid）将直流电网的建设作为其核心，通过 VSC-HVDC 将可再生能源接入各国电网并将各国电网连接起来，以实现安全的能源供应、减缓气候变化，到 2050 年最终完全建成可再生能源的直流电网。早在 2003 年，美国就提出了 Grid 2030 计划，拟采用直流模式构造覆盖全美的直流骨干电网，以解决美国电网所存在的安全稳定性问题。

直流模式在降低配电网和微电网的线路损耗、提高其配电容量和保障其安全可靠性等方面也具有优越性，主要表现为以下几个方面。

（1）适合高效接入分布式发电，可以省去 DC-AC 的变换环节，实现减小成本、降低损耗的目的。

（2）提高直流负荷的供电效率。不管是对于直接使用直流供电的半导体照明（即 LED 照明）、电动车等直流负荷，还是具有直流环节的用电负荷（如交-直-交变频驱动的电机负荷），如果采用直流供电，则可以减少交流/直流（AC-DC）这一变换环节，从而可以减少供电成本，提高供电效率。

（3）供电容量大，可以缓解目前 10 千伏配电网普遍存在的负荷密度高、线路密集、走廊紧张的问题。

（4）线路损耗低。直流配电消除了由交流电缆金属护套涡流造成的有功损耗和交流系统的无功损耗，与交流配电相比具有更高的传输效率。

（5）供电可靠性高。在直流系统中，可以直接接入蓄电池和超级电容等直流形式的储能，易于实现高可靠的供电。

欧洲电力电子学会、美国电力科学研究院以及国内外知名学者一致认为，采用基于电压源换流器的新一代直流电网技术，在孤岛供电、城市配电网的增容改造、交流系统互联等方面具有较强的技术优势。通过充分发展直流电网技术，形成以直流为主导的直流电网，不仅能较好地解决风电和太阳能等绿色能源的大规模并网问题，也能解决特大城市电网存在的结构薄弱、动态无功补偿不足等问题，是未来电网的重要发展方向，具有广阔的前景。

参 考 文 献

[1] 肖立业．中国战略性新兴产业研究与发展——智能电网．北京：机械工业出版社，2013：31-36.

[2] Andersen B R. HVDC and power electronics Cigre and trends in power electronics for the grid. 2013 European Conference on Power Electronics and Applications, Lille, France, 2013.

[3] Kenzelmann S, Dujic D, Canales F, et al. Modular DC/DC converter: comparison of modulation methods. 15th International Power Electronics and Motion Control Conference, Novi Sad, Serbia, 2012.

[4] Hafner J, Jacobson B. Proactive hybrid HVDC breakers: a key innovation for reliable HVDC grids. Cigré International Symposium the Electric Power System of the Future: Integrating Supergrids and Microgrids, Italy, 2011.

[5] Power Technology Market & Customer Insight. Alstom achieves record performance in HVDC circuit breaker test. http://www.power-technology.com/news/newsalstom-achieves-record-performance-in-hvdc-circuit-breaker-test [2013-12-26].

[6] Boroyevich D, Cvetkovic I, Dong D, et al. Future electronic power distribution systems: a contemplative view. 2010 12th International Conference on Optimization of Electrical and Electronic Equipment. Basov, Russia: IEEE, 2010: 1369-1380.

[7] Huang A Q, Crow M L, Heydt G T, et al. The future renewable electric energy delivery and management system: the energy internet. Proceedings of the IEEE, 2011, 99 (1): 133-148.

[8] Sytnikov V. HTS DC Cable Line for St Petersburg Project. 11th EPRI Superconductivity Conference, Huston, USA, 2013.

[9] 汤广福，贺之渊，庞辉．柔性直流输电工程技术研究、应用及发展．电力系统自动化，2013，37（15）：3-13.

[10] Xiao L Y, Dai S T, Lin L Z, et al. Development of a 10kA HTS DC power cable. IEEE Transactions on Appl Supercon, 2012, 22: 5800404.

Recent Progress of Smart-grid Technology

Xiao Liye, Li Yaohua, Qi Zhiping

(Institute of Electrical Engineering, Chinese Academy of Sciences)

Recently, Smart-Grid Technology has been developed for the current power grid and for the future power grid in which the renewable energies would take a large amount of the total electricity. It is a technology system which covers a wide area including the ICT, the new power equipments, new materials, new architecture and new operation pattern of the power grid. Of all the new technologies for smart grid, the change of operation pattern of the power grid is essential because all of the new technologies should be developed on the base of this operation pattern. In last few years, the development of DC power grid is a significant change for the power technology, thus we emphasize this report on the recent progress of DC power grid technology including the DC power transfer, DC breaker, DC power transmission and DC micro-grid. Besides, we also discuss the prospects of future of DC power grid in this report.

3.13 新能源汽车技术新进展

张俊智[1] 苟晋芳[2]

(1 清华大学；2 中国科学院电工研究所)

能源与环境问题是国际汽车工业长期面临的挑战。进入 21 世纪，全球能源与环境的严峻形势，特别是国际金融危机对汽车产业的巨大冲击，推动了世界各国加快交通能源的战略转型，掀起了新能源汽车发展的新热潮。下文将重点介绍近期世界新能源汽车领域的重大进展，并展望其未来。

一、国际重大进展

(一) 车用电机技术

按照动力来源，新能源汽车分为纯电动、混合动力和燃料电池三种类型，其关键共性技术是车用驱动电机系统。电动汽车使用的驱动电机要求具有低速大扭矩、调速范围宽、过载能力大、大功率和小体积等性能；与普通工业用电机驱动系统相比，它还具有能适应恶劣工作环境和成本低等特点[1,2]。永磁电机因其具有较高的功率密度和效率、较好散热特性而广泛用于电动汽车领域，如日产“聆风”(Leaf)、丰田“普锐斯”等[3]。

美国 UQM 公司开发的永磁电机系统已经应用于日本的 Hino 电动城市巴士、CODA 公司生产的电动车和奥迪 A1 E-Tron 等汽车上。美国 Remy 公司开发的 HVH 系列电机是当前世界最先进的驱动电机之一，目前该公司的客户主要包括通用、戴姆勒和北美的大部分商用车厂家以及一汽大众、江淮和长安等公司。加拿大 TM4 公司的 MTIVE 电机与印度 Tata 汽车公司的电动车产品配套，同时用于 Motive Industries 的 Kestrel 汽车中。此外，TM4 公司的产品也应用到 Novabus、Wilhelm Karmann GmbH、Toronto Electric 等公司的产品上。德国 BOSCH 公司的典型电驱动产品有同轴式电机和分离式电机等。美国 US Hybrid 公司生产的永磁电机 HPM450 主要用于中型电动及混合车辆，HPM1000 主要用于中型及重型电动机混合车辆。奥地利 AVL 公司、美国 Apex Drive Laboratories 公司开发的永磁电机产品也已在电动车产品上得到应用[3]。

在轮毂电机方面，日本庆应义塾大学清水浩教授参与组建的 SIM-DRIVE 公司推出了 SIM-LEI 轮毂式电动车，它的时速 0～100 公里加速时间为 4.8 秒，最高时速 150 公里。米其林公司开发的 Active Wheel 轮毂电机，其额定功率为 30 千瓦，峰值功率为 55 千瓦，已接近量产水平。装备该电机的电动车 Heuliez Will，峰值时速为 150 公里，在时速为 90 公里的稳定范围内续航里程为 320 公里。美国 Protean 公司研发的某款典型轮毂电机的峰值功率为 81 千瓦，峰值转矩为 800 牛·米，系统峰值效率为 90%。此外，TM4、通用、标致雪铁龙、普利司通、三菱、丰田和本田等众多企业均推出了轮毂电机及轮毂式电动样车[3]。

（二）动力蓄电池技术

1. 锂离子电池技术

目前电动车动力电池主要有 4 种：铅酸电池、氢镍电池、镉镍电池和锂动力电池。前 3 种电池由于寿命短，未来将会逐渐退出历史舞台[4]。锂离子电池除在价格和安全性方面处于劣势以外，其他方面均处于绝对优势地位，有广阔的发展前景。

松下公司为特斯拉汽车制造的锂动力电池，由 7000 多颗普通笔记本电池的电芯组成，单颗容量为 3100 mAh①，电池容量和内阻在 1000 次充放电后都能保持相对稳定的水平，采用水冷冷却使电池工作在恒定温度。特斯拉 MODEL S 85 千瓦版本的电池拥有 8 年无限公里保修，60 千瓦版本有 8 年 20 万公里的保修。车辆受到碰撞时，电池的外部结构保护电芯免受冲击并自动切断电源，以保障电池不会变形和漏液，进一步提高了汽车的安全系数[5]。

新创公司 A123 系统公司（A123 Systems）的子公司 24M 公司，提出了一种新型电池的设计思路。在这种电池里，电极不是以固体薄膜的形式堆在电池里，而是

① mAh 为电池容量的计量单位，是电池中可以释放为外部使用的电子的总数，1mAh＝0.001 安培×3600 秒＝3.6 安培秒＝3.6 库仑。

以碱渣状材料存储在容器里，一种是正极材料，另一种是负极材料。正极材料和负极材料分别从容器流出，经过刻在金属块上的渠道被泵入小型设备，离子就会从一个电极通过隔膜材料移动到另一个电极。这种设计可以大大减少电池中的无效材料。据估计，这种电池的成本可能低至250美元/千瓦时，不到现在成本的一半[6]。

在研发锂离子电池过程中，安全问题尤其不能忽视。日本东丽公司开发出了即使在200℃的高温下，其形状、尺寸及孔结构也不会发生改变的多孔薄膜，可用于分隔锂电池的正负极，以确保良好的绝缘性、耐热性和阻燃性，防止因隔膜变形及收缩而引起的短路，从而确保其安全性[4]。

锂离子电池中另一个至关重要的材料是负极材料，它关系着整个电池的安全性能，目前报道的关于锂离子动力电池自燃以及爆炸的情况可能都与该材料相关。日本KUREHA公司已开发出将植物材料加工成炭并用作负极材料的技术，它除了使插电式混合动力车等环保车的充电时间缩短一半外，还使电池的耐用性提高30%[4]。

2. 钠盐电池技术

与现在广泛使用的锂电池相比，无论在能量密度还是循环周期上，钠盐电池都更胜一筹。美国通用电气（GE）公司研发的Durathon钠盐电池的原料是极易获得的氯化钠和镍，它首次充电以后在负极室形成钠金属，在正极室形成氯化镍，此后不断充放电，循环使用，也可称为钠镍电池。这种新型电池具有一定优势，它的能量密度是铅酸电池的两倍以上，寿命为10倍左右，全生命周期的经济性则更强。而与锂电池相比，钠盐电池不存在发生起火爆炸的危险。目前第一代Durathon电池相对薄弱的环节是功率密度，现在开发的重点就是高功率钠盐电池。GE运输集团下一步将在轨道交通、矿用车辆和船舶领域的混合动力方面拓展钠盐电池的应用范围[4]。

3. 燃料电池技术

和蓄电池相比，燃料电池的优点是在外部环境剧烈变化的条件下，可以长时间连续工作且具有更高的可靠性。2013年年初，丰田燃料电池组宣布“实现了全球最高的3千瓦/升输出密度”，去掉了燃料电池组曾经必不可少的加湿模块，进一步降低了HFCV的成本[7]。美国能源部公布的燃料电池寿命为1900小时[8]，巴拉德公司公布的燃料电池寿命为3000小时以上。

戴姆勒-克莱斯勒公司的燃料电池发动机已实现与整车的一体化设计；通用公司的燃料电池发动机的外观与传统内燃机极其相似，具有集成度高、结构可靠性好，抗振动能力强的特点。

二、国内研发现状

（一）车用电机技术

在驱动电机方面，我国形成了90～200千瓦电动客车用电机的系列化产品和3～90千瓦电动轿车用电机的系列化产品，用于电动客车驱动系统的150千瓦典型车用驱动电机系统的成本在批量生产下低于300元/千瓦；在3～90千瓦电动轿车用电机的系列化产品中，用于小型电动轿车的15千瓦典型车用驱动电机系统的成本在批量生产下低于600元/千瓦；南车时代、上海电驱动、天津清源、湘潭电机和中纺锐力等5家公司的产品已达到批量供货的水平。

我国车用电机的重量比功率超过1570瓦/千克，最高效率超过94%；与国外同类电机相比，ISG电机和大功率车用驱动电机的功率密度、转矩密度和效率等最主要的技术指标已达到或接近国际先进水平。

上海电驱动有限公司的电驱动产品涵盖了客车、乘用车、微型电动车及工程车等多个车型的多个功率等级的驱动电机，其客户包括一汽集团、奇瑞、长安、华晨等众多国内知名企业。精进电动科技（北京）有限公司制造的新能源汽车用永磁电机系统多出口国外。上海大郡动力控制技术有限公司、株洲电力机车研究所、东方电气东风电机及卧龙电气等公司的永磁电机产品已经应用在国内外的电动车上。

在轮毂电机方面，奇瑞汽车于2011年发布了搭载轮毂电机的瑞麒X1-EV电动车，该车采用四轮驱动，可节省车载电池约30%的电量。比亚迪公司等众多企业均推出了轮毂电机及轮毂式电动样车[3]。

（二）动力电池关键原材料、设计制造、成组与管理等技术

我国已自主研发出容量为6～100安时（Ah）的镍氢和锂离子动力电池的系列产品，镍氢电池比功率最高达1225瓦/千克，功率型锂离子电池比功率最高达2178瓦/千克，能量型锂离子电池比能量最高达160瓦/千克。荣威550插电式混合动力车型所配备的电池组采用上汽与美国A123公司合资的上海捷新动力有限公司提供的方形纳米级磷酸铁锂蓄电池管理系统。其蓄电池的能量为11.8千瓦时，容量为40安时，在纯电动情况下可以行使58公里；轿车底盘安放了蓄电池箱的防碰撞结构，保证了轿车在极端碰撞中蓄电池的安全性。这种电池慢充时，使用家用电源6～8小时内即可充满；快充时，30分钟内可充电80%[5]。

在隔膜技术方面，深圳比克电池有限公司通过在凝胶聚合物电池隔膜上涂覆聚

偏二氟乙烯-六氟丙烯（PVDFHFP），使电池具有更高的高温存储性能和安全性能；佛山市金辉高科光电材料有限公司则在隔膜表面涂覆耐热材料；也有企业尝试通过涂覆陶瓷材料等来提高隔膜的耐高温性能。中科院理化所在完成了静电纺丝法制备纳米纤维锂离子电池隔膜的研究后，目前正在试制高性能隔膜样品[4]。

(三) 燃料电池汽车核心技术

我国车企的氢燃料电池技术落后于欧美日车企，特别是在电池寿命与成本上存在极大差距。国内相关企业氢燃料电池的稳定寿命在2000小时左右，而国际先进技术已达到6000小时左右。氢燃料电池设计寿命要达到5000小时才能满足产业化的要求。

燃料电池轿车最高时速达150公里，时速从0～100公里的加速时间为14秒，一次加氢续驶里程300公里，氢气消耗为0.912千克/100公里。我国已形成了千套级燃料电池轿车动力系统平台的集成能力；客车攻克了能与气压制动防抱死系统ABS协调工作的制动能量回收技术、蓄电池系统化热电管理技术、高效率电动制动空压机和电动转向泵等汽车电动化瓶颈技术；示范车辆实际运行氢气消耗率为8.5千克/100公里；已建立了碰撞-氢-电等多因素构成的新的汽车安全技术体系，完成了国际上第一例客车用氢-电系统的台车碰撞试验。

(四) 燃料电池发动机研发、制造以及测试技术

我国已研制出净输出为50千瓦高动态轿车用燃料电池发动机和100千瓦级大功率客车燃料电池发动机，其模块体积比功率超过了1000瓦/升。2010年我国拥有自主产权的燃料电池达到千套级批量的生产能力，系统成本达到3000元/千瓦，预测寿命接近5000小时；同时完善了35兆帕车载储氢系统。

车用燃料电池系统的加压系统的效率从2005年的41%上升到49%，性能改善20%；系统效率较高的常压系统效率从46%～52%上升到62%，改善幅度在20%以上；加压系统的质量比功率从2005年的86瓦/千克上升到2010年的200瓦/千克，提高一倍以上；而常压系统的质量比功率也大约提高40%以上。

我国燃料电池耐久性等关键性能显著提升。作为公交车示范运营的北京市81路公交线燃料电池客车，单车运行寿命已超过1500小时，累计运行20 000多公里。我国也开展了水结冰对质子交换膜燃料电池材料与部件影响的研究，实现了燃料电池系统的低温（-10℃）储存与启动。

(五) 纯电动汽车关键技术

我国纯电动汽车实现了从无到有的突破，在整车动力系统的匹配与集成设计、

整车控制方面已掌握核心技术；形成了2000辆以上纯电动客车、10 000辆以上纯电动轿车的生产能力，在中国“十城千辆”工程中得到批量示范推广，并实现了小批量出口欧美市场。12米纯电动客车能量消耗率为83.8千瓦时/100公里，达到国际先进水平，1500辆商用车已投入公共服务领域示范。A级车电耗低于15千瓦时/100公里，动力系统耐久性超过15万公里，最高车速120~150公里/小时，一次充电里程120~300公里。纯电动汽车产品的成本达到经济批量时，在扣除电池成本后，与装备国4发动机的同档次汽车相比降低了10%以上。

（六）混合动力汽车关键技术

我国围绕混合动力汽车整车及动力系统平台的开发，在专用发动机技术、多能源控制技术、机电耦合技术、构型与能效优化技术方面取得了较大突破：在混合动力轿车方面，形成了奇瑞、一汽、长安、吉利华普、华晨中华等包括强混、中混和轻混方案的5个混合动力整车平台，累计研制了原型车185辆，已有超过3000辆各类混合动力轿车投入示范；在混合动力客车方面，形成了一汽、东风和南车等4个系列化的以并联为主、串联为辅的混合动力客车技术平台，开发了20余款混合动力客车产品，实现了6700余辆的示范运营。

（七）替代燃料汽车

我国在替代燃料汽车方面已完成了天然气、液化石油气、生物燃料、煤基燃料等发动机的整车产品的开发，开展了油品应用研究以及燃料加注站装备的开发；CNG、LPG、LNG等燃气汽车的排放达到国Ⅳ的标准，综合性能接近国际先进水平；掌握了煤基燃料（如CTL、DME、甲醇）和生物燃料（如生物柴油、乙醇等）车用发动机和零部件材料的适应性匹配技术。

（八）公共检测试验平台

我国已建立了以中国汽车技术中心、中国汽车工程研究院、一汽海南检测场、东风襄樊检测场、上汽嘉定检测场为代表的电动汽车整车公共测试基地；以北方汽车质量监督检验鉴定试验所、信息产业部化学物理电源产品质量监督检验中心为代表的动力蓄电池组性能测试基地；以北京理工大学为代表的车用驱动电机测试基地；以同济大学、清华为代表的燃料电池电堆及燃料电池发动机测试基地；以中国科学院大连化学物理研究所为代表的燃料材料检测基地。

三、发展趋势

尽管新能源汽车取得了许多进展，但是其推广还存在一些技术障碍。当前电动汽车面临的最重大挑战是部件，特别是蓄电池的成本和性能问题。电池成本有可能因电池组设计优化、电池数量减少、电池材料成本降低、规模经济效益和制造工艺改进而进一步降低。目前锂电池技术还未达到其能量密度的理论极限，提高电池组的能量密度、运行温度和循环寿命是进一步降低成本、提高续驶里程和电池寿命的关键。降低新能源汽车的购买成本还可以尝试采用租赁电池而仅购置汽车的其他部分的方式。对电动汽车安全性和可靠性的担心也影响着消费者的购买意愿，因此需要开发更可靠的制造工艺和设法提高电池的耐用性[9]。此外，续驶里程的不足也影响潜在的消费者。

为打消消费者的顾虑，开辟新市场，有必要提高电动汽车的续驶里程——这需要大幅提高电池的能量密度，开发下一代电池技术[7]。此外，需要优化充电基础设施的部署规模和分布。应当依据驾驶者地点、出行模式、基础设施的利用情况和充电行为，来部署公共充电设施，以确保安装地点的合理性。汽车长时间停放的地点通常是家或工作单位，因此，充电设施应建在最经常停车的地点，而不仅仅是允许充电设施安装的地点[9]，这就需要未来在充分调研的基础上对充电设施的布局进行合理规划。

参考文献

[1] 李永钧．电动汽车电机驱动技术．汽车工程师，2012，12：60-62.

[2] 温旭辉．电动汽车电机驱动技术现状与发展综述．电力电子，2013，2：5-9.

[3] 柴海波，鄢治国，况明伟，等．电动车驱动电机发展现状．微特电机，2013，41：52-57.

[4] 刘春娜．电动汽车电池安全性研究新动态．电源技术，2012，36（9）：1263-1265.

[5] 付甜甜．电动汽车电池进展．电源技术，2013，37（9）：1504-1505.

[6] Duduta M，Ho B，Wood V C，et al. Semi- solid lithium rechargeable flow battery. Advanced Energy Materials，2011，1（4）：511-516.

[7] 中国氢能源网．2010 年以来丰田 HFCV 进展．http：//www. china-hydrogen. org/observation/2013-05-17/2524. html［2013-05-17］.

[8] DOE（Department of Energy，USA）. Hydrogen and fuel cell activities，progress，and plans：report to congress. http：//www. hydrogen. energy. gov/pdfs/epact_ report_ sec811. pdf.［2009-01-01］.

[9] 刘润生．全球电动汽车展望．汽车零部件，2013，7：16-18.

Recent Progress of New Energy Vehicle Technology

Zhang Junzhi[1], Gou Jinfang[2]
(1. Tsinghua University;
2. Institute of Electrical Engineering, Chinese Academy of Sciences)

The current global automotive industry is facing enormous challenges of the financial crisis and the energy and environmental issues. Developing new energy vehicles has been a consensus in the international community.

This paper introduces the recent progress of new energy vehicle technology, including permanent magnet motor and wheel motor which have been applied on product vehicles and sample vehicles. New technologies to reduce cost and improve safety of Li-ion battery, sodium battery with higher safety compared to Li-ion battery, and the new progress on fuel cell technology are also involved.

There are still some technical obstacles on the promotion of new energy vehicles. The battery safety, reliability and durability affect consumers' purchase intention. The improvement of battery capacity and optimization of charging infrastructure deployment will further enhance the driving range of new energy vehicles. At present there are still gaps in new energy vehicle technology between China and developed countries. The key core technology of energy-saving is not yet fully grasped. The independent R&D and technology innovation need to be accelerated in the future.

第四章 材料和能源技术产业化

4.1 半导体硅材料产业化新进展

张果虎 郭 希 肖清华
（有研半导体材料股份有限公司）

半导体硅材料是电子信息产业依赖的关键基础材料，90%以上的集成电路芯片与分立器件采用半导体硅材料制造。工业控制、汽车电子、网络通信、计算机、消费电子等产业发展多与半导体硅材料息息相关。全球规模达万亿美元之多的电子信息产业需要千亿美元规模的半导体产业支持，进而需要百亿美元的半导体硅材料产业支持。集成电路制造全部材料成本中，半导体硅材料成本所占比重约50%。为了满足超大规模集成电路越来越严格的要求，硅材料的深加工产品，如同质外延硅、应变硅和绝缘体上硅（SOI）的应用趋势日渐显著。

一、半导体硅材料产业化国际最新进展

半导体硅材料的主要产品形式是约1毫米厚的薄硅片，包括硅抛光片、硅外延片、区熔硅片、SOI片及非抛光硅片（如硅腐蚀片、硅研磨片）等。全球硅材料的生产目前主要集中在日本、美国、德国和韩国四国，马来西亚、芬兰及中国的内地和台湾地区也有生产。根据行业机构SEMI SMG的统计数据，2012年全球半导体用

硅片的产量为90.31亿平方英寸①，销售额为87亿美元。2011～2013年，全球硅片出货总量基本保持稳定。2003～2013年全球硅片的产量和销售额如图1所示。

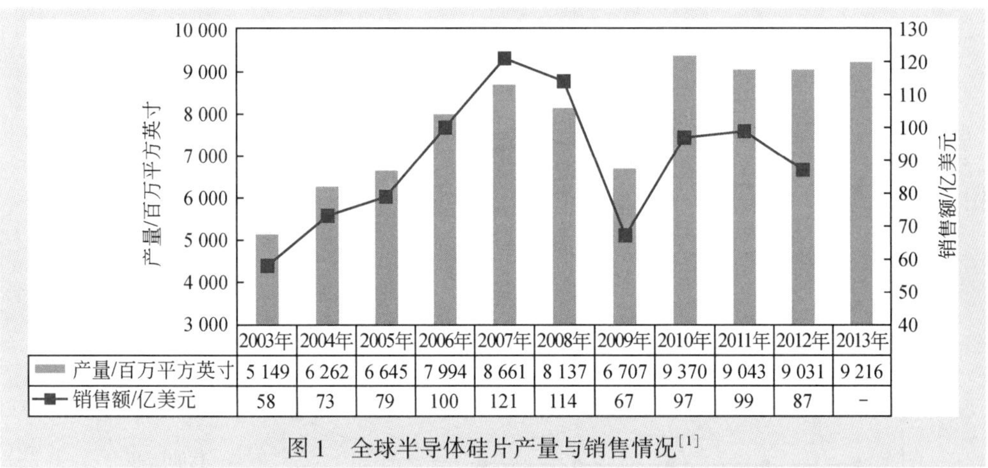

	2003年	2004年	2005年	2006年	2007年	2008年	2009年	2010年	2011年	2012年	2013年
产量/百万平方英寸	5 149	6 262	6 645	7 994	8 661	8 137	6 707	9 370	9 043	9 031	9 216
销售额/亿美元	58	73	79	100	121	114	67	97	99	87	-

图1　全球半导体硅片产量与销售情况[1]

全球半导体硅材料行业具有鲜明的垄断特点。最大的五家生产厂商分别为日本信越（Shin-Estu）公司、日本SUMCO公司、德国瓦克（Wacker）集团世创电子材料（Siltronic）公司、韩国LG集团Siltron公司和美国爱迪生太阳能（SunEdison）公司，它们共占有全球硅片市场九成的份额，其中前两大厂商信越公司和SUMCO公司占据全球硅片市场近六成份额[2]（图2）。五大厂商背后均有财力更大的公司或财团支持，并与集成电路制造商、设备供应商、原辅材料供应商形成了紧密的合作和战略联盟关系，在产品和技术标准方面拥有重要话语权。为保证重要原材料多晶硅的供应，这些企业多在多晶硅生产厂家占有一定股份。通过不断投入，大厂商的技术领先优势和产业规模优势正不断加强。半导体硅片行业的资金门槛、技术门槛、市场门槛均较高，潜在进入者面临严峻的挑战和大厂商的竞争压力。

目前全球半导体硅材料市场需求中，直径300毫米硅片已占据主导地位。根据市场研究机构IC Insights统计数据，全球集成电路芯片厂总产能在2013年年底达到1480万片/月（折合为直径200毫米硅片等值计，下文同），其中直径300毫米硅片的月产能为845万片，占全球总产能的57.1%；直径200毫米硅片的月产能为469万片，占全球总产能的31.7%；而直径在200毫米以下的硅片月产能为167万片，仅占总产能的11.2%[3]。未来，直径300毫米硅片在市场中的比重将进一步增长，而直径在200毫米及以下的硅片的市场比重将呈下降趋势。预计至2020年，全球硅

① 1平方英寸≈6.45×10^{-4}平方米

片年需求量将超过 2.5 亿片，其中直径 300 毫米硅片需求比例将达到 75%，直径 200 毫米硅片需求比例则将下降至 20% 以下。具体情况如图 3 所示。

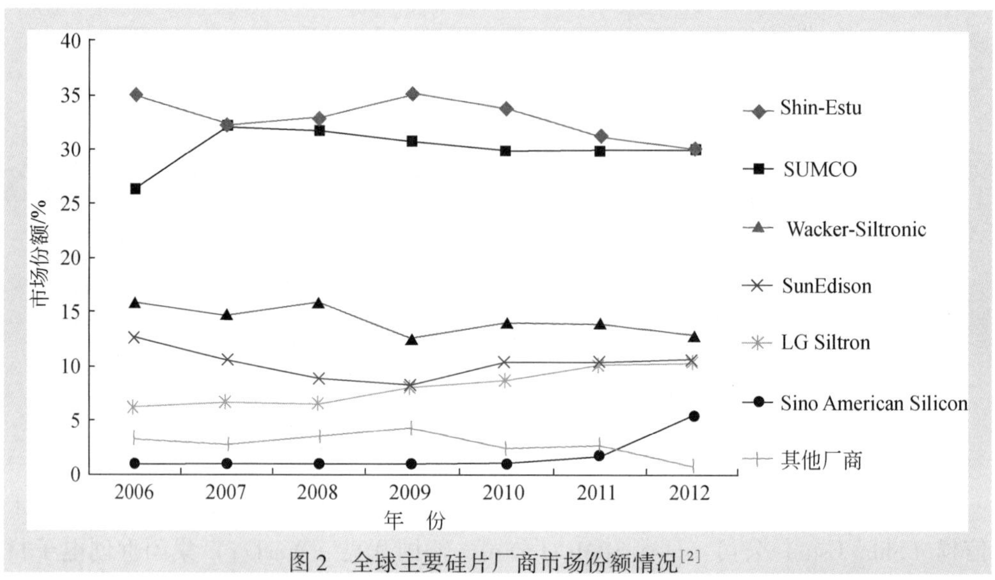

图 2　全球主要硅片厂商市场份额情况[2]

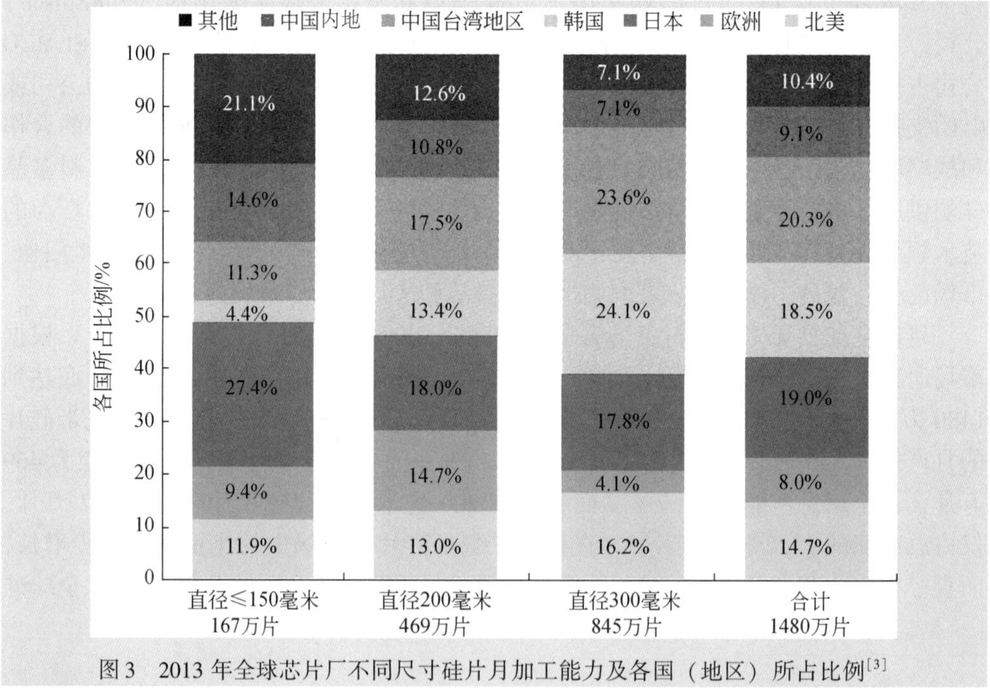

图 3　2013 年全球芯片厂不同尺寸硅片月加工能力及各国（地区）所占比例[3]

半导体技术按照摩尔定律不断发展，线宽等比例缩小，晶圆尺寸增大。一代半导体技术需要一代半导体硅材料进行支撑。直径300毫米硅片技术正日臻完善，以适应纳米级集成电路的严格要求。目前直径300毫米硅片应用以65～28纳米集成电路制程为主，并已在20纳米集成电路制程中批量应用。据IC Insights统计，至2013年年底，40纳米以下纳米集成电路制程中硅片应用量已占半导体硅片总应用量的37%[3]。半导体硅材料由直径300毫米硅片向下一代直径450毫米硅片的过渡正在积极推动中，直径450毫米硅片产业化趋势日益明显，虽然尚未形成规模化商业应用，但已产出样片，在英特尔公司等集成电路厂商完成了测试应用，形成了一系列标准。直径300毫米硅片需求结构演化情况如图4所示[4]。

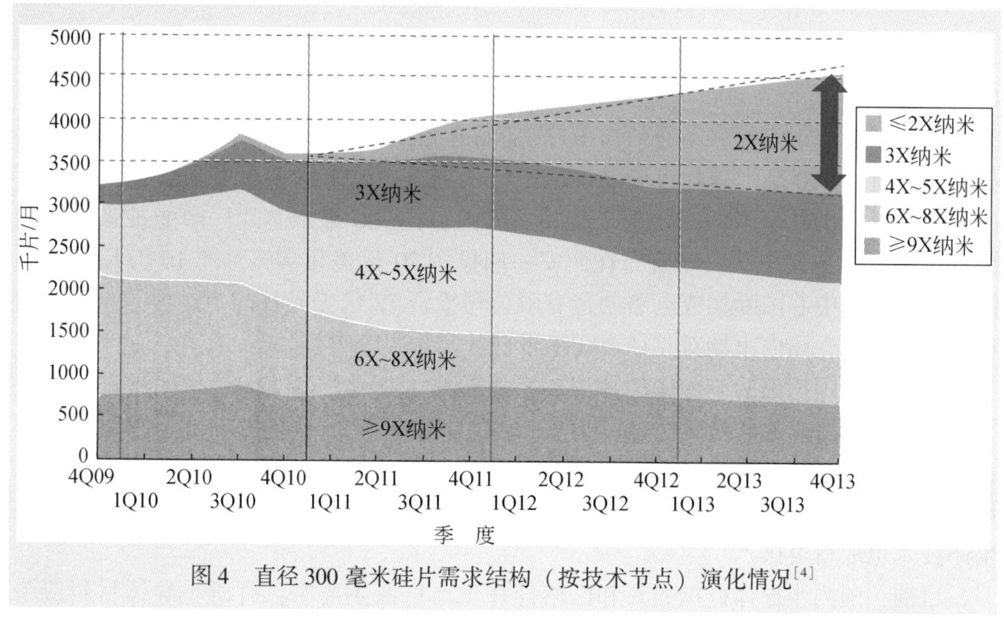

图4　直径300毫米硅片需求结构（按技术节点）演化情况[4]

二、半导体硅材料产业化国内最新进展

在国内集成电路制造业高速增长的带动下，中国半导体硅材料产业也取得一定发展。根据中国半导体支撑业分会的统计，2012年国内半导体硅材料主要产品实现销售收入40.77亿元，其中直拉硅单晶及抛光片为20.01亿元，区熔硅片为2.96亿元，SOI片为0.65亿元，硅外延片为17.14亿元[5]。国内硅材料产品销售构成如图5所示。

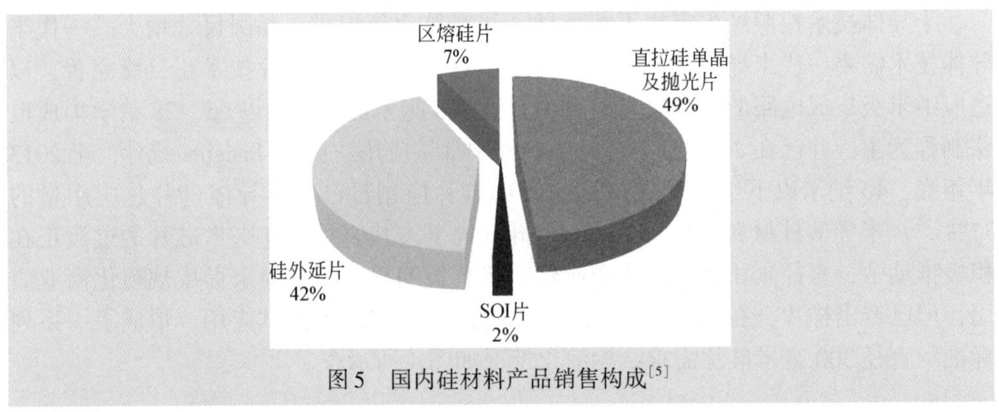

图 5　国内硅材料产品销售构成[5]

2012 年，国内半导体制造用硅材料市场需求为 124.6 亿元，2013 年预计达到 132.4 亿元①，直径为 200 毫米和 300 毫米的大直径硅片需求比例明显增长[5]。随着我国电动汽车、第三代移动通信（3G）基站建设及风电清洁能源等新兴产业的兴起，国内直径 200 毫米硅片市场保持稳定增长趋势，越来越多功率集成电路制造所用硅片直径由 150 毫米向 200 毫米转移。国内直径 300 毫米芯片厂产能扩张速度加快。2011 年，三星电子公司宣布在西安一期投资 70 亿美元实施月产 10 万片高端存储芯片项目。中芯国际集成电路制造有限公司投资 72 亿美元月产 7 万片的北京二期项目也已启动。国内市场对直径 300 毫米硅片需求显著增长。

目前，中国产出的半导体硅片主要有直径为 150 毫米和 125 毫米两种硅片；直径 200 毫米的抛光片和外延片也已实现批量生产；直径 300 毫米硅外延片已分别通过 90 纳米和 55 纳米集成电路制程的客户验证评估；直径 300 毫米硅抛光片已小批量销售；直径 150 毫米区熔硅及硅片已小批量进入市场；直径 200 毫米区熔硅单晶生产技术也取得突破。

目前，国内半导体硅抛光片和区熔硅片生产厂商主要有：有研半导体材料股份有限公司、天津市环欧半导体材料技术有限公司、浙江金瑞泓科技股份有限公司（原宁波立立电子股份有限公司）、上海合晶硅材料有限公司、昆山中辰矽晶有限公司、万向硅峰电子股份有限公司、洛阳单晶硅有限责任公司等。

目前，中国专业从事硅外延片生产的厂商主要有：上海新傲科技股份有限公司、河北普兴电子科技股份有限公司、南京国盛电子有限公司、上海晶盟硅材料有限公司等；主要产品为直径为 125～150 毫米的硅外延片，直径 200 毫米的硅外延片已有小批量产品进入市场。

① 以当时研究数据预期，实际数据暂缺。

国内对SOI材料的需求主要来自高速低功耗集成电路、汽车电子、等离子平板显示驱动电路、微机电系统（MEMS）、传感器等方面的应用。国内目前能够制备SOI片的厂商主要有上海新傲科技股份有限公司和沈阳硅基科技有限公司。目前，国内已具备直径100～150毫米SOI片的产业化生产能力，直径200毫米SOI片也开始批量化生产和商业应用。

我国的半导体硅材料产业虽已取得长足进步，但与国际半导体硅材料产业相比，在产业规模和技术上还存在较大的差距，主要面临以下困难。

（1）企业规模普遍偏小，产业集中度低，研发投入、扩大生产和抗风险能力不足。

（2）高端市场由国际大型厂商垄断，技术上存在壁垒。

（3）产业技术升级投资所需金额庞大，国内企业很难在较短的时间内实现产业跨越。

三、半导体硅材料产业化未来五年展望

国际市场上，随着集成电路产品的更新换代，半导体硅材料产品结构也不断调整。未来，直径300毫米硅片主流产品的地位将显著加强，逐渐替代直径200毫米硅片在微处理器（CPU）、微控制器、逻辑电路等方面的应用；直径200毫米硅片则转而抢占直径150毫米及以下尺寸硅片在功率半导体和类比电路方面的应用市场。未来几年，直径200毫米硅片的市场总需求规模仍将比较稳定，其中功率半导体器件用直径200毫米硅片比例将有所提升；直径150毫米及以下尺寸硅片的市场规模将进一步萎缩。预计直径450毫米硅片将于2017年正式进入试生产，在2020年前后形成一定的市场规模。从技术节点方面来看，未来几年全球硅片需求增长的动力将主要来自于28纳米以下集成电路制程用硅片的需求增加。根据《国际半导体技术路线图》（*ITRS*）2011版本的预测，2018年硅片应用将进入16纳米集成电路制程技术节点[6]。半导体硅片应用结构变化情况如图6所示[7]。

对于我国来说，未来5年，国内硅材料产业将处于关键的发展时期。首先，受国内集成电路产业迅速增长的拉动，国内市场对大直径硅片的需求也将呈现增长的趋势。集成电路制造所需的直径300毫米硅片市场比重不断上升，未来几年我国直径300毫米硅片的月需求量将超过45万片，占据国内市场需求主要地位。目前，国内使用直径200毫米硅片的集成电路生产线已近20条，预计2017年直径200毫米硅片需求量将达到每月70万片。其次，国家科技重大专项“极大规模集成电路制造装备及成套工艺”多个项目的实施投入，为我国大直径硅材料领域奠定了良好的

技术和产业化基础。第三，直径 300 毫米硅片产业化技术路线基本明确，直径 200 毫米硅片已实现批量化生产，同时业界已经聚集和成长起来一批技术与管理骨干人才。预计未来我国将进一步加强半导体硅材料自主核心技术的开发，形成国内大型骨干企业，在高端大直径硅材料领域实现突破，从而有力推进我国半导体硅材料产业结构升级，缩短与国际先进水平差距。

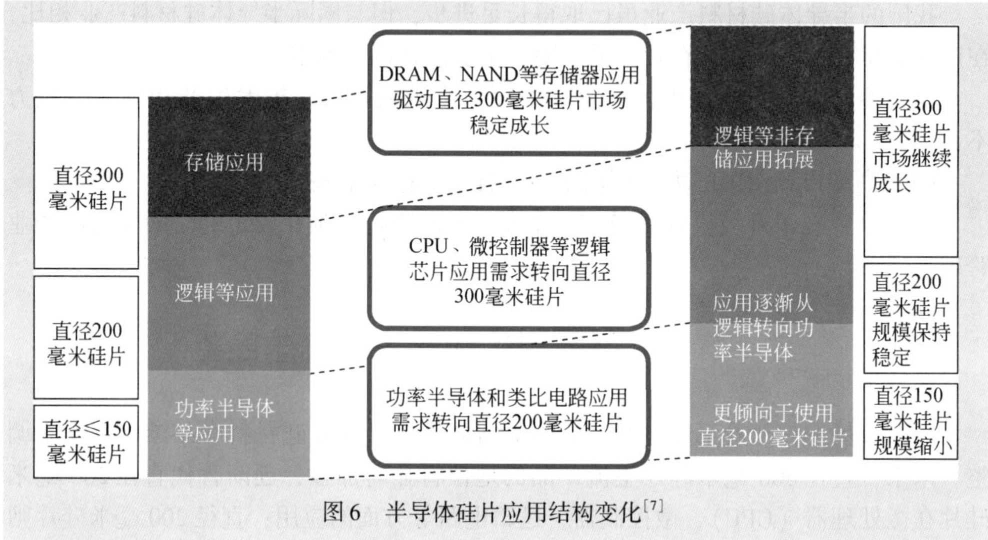

图6 半导体硅片应用结构变化[7]

参 考 文 献

[1] SEMI Silicon Manufacturers' Group. Worldwide silicon shipment statistics. http://www.semi.org/en/MarketInfo/SiliconShipmentStatistics [2013-12-21].

[2] Enomoto T. Economics and Semiconductors Looking Forward. SEMI Silicon Manufacturers' Group, 2013.

[3] IC Insights. Global wafer capacity 2014. http://www.icinsights.com/services/global-wafer-capacity/report-contents [2013-12-30].

[4] SUMCO Corporation. Results for fiscal year 2010. http://www.sumcosi.com/english/press/2011/pdf/20110311_242.pdf [2011-03-11].

[5] 石瑛，张国铭，等. 中国半导体支撑业发展状况报告. 中国半导体行业协会半导体支撑业分会，2013.

[6] ITRS Teams. International technology roadmap for semiconductors. http://www.itrs.net/Links/2012ITRS/Home2012.htm [2013-12-20].

[7] SUMCO Corporation. Results for fiscal year 2011. http://www.sumcosi.com/english/press/2012/pdf/20120308_299.pdf [2012-03-08].

Progress in Industrialization of Semiconductor Silicon Materials

Zhang Guohu, Guo Xi, Xiao Qinghua
(GRINM Semiconductor Materials Co., Ltd.)

Semiconductor silicon materials industrialization plays a key role in supporting ICT industry. The global semiconductor silicon market is dominated by five international enterprises, accounting for more than 90% worldwide market share. 300mm silicon wafers are the mainstream product of whole silicon material demand. The proportion of 300mm wafers will further increase in the future. There is a good chance for 200mm silicon wafer applications, mainly from power semiconductor devices and analog circuits. By the end of 2013, application in sub-40 nm processes accounted for 37% of global silicon wafer capacity. The annual sales of domestic wafers has reached more than 4 billion Yuan. The homemade 125mm and 150mm silicon wafers have been widely used by domestic customers. 200mm silicon wafers have entered into the batch production stage in China. Domestic 300mm silicon wafers can meet the requirements of 90 nm and 55 nm semiconductor processes. The next five years are an important strategic period for the domestic semiconductor silicon industry, which has a good chance to make breakthrough in the large diameter silicon wafer industrialization.

4.2 稀土永磁材料产业化新进展

马志鸿
（包头稀土研究院）

稀土永磁材料主要是指第一、第二代的钐钴永磁材料（$SmCo_5$和Sm_2Co_{17}）和第三代的钕铁硼（NdFeB）永磁材料。稀土永磁材料是当今世界上磁性能最强的永磁材料，以其远超传统永磁材料的优异特性，成为许多现代工业技术不可缺少的支撑材料，广泛应用于新能源、交通、医疗、电子信息、通信、石油勘探、航空航天和军事等领域。稀土永磁材料的发展，不仅为稀土的应用开拓了广阔的市场空间，还对当代科技的发展起到了巨大的推动作用。直至目前，还没有找到可以替代稀土永磁材料的新型材料，稀土永磁材料的发展仍具有巨大的潜力和发展空间。

一、世界稀土永磁材料产业的发展现状及趋势

自 20 世纪 80 年代以来，稀土永磁材料，特别是钕铁硼磁体的发展一直处于高速增长的态势。近年来，由于发达国家生产成本居高不下，而国际市场磁体价格却不断下降，以美国、欧洲为代表的西方发达国家和地区的磁材企业纷纷进行了产业调整，稀土永磁产业的国际格局发生了重大变化。21 世纪初，许多欧洲国家、美国及日本企业的磁体生产向中国转移，特别是永磁合金的生产。2006 ~ 2010 年，全球钕铁硼磁体产量年增长率为 16% ，2010 年达 10. 43 万吨。2010 年生产的钕铁硼磁体中，烧结磁体占 94% ，粘结磁体占 6% ；其中约 80% 由中国生产，其余大部分为日本和欧洲生产。

1. 烧结钕铁硼磁体

自 1990 年以来，全球烧结钕铁硼磁体产量增长迅猛。进入 21 世纪，尽管日本、美国、欧盟等发达国家和地区的稀土永磁材料产业的发展止步不前，但由于中国稀土永磁材料产业的超常发展，全球稀土永磁产业依然保持了强劲增长的态势。2010 年，全球烧结钕铁硼磁体总产量为 9. 82 万吨，中国产量为 7. 8 万吨，占世界总产量的 79. 4% 。日本烧结钕铁硼磁体的产业规模处于维持状态。欧洲仅剩德国的真空冶炼公司（VAC）和芬兰的 Neorem 公司等少数几家烧结钕铁硼磁体的生产厂家。2004 年后，美国烧结钕铁硼磁体生产线基本关停。2010 年烧结钕铁硼全球产能分布情况如图 1 所示。

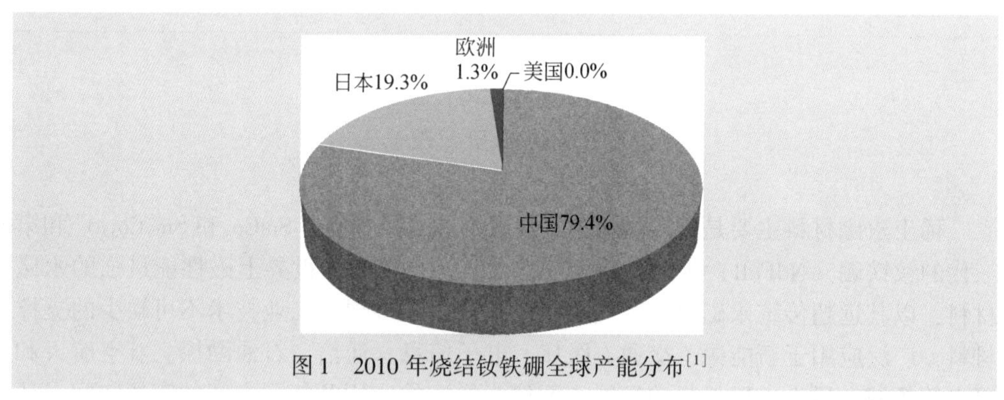

图 1　2010 年烧结钕铁硼全球产能分布[1]

日本是除我国之外最大的烧结钕铁硼磁体生产国家。2003 年 6 月，日本日立金属株式会社购买了住友金属工业公司下属的住友特殊金属株式会社的股份，成为全

球最大的钕铁硼生产企业。住友特殊金属株式会社于 2004 年 4 月 1 日更名为 NEOMAX 株式会社。2007 年 4 月 1 日，NEOMAX 株式会社在日本退市，成为日立金属的全资子公司。此外，日本还有 TDK 和信越化工两家生产烧结钕铁硼磁体的企业。

2. 粘结钕铁硼磁体

与烧结钕铁硼相比，粘结钕铁硼磁体具有加工精度高、产品形状复杂、一致性好、材料利用率和生产效率高等特点，广泛应用于汽车用电机及磁传感器、电子信息产品等高新技术领域。大多数粘结磁体以多极圆环的形式用于微型精密永磁电机。尽管粘结钕铁硼产业与烧结钕铁硼产业同时起步，但产业规模偏小，产量尚不及烧结钕铁硼材料的 10%。究其原因，主要是麦格昆磁公司（Magnequench）独家拥有快淬钕铁硼磁粉的配方及制备工艺专利，且不向其他制造商授予专利许可，对生产粘结钕铁硼用磁粉的技术和市场拥有绝对的控制权；此外，粘结钕铁硼磁体的磁性能和机械强度较低，应用领域远没有烧结钕铁硼磁体广泛，也是导致粘结钕铁硼磁体产业规模较小的原因[1,2]。

20 世纪 90 年代中期，日本的粘结钕铁硼磁体的产量占全球的 80%；随后，日本逐步将粘结钕铁硼磁体的生产转移到中国。美国和欧洲的生产企业基本退出了该行业。2000 ~ 2010 年，全球粘结钕铁硼磁体产量年均增长率为 7.7%，基本保持了一个稳定增长的态势。2010 年全球粘结钕铁硼产量的分布情况见图 2。2010 ~ 2012 年，全球粘结钕铁硼产业发展较为平稳，产量分别为 6100 吨、6600 吨、6100 吨，其中我国的粘结钕铁硼磁体产量占世界总产量的 65% ~ 67%。

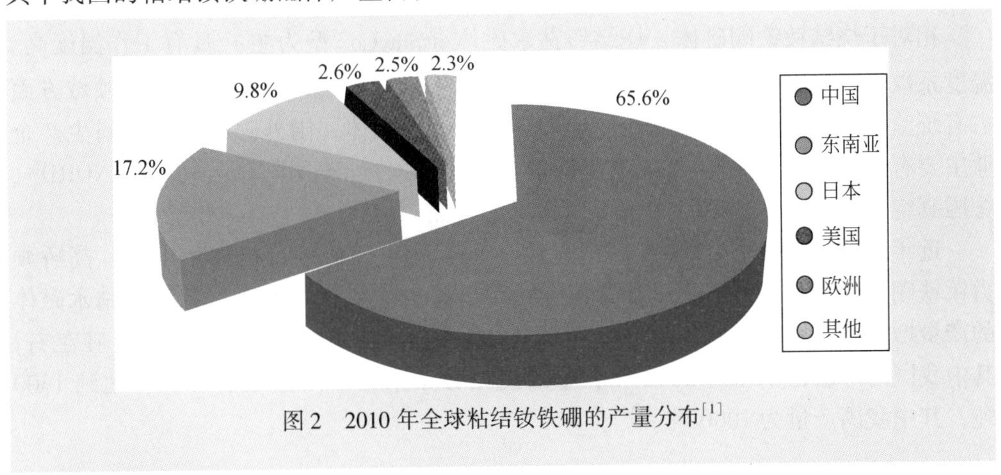

图 2　2010 年全球粘结钕铁硼的产量分布[1]

全球粘结钕铁硼磁体的生产企业大部分集中在亚洲，具有代表性的生产企业有日本大同电子株式会社、成都银河磁体股份有限公司、上海爱普生磁性器件有限公司（中科三环控股子公司）、乔智电子有限公司和深圳海美格磁石技术公司（安泰科技控股子公司）等。我国稀土粘结磁体的生产以压缩成形工艺为主，注射成形技术落后于欧洲、美国、日本等国家和地区。

3. 热压（热变形）钕铁硼磁体

热压钕铁硼磁体有如下特性。

（1）具有与烧结钕铁硼磁体相当的高磁性能；

（2）为纳米晶结构，耐腐蚀性能好于烧结钕铁硼磁体；

（3）在无镝（Dy）、铽（Tb）或添加少量的 Dy、Tb 的条件下，仍具有较高的矫顽力；

（4）材料的收得率高于烧结钕铁硼磁体。

尽管国内外研究开发热压钕铁硼制备技术和装备已有数年，但产业化进程缓慢。近年来，稀土原材料价格的上涨，推动了热压钕铁硼磁体产业的发展。2011 年，日本大同电子株式会社的热压（热变形）钕铁硼磁体产量突破 1000 吨。2012 年，全球热压（热变形）钕铁硼产量增加到 1200 吨。

我国的钢铁研究总院、中国科学院宁波材料技术与工程研究所等单位相继开展研究，但没有实现量产。热压（热变形）钕铁硼磁体（MQ-Ⅲ磁体）也为开发各向异性双相复合纳米晶永磁开辟了新途径[2,3]。

4. 烧结钐钴磁体

相对于烧结钕铁硼磁体，烧结钐钴永磁体（Sm_2Co_{17}型为主）具有工作温度高、温度系数小、抗腐蚀性强等独特的优势，在军工、航空航天等特殊的应用领域方面占有统治地位，但钐钴磁体的产量远远小于钕铁硼磁体。国外钐钴永磁材料生产企业主要有日本 TDK 公司、美国电子能源公司（EEC）、美国阿诺公司（ALNORD）、德国真空熔炼公司（VAC）和俄罗斯托尼公司等。

近年来，由于稀土金属镨（Pr）、钕（Nd）、Tb、Dy 等价格大幅上涨，高矫顽力钕铁硼的成本和价格随之攀升，相应的市场竞争优势有所下降，导致钐钴永磁体的产量增加和应用扩大。2011 年，全球烧结钐钴永磁体的产量估计在 1000 吨左右，其中我国的产量占 70%。2012 年，全球烧结钐钴永磁体产量略有增长，达到 1300 吨，其中我国产量为 1000 吨。

二、中国稀土永磁材料产业的发展现状及趋势

1. 产业规模

近年来，随着国内外需求的不断扩大，我国稀土磁性材料的产能迅速提高，世界稀土磁性材料的生产和消费重心开始转向我国，我国稀土磁性材料的产量已占世界 60% ~80% 。2008 ~2012 年我国稀土永磁材料的生产情况见表 1[3~7]。

表 1　2008 ~2012 年中国稀土永磁材料产量　（单位：吨）

类型＼年份	2008	2009	2010	2011	2012
烧结钕铁硼磁体	46 000	52 000	78 000	83 000	75 000
粘结钕铁硼磁体	2 800	3 000	4 000	4 400	4 000
烧结钐钴磁体	500	600	600	1 100	1 000

近年来，我国烧结钕铁硼产业取得了长足的发展，生产能力大约在 30 万吨/年以上，涌现出以北京中科三环高技术股份有限公司、宁波韵升股份有限公司、安泰科技股份有限公司、烟台正海磁性材料有限公司、包钢稀土磁性材料有限责任公司为代表的一批优质上市公司。截至 2011 年年底，我国生产烧结钕铁硼磁体的企业有 130 多家，其中年产量超过 3000 吨的有 7 家，年产量在 1000 ~3000 吨的有 25 家左右，年产量约 500 吨的有 65 家左右，主要分布在京津、沪杭、宁波、山西、包头和赣州等地区。

我国粘结钕铁硼磁体产业规模位居世界第一，国内从事粘结钕铁硼磁体生产的大小厂家有 20 余家，但生产规模、产品质量相差较大。其中年产量在 300 吨以上的企业仅有成都银河磁体股份有限公司和上海爱普生磁性器件有限公司两家；年产量在 100 ~300 吨的厂家主要有海美格磁石技术（深圳）有限公司、浙江英洛华磁业有限公司、乔智电子有限公司及广东江粉磁材股份有限公司等。

我国主要的烧结钐钴磁体生产企业有宁波宁港永磁材料有限公司、杭州永磁集团有限公司、成都航磁科技有限公司和绵阳西磁磁业有限公司等。我国在高性能、高品质、高温钐钴磁体的研发、生产方面与美国、日本等技术先进国家尚存在一定的差距，普遍存在关键生产设备水平落后，产品的尺寸精度、稳定性和一致性差等问题。

2. 生产技术水平

稀土永磁材料产品的品质与整体生产装备的水平密切相关。目前，我国许多烧

结钕铁硼磁体生产企业已经掌握了先进的速凝薄带（SC）和氢淬制粉（HD）等设备制造技术，大大提高了烧结钕铁硼磁体的性能和质量。我国已基本实现主要生产设备的国产化，能够制造 600 千克甩带炉、60～200 千克钐钴真空烧结炉等，具备了生产中高档烧结钕铁硼和钐钴磁体产品的能力。批量生产的烧结钕铁硼磁体的磁能积由最初的 279 千焦/米^3（35 MGOe）提升至 430 千焦/米^3（54 MGOe）。钕铁硼磁体高中档产品的产量总体趋于逐年提高，能够生产高磁能积、高矫顽力、高一致性产品的企业有北京中科三环高技术股份有限公司、宁波韵升股份有限公司、烟台首钢东兴磁性材料股份有限公司、安泰科技股份有限公司等。这些企业所生产的高档钕铁硼磁体可用于音圈电机（VCM）、风电、磁共振等高端领域。

然而，与日本等发达国家相比，我国稀土永磁材料在产品质量和一致性等方面仍有相当大的差距，产品国际竞争力不强。长期以来，由于生产水平和国外专利的双重限制，我国生产的烧结钕铁硼磁体多为中低档产品，大多未进入国外的高端市场，总体售价低于世界的平均价格。大多数企业生产磁体的磁能积在 N35～N45，只有少数大企业能生产 N52 以上和超高矫顽力产品。粘结钕铁硼磁体和烧结钐钴企业也存在类似的问题。在国际市场，我国的钕铁硼产品不得不通过第三方销售到专利覆盖区，无法取得预期的经济效益。而在国内市场，虽然没有专利的限制，但由于稀土原材料市场和钕铁硼磁体市场中的长期恶性竞争，产品供过于求，相关生产企业利润微薄。随着钕铁硼磁体在国内应用的逐步增加，国外相关专利的纷纷到期，以及国内自主创新能力的提高，这种局面可望得到改变。

3. 未来发展趋势

钕铁硼磁体材料产业是充满生命力的朝阳产业。应用领域的不断扩大，特别是以电子信息产业为代表的知识经济的发展，给稀土永磁等功能材料的应用开辟了广阔的空间。

在汽车工业领域，由于能源的紧张和日益严峻的环保问题，混合动力汽车（HEV）和电动汽车（EV）成为了开发热点。混合动力车采用永磁同步电机，每台电机需使用烧结钕铁硼磁体 2～3 千克。2011 年，丰田的混合动力车产量已达到 100 万辆。预计到 2020 年，全球混合动力车产量预计累计达到 1000 万辆，由此带来的钕铁硼磁体的需求量约为 5 万吨。

在电子信息领域，计算机的普及带动了相关外置设备的发展。按全球硬盘驱动器（HDD）的产量 5 亿只，DVD、DVD-ROM 和刻录机产量共 12 亿只计，全球在该领域的钕铁硼磁体消费量约为 2 万吨。

在医疗设备方面，磁共振成像仪设备中的永磁体材料用量非常大。一台核磁共振仪需用钕铁硼磁体 3 ~5 吨。目前，随着经济水平的不断进步，医疗行业对磁共振成像仪设备的需求量急剧增长，若按年需求 1000 台计，年需钕铁硼磁体 3000 ~5000 吨。

在新能源领域，风电是我国重点发展的绿色能源之一。预计到 2020 年，中国风电装机容量将达 8000 万 ~1 亿千瓦，而稀土永磁风力发电机是当今风力发电产品中最具发展前景的设备。由于每台 1 兆瓦级永磁风力发电机需用钕铁硼磁体 0. 6 ~1. 5 吨，若按照 2008 年的装机容量计算，约消耗钕铁硼磁体 1. 4 万 ~3. 5 万吨。

随着全球信息产业的快速发展，作为信息产业基础性元件，粘结钕铁硼磁体的需求量将不断扩大。随着 MQ 磁粉专利的逐步到期，粘结钕铁硼磁体的应用范围和市场容量将显著增加。与此同时，随着航空航天、航海等高新技术产业迅猛发展，具有高温度稳定性、较高耐腐蚀性能等特性的钐钴永磁材料的产业规模亦将得到快速发展。

根据我国《新材料产业“十二五”发展规划》,“十二五”期间，我国以磁能积加矫顽力高于 70 的永磁材料为发展重点[8]，组织开发高磁能积新型稀土永磁材料等产品生产工艺，推进高矫顽力、耐高温钕铁硼磁体及钐钴永磁体，各向同性钐铁氮粘结磁粉及磁体产业化。

三、推动我国稀土永磁材料产业发展的对策和建议

(1) 推进产业集群化发展，建立规模优势，通过兼并、联合、重组形成一批拥有自主知识产权、品牌、核心竞争力强的企业集团。

(2) 优化产品结构，提高市场竞争力。目前我国稀土永磁材料产能明显过大，还有一些新的钕铁硼项目正在建设中，同业竞争的态势将进一步加剧。许多厂家缺少核心竞争力和准确的市场定位，难以持续发展。因此，要积极推进企业转型升级，提高产品档次，在新产品研发上下工夫，提高抗风险能力。

(3) 推动稀土永磁材料产业向磁性器件、风力发电、汽车用永磁电机等高端应用领域延伸。今后，钕铁硼磁体主要用于各类电机的制造。这不仅要求磁体本身具有高矫顽力、低温度系数等特性，能够稳定地用于高温工作环境，还要求磁体具有良好的加工性能和耐腐蚀性能。

(4) 提高生产装备水平，开发具有自主知识产权的核心技术。应重点开展以下方面的工作，推动产业技术升级：①研究和建立更为完善的技术标准体系；②研究知识产权战略和专利保护问题；③开发高品质高性能稀土永磁材料产业化制备及应用技术；④开发纳米晶永磁材料的工程化生产技术，加快新型稀土磁性材料的研究；⑤开发高性能低成本粘结磁体关键技术；⑥开发高性能低成本稀土磁性材料产业化关键技术，研究开发高磁能积、高矫顽力、高稳定性、良好服役特性的低钕/低重稀

土烧结永磁材料；⑦加大高端生产设备的研发力度，提高关键设备的自动化、智能化控制程度，促进生产工艺技术水平和生产效率的提高。

参 考 文 献

[1] 胡伯平．稀土功能材料——稀土磁性材料．见：国家发展和改革委员会高技术产业司，中国材料研究学会．中国新材料产业发展报告（2011～2012），北京：化学工业出版社，2012，13-27.
[2] 吴志坚．稀土价格大幅波动对粘结钕铁硼行业的影响．第五届中国包头稀土产业论坛专家报告集（内部资料）．2013：87-91.
[3] 国家发展和改革委员会产业协调司．中国稀土 2008. 稀土信息，2009，4：4-8.
[4] 国家发展和改革委员会产业协调司．中国稀土 2009. 稀土信息，2010，3：4-8.
[5] 国家发展和改革委员会产业协调司．中国稀土 2010. 稀土信息，2011，3：4-8.
[6] 国家发展和改革委员会产业协调司．中国稀土 2011. 稀土信息，2012，4：4-7.
[7] 国家发展和改革委员会产业协调司．中国稀土 2012. 稀土信息，2013，4：4-7.
[8] 李卫，朱明刚．稀土永磁材料研究、产业化进展及专利保护问题．第五届中国包头稀土产业论坛专家报告集．2013，54-61.

Progress in Industrialization of Rare Earth Permanent Magnetic Materials

Ma Zhihong
(Baotou Research Institute of Rare Earths)

Rare earth permanent magnet material is the strongest magnet permanent magnetic materials in the world today. With excellent properties exceeding the traditional permanent magnetic material, it becomes indispensable to the key materials of modern industrial technology. It is widely used in new energy, transportation, medical, ICT, oil exploration, aerospace, military and other fields. As the fastest growing and the largest scale rare earth functional material, NdFeB magnet has become the main driving force of the rare earth market. This paper summarizes the status, production, technology progress and market of rare earth permanent magnet materials industry both internationally and domestically in recent years. The problems, development direction and main task of the industry are also explored. At the end this paper proposes the countermeasures and suggestions to promote the development of rare earth permanent magnet materials industry in China.

4.3 高性能碳纤维产业化新进展

何天白 陈友汜
（中国科学院宁波材料技术与工程研究所）

碳纤维是一种碳含量高于90%的纤维材料，可以分别由聚丙烯腈、沥青、粘胶丝等制得。目前，90%以上的碳纤维是由聚丙烯腈制得的。高性能碳纤维是一种优异的结构材料，其强度是钢的2～3倍，而密度仅为钢密度的1/4，且耐疲劳、耐高温、耐腐蚀，并具有优良的尺寸稳定性、X射线透过性及生物相容性等特性。从1959年日本大阪工业试验所发明聚丙烯腈基碳纤维到1971年日本东丽公司以1吨/月规模生产，再到现如今，高性能碳纤维作为轻量化结构材料不仅应用于航天航空领域，在体育、休闲等生活领域也应用广泛（图1）。同时，随着碳纤维产业技术不断提升，尤其是作为碳纤维终端产品的碳纤维复合材料的高效制备技术的持续发展，

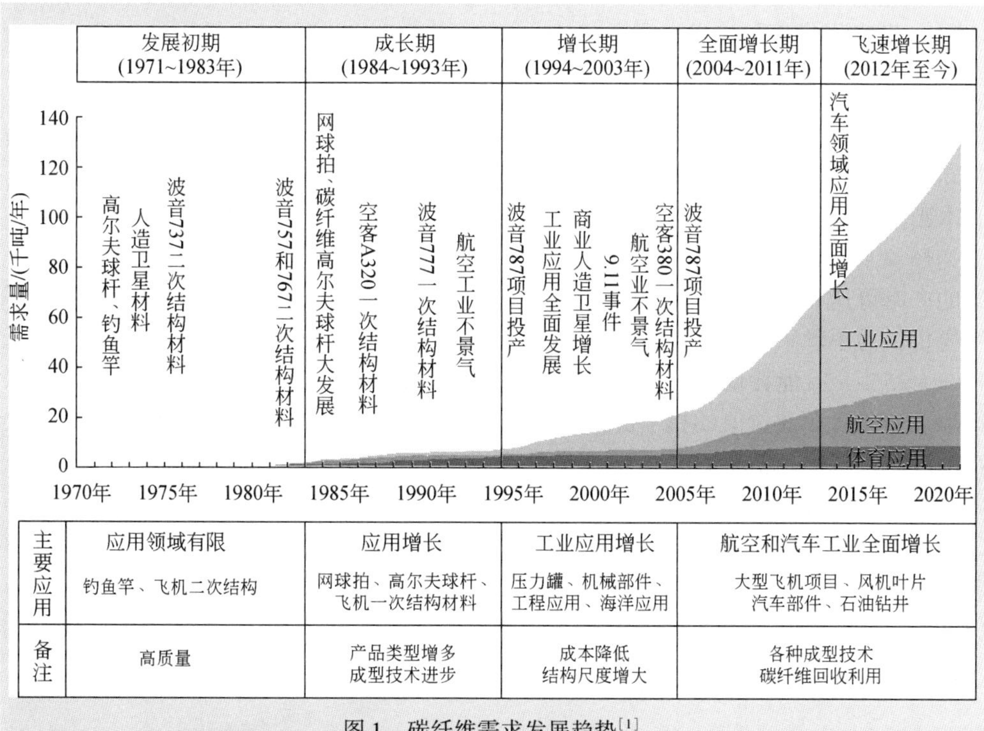

图1 碳纤维需求发展趋势[1]

碳纤维在交通、新能源、建筑、医疗、电子、机械等工业领域的应用明显加快。2013 年，宝马汽车公司面向乘用车市场推出售价 3.5 万欧元左右的碳纤维复合材料电动轿车 BMW i3，这标志着碳纤维进入到工业领域广泛应用的新阶段。

一、国际最新进展

1. 市场需求、产能和产量均处于扩张期

2012 年，全球碳纤维需求量为 4.5 万吨，预计到 2020 年将达到 14.1 万吨，年均复合增长率为 15.4%。2012 年全球碳纤维产能约为 11.2 万吨，2020 年有望达到 18.5 万吨。届时，美国碳纤维产量预计占全球总产量的 28%，欧洲占 28%，日本占 25%，中国占 9%，其他国家或地区占 10%。碳纤维终端产品的碳纤维复合材料，2012 年全球市场规模为 146 亿美元，预计 2020 年将达到 360 亿美元，年均复合增长率为 13%[1]。高性能碳纤维产能的持续扩张，不仅是为了应对传统应用行业（如航空业）需求的增加，更多的是市场预期到其工业应用将大幅增加。

2. 潜在用户牵引技术发展方向

昂贵的成本阻挡了大量碳纤维的潜在终端用户，虽然碳纤维的性能/密度比高，但性能/价格比低。由廉价前驱体制备低成本碳纤维和降低碳纤维制备的能耗，成为拉动碳纤维需求的技术方向。美国开展了全球合作，研发多样化碳纤维原丝技术；日本则注重低能耗碳纤维制造技术和碳纤维回收利用技术。采用木质素、工业腈纶、聚烯烃等制备碳纤维原丝，预计能够使制造成本降低 20% ~40%。聚烯烃制备碳纤维的产率可达 86%[2]；熔融纺丝比湿纺纺丝工艺可使成本降低约 30%；大丝束碳纤维售价仅为小丝束的 60%；等离子体处理技术可以使预氧化、碳化过程的成本降低 15% ~25%，且能耗仅为目前商业化技术的一半。当然，这些单元技术如何优化从而形成一条有商业价值的技术链，还有待时日。碳纤维企业已为这些技术的商业化在做准备。德国西格里集团和美国卓尔泰克公司各自收购了腈纶生产企业；日本东丽公司并购了具有大丝束技术优势的卓尔泰克公司；美国陶氏化学公司和福特汽车公司与美国橡树岭国家实验室联合开发了聚烯烃前驱体碳纤维技术。由该种廉价前驱体技术制备的碳纤维，因其较高的性能（强度 1.72 兆帕、模量 172 兆帕）/价格（10.5 ~15.9 美元/千克[2]）比有望能被潜在用户市场接受。

3. 应用催生碳纤维商业发展模式

碳纤维复合材料细分市场的发展，促使碳纤维生产企业与终端产品制造企业联

手开辟新的商业模式。美国通过苛刻的汽车燃油经济性指标，使得全球大型汽车制造商开始联合碳纤维生产企业，研发普通汽车广泛适用的碳纤维复合材料轻量化车身技术。福特汽车公司与陶氏化学公司合作探索碳纤维复合材料大批量应用于主流车型；通用汽车公司与日本帝人公司联合开发碳纤维复合材料汽车零部件；宝马汽车公司与德国西格里集团合资生产电动车和混合动力车用碳纤维复合材料；奥迪汽车公司与德国福伊特集团联手致力于实现复合材料的工业化量产；德国戴姆勒公司和日本东丽公司合资建厂生产碳纤维复合材料。碳纤维生产企业与碳纤维复合材料应用企业间的合作，将促进轻量化碳纤维复合材料在更多工业领域实现常态化应用。

二、国内最新进展

1. 即将形成全系列碳纤维产业化能力

为摆脱长期依赖进口的局面，经多年努力，我国碳纤维研发和产业化取得积极进展。在标准模量碳纤维方面，单线产能达到500～1000吨/年的企业已有数家；在中等模量碳纤维方面，已建成年产百吨规模生产线；而高模量碳纤维正处于工程化关键技术研制阶段。有广泛工业应用价值的低成本化技术，也正处于紧锣密鼓的研发中。此外，有关单位积极探索多种原料体系的碳纤维制备技术，突破国内目前碳纤维原料技术单一的局面。

2. 聚焦于碳纤维原丝技术

对高性能碳纤维这一核心技术的认识，国内曾走过一段弯路。通过努力，我国突破了碳纤维原丝制备中的原理性问题，推动了装备与技术工艺的发展。国内设备供应商和碳纤维生产企业在多年的发展中不断积累经验，碳纤维生产装备的设计和制造能力显著提升，不仅能提供同质价廉的设备替代进口设备，同时也加速了国际装备市场对国内市场放开，技术和贸易壁垒日益破除。

3. 碳纤维生产企业更加理性

过去十年，国内碳纤维产业经历了一轮发展热潮，当初一哄而上的企业，从盲目到茫然直至失落；而坚持实干形成优势的企业则占得了先机。目前，生产能耗和稳定品质已成为企业关注的重心。国家也出台了政策以限制不具备性能和技术优势及能耗优势的碳纤维项目的盲目立项。目前，国内碳纤维生产企业回归理性，更多地关注碳纤维的应用，布局碳纤维复合材料制造产业，掌握了较大市场话语权。

三、未来五年展望

1. 碳纤维行业模式将发生转变

可以预期，未来碳纤维行业将逐步发展为集生产、检测、应用、装备设计、制造五位于一体的共生模式，将更多地采用设计与仿真技术，开发高效稳定的生产装置，系统集成与整线装备配套的碳纤维制备技术。相关配套材料的有序研发与生产，将拓宽和改善碳纤维应用的可设计性和工艺性。与实际应用接轨的碳纤维产品检测表征方法与标准的制定，以及生产过程全流程评价的实施，将加快碳纤维生产企业的技术积累，提升碳纤维应用技术成熟度。随着统一的碳纤维和碳纤维复合材料检测表征和评价的专业平台的形成，将弥合上下游产业评价体系的差异，提高国产碳纤维品牌认知度，获得广泛的市场认同，满足多样化用户需求。碳纤维生产企业将改变单纯地依赖生产技术的提高与规模扩张的发展模式，而是直接参与碳纤维应用技术开发，按照终端市场需求提供适用对路的多样化碳纤维牌号，依靠碳纤维应用带来的经济效益实现可持续发展。

2. 复合材料将成牵引动力

作为碳纤维的终端产品，碳纤维复合材料的开发利用程度将决定国内碳纤维产业的主流发展方向，还将深刻影响我国产业技术提升和产业转型升级。2013 年 11 月，工业和信息化部发布的《加快推进碳纤维行业发展行动计划》[3]，按国内目前的碳纤维复合材料应用成熟度，分三类提出了发展和支持模式：航天航空用碳纤维复合材料强调保障供给；跨海大桥、人工岛礁等重大基础设施用碳纤维复合材料要求加快应用示范；其他工业领域（诸如风力发电、电力输送、油气开采、汽车制造、压力容器制造等），则是支持应用示范，引导生产企业、研究设计机构与应用单位联合开发各种形态碳纤维增强复合材料、零部件及成品。中国科学院在碳纤维和碳纤维复合材料技术研发领域布局多年的基础上，与若干汽车主机厂就联合应用示范达成技术相互认可，开展了碳纤维复合材料轻量化“黑”车身的样车试制，所研发出的碳纤维复合材料回收再应用技术，具有较好的产业化应用前景。

3. 社会和经济效益将会并重

高性能碳纤维长期以来主要是高端应用，在我国更多地体现出社会效益。但随着碳纤维在生产领域应用得日益广泛，其在减重效果、节能减排和生态效应等方面将带来可观的经济效益。概括来说，支撑经济效益形成的产品基础是碳纤维复合材料，支撑模式是碳纤维生产、检测、应用、装备设计与制造的五位一体，技术基础是复合材料设计、制备及装备技术适应终端客户的灵活性。由于对碳纤维复合材料有需求的产业有着成熟的既有产品生产线，碳纤维复合材料的应用要解决与这些既有产品技术的兼容问题，消除潜在终端用户不爱用、不好用、不会用、不敢用的顾虑。相关企业要有据可依、有规可循地开展材料设计、工艺设计、结构设计、虚拟制造、分析测试与仿真、装备研发等，缩短复合材料产品开发和工艺设计周期，发挥复合材料技术优势，降低生产成本，保证产品质量，不断扩大复合材料的应用市场。

致谢：感谢中国科学院科技促进发展局严庆研究员，中国科学院国家科学图书馆武汉分馆冯瑞华副研究员，中国科学院宁波材料技术与工程研究所杨建行高级工程师、范欣愉研究员和欧阳琴副研究员等的修改意见和建议。

参 考 文 献

[1] 冯瑞华，姜山，万勇，等．高性能碳纤维国际发展态势分析//张晓林，张志强．国际科学技术前沿报告 2012. 北京：科学出版社，2012.

[2] Sloan J. Market outlook：surplus in carbon fiber's future? http：//www. compositesworld. com/articles/market-outlook-surplus-in-carbon-fibers-future [2013-03-01] .

[3] 工业和信息化部．加快推进碳纤维行业发展行动计划．http：//www. gov. cn/gzdt/2013-11/07/content_ 2523519. htm [2013-11-07] .

Progress in Industrialization of High Performance Carbon Fiber

He Tianbai，Chen Yousi

(Ningbo Institute of Material Technology and Engineering，Chinese Academy of Sciences)

This paper analyses technology innovation and afford ability of high performance carbon fiber focusing on industrial application rather than commercial aerospace. As an end-market of carbon fiber industry，automotive application is paid more attention to be summarized. Technology advancement of carbon fiber composites，as end-product of carbon fiber，is considered as a key point for sustainable development of carbon fiber industry.

4.4 废旧稀贵金属循环利用技术产业化新进展

栾东海 彭保旺 牛川森 董 献 徐志博
（中航上大金属再生科技有限公司）

稀贵金属是稀有金属和贵金属的统称，主要包括钛、镍、钨、锑、钼、锡、铟、锗、镓、铌、钽、锆、稀土、金、银、铂族元素等。其因物理、化学、电学等性能优良，在特种钢、硬质合金、高温合金、半导体材料、超导材料、磁性材料等特种材料制造中应用广泛，不仅具有较高的经济价值，在航天、航空、武器装备、原子能等领域也具有重要的战略意义。

稀贵金属含量稀少、难于提取，目前国内资源总体处于短缺水平。以高温合金主要元素镍为例，全国探明储量仅为 828 万吨，占全球探明总量的 5.1%；2010 年我国镍消费量为 50.5 万吨，占当年全球镍消费量的 34.5%，自给率仅为 18%。此外，如钨、稀土等元素，我国虽是世界储量大国，但经过多年的无序开采和出口，储量已大大下降。

面对战略稀贵金属资源需求与日俱增，但原生矿快速枯竭的严峻局面，发展废旧稀贵金属循环利用技术，特别是航天、航空、军事装备领域稀贵金属及合金返回料、武器装备报废拆解返回料的再生循环利用技术不仅是解决资源瓶颈的重要方向，还关系到环境保护、安全生产、再生技术发展及国家军事工业战略安全和信息安全等诸多方面问题。

一、废旧稀贵金属循环利用技术产业化国际最新进展

（一）组织管理体系

面对资源短缺和环境保护的共同课题，发达国家很早就开始支持对循环产业的研究，并通过不断完善的法律手段推进废弃物的回收利用工作，将再生资源的回收利用纳入规范化、制度化、程序化的管理轨道上来。美国于 1976 年颁布的《资源保护及回收法》、德国于 1996 年颁布的《循环经济及废弃物法》及日本于 2000 年颁布的《循环型社会形成推进基本法》[1]，都是通过法律的形式建立起遏制废弃物产

生、推动资源再生和预防非法放置废弃物等多重目的的体制，努力建立起保证资源永续利用、降低环境负荷的循环型社会。

废旧稀贵金属循环利用是循环经济体系的重要环节。各国从实际操作角度对需要循环利用的废旧稀贵金属的种类及生产、分类、运输、储存、处理、再生利用整个流程相关的企业资质、操作规范等都进行了明确、详细的要求。通过完善组织管理加强对战略稀贵金属的控制和循环利用。例如，美国已经建立了全球性的回收利用平台，包括专用的物流和仓储管理信息系统。美国国防部后勤局设立国防物资再利用和销售服务处，实现三军统管，对各类退役报废装备充分回收利用。此外，各国政府在循环经济整体框架下，还通过发展成熟的行业协会组织，如国际重复利用工业局（BIR）、美国废料回收工业协会（ISRI）、英国金属回收协会（BMRA）等，以及制定相应的行业规范、通用标准等措施，对国际范围及本国金属回收产业的发展起到了重要的规范和协调作用[2]。

（二）重点领域发展情况

目前，国外稀贵金属的循环利用领域主要包括：特种钢中稀贵金属的回收，催化剂中铂铑等稀贵金属的回收，废旧电器、感光材料中稀贵金属的回收[3]，加工返回料及废旧设备拆解返回料中稀贵金属回收，等等。其中，航天、航空、军事工业等领域及报废武器装备拆解产生的高温合金、钛合金等返回料中稀贵金属的回收一直是各国循环利用产业的重点关注领域。

对于高温合金、钛合金等战略稀贵金属的循环利用，美国起步最早，技术也最为先进。美国对稀贵金属的循环利用自 20 世纪 80 年代后期形成规模化生产，近年来不断加强技术研发投入，循环利用技术不断成熟，能够实现对包含高温合金、钛合金、镍及镍合金、钼合金、钴及钴合金等的真空级、非真空级再利用。目前，美国钛材的返回料回收率为 91%，镍回收利用率为 41%，返回料和新料混用比例大都在 70% 以上，部分牌号甚至可以达 100%[4,5]。因此，美国的高温合金在成本和价格方面的优势十分突出。以占高温合金总量 50% 以上的 GH4169 为例，我国国内的价格为 38.5 万元/吨，国外（主要为美国）价格为 27 万元/吨，价格高出 42.6%；我国国内钛合金 TC4 价格为 30 万元/吨，国外价格为 18 万元/吨，价格高出 66.7%，且国外产品的质量优于国内。

（三）重点企业发展情况

经过多年发展，发达国家稀贵金属循环利用技术不断进步，产业规模和集中度不断提高，涌现出一些资源优势、技术优势和规模优势突出的全球知名企业，如英国罗罗公司（Rolls-Royce）、美国 PCC 公司（Precision Castparts）、德国 ELG 公司、德国科洛尼金属公司（Cronimet）、比利时 Umicore 公司等。这些公司的年销售收入都在 50 亿美元以上，具备从回收到再生利用的全过程专业化处理能力。随着对战略稀贵金属的重视，德国 Cronimet 公司、ELG 公司，美国 PCC 公司、通用电气公司，英国罗罗公司等已在中国开展返回料回收业务，有的还在中国设立了公司或办事处。

二、废旧稀贵金属循环利用技术产业化国内最新进展

（一）国内废旧稀贵金属循环利用现状

目前，我国从事废旧金属循环利用的企业有 6000 多家，但普遍规模较小、工艺装备落后、资源利用率低，与发达国家一般只有几家、最多十几家的行业发展集中水平存在较大差距[6]。我国于 2009 年开始实施《中华人民共和国循环经济促进法》，并于 2013 年发布了《循环经济发展战略及近期行动计划》，进一步明确了对于废旧金属循环利用的支持。在国家政策的鼓励下，我国废旧金属循环利用产业发展模式正在逐渐从传统的家庭作坊式生产向集团产业升级的方向转变。

然而，目前成规模的废旧金属回收企业主要是从事铜、铝、铅、锌等大宗、常规有色金属的回收利用。相比之下，价值更高的稀贵金属及合金的回收尚未建立完整体系，专业从事稀贵金属及合金再生利用的企业非常有限，且大多数是自发形成的民营企业，多选择建在偏远地区，设备简陋、技术落后。

（二）国内废旧稀贵金属循环利用产业化的主要问题

稀贵金属及合金的循环利用涉及材料生产企业、零部件加工企业、物流仓储企业、回收企业和再生利用企业等多个环节和多个主体。目前，我国尚未形成规范的回收渠道和健全的回收再利用机制，存在诸多问题。

1. 资源流失与浪费问题

稀贵金属在回收利用过程中的流失和浪费非常严重。我国航空工业的高温合金、钛合金有效利用率为 10% ~15%。2010 年，我国产生高温合金、钛合金返回料达 7000 吨，而钛材返回料回收利用率仅为 3.3%，镍的回收利用率仅为 19.8%，远远低于美国钛材返回料回收利用率 91%，镍回收利用率 41% 的水平。

目前，大量废旧稀贵金属的返回料，甚至有些坦克、飞机等报废军事装备，流入以私营流通企业、个体经营者、废品回收站为主的民间市场，最终分散于各种小

规模的回收利用企业，被低值、降级使用，造成严重的流失和浪费。以含镍52.5%、铬19%、钼3%、铌5%的高温合金GH4169为例，目前回收利用一般用于冶炼普通不锈钢产品，只利用其中的镍元素和铬元素，而价值更高的钼、铌等元素完全没有发挥其价值。另外，GH4169为经过多次提纯的真空级材料，有害元素含量以百万分率计算，但在回收过程中基本不能实现同级别、同品质的再生利用，真空级返回料被降级利用，又成为到非真空级材料。而在航天、航空领域重要的结构材料钛合金在回收利用后甚至被用于制造烟花原料等。

2. 装备信息安全与资源战略控制问题

在稀贵金属应用广泛的航天、航空、武器装备等战略领域，通过金属返回料的品种、数量、质量等信息可以推测整个材料工业发展现状以及发展趋势，甚至可以判断出目前军事装备总体水平及更新换代速度。目前，我国废旧稀贵金属的回收流通没有行业准入限制，大量民营企业涌入该领域开展回收业务。无序的稀贵金属回收行业现状严重威胁到我国装备信息的安全。一旦国外情报机构通过返回料的回收掌握了我国战略行业资源消耗情况及资源储量，有可能有针对性地对我国较为短缺的资源的进口渠道加以控制，实行资源战略围堵，以达到制约我国战略行业发展的目的。

3. 环境、能耗、安全问题

稀贵金属及合金（特别是真空级稀贵金属）的冶炼，从原矿到成材要经上百道工序，耗能和排放都是普通材料的几何倍数，因此其再生的价值和节能减排的效果都是普通金属的几十倍。再生稀贵金属及合金是短流程，其耗能和排放仅是原生工艺的8%。然而，由于我国废旧金属循环利用行业以分散的小型民营企业为主，技术水平不高，存在着高耗能、重污染、环境治理难度大、安全难以保障等问题。

目前，我国废旧稀贵金属材料主要流入废品回收站，然后进入各加工利用企业。由于废品回收站缺乏必要的环保设施，进行废旧金属材料的储存、报废装备拆解处理就难免会造成地下水、土壤重金属污染、粉尘污染、气体污染等，甚至会发生环境污染事故。小型的加工利用企业技术较为落后，一般缺少必要的环保、节能措施，运输、存储安全措施及对操作工人的防护等。特别是有些本身就含有易燃易爆、有毒有害等危险化学品的报废，如果没有专业技术及安全设备，一旦处理不当就会发生安全生产事故。

（三）国内废旧稀贵金属循环利用行业示范工程情况

稀贵金属已经成为国家重要的战略资源，多年来粗放的废旧稀贵金属循环利用方式，不仅造成了经济、环境方面的诸多问题，而且严重削弱了我国国防军工的竞争力，影响到国家战略资源安全。这一现状已经引起了国家相关部门和行业专家对的高度重视。例如，为加强航空及其他军工等高端装备业再生材料循环利用，中航工业集团公司自 2011 年开始实施“中航工业再生战略金属及合金工程”项目，开展包括再生能力建设、再生技术研发、网络体系建设、标准化建设等 18 个子项目。预计建成投产后，可形成 33 万吨的稀贵金属再生利用能力，实现稀贵金属的高值、高效、高技术再生循环利用，实现高温合金、钛合金等高端再生材料的规模化生产，形成国内领先的纯净化再生技术体系，建成全国布局的稀贵金属返回料回收和再生材料推广应用的购销联动网络体系，为稀贵金属再生利用产业发展发挥引领示范作用[7]。

三、废旧稀贵金属循环利用技术产业化未来五年展望

针对我国废旧稀贵金属循环技术产业化发展情况，我们认为，我国亟待建立起一个规范、有序、安全、高效的废旧稀贵金属回收利用体系。现阶段发展重点是初步建立一个能够迅速在航天、航空、军事装备等战略领域展开应用的回收利用体系，今后逐步向其他领域推广。在体系建立过程中，要坚持对实现回收利用的高值、高效、高技术的追求，在保证环保、资源安全、信息安全的前提下，加速行业整合、提升行业集中度和竞争力，从而实现废旧稀贵金属循环技术产业的快速发展。

一是进一步完善法律体系。与世界上先进国家相比，我国虽然已经发布了《中华人民共和国节约能源法》、《中华人民共和国可再生能源法》、《中华人民共和国清洁生产促进法》、《中华人民共和国固体废物污染防治法》等包含发展循环经济内容的法律，但从总体上看，不论是在深度和广度上与发达国家相比都还存在很大的差距，必须加快循环经济立法的进程。在下一步循环经济立法过程中，应进一步明确循环经济、循环型社会等概念，以及立法目的、适用范围或对象；规定发展循环经济的基本政策、原则和主要措施；明确政府、企业、消费者和公众在发展循环经济方面的权利、义务和责任，以及对各具体行业和产品的具体要求。

二是建立和完善标准体系。对于废旧战略稀贵金属材料，应当实现涵盖返回料生产、运输、储存、净化、再生利用等全过程的操作标准规范及流转登记规范，实现整个过程的可控性和可追溯性，保证战略金属、武器装备的保密性。

三是建立市场准入及定点回收制度。以“节能、环保、保密、规模”为思路，从环保、节能、提高材料回收效率、保证安全性的角度出发，设立战略金属和武器装备定点拆解中心，针对其他不同材料制定市场准入制度或定点回收制度，对参与企业的回收资质、技术设备水平、保密等级提出具体要求。

四是促进行业规模化、高水平发展。对废旧稀贵金属的循环利用实行集中的园区化建设，实现园区资源高效、循环利用和废物“零排放”。大力推进行业示范企业发展，依靠技术领先、体系规范的示范企业培育企业回收、运输、储存、再利用的完整循环利用能力，减少中间环节及可能造成的污染、流失等问题；深度整合行业资源，提升行业集中度，提升行业水平。从税收、科技创新、信贷、土地等方面加大政策扶持力度，鼓励再生资源进口和国内回收，促进再生资源加工利用产业升级。

参 考 文 献

[1] 谢军安，郭双颜．国外循环经济立法经验及其对我国的启示．当代经济管理．2006，28（1）：80-84.

[2] ISRI. Scrap specifications circular 2013. http：//www. isri. org/CMDownload. aspx？ ContentKey = 41c2f107- 0576- 4a61- a0aa- 078cab920e84&ContentItemKey = c15fde3c- 074c- 4ad4- a717- 1b1b0b19ccae［2013-12-30］.

[3] 张凤霞，程佑法，张志刚，等．二次资源贵金属回收及检测方法进展．黄金科学技术，2010，18（4）：75-79.

[4] Thomas G. Goonan. Titanium recycling in the United States in 2004. http：//pubs. usgs. gov/circ/circ1196-Y/pdf/Circ1196-Y. pdf［2014-01-20］.

[5] Thomas G. Goonan. Nickel recycling in the United States in 2004. http：//pubs. usgs. gov/circ/circ1196-Z/pdf/circ1196-Z_ v1-1. pdf［2014-01-20］.

[6] 王恭敏．我国再生有色金属回收利用现状及问题．再生资源与循环经济，2009，2（11）：1-4.

[7] 董雅俊．“中航工业再生战略金属及合金工程”项目通过评审．http：// news. xinhuanet. com/fortune/2011-05/21/c_ 121442862. htm［2011-05-21］.

Progress in Industrialization of Scrap Rare and Precious Metals Recycling

Luan Donghai，Peng Baowang，Niu Chuansen，Dong Xian，Xu Zhibo

（AVIC Shangda Resources Renewable Science and Technology Co.，Ltd）

With the increasing demand and the rapid depletion of the mineral resources，the scarp rear and precious metals recycling is not only an important solution for the lack of resources，but also related to the national strategic resources security and information security.

Many developed countries have formed complete recycling economy systems and cultivated the scarp rear and precious metals recycling industries with advantages of large scale and high technology. However, the domestic industry is still at the initial stage, accompanied by several problems, such as serious loss and waste; insufficient environmental protection, energy saving and safety in production; and strategic resources and information security issues.

The pursuit for high value, high efficiency and high technology should be adhered to for the development of domestic scrap rare and precious metals recycling industry. Under the premise of environment protection, sources and information security, a normative, ordered, safe and efficient recycling system should be formed. The government should promote the rapid development of the industry by means of encouraging the development of demonstration enterprises, promoting merge and acquisition, and improving the technology and market competitiveness.

4.5 煤炭间接液化产业化新进展

李永旺　杨　勇　相宏伟

（中国科学院山西煤炭化学研究所；中科合成油技术有限公司）

油品是国家工业、经济和社会赖以运行的血液和动力源泉，是社会发展和人类生存不可缺少的能源资源。2012 年，我国石油消费量达到 4.9 亿吨，对外依存度达到 58%；预计 2020 年我国石油消费量将达到 6 亿吨，对外依存度将达到 68%。在我国自有石油产能已接近顶峰（约 2.0 亿吨/年）、国际环境动荡导致我国海陆石油输运路径均得不到有效的安全保障、新的进口渠道拓展前景并不十分明朗的情况下，我国油品供应紧张局势将愈加凸显，将成为制约我国经济发展和威胁我国能源安全的重大问题。

我国一次能源以煤炭为主。我国煤炭资源相对丰富，已探明储量 10 200 亿吨，可采储量 2040 亿吨。2012 年我国原煤产量为 36.6 亿吨，煤炭消费量为 35.2 亿吨，占全球煤炭消费量的一半[1]，占我国一次能源消费的 66.4%。预计在 2030 年前我国以煤炭为主要能源的格局不会改变。在传统能源储量有限、石油供不应求、新能源还难以为继的时期，面对亿吨级油品的供应缺口，近中期（30～50 年）内只有煤炭资源能够在量级上相匹配。以煤为原料，科学有序地发展煤制油产业已成为我国破除能源困局的现实选择之一。

煤制油技术途径主要有两条：一是煤炭直接液化，即将煤与重油混合的煤油浆在高温（400～700℃）和高压（15.0～30.0兆帕）下加氢，获得初原油，再加氢精制生产柴油、汽油、石脑油等产品；二是煤炭间接液化，即煤首先通过气化制得合成气（H_2与CO的混合气），合成气再在催化剂作用下反应生成液态烃、蜡、气态轻烃，该反应称为费托合成反应。合成得到的液态烃、蜡经加氢精制后可生产柴油、汽油、煤油、石脑油等产品。煤炭间接液化过程中的费托合成可在温和条件下（200～300℃，2.0～3.0兆帕）进行，生产装备易于大型化和国产化，且经煤炭间接液化工艺可生产出无硫、无氮、低芳、高十六烷值（>70）的清洁油品，因此煤炭间接液化是我国发展煤制油产业优先选择的技术路线。

利用国外现有的煤炭间接液化技术发展我国煤制油产业，技术专利费高、代价大，且受控于人，自主开发煤炭间接液化工业技术是建设我国煤制油产业的根本出路。发展煤炭间接液化工业技术的关键有以下几方面。

（1）研制高效的费托合成工业催化剂；

（2）大型合成反应器设计制造和控制技术；

（3）复杂系统的工艺集成优化技术；

（4）满足严苛条件的先进节水和环境排放技术。

一、国际煤炭间接液化产业化进展

煤炭间接液化的费托合成油技术最早可追溯到20世纪20年代。1923年，德国科学家弗朗兹·费歇尔（Franz Fischer）和汉斯·托罗普施（Hans Tropsch）发现合成气在铁催化剂上可生成液体燃料的反应，因此以合成气为原料在催化剂和适当条件下合成以液态的烃或碳氢化合物的工艺过程以这两位科学家的姓氏命名，称为费托合成法。1934年，德国开始建造以煤为原料的费托合成油厂，使用钴基费托合成技术，1936年投产。1936～1945年，德国共建有9个费托合成油厂，总产量达67万吨/年；同期，法国、日本、中国、美国等也共建有7套以煤为原料的费托合成油厂，总产能达69万吨/年。第二次世界大战以后，由于石油工业的兴起和廉价油品的生产，费托合成油装置纷纷关闭。

南非拥有丰富的煤炭资源，但缺少石油资源，由于实施种族隔离制度导致国际上对其进行石油禁运政策，由此南非被迫发展煤制油工业。从20世纪50年代开始，南非引进了德国早期的费托合成油技术，成立了南非Sasol公司。1955年，Sasol Ⅰ厂建成，使用低温固定床铁基催化剂费托合成技术，生产柴油和费托蜡；1955年后开发出高温费托合成循环流化床反应器，采用熔铁催化剂，主要生产汽油和低碳烯烃，单台产能达到 1500 桶/天。1980 年、1982 年，Sasol 公司先后建成 Sasol Ⅱ厂和 Sasol Ⅲ厂，开发出单台产能达 6500 桶/天的循环流化床合成反应器。1985 年 Sasol 公司开发出固定流化床合成工艺，1995 年直径 8 米的固定流化床反应器装置开车成功，单台产能 11 000 桶/天；1990 年开始开发浆态床合成工艺，1995 年建成投产了直径 5 米、单台产能为 2500 桶/天的浆态床合成油工业装置，使用沉淀型微球状铁基催化剂，形成了成熟的低温（200～250℃）浆态床合成油技术，主要生产柴油、石脑油和费托蜡等产品。1996～1999 年，Sasol 公司又开发出了直径 10.7 米、单台产能达 20 000 桶/天的固定流化床反应器。近年来，Sasol 公司开发出了钴基低温浆态床合成工艺（200～250℃），设计了直径 9.6 米、单台产能达 50 万～80 万吨/年浆态床合成反应器；2006 年在卡塔尔建成投产了年产量为 140 万吨天然气制油（GTL）装置，虽然在运行初期遇到催化剂流失和蜡催化剂分离问题，但已于 2008 年实现正常运行。2008 年，Sasol 公司使用钴基低温浆态床合成工艺在尼日利亚建成投产了年产量 140 万吨的 GTL 装置[2]。此外，Sasol 公司将在美国建设年产量 400 万吨的 GTL 装置，预计 2014 年完成设计，2018 年建成投产。Sasol 公司钴基低温浆态床合成工艺至今并未用于煤制油领域，该工艺催化剂价格高，要求催化剂寿命长，须避免由于催化剂磨损带来的钴的损失，并且产生的大量低压蒸汽难以得到有效利用。Sasol 公司在 1995 年前主要依靠政府补贴维持运行，1995 年后开始盈利，而不再依赖于政府补贴。目前，南非 Sasol 公司是世界上最大的综合性煤化工企业，年耗煤 5000 万吨以上；以煤间接液化技术为核心，年产油品和化学品 850 万吨，其中油品 600 万吨；生产的合成油供应南非 30% 的油品市场，并提供 300 多种化学品。Sasol 公司 2011 年销售额达 170 亿美元，实现利润 28 亿美元。南非近 60 年技术发展的实践证明煤制油产业是可以赢利的，技术的不断进步是突破煤制油技术经济瓶颈的关键所在。近年来，Sasol 公司一直尝试将其费托合成技术拓展到中国和印度煤制油市场。

除南非 Sasol 公司外，荷兰 Shell 公司也拥有工业化的费托合成技术。该公司于 1993 年在马来西亚建成一套天然气制中间馏分油的年产量为 50 万吨的装置，采用固定床钴基催化剂合成技术，反应器直径为 7 米，单台产能为 3000 桶/天。近年，该装置扩建为年产量 75 万吨，单台反应器产能提高到 8000 桶/天。2011 年 Shell 公司在卡塔尔建成投产了年产量为 150 万吨的 GTL 装置，但 Shell 公司至今未将其合成油技术推广到煤制油领域。到目前为止，国际上仅有南非 Sasol 公司和荷兰 Shell 公司拥有费托合成油工业技术，其他如美国 Syntroleum 公司、美国 Exxon-Mobil 公司、美国 ConocoPhillips 公司、英国 BP-Amoco 公司、丹麦 Tops φe 公司等也在开发费托合成技术，但均未实现商业化[2]。

二、我国煤炭间接液化产业化进展

我国是世界上较早拥有煤制油工厂的国家之一。1937 年，锦州石油六厂引进德国常压钴基固定床费托合成技术建设煤制油厂；1943 年运行并年产原油 100 吨，1945 年日本战败后停产；1950 年恢复扩建了锦州煤制油装置，1951 年生产出油，1959 年产量最高时达 4.7 万吨/年。1953 年，中国科学院大连石油研究所曾进行了 4500 吨/年循环流化床合成油中试试验，后因大庆油田发现，煤制油装置关闭，技术开发终止。

20 世纪 80 年代初，国家考虑到未来能源的战略需求，重新恢复了煤制油技术的研究与开发，中国科学院山西煤炭化学研究所提出煤炭间接液化的固定床两段合成工艺，1989 年完成年产量的 100 吨中试，1993 ~ 1994 年完成了年产量 2000 吨的工业试验，产出合格的 90 号汽油。但因当时油价低迷、工艺效率较低、技术经济性等因素，试验终止。

1998 年，中国科学院山西煤炭化学研究所开始大胆尝试高效浆态床合成油工艺技术的开发，2001 年建成千吨级浆态床合成油中试装置，2004 年开发出低温浆态床费托合成工艺及铁基催化剂技术。2005 年，该研究所在国际上首次提出高温浆态床费托合成工艺概念，其特征是费托反应在高温区 260 ~ 290℃操作，副产高品位蒸汽（2.0 ~ 3.0 兆帕）联产发电，可有效地平衡全系统的热量，克服了低温浆态床工艺（0.5 ~ 0.8 兆帕）副产的低品位蒸汽难以利用的缺点，从而提升煤间接液化过程的整体能量利用效率。2005 ~ 2008 年，该研究所成功地开发出了适用于高温浆态床合成的铁基催化剂，在反应温度 275℃下，CO 总转化率可达到 95% 以上，CH_4 选择性在 3% 以下，C_3^+选择性 > 96%，催化剂时空产率可达 1.2 ~ 1.5 克油品/克催化剂，产油能力达 1500 ~ 1800 吨油/吨催化剂，其反应活性是传统固定床费托催化剂的 10 倍以上，是低温浆态床费托催化剂的 4 ~ 5 倍。2009 年，内蒙古伊泰集团、山西潞安集团公司和中国神华集团三个年产量为 16 万 ~ 20 万吨的煤炭间接液化示范厂建成；2009 年，伊泰集团和潞安集团合成油示范厂成功出油；2010 年、2011 年伊泰集团和潞安集团示范厂相续实现了满负荷运行。示范厂的成功运行验证了高温浆态床合成油工艺概念，整体能效由低温浆态床合成工艺的 37% ~ 38% 提高到高温浆态床合成工艺的 40% ~ 42%，预计该工艺放大到百万吨级规模，整体能效将进一步提升到 44% ~ 47%。到目前为止，两个示范厂已运行了将近 5 年，这标志着我国已完全自主掌握了先进高效的煤炭间接液化工业技术[3,4]。

2006 年，中国科学院山西煤炭化学研究所联合国内大型煤炭企业包括内蒙古伊泰集团、山西潞安集团、中国神华集团、徐州矿业集团等单位，成立了中科合成油技术有限公司。该公司成为我国煤炭间接液化产业发展的技术支撑实体。

中国神华集团年产量18万吨煤炭间接液化示范厂2010年进行了两次开车验证试验。2011年中国神华宁夏煤业集团公司年产量400万吨煤制油项目决定采用中科技术，导致南非Sasol合成油技术退出中国市场。自主煤制油技术与国外技术对比如表1所示。由表1可见，中科技术在过程总能效率、催化剂活性和产油能力、甲烷和油品选择性方面具有明显的技术优势。

表1　中科合成油技术与国外合成油技术的工艺指标对比[2~5]

主要工艺参数和技术指标	Shell 工艺	Sasol 工艺		中科技术	
				高温浆态床	
	低温固定床	高温流化床	低温浆态床	示范厂	大规模
工艺参数：					
催化剂	钴	铁	铁/钴	铁	
反应器	固定床	流化床	浆态床	浆态床	
操作温度/℃	190~220	300~340	200~250	260~290	
副产蒸汽压力/兆帕	0.5~0.8	3.5~5.0	0.5~0.8	2.5~3.0	
催化剂水平：					
甲烷选择性/(质量分数)	5~7	10~12	5~6/8~10	2~3	<3
时空产率/（克 C_3^+ 烃/克催化剂·小时)	0.20~0.25	0.30	0.20~0.30	1.0~1.5	>1.0
产能/（吨油/吨)	1000~1500	200~250	250（1000)	1500~1800	
单位油品催化剂成本/(元/吨油品)	>300	>300	>300	<100	
整体工艺指标：					
产品加工催化剂体系	硫化态	硫化态	硫化态	非硫化态	
产品中硫含量/ppm	<5	<5	<5	<0.5	
合成气消耗/(标准立方米/吨油)	5800~5900	6000	5700	5400	5300
过程总能量转换效率/%	37~38	38~39	37~38	40~41	44~47

以中科技术为代表的我国自主研发的煤制油技术经过“十一五”示范厂运行成功后，在“十二五”期间已经启动了多个百万吨级煤制油商业项目，主要包括：神华宁煤项目（年产量为400万吨），山西潞安项目（年产量为180万吨，其中一期年产量为100万吨），新疆伊犁项目（年产量为540万吨，其中一期年产量为100万吨），新疆甘泉堡项目（年产量为540万吨，其中一期年产量为200万吨），内蒙古准噶尔项目（年产量为400万吨，其中一期年产量为200万吨），内蒙古杭锦旗项

目（年产量为400万吨，其中一期年产量为120万吨），内蒙古锡林郭勒项目（年产量为100万吨），贵州项目（年产量为500万吨，其中一期年产量为120万吨），此外山东兖矿公司在陕西榆林采用低温浆态床合成油技术正在建设100万吨/年煤制油装置。预计到2016年，我国煤炭间接液化产业将形成产能约1300万吨/年，2020年形成产能约3100万吨/年。届时，我国煤制油产量将达到石油进口量的10%～15%。

三、我国煤炭间接液化产业化趋势与展望

2012年，国家发展和改革委员会、国家能源局编制的《煤炭深加工示范项目规划》及《煤炭深加工产业发展政策》出台实施，提出在“十一五”期间我国自主的煤炭间接液化技术获得成功示范基础上，“十二五”期间示范技术将推进到100万吨级以上的重大示范项目级别上，同时对煤炭间接液化的能源转化效率、煤耗、水耗、技术装备水平提出了更高、更为严苛的要求，今后5～10年内煤制油技术将进入科学有序、适度规模、技术高度集成与提升的发展阶段[6]。为此，对我国未来煤炭间接液化技术发展提出以下对策和建议：

（1）强化煤炭间接液化过程放大中遇到的工程技术基础研究，集中力量解决我国煤制油大型装备设计、制造与安装的关键技术问题，譬如合成反应器由内径5米级提升到10米级、单台产能由16万～20万吨/年提升到50万～80万吨/年中的工程问题，大型煤气化炉进一步提高气化效率和煤种适用性问题等，全面提升我国煤制油领域大型装备的机加工技术水平，有效降低煤炭间接液化装置的投资规模。

（2）在单元过程技术进一步优化创新的基础上，加强整体过程的系统集成优化工艺模拟与仿真研究，确保在百万吨级煤间接液化装置上能源转化效率达到42%以上，单位产品综合能耗低于4吨（标煤）/吨油。

（3）加强费托合成催化剂和油品加工催化剂的基础研究，从反应机理和活性相结构上寻求理论突破，指导研制活性更高、油品选择性更优、寿命更长的工业催化剂，降低单位催化剂油品成本，实现催化剂的升级换代。

（4）开发多样性的油品加工和化学品加工新工艺，进一步优化产品结构，逐步实现柴油、汽油、航煤、基础润滑油、特种燃料、高附加值化学品等多种产品生产，满足大都市区域对无硫、无氮、低芳的高品质油品的需求。

（5）选择具备合适容量水源的地区建设煤制油装置，特别关注煤制油过程中的污水处理和水循环回用技术的攻关，采用最先进的空冷和密闭循环技术，控制水耗在6吨/吨油品以下，实现水质达标和零排放[7,8]。

（6）积极应对煤制油过程中的碳排放问题，通过提高煤制油装置的整体能量利

用效率来实现 CO_2 相对减排 5% ~8%，在煤制油装置脱碳单元可释放出纯度 99% 以上的 CO_2，可与未来 CO_2 捕集和封存（CCS）工程对接，实现 CO_2 绝对减排 60% 以上，此外也可参与汇碳造林工程来承担社会责任[7,8]。

（7）针对我国拥有难以利用的大量的低热值褐煤资源，积极开发煤炭分级液化技术，实现褐煤的梯级有效利用，形成新一代煤制油技术。

参 考 文 献

[1] BP. BP statistical review of world energy. 2013. http://www.bp.com/content/dam/bp/pdf/statistical-review/statistical_review_of_world_energy_2013.pdf [2013-12-20].

[2] Mark E. Dry, Fischer-Tropsch synthesis-industrial. In: Horváth I S Encyclopedia of Catalysis. New York: John Wiley & SonsInc, 2010: 1-3.

[3] Li Y W, Xu J, Yang Y. Diesel from syngas. In: Vertès A A, Qureshi N, Yukawa H, et al. Biomass to Biofuels: Strategies for Global Industries. Berlin: Wiley-VCH, 2009: 123-139.

[4] Li Y W, Klerk A. Industrial case studies. In: Maitlis P M, Klerk A. Greener Fischer-Tropsch Process for Fuels and Feedstocks. Berlin: Wiley-VCH, 2013. 107-128.

[5] Hook M, Aleklett K. A review on coal to liquid fuels and its coal consumption. International Journal of Energy Research, 2010, 34 (10): 1-22.

[6] 国家发展和改革委员会，国家能源局．煤炭深加工示范项目规划．2012.

[7] 李慧．煤制油产业三问：未来-产业化-环保．化工管理，2013，10：45-46.

[8] 张兴刚．煤制油技术：能源替代殊途同归．中国石油和化工，2013，10：16-18.

Progress in Industrialization of Indirect Coal-to-Liquid Technology

Li Yongwang, Yang Yong, Xiang Hongwei

(Institute of Coal Chemistry, Chinese Academy of Sciences; Synfuels China Co., Ltd.)

China needs to independently develop indirect coal-to-liquid (CTL) technology for commercialization, which can relieve the tense situation of oil supply and ensure the economic sustainable development. Currently, China has successfully run CTL demonstration plant and achieved the industrially proven technology of Fischer-Tropsch catalyst and synthesis reactor, and has been designing and setting up million ton scale CTL commercial plant. The paper briefly introduces the progress of indirect CTL technology over the world, analyzes to solve the key basic research and engineering problems for the construction of CTL industry with an outlook for the future, and puts forward the challenges and countermeasures in carbon emissions, energy efficiency and water resources utilization.

4.6 煤制烯烃技术产业化进展

沈江汉 穆 昕 刘中民
（中国科学院大连化学物理研究所甲醇制烯烃国家工程实验室；
新兴能源科技有限公司）

众所周知，煤炭是最基本的能源之一，同时也是许多重要化工品的基础原料。随着社会经济的持续、高速发展，近年来我国能源、化工品的需求也出现较快的增长速度，煤化工在能源、化工领域中扮演着越来越重要的角色。新型煤化工以生产洁净能源和可替代石油化工产品为主，与其他化工技术结合，可形成煤炭-能源化工一体化的新兴产业。煤制油、煤制烯烃、煤制二甲醚、煤制天然气和煤制乙二醇作为工业示范项目被列入我国于2009年颁布的《石化产业调整和振兴规划细则》，体现了我国政府对稳步发展煤化工的重视。

低碳烯烃（乙烯、丙烯）是化学工业中最重要的基本原料，主要用途是作为生产塑料、合成树脂、纤维、橡胶等重要化学品的原材料。传统的烯烃生产路线中的主要原料为石油。煤制烯烃是以煤为原料，经由甲醇生产烯烃的非石油路线工艺，对现代化学工业的发展具有战略意义。在这个过程中，由煤生产合成气及由合成气生产甲醇已是非常成熟的技术，目前已经进行大规模工业化生产，而由甲醇制取低碳烯烃是该技术路线的关键所在[1,2]。由于主要目标产品的不同，人们将以乙烯和丙烯同时为主要目标产品的甲醇制烯烃技术称为MTO（methanol to olefins）技术，将以丙烯为主要目标产品的甲醇制烯烃技术称为MTP（methanol to propylene）技术[3]。

一、煤制烯烃技术产业化国际最新进展

到目前为止，国内外报道较多、开发较为成熟的甲醇制烯烃国外工艺技术主要有美国环球油品公司（UOP）的MTO技术、埃克森美孚公司（ExxonMobil）的MTO技术和德国鲁奇（Lurgi）公司的MTP技术。

由于国外煤炭开采和转化的政策与国内不同，并且国外的甲醇生产主要以天然气为原料，国外目前并没有煤制烯烃（包括单独的甲醇制烯烃）商业化工厂的建设和投产。相反，UOP公司和鲁奇公司的甲醇制烯烃技术均许可给了中国国内的企业，在中国建设了煤制烯烃工业化装置。此外，众多国外大型公司，如美国的陶氏

化学公司（Dow）、沙特的基础石化公司（Sabic）、日本的三菱化学株式会社（Mitsubishi）、韩国的大韩油化工业株式会社（KPIC）、美国的西湖化学公司（Westlake）等对煤制烯烃或甲醇制烯烃项目进行了持续的考察和研究，对在中国甲醇制烯烃项目显示出浓厚的兴趣和追逐。

二、中国煤制烯烃技术产业化最新进展

中国的煤制烯烃项目，在一系列技术突破的支持和国际高油价的刺激下，已经全面走出试验室，进入了商业化生产阶段，在建、拟建项目总规模已达到年产烯烃1000 多万吨。煤制烯烃行业在中国有着广阔的市场需求和发展机遇，是未来 20 年煤炭综合利用的重要发展方向之一，对于我国减轻燃煤造成的环境污染、降低国家对进口石油的依赖，具有重大意义。

（一）中国煤制烯烃产业现状

1. 烯烃需求量大，市场发展空间广阔

乙烯、丙烯等低碳烯烃是现代化学工业的基础，烯烃的生产需要消耗大量的石油资源。以乙烯为例。2012 年我国生产 1500 多万吨乙烯，约需 1 亿吨原油；尽管如此，乙烯的产量还不能满足市场需求。2012 年，我国乙烯当量消费量为 3190 万吨，对外依存度达 52.5%。如表 1 所示，根据工信部《烯烃工业“十二五”发展规划》预计，到 2015 年我国乙烯自给率也只有 64%。因此，利用我国丰富的煤炭资源，大力发展煤制烯烃产业，在我国具有广阔的市场前景[4]。

表 1 《烯烃工业“十二五”发展规划》中提出的发展目标

	指标	2005 年	2010 年	2015 年
乙烯	产量 /（万吨/年）	755.5	1419	2430
	当量需求量/（万吨/年）	1785	2960	3800
	国内保障能力/%	42.3	48	64
丙烯	产量 /（万吨/年）	802.7	1350	2160
	当量需求量/（万吨/年）	1346	2150	2800
	国内保障能力/%	60	63	77

2. 具备自主知识产权的核心技术得到了商业应用

20 世纪 70 年代，石油危机引发了利用非石油资源生产低碳烯烃的技术研究。

国家有关部委和中国科学院立足于对国情的深刻认识，早在“六五”期间就把非石油路线制取低碳烯烃列为重大项目，给予了重点和连续的支持。中国科学院大连化学物理研究所（简称大连化物所）于20世纪80年代初在国内外率先开展了天然气（或煤）制取低碳烯烃的研究工作，主要围绕其关键的中间反应环节甲醇制烯烃过程（MTO）进行了连续攻关，并在“七五”、“八五”期间分别完成了小试、中试研究。为使具有世界先进水平并拥有自主知识产权的MTO研究成果能真正实现工业化应用，大连化物所与中国石油化工集团洛阳工程有限公司（简称洛阳院）强强联手，充分借鉴其在“流化催化裂化”工程技术上的丰富经验，通过建设一套每天加工50吨甲醇的工业化试验装置，进行并完成工业化试验，形成了一套完整的MTO工业化成套技术。为了表明其所发展的MTO工艺也可以应用于二甲醚原料，大连化物所将该工艺命名为DMTO。DMTO工业化技术的开发为我国建设百万吨级/年的甲醇加工能力的大型甲醇制烯烃工业化装置奠定了坚实的技术基础。由大连化物所控股的新兴能源科技有限公司和洛阳院于2007年9月与世界煤炭生产能力最大的能源巨头中国神华集团签订了全世界首套大型煤制烯烃项目——年产60万吨烯烃的DMTO技术许可合同。

2009年2月，神华包头煤化工有限公司180万吨/年煤基甲醇制60万吨/年烯烃项目被列入我国《石化产业调整和振兴规划》，体现了国家对于稳步推进煤化工示范工程的重视。2010年，神华包头煤化工有限公司、大唐内蒙古多伦煤化工有限责任公司和神华宁夏煤业集团的三个煤制烯烃项目相继建成、投料试车或投产。这标志着从煤到烯烃全技术流程在商业化规模上得到了实现。2010年8月8日，世界首套甲醇制低碳烯烃工业装置——年产60万吨烯烃的神华包头煤化工有限公司的煤制烯烃DMTO项目装置投料试车一次成功。这标志着我国煤制烯烃新兴产业取得了里程碑式的进展，也验证了DMTO技术在商业化应用中的成熟度，其完全具备了从科技成果向生产力转化的条件。

（二）煤制烯烃商业化装置运行概况

目前已经建成的煤制烯烃商业装置包括神华包头煤化工有限公司、大唐内蒙古多伦煤化工有限责任公司和神华宁夏煤业集团公司的三个项目，其核心技术分别采用了大连化物所自主研发的DMTO技术和德国鲁奇公司的MTP技术。另外，我国东南沿海等没有煤炭资源的城市还建设了以直接采购甲醇为原料的甲醇制烯烃商业装置。

1. 神华包头煤化工有限公司煤制烯烃项目

神华包头煤化工有限公司煤制烯烃项目是国家现代煤化工示范工程，也是

“十一五”期间国家核准的唯一一个特大型煤制烯烃工业化示范工程项目。该项目是世界首套、全球最大，以煤为原料，通过煤气化制甲醇、甲醇转化制烯烃、烯烃聚合工艺路线，生产聚烯烃的特大型煤化工项目。其中，最关键的核心装置采用中国自主知识产权 DMTO 工艺技术。该项目包括年产 180 万吨煤基甲醇联合化工装置、年产 60 万吨甲醇基聚烯烃联合石化装置，以及配套建设的热电站、公用工程装置、辅助生产设施和厂外工程等。2009 年 12 月 26 日，化工装置全部建成并中交；2010 年 8 月 8 日，甲醇制烯烃装置正式投料，装置一次投料试车成功、运行平稳，甲醇转化率达到 99.9% 以上，乙烯加丙烯选择性达到 80%，所生产的乙烯、丙烯等产品完全符合聚合级烯烃产品的规格要求。自 2011 年 1 月 1 日神华包头煤化工有限公司煤制烯烃装置正式进入商业化运营以来，2011 年和 2012 年全年各生产聚烯烃 50.2 万吨和 54.6 万吨，分别实现销售收入 56.4 亿元和 46.7 亿元，为国家上缴利税 8 亿元和 7.7 亿元，每年的净利润均接近 10 亿元。2013 年 1 ~9 月，该装置生产聚烯烃 40.04 万吨，实现销售收入 44.02 亿元，实现利润 8.62 亿元。神华包头煤化工有限公司煤制烯烃装置近三年的商业化稳定运行和良好的经济效益，充分证明了煤制烯烃项目及 DMTO 技术的技术优势和经济优势，也奠定了我国在世界煤制烯烃工业中的国际领先地位。

2. 神华宁夏煤业集团煤制丙烯项目

神华宁夏煤业集团年产 50 万吨煤制丙烯项目于 2007 年开工建设，核心装置采用德国鲁奇公司的 MTP 技术。项目设计规模为每年用煤量约 526 万吨，中间产品甲醇 167 万吨，年产 52 万吨聚丙烯，同时每年副产 18.48 万吨汽油等产品，达产后年产值近 80 亿元。该项目 2010 年 9 月进入投料试车阶段，2011 年 4 月底产出合格的聚丙烯，2012 年进入商业化运行。据中国煤化网[①]报道，2012 年，神华宁夏煤业集团煤制丙烯装置生产了 40.5 万吨聚丙烯，17.8 万吨混合芳烃，6.6 万吨液化气，实现营业收入 58 亿元，利润 4.15 亿元。2013 年，神华宁夏煤业集团煤化工板块全年生产甲醇 85.6 万吨、聚丙烯 45 万吨、聚甲醛 5.1 万吨，实现营业收入 65 亿元，利润 11 亿元。

3. 大唐内蒙古多伦煤化工有限责任公司煤制丙烯项目

大唐内蒙古多伦煤化工有限责任公司位于内蒙古多伦县的煤基丙烯项目于 2005 年 9 月开工建设，核心装置采用德国鲁奇公司的 MTP 技术。该项目以内蒙古锡林浩

① 参见：www. chinacoalchem. com.

特市胜利煤田褐煤为原料，年产中间产品甲醇168万吨，年产最终产品聚丙烯46万吨及副产精甲醇24万吨、汽油12.95万吨，液化石油气6.66万吨。2010年，该项目进入投料试车阶段，于2012年3月16日正式转入试生产阶段，但试生产和运行结果未见公开报道。

4. 宁波富德能源有限公司甲醇制烯烃项目

宁波富德能源有限公司（原宁波禾元化学有限公司）年产30万吨聚丙烯、50万吨乙二醇项目是我国首套以外购甲醇为原料，在沿海地区建设的大型甲醇制烯烃项目。项目总投资约60亿~70亿元，项目主体包括180万吨/年的甲醇制烯烃装置、39万吨/年的聚丙烯装置、50万吨/年的乙二醇装置，其中核心技术仍然采用了具有我国自主知识产权的DMTO工艺技术，是继神华包头煤化工有限公司煤制烯烃项目之后，全球第二套建成投产的甲醇制烯烃项目，也是首套以外购甲醇为原料，在沿海地区建设的大型甲醇制烯烃项目。宁波富德DMTO装置于2013年1月28日投料试车成功，2月3日生产出合格聚合级乙烯和丙烯，目前该装置正满负荷运行。该项目的成功再一次证明了DMTO技术的可靠性和国际领先地位，同时也开创了一条以外购甲醇为原料生产低碳烯烃的新路线。这对于缺乏煤炭资源、且烯烃需求旺盛的沿海发达地区经济发展具有重要的借鉴意义。

5. 中石化中原石油化工有限责任公司甲醇制烯烃乙烯原料路线改造示范项目

中国石化中原石油化工有限责任公司总投资15亿元，在河南濮阳建设了乙烯原料路线改造示范项目工程，其设计能力为每年使用60万吨的甲醇生产出10.6万吨的聚合级乙烯及9.9万吨的聚合级丙烯。该项目采用的甲醇制烯烃技术是由中国石化上海石油化工研究院、中国石化工程建设公司（SEI）和北京燕山石化公司联合开发的SMTO工艺技术。该示范装置于2010年8月开工建设，2011年8月建成，2011年10月10日装置产出合格乙烯、丙烯，实现装置开车一次成功。据报道，中国石化集团将以该示范工程为基础，继续推进建设分别位于河南鹤壁、安徽淮南和贵州毕节的三个180万吨煤基甲醇制烯烃项目。

6. 惠生（南京）清洁能源股份有限公司甲醇制烯烃项目

2011年，惠生（南京）清洁能源股份有限公司采用了美国UOP公司/挪威海德鲁（现被英利士（INEOS）收购）的MTO工艺，开始建设年生产能力为29.5万吨乙烯丙烯的甲醇制烯烃装置，下游年产25万吨丁辛醇，总投资约19.7亿元。2013年9月下旬，惠生工程技术服务有限公司宣布，惠生（南京）清洁能源股份有限公司首套30万吨/年烯烃的甲醇制烯烃装置在南京化学工业园区开车成功，产出合格产品，但试运行结果未见其他公开报道。

三、我国煤制烯烃技术产业化的未来展望

（一）我国煤制烯烃产业布局

考虑到我国贫油、少气、富煤的资源结构特点，按照国家规划，煤制烯烃是实现“石油替代”战略的重要途径之一。煤制烯烃项目对煤炭资源、水资源、生态环境、技术、资金等有一定的要求。由于煤制烯烃需要先由煤制得甲醇，再由甲醇进一步转化为烯烃（乙烯和丙烯，DMTO 技术）或丙烯（MTP 技术），因此煤制烯烃首先受制于煤资源。在我国，煤炭主要分布于黄河中上游、内蒙古东北和辽宁西部、黑龙江东部、苏鲁豫皖、中原、云南和贵州、新疆七大区域（图1）。同时，煤制甲醇过程还需要大量的水资源，而我国往往是煤水资源呈现逆向分布的态势，因此，煤制烯烃主要在煤炭资源丰富并且水资源较丰富的地区内实施，以此带动当地煤化工园区的发展。

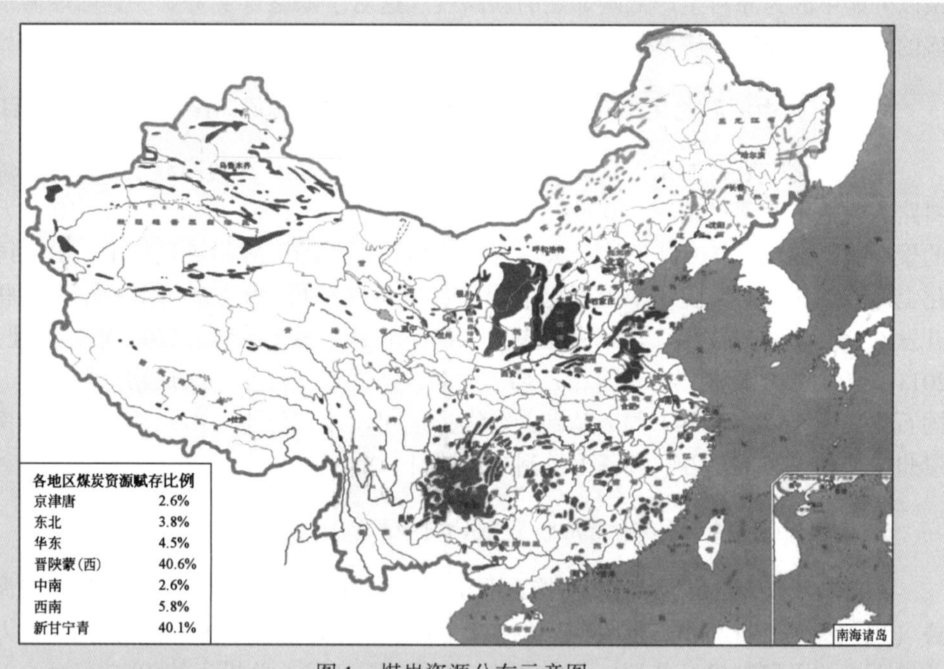

图1　煤炭资源分布示意图

资料来源：煤炭网：http：//www. coal. com. cn/Gratis/2009-12-30/Article Display-218770. shtml.

随着全球对 CO_2 排放问题的关注，节能减排越来越引起政府的重视，表 2 中列出了煤化工各种工艺路线的 CO_2 排放量。从万元产值的 CO_2 排放量来看，煤制烯烃在各煤炭转化路线中占据优势。

表 2 各种技术工艺路线下万元产值 CO_2 排放量一览表

工艺	发电	煤制油（间接法）	煤制甲醇	煤制乙二醇	煤制烯烃
万元产值 CO_2 排放/吨	19.7	15.3	15.8	9.3	11.9

资料来源：中国科学院大连物理化学研究所，“煤化工产品能源效率、碳效率及万元产值 CO_2 排放”调研结果。

在神华包头煤化工有限公司煤制烯烃装置成功运行后，近几年拟建、在建的煤制烯烃（甲醇制烯烃）装置迅猛发展，中国甲醇制烯烃产业正在迅速形成之中，多数装置将于 2015 ~ 2017 年建成投产。这些装置全部投产后，我国通过煤基甲醇（或天然气基等其他来源的甲醇）制取的乙烯和丙烯年产能将达到 1200 万吨以上，这其中有部分装置（少于 7 套）是直接采用甲醇为原料建设的，其余都是以煤炭为原料建设的。

（二）煤制烯烃产业发展的问题与展望

非石油路线生产烯烃，无论是采用煤炭、天然气转化，还是以生物质为原料转化，现阶段都必须经过甲醇这一中间过程，再以甲醇为原料制取烯烃。那么，解决甲醇来源便成为了制约非石油路线烯烃生产的主要问题。

1. 煤基甲醇

煤炭企业多依托其煤炭资源，进行就地转化，譬如神华包头煤化工有限公司的煤制烯烃项目。这样做的优势在于不受上游原料的制约，可将化工联合装置和石化联合装置整合建设，实现石油替代，提高企业抗风险能力。其劣势在于，资源决定厂址，项目的选址受到资源的限制。因此，煤制烯烃项目往往建在我国西部地区。

烯烃是基本的化工原料，其下游产品类别庞大，品种丰富，包括聚丙烯（PP）、聚乙烯（PE）、乙二醇、丙烯醇、聚苯乙烯、异丙醇等。随着我国沿海经济的蓬勃发展，尤其是民营企业的日益壮大，对乙烯、丙烯的需求尤为旺盛。很多中小企业生产精细化学品缺乏原料来源，发展受限。

由此可见，需要采取相应的策略解决煤基甲醇严重的产销地域不一致的问题。

2. 焦炉煤气制甲醇

除了可以通过煤制取甲醇，通过焦炉煤气和天然气生产甲醇也有成熟的技术工艺。在传统的炼焦过程中，会产生大量的焦炉煤气。由于目前我国焦化产业只注重焦炭生产而忽略化工产品回收，焦化生产主要副产品——焦炉煤气大量直接燃烧放散（俗称“点天灯”），每年由此造成的经济损失达数百亿元。事实上，利用焦炉煤气制取甲醇工业化技术已经非常成熟，若能将甲醇生产乙烯、丙烯，并与焦化中产生的苯结合，生产苯乙烯、对二甲苯等化工产品，不仅可以打破焦化行业产业链短、产品单一的传统格局，开创以新技术带动原有产业向产品多元化发展的新格局，而且非常符合国家节能减排政策，同时利于资源合理利用，提高企业的抗风险能力。

3. 进口甲醇

世界甲醇资源相对丰富。2010 年，全球甲醇总产能约为 8000 万吨，预计 2014 年可达 9300 万吨，中东、非洲和南美洲是甲醇的主要输出国。通过进口甲醇，可以摆脱煤制烯烃工厂对煤、水等资源的依赖；同时，市场决定厂址，可以将甲醇制烯烃装置建在东南沿海等地区；直接进口甲醇制烯烃还有利于保护环境，避免甲醇合成中相对高污染的化工过程，同时无 CO_2 排放。通过采取积极手段稳定甲醇供应，与国外大型甲醇生产商或供应商建立长期合作关系，确保稳定的供应量，同时建立相应的甲醇储备机制，稳定价格，一方面可以解决烯烃生产原料的来源，另一方面节约了石油和煤炭资源，支持可持续发展。此外，与天然气资源丰富的国家开展合作，通过共同建厂、以资源换产品等方式解决甲醇原料问题，将为烯烃的生产提供可靠保障。从这个意义上讲，进口甲醇相当于进口原油等能源。

总之，煤制烯烃是实现石油替代战略的重要途径之一。中国的煤制烯烃商业装置陆续实现了稳定运行，核心技术 DMTO 技术和 MTP 技术已经在商业化装置中得到了验证。将来的煤制烯烃项目将主要根据国家产业政策，在煤炭资源丰富并且有水资源的地区内实施，以此带动当地循环经济的发展。此外，东南沿海地区对烯烃的旺盛需求，可以通过焦炉煤气制取甲醇、进口甲醇以及与天然气资源丰富的国外企业合作生产甲醇，将甲醇运输到东南沿海港口城市的方式来解决甲醇原料来源，以此发展烯烃及下游产业。

参 考 文 献

[1] 高俊文，张勇．甲醇制烯烃催化剂和工艺的研究进展．工业催化．2005，13：226-231.

[2] 胡浩，叶丽萍，应卫勇，等．国外甲醇制烯烃生产工艺与反应器开发现状．现代化工，2008，28（1）：82-86.

[3] 魏飞，汤效平，周华群，等．增产丙烯技术研究进展．石油化工，2008，37（10）：979-986.

[4] 张明辉．我国发展煤制烯烃产业的必要性和可行性探讨．化工技术经济，2006，24（1）：17-24.
[5] 杨彩云．神华煤制烯烃实现销售收入31亿．包头日报，2011-07-26，第06版．

Progress in Industrialization of Methanol to Olefin Technology

Shen Jianghan, Mu Xin, Liu Zhongmin
(National Laboratory of Methanol to Olefin,
Dalian Institute of Chemical Physics, Chinese Academy of Sciences;
Syn Energy Technology Company, Limited)

Coal to Olefins is an important route for the oil-substitute strategy. In this paper, the technology and industrialization of coal to olefins were introduced. Development and prospect of coal to olefins were discussed. According to the national policy, distribution of coal to olefins projects in China is predicted. It's also pointed that methanol source is a key issue of methanol to olefins project, and it can be solved by producing methanol from coal or oven gas as well as imported from overseas.

4.7 第三代核电技术产业化新进展

叶奇蓁*
（中国核工业集团）

三代核电技术具有比二代核电技术更高的安全性，将是新建核电厂的主要堆型选择。目前，全球首批三代核电厂正处于建造阶段，即将开始规模化的商业应用。我国在从国外引进AP1000、EPR等三代核电技术的同时，也开发了“华龙一号”（ACP1000、ACPR1000+）、CAP1400等具有自主知识产权的三代核电技术。自主三代核电技术具有完善的严重事故预防和缓解能力，能够从实质上消除大规模放射性释放的可能性，即将在国内实现工程应用，并且已经走向国际市场，这标志着我国

* 中国工程院院士。

从“核电大国”向“核电强国”的转变。通过大规模的投资和技术改造，中国的核电装备制造业也获得了显著的发展，自主三代核电技术“华龙一号”的设备国产化率将超过 85%。

一、国际第三代核电发展情况

核电作为一种安全、经济、清洁、成熟的能源，在满足电力需求、保障能源安全、优化能源结构、减少温室气体排放、带动产业转型升级方面具有显著的优势。自从 20 世纪 50 年代诞生以来，核电技术经历了几个发展阶段，并形成了代际的概念。第一代核电是 20 世纪 50 ~60 年代建造的早期试验堆和原型堆，如苏联奥布宁斯克石墨水冷堆、英国卡德霍尔石墨气冷堆、美国希平港压水堆、加拿大罗尔弗顿重水堆等。各国通过多种堆型的探索和试验，解决了核电厂建造中的工程技术问题，验证了核电在工程和经济上的可行性。第二代核电是从 20 世纪 60 年代开始批量化建造的商用核电厂，沿袭了第一代核电的工作原理，但容量更大，技术更成熟，并通过标准化和批量化降低了造价。目前，全球运行的 400 多座核电机组绝大部分属于第二代核电厂。

从 20 世纪 80 年代至 21 世纪初，由于西方各国经济发展速度锐减，化石能源价格走低，使得新增核电装机的需求大幅回落。1979 年美国三哩岛核电厂及 1986 年苏联切尔诺贝利核电厂发生的两次核事故，也暴露了早期核电厂在安全理念和运行管理方面存在的问题，影响了公众对于核电安全的信心。为吸取两次严重事故的教训，核工业界开展了庞大的核电安全研究，重点放在了概率风险评价、严重事故预防和缓解等方面。基于这些崭新的安全理念及丰富的技术储备和经验积累，从提高核电厂安全性和经济性、提升公众信心和降低投资风险的目的出发，美国电力研究院（EPRI）在美国能源部和核管理委员会的支持下制定了《先进轻水堆用户要求文件》（URD），提出了适用于先进核电厂的总体要求，包括安全设计要求、性能设计要求、可建造性要求等，还明确提出了经济目标。随后欧洲也发布了《欧洲用户要求文件》（EUR）。国际上通常把符合 URD 或 EUR 要求的先进核电厂称为第三代核电厂[1,2]。

世界各大核电供应商按照 URD 或 EUR 的要求，研发了多种三代核电堆型。压水堆包括美国的 AP1000、法国的 EPR、韩国的 APR1400、俄罗斯的 VVER-1200（AES-2006）、美国与日本合作的 APWR 等；沸水堆包括美国与日本合作的 ABWR、ESBWR 等；重水堆包括加拿大的 ACR-1000 等。这些核电厂均具备完善的严重事故预防和缓解措施，显著降低了堆芯熔化概率和大量放射性释放概率，并通过提高电厂可利用率、延长设计寿命等手段提高了电厂的经济性。其中，最具代表性的三代核电技术是 AP1000 和 EPR，体现了两种不同的设计思路。相比于以往的核电厂，AP1000 采用革新型设计，使用简化的非能动安全设计理念，不依赖电源而是利用重力、蒸发、对流等自然力驱动安全系统运行。EPR 采用渐进型设计，在成熟技术的基础上增加能动安全系统的冗余度，增设严重事故预防缓解措施，增大单机容量。

进入 21 世纪之后，核电发展进入了复苏阶段。世界经济新一轮的增长特别是新兴国家的崛起，化石能源价格上涨，加上控制温室气体排放的压力，使得很多国家采取了积极的核电发展政策。第三代核电厂在复苏的国际核电市场中获得了良好的工程应用契机和巨大的发展空间。2011 年发生的日本福岛核电厂事故并没有从根本上逆转核电复兴的大势。三代核电技术成为各国新建核电厂的主要选择，从而以更高的安全水平满足新的核安全监管要求。ABWR 已经率先在日本实现了三代核电技术的商业应用，AP1000、EPR、APR1400、VVER-1200 的首批示范电厂则处于建造过程当中（表 1）。随着主观条件和客观环境的成熟，全球三代核电大规模产业化的帷幕正徐徐拉开。

表 1 全球三代核电技术的工程应用（截至 2013 年 12 月）[3,4]

堆型	国家（地区）	机组名称	现状	开工年份	运行年份
ABWR	日本	柏崎・刈羽 6 号机组（Kashiwazaki Kariwa-6）	运行	1992	1996
ABWR	日本	柏崎・刈羽 7 号机组（Kashiwazaki Kariwa-7）	运行	1993	1997
ABWR	日本	滨冈 5 号机组（Hamaoka-5）	运行	2000	2005
ABWR	日本	志贺 2 号机组（Shika-2）	运行	2001	2006
ABWR	日本	大间号机组（Ohma）	在建	2010	
ABWR	日本	岛根 3 号机组（Shimane-3）	在建	2007	
ABWR	中国台湾地区	龙门 1 号机组（Lungmen-1）	在建	1999	
ABWR	中国台湾地区	龙门 2 号机组（Lungmen-2）	在建	1999	
EPR	芬兰	奥尔基洛托 3 号机组（Olkiluoto-3）	在建	2005	
EPR	法国	弗拉芒维尔 3 号机组（Flamanville-3）	在建	2007	
EPR	中国	台山 1 号机组	在建	2009	
EPR	中国	台山 2 号机组	在建	2010	
APR1400	韩国	新古里 3 号机组（Shin-Kori-3）	在建	2008	
APR1400	韩国	新古里 4 号机组（Shin-Kori-4）	在建	2009	
APR1400	韩国	新蔚珍 1 号机组（Shin-Hanul-1）	在建	2012	

续表

堆型	国家（地区）	机组名称	现状	开工年份	运行年份
APR1400	韩国	新蔚珍 2 号机组（Shin-Hanul-2）	在建	2013	
APR1400	阿联酋	布拉卡 1 号机组（Barakah 1）	在建	2012	
APR1400	阿联酋	布拉卡 1 号机组（Barakah 2）	在建	2013	
AP1000	中国	三门 1 号机组	在建	2009	
AP1000	中国	三门 2 号机组	在建	2009	
AP1000	中国	海阳 1 号机组	在建	2009	
AP1000	中国	海阳 2 号机组	在建	2010	
AP1000	美国	萨默尔 2 号机组（Virgil C. Summer-2）	在建	2013	
AP1000	美国	萨默尔 3 号机组（Virgil C. Summer-3）	在建	2013	
AP1000	美国	沃格特勒 3 号机组（Vogtle-3）	在建	2013	
AP1000	美国	沃格特勒 4 号机组（Vogtle-4）	在建	2013	
VVER-1200	俄罗斯	新沃罗涅日斯基二期 1 号机组（Novovoronezh Ⅱ-1）	在建	2008	
VVER-1200	俄罗斯	新沃罗涅日斯基二期 2 号机组（Novovoronezh Ⅱ-2）	在建	2009	
VVER-1200	俄罗斯	列宁格勒二期 1 号机组（Leningrad Ⅱ-1）	在建	2008	
VVER-1200	俄罗斯	列宁格勒二期 2 号机组（Leningrad Ⅱ-2）	在建	2010	
VVER-1200	俄罗斯	波罗的海 1 号机组（Baltic 1）	在建	2012	

二、我国第三代核电技术

我国核工业诞生于 20 世纪 50 年代，以服务国防建设为主，从 70 年代末开始将重点转移到发展民用核电事业上来。我国自主设计的秦山核电厂于 1991 年并网发电，实现了中国内地核电零的突破。从法国引进技术的大亚湾核电厂于 1994 年投入运行，成为中国内地第一座大型核电厂。经过十多年对国外压水堆技术的消化、吸收和再创新，通过岭澳核电厂二期工程的实践，我国形成了二代改进型核电厂的自主品牌 CNP1000/CPR1000。根据“十一五”规划提出的“积极发展核电”的方针，我国从 2006 年开始批量化建造超过 20 台二代改进型核电机组。

在快速增加核电装机容量的同时，为了顺应国际核电发展趋势，加速引进先进核电技术，实现跨越式发展，我国政府于 2004 年开展了三代核电的国际招标，于 2006 年决定引进美国西屋公司的 AP1000 技术，并启动消化吸收工作。2009 年，作为 AP1000 自主化依托项目同时也是 AP1000 全球首批项目，浙江三门核电厂和山东海阳核电厂正式开工。同年采用法国EPR三代核电技术的广东台山核电厂也开始建造。

在自主技术积累和参考国外先进设计理念的基础上，我国在ACP1000、ACPR1000+、CAP1400等自主化三代压水堆技术的研发上取得了显著进展（表2），有望在不远的未来实现工程应用。这标志着我国在改变核电发展方式，从核电大国转型为核电强国的道路上迈出了坚实的步伐。

表2　自主三代核电技术主要指标和特征[5,6]

指标特征＼型号	ACP1000	ACPR1000+	华龙一号	CAP1400
额定电功率/兆瓦	≥1150	≥1150	≥1150	1530
电站设计寿期/年	60	60	60	60
换料周期/月*	18	18	18	18-24
电厂可利用率/%	≥90	≥90	≥90	≥93
设计地震地面加速度/g	0.3	0.3	0.3	0.3
堆芯热工裕量/%	>15	>15	>15	>15
堆芯损坏频率（CDF）（/堆·年）**	$<10^{-6}$	$<10^{-6}$	$<10^{-6}$	$<10^{-6}$
大量放射性释放频率（LRF）（/堆·年）**	$<10^{-7}$	$<10^{-7}$	$<10^{-7}$	$<10^{-7}$
职业辐照剂量/（人·Sv/堆·年）	< 1	<1	<1	<1
堆芯热功率/兆瓦	≥3050	≥3150	≥3050	4040
堆芯燃料组件数量	177	157	177	193
主回路环路数	3	3	3	2
应急堆芯冷却	能动+非能动	能动+非能动	能动+非能动	非能动
熔融物堆内滞留	能动+非能动	能动+非能动	能动+非能动	非能动
堆芯余热导出	能动+非能动	能动	能动+非能动	非能动
安全壳热量导出	能动+非能动	能动	能动+非能动	非能动
安全壳	双层	双层	双层	单层钢制

*换料周期主要取决于业主权衡换料周期为18个月或24个月的利弊，以及国家核安全局关于燃料运输限制。

**国际实践认为，概率安全指标仅是核安全水平高低的一种衡量方式，不能反映核安全的全面情况，因此必须采用确定论的安全设计，以确保核电安全的各项设施是实际到位的，预防和缓解各类事故，包括严重事故的措施是可行的。

ACP1000 是中国核工业集团有限公司（简称中核集团）在二代改进型压水堆 CNP1000 和 CP1000 的基础上，采取渐进式发展路径，通过实施一系列重大技术改进形成的具有完全自主知识产权的百万千瓦级三代压水堆品牌。ACP1000 创新性地采用了“能动与非能动相结合”的安全设计理念，既发挥了能动安全系统可靠成熟的优势，又利用非能动安全系统保证了丧失电源情况下的功能有效性，为应急堆芯冷却、堆芯余热导出、熔融物堆内滞留和安全壳热量导出等功能提供了多样化的手段。ACP1000 具有完善的严重事故预防和缓解能力，针对氢气爆炸、高压熔堆、安全壳底板熔穿和长期超压等各种严重事故现象均设置了专门的应对措施，能够保证严重事故条件下安全壳作为最后一道屏障的完整性，从设计上实质消除了大规模放射性释放的可能性。ACP1000 提高了抗震设计基准，采用双层安全壳并考虑安全相关构筑物防商用大飞机撞击设计，有效提高了应对极端外部事件的能力。ACP1000 还充分考虑了日本福岛核电厂事故的经验反馈，采取应急供电和应急供水方案，改进乏燃料池冷却和监测，满足了福岛事故后更高标准的安全监管要求。同时，延长换料周期、提高电厂可利用率、延长设计寿期、提高设备国产化率等手段进一步保证了 ACP1000 的经济性。

ACPR1000+是中国广核集团（简称中广核集团）在 CPR1000 的基础上开发的自主三代压水堆核电厂。与 ACP1000 类似，ACPR1000+也采取渐进式发展路线，采用单堆和双层安全壳的设计，具备严重事故预防和缓解能力。但是两者在具体设计理念上存在一定差异，比如：ACP1000 增加了堆芯燃料组件的数量（177 组燃料组件），而 ACPR1000+则在保持堆芯燃料组件数量不变的前提下采用加长的燃料组件。ACPR1000+仍然以能动安全系统为主，增加了安全系列和应急柴油发电机等安全设施的冗余度，同时在安全系统配置上采取了一定的简化。

ACP1000 和 ACPR1000+方案具有相同的技术基础，根据最先进的核电安全标准实施了技术改进，也考虑了我国设计体系与工业制造体系的继承性与延伸性，有利于快速实现自主三代核电技术的成型。2013 年 4 月，在国家能源局的协调之下，中核集团和中广核集团同意开展自主创新核电技术的研发合作，在 ACP1000 和 ACPR1000+基础上，联合开发融合并优化 177 个燃料组件堆芯和三个安全系列的技术特征、体现更先进安全理念、具有自主知识产权的三代百万千瓦级压水堆技术——“华龙一号”。2013 年 9 月，双方经过充分的技术交流，形成了“华龙一号”总体技术方案，并签署了技术合作协议。“华龙一号”沿用 ACP1000 的堆芯设计，采用能动与非能动相结合的安全措施，设有三个安全系列，具有完善的严重事故预防和缓解措施，以及大自由容积的双层安全壳，提高了抗震和抗商用大飞机撞击的能力。“华龙一号”的示范工程为中核集团福清核电厂 5 号、6 号机组和中广核集团防城港核电厂 3 号、4 号机组。截至 2013 年 12 月，福清 5 号、6 号已经完成了总体设计、初步安全分析报告和初步设计，并已经开展了施工图设计和主设备采购，具备了 2014 年 6 月开工建设的条件。防城港 3 号、4 号工程也在稳步推进当中，满足 2014 年 12 月开工的要求。

CAP1400 是国家核电技术公司在引进消化吸收 AP1000 技术的基础上再创新，通过增大堆芯容量、优化总体技术参数而开发形成的三代非能动压水堆核电技术。CAP1400 沿袭了 AP1000 的基本设计，包括非能动安全系统和严重事故预防缓解措施；堆芯燃料组件数量增加到 193 个，优化主回路阻力和热工水力性能，机组功率提高了 20%；钢制安全壳在 AP1000 基础上进行了创新设计，提高了承压能力和安全裕量，改善了系统布置；自主设计的钢结构混凝土屏蔽厂房具备抗击大型商用飞机撞击的能力；此外在电厂整体布置、模块化施工、仪控保护系统和放射性废物处理等方面也有一定的优化改进。CAP1400 的示范工程位于山东石岛湾，初步安全分析报告已经提交，主设备也已开展订货，具备 2014 年中开工建设的条件。

由于突破了知识产权的壁垒，顺应了国际核电发展的潮流，我国自主三代核电技术将实现核电“走出去”的战略，全面参与国际核电市场的竞争，目前已经获得了相当的国际认可度。2013 年 2 月，中核集团与巴基斯坦原子能委员会签署了卡拉奇 K2/K3 项目总承包合同，卡拉奇 2 号、3 号机组将采用 ACP1000 技术，计划 2014 年 12 月开工。这是 ACP1000 的海外首堆项目，也是我国自主三代核电技术走出国门，走向国际市场的第一步。此外，英国、苏丹、沙特、匈牙利、土耳其等国也有望成为我国自主三代核电技术的潜在市场。

三、我国第三代核电装备产业化发展情况

为了适应二代改进型核电厂批量建设的需要，“十五”和“十一五”期间，以上海电气集团、东方电气集团、哈尔滨电气集团、中国第一重型机械集团和中国第二重型机械集团等为代表的国内装备制造企业进行了大规模的投入和专项技术改造，形成了上海、四川和东北三大核电设备制造基地，具备年产 10 套左右百万千瓦级核电机组核岛主设备的供货能力，具备二代改进型核电厂绝大部分设备（除主泵、数字化仪控等少数设备外）的自主设计和制造能力，使得我国在建二代改进型核电机组的国产化率超过了 80%[7,8]。

“华龙一号”在设备上对于二代改进型核电机组具有良好的继承性，国内业已形成的二代改进型核电设备制造能力绝大部分可以直接应用于“华龙一号”机组。同时，“华龙一号”在核心和关键设备领域还有新的突破，例如研发了拥有自主知

识产权的压力容器、蒸汽发生器、堆内构件、先进的控制棒驱动机构、高性能燃料组件等。这使得“华龙一号”的设备国产化率总体水平仍将大于 85%。如果能够在“十二五”期间突破数字化仪控设备国产化的技术瓶颈，则“华龙一号”的设备国产化率可以高达 90%。“华龙一号”设备国产化水平在显著降低设备采购价格、提高电厂经济性的同时，也将实现国家鼓励核电带动国内制造产业发展的目标。

相对来说，AP1000 和 CAP1400 的主设备（比如堆内构件、蒸汽发生器、钢制安全壳等）与二代改进型核电厂的兼容性较差，其供货能力的形成需要国内装备制造企业重新投入力量开展技术转让和技术升级。通过前 2 台 AP1000 机组引进、消化和吸收核岛主设备的设计和制造技术，一重、上海电气、东方电气和哈电等国内企业将承担或者参与第 3 和第 4 台 AP1000 机组反应堆压力容器、蒸汽发生器、稳压器、堆内构件、控制棒驱动机构等核岛主设备的加工制造任务。AP1000 依托项目 4 台机组核岛设备平均国产化率约 55%，到第 4 台机组达到 70%[9]。从第 5 和第 6 台机组开始将推动除屏蔽电机主泵之外的核岛主设备的设计和制造自主化，设备国产化率的目标是 80%。CAP1400 的主设备需要在 AP1000 的基础上进一步的扩容和优化，其国产化进程也在持续推进当中。

四、第三代核电技术产业化未来五年展望

核电是百年工程，核电的技术能力、装备能力、运营管理能力的形成都需要一个长期投资逐渐积累的过程，五年的时间只是很短的过程。但另一方面，未来五年却是我国三代核电技术产业化最为关键的五年，主要体现在以下方面。

第一，首批引进的第三代核电厂将完成建设，并网发电，也将成为全球范围内最早投入商业运行的同类型机组。三门核电厂和海阳核电厂的 AP1000 机组将于 2015 年投入运行，台山核电厂的 EPR 机组将于 2014 年投入运行，很有可能超越先开工的芬兰和法国项目成为全球首个投运的 EPR 机组。这将使得我国拥有世界上最庞大的三代核电装机容量，但同时亦使我国面临首堆验证考核的严峻任务，需要严肃认真，精益求精，防止出现任何意外。当然，在验证三代核电技术的运行性能和安全水平同时，也能够为我国核电技术的下一步发展提供第一手的运行经验。

第二，自主三代核电技术“落地生根”，开始首堆工程建设。在经过安全审评之后，拥有自主知识产权的三代核电技术“华龙一号”和 CAP1400 将获得建设许可证，国内示范工程将开工建造，迈出从科研设计到商业化应用的第一步。自主三代核电示范工程对落实国家“建设核电强国”和核电“走出去”战略具有重大意义，对全面参与国际核电市场竞争起到重要的支撑作用，也将为下一步批量化、规模化

建造自主三代核电机组创造条件。

第三，自主三代核电技术将在出口市场上崭露头角，获得更广阔的市场机会。ACP1000海外首堆巴基斯坦卡拉奇K2/K3项目将继续推进，国内外首堆工程将联合发挥示范效应。同时考虑到国际核电市场将从福岛核事故的影响中逐步复苏，如果能够获得国家层面的政策和融资支持，自主三代核电技术有望在未来五年内获得更多的国际订单，从而在国际核电市场上占据一席之地。由于核电的规模性、技术密集性、产业关联性和高附加值，核电项目的出口将有利于加快我国外贸结构转型升级，创造新兴的战略产业和对外经济的增长点，从而提高“中国制造”在国际市场的整体竞争力。

第四，三代核电装备制造业将突破一批技术瓶颈，进一步提高设备自主化。装备制造业不仅要实现核电设备的国产化，而且要开展设备制造的研发，开发新的设备设计，新的制造工艺，采用新的优质材料，形成具有自主知识产权的核心技术，用以提升产品的性能和质量，提高成品率，降低成本。必须将设计和制造结合起来，形成核电装备综合集成能力，成套供应能力。通过加大研发投入，特别是增强材料和软件方面的基础研发力量，将促进这方面能力的提高，进而有助于突破技术含量比较高的核电设备（比如主泵和某些特殊阀门）在国产化方面的技术瓶颈。无论是“华龙一号”还是后续的AP1000机组，都有望在未来五年实现或接近80%左右的设备国产化率。客观地说，相比于技术设计能力，核电装备制造能力的提升更非一朝一夕之功，未来五年仍然是夯实基础、坚定投入、增加积累、持续进步的五年。

参考文献

[1] 叶奇蓁，李晓明，等．中国电气工程大典第6卷：核能发电工程．北京：中国电力出版社，2009：21-22.

[2] 张锐平，张雪，张禄庆．世界核电主要堆型技术沿革．中国核电，2009，01：85-89；02：184-189；03：276-281；04：371-379.

[3] IAEA. Power Reactor Information System（PRIS）. http：//www. iaea. org/pris/［2013-12-10］.

[4] WNA . Reactor Database. http：//www. world-nuclear. org/NuclearDatabase/［2013-12-10］.

[5] 中国核电工程有限公司，中国核动力研究设计院．ACP1000与其它国内自主三代核电技术比较报告（内部资料）. 2012.

[6] 中国核工业集团公司，中国广核集团公司．自主创新三代压水堆核电技术“华龙一号”总体技术方案（内部资料）. 2013.

[7] 王远隆．中国核电装备的国产化．科技导报，2012，30（20）：65-70.

[8] 叶奇蓁．关于中国核能发展战略的几点思考．中国核工业，2009，11：25-29.

[9] 覃乾．中国核电装备国产化路线图．装备制造，2011，5：37-41.

Progress in Industrialization of Generation Ⅲ Nuclear Power Technology

Ye Qizhen
(China National Nuclear Corporation)

Generation Ⅲ nuclear power technology, which is of higher safety than Generation II nuclear power technology, will be the major choice for new- built nuclear power plant (NPP). The first batch of Generation Ⅲ NPP in the world is under construction, and will soon start commercial operation. China has introduced Generation Ⅲ NPP such as AP1000 and EPR; meanwhile, developed Generation Ⅲ nuclear power technology with independent intellectual property rights, i. e. ACP1000, ACPR1000 + and CAP1400. With the capability of severe accident prevention and mitigation, they can practically eliminate the possibility of large radioactivity release. Domestic demonstration projects of them are about to carried out, and international market are also explored. By means of large- scale investments and technical upgrades, the nuclear power equipment manufacturing industries of China has made significant progress, with the equipment localization ratio of ACP1000 to exceed 85%.

4.8 特高压输电技术产业化新进展

刘振亚
(国家电网公司)

特高压输电是指电压等级在 1000 千伏及以上的交流输电和±800 千伏及以上的直流输电，适用于能源资源大范围优化配置、电力远距离大规模输送和跨大区电网网架构建，是一种资源节约、环境友好型先进输电技术，代表目前世界电网技术的最高水平。2004 年以来，在党中央、国务院的高度重视和关心支持下，国家电网公司联合各方力量，大力研究和发展特高压输电。经过近十年的不懈努力，我国特高压发展实现了技术、装备、工程、运行、标准的全面突破，超越欧盟、美国、日本等发达国家和地区，实现了“中国创造”和“中国引领”。特高压输电与高铁、载人航天一样，成为国家创新能力和综合实力的重要标志。加快推进特高压输电技术产业化发展和应用，对保障我国能源安全、治理雾霾、振兴民族工业、带动经济增长、增强产业国际竞争力都具有重要的战略意义。

一、特高压输电技术特点及国际产业化进展

特高压输电具有输送容量大、距离远、效率高、损耗低、占地少等显著优越性。1000 千伏交流特高压线路的输电功率能达到 500 万千瓦，经济输电距离为 1500 公里，分别是 500 千伏交流超高压线路的 4 ~ 5 倍和 3 倍；±800 千伏直流特高压线路输电功率达到 800 万千瓦，经济输电距离为 2300 公里；±1100 千伏直流特高压线路输电功率可达到 1400 万千瓦，经济输电距离 4500 公里。纵观世界电网发展历程，特高压输电技术发展主要分为三个阶段。

1. 第一阶段：以西方发达国家为主的理论和试验研究阶段（1960 ~ 2000 年）

20 世纪 60 ~ 90 年代，美国、苏联、日本、意大利等国根据经济发展和电网升级发展的需要，相继建成了特高压输电试验室、试验场和试验线路，对特高压输电进行了大量研究。1988 年，国际大电网会议（CIGRE）第 38 工作组对特高压进行评估，认为发展特高压输电技术是可行的。进入 90 年代中后期，受西方发达国家经济增速降低、电力需求增长放缓等影响，特高压输电技术研发和应用处于停滞状态，电压控制、电磁环境控制、雷电防护、设备制造等难题未能全面突破，没有形成产业化的技术和设备制造能力。

2. 第二阶段：以中国为主导的全面研究和工程实践阶段（2004 ~ 2010 年）

进入 21 世纪，我国能源需求快速增长，能源安全、能源经济、能源环境问题突出，煤电运紧张反复出现，雾霾问题日益严峻。鉴于发展特高压对国家能源安全和清洁发展的重要意义，从 2004 年起，国家电网公司全面开展了特高压输电关键技术研究、成套设备研制和示范工程建设，取得重大突破，在国际上率先形成了特高压输电技术产业化能力。特高压交流试验示范工程和直流示范工程分别于 2009 年 1 月、2010 年 7 月建成投运，截至 2013 年年底，已分别安全运行 5 年和 3 年半，累计输电超过 1100 亿千瓦时，全面验证了特高压的安全性、经济性和环境友好性，为中国和世界特高压发展奠定了基础。

3. 第三阶段：以中国为带动的大规模建设和推广应用阶段（2011 ~ 2050 年）

在试验示范工程基础上，我国近年来有一批新的特高压工程建成、在建或开展

前期工作（表1）。基于我国的特高压技术突破，巴西、俄罗斯、印度、欧洲和非洲国家都在积极发展特高压，市场前景广阔（表2）。德国、瑞典、日本等国企业也大力研发特高压装备。特高压输电技术产业化正在全球范围逐步形成，我国在新一轮竞争中占据主导地位。

表1　国家电网公司在运和在建特高压输电工程概况

	工程名称	电压等级/千伏	投运或计划投运时间	线路长度/公里	输送功率/万千瓦
投运工程	晋东南—荆门	1000	2009 年 1 月	640	500
	向家坝—上海	±800	2010 年 7 月	1907	640
	晋东南—荆门扩建	1000	2011 年 12 月	0	500
	锦屏—苏南	±800	2012 年 12 月	2059	720
	淮南—浙北—上海	1000	2013 年 9 月	2×649	620（远期 1000）
在建工程	哈密南—郑州	±800	2014 年 1 月	2210	800
	溪洛渡—浙西	±800	2014 年 12 月	1680	800
	浙北—福州	1000	2015 年 3 月	2×603	1000

表2　特高压电网在国外发展前景

国家和地区	内　容
巴西	2013 年 1 月，巴西确定美丽山水电送出项目采用中国国家电网公司提出的±800 千伏特高压直流工程方案。
俄罗斯	2013 年 3 月，中国国家电网公司与俄罗斯统一电力国际集团签署了《关于开展扩大中俄电力合作项目可行性研究的协议》，拟在俄罗斯远东地区建设大型电源基地，通过特高压向中国送电。
印度	印度正在推进特高压交流和直流工程建设。
欧洲	部分欧洲国家计划实施“沙漠光伏计划”，在撒哈拉沙漠建设大型光伏发电基地，通过特高压电网送至欧洲。
非洲	非洲正在推进“大英加”项目，拟将刚果（金）的水电通过特高压电网输送至南非。

二、我国特高压输电技术产业化新进展

我国高压输电长期以来走“引进、消化、吸收、再创新”的发展模式，各电压

等级电网建设比发达国家滞后20年以上。为抢占制高点，国家电网公司始终把加快特高压输电技术产业化，带动我国电工装备业升级作为发展特高压的重要战略内容，按照“基础研究—工程设计—设备研制—试验验证—系统集成—工程示范”的技术路线，联合我国电力、机械行业的科研、设计、制造、高校、建设等百余家单位，采用依托工程、产学研协同攻关的创新模式，全面开展特高压输电技术和设备的研发。经过不懈努力，实现了特高压科研设计、设备研制、工程建设和运行管理的全面突破，形成了完整的特高压输电标准体系，具备了大规模产业化的能力。

1. 全面掌握了特高压输电关键技术

我国建成了世界领先的特高压交流、直流、高海拔、力学4个试验基地，开展了特高压交、直流系统外绝缘特性，电磁环境，过电压深度抑制，无功电压控制，抗震防灾，雷电防护等研究，获得了特高压系统大尺度、非线性电、磁、热、力多物理场，以及交、直流混合电场的特性规律，全面掌握了1000千伏交流、±800千伏直流特高压输电核心技术。输送容量达1400万千瓦的±1100千伏特高压直流输电设备正在研制。2013年，“特高压交流输电关键技术、成套设备及工程应用”项目成果获得国家科技进步奖特等奖。

2. 研制成功了全套特高压关键设备和元部件

国家电网公司联合西电集团、平高集团、特变电工公司、天威保变电气公司、新东北电气集团等国内骨干设备制造企业协同攻关，研制成功特高压变压器、断路器、换流变等全套特高压交直流设备和6英寸晶闸管等关键元部件，主要性能指标达到国际领先水平，形成批量生产能力，推动了我国电工设备制造业的整体升级。利用特高压输电研究成果反哺超高压输电设备研制，大幅提高了我国企业的市场竞争力，实现了我国超高压高端设备出口的零突破。2009～2012年，国内超高压输电设备制造企业出口总额年均增长49%。

3. 建成投运世界领先的特高压交直流输电工程

截至2013年年底，国家电网公司已建成特高压“两交两直”工程，还有“一交两直”工程正在加快建设（哈密南—郑州、溪洛渡—浙西直流和浙北—福州交流将分别于2014年1月、12月和2015年3月投产）。在运在建特高压线路长度超过1万公里，变电和换流容量超过1亿千伏安。2013年迎峰度夏期间，特高压输电量同比增长119%，占华东区外受电比重超过60%。特高压输电的综合效益已得到实践验证。

4. 建立了较为完整的特高压输电技术标准体系

依托技术研发与工程实践，我国在世界上率先建立了完整的特高压交直流标准体系，包含200余项标准，涵盖了系统规划、工程设计、设备制造、施工安装、调试试验和运行维护等各技术领域，为特高压输电技术产业化奠定了坚实基础。国际大电网委员会（CIGRE）成立了6个工作组，负责总结提炼特高压输电技术成果。国际电气和电子工程师学会（IEEE）专门成立了工作组，由我国专家担任主席，负责制订3项特高压输电技术国际标准。国际电工委员会（IEC）专门成立了高压直流输电技术委员会（TC115）和特高压交流输电系统技术委员会（TC122），由我国专家主导。我国特高压交流输电标准电压已成为国际标准，在国际电工领域的话语权和影响力大幅提升。

三、特高压输电技术产业化的未来展望

实现党的十八大提出的“两个一百年”奋斗目标和中华民族伟大复兴，能源安全、清洁、环保和友好发展的任务十分艰巨，特高压输电技术产业化将迎来广阔发展空间。党中央、国务院领导对发展特高压输电高度重视，多次作出重要批示。《中华人民共和国国民经济和社会发展第十二个五年规划纲要》、《能源发展“十二五”规划》、《防治大气污染行动计划》、《国家中长期科技发展规划纲要（2006-2020年）》、《国务院关于加快振兴装备制造业的若干意见》等国家发展战略和政策都对发展特高压电网建设提出明确要求。国家电网公司在大量研究论证基础上，制订了特高压电网发展规划。

预计到2020年，我国将建成“五纵五横”特高压交流工程和27回特高压直流工程，跨区输电能力达4.5亿千瓦，满足5.5亿千瓦清洁能源送出和消纳需要[1]；东中部地区将接受外来电1.9万亿千瓦时，电煤消耗减少8.5亿吨，二氧化硫排放减少430万吨，PM2.5排放比2010年可降低28%左右。同时，根据国际能源署预测，到2030年全球电网投资高达6万亿美元[2]，尤其巴西、印度等新兴经济体正在加快电力基础设施建设，这将为我国特高压输电产业走出去提供广阔市场。

参 考 文 献

[1] 刘振亚．特高压交直流电网．北京：中国电力出版社，2013.

[2] International Energy Agency. World energy outlook. http：//www. worldenergyoutlook. org/media/weowebsite/2008-1994/WEO2006. pdf. ［2014-01-05］.

Progress in Industrialization of the Ultra High Voltage Transmission Technology

Liu　Zhenya
(State Grid Corporation of China)

UHV (ultra high voltage) refers to AC nominal system voltage of 1000 kV or above and DC nominal system voltage of ±800 kV or above. The UHV transmission technology is an advanced resource saving and environmentally friendly transmission technology. UHV technology development can be mainly divided into three stages, namely, theoretical and experimental research in western developed countries; comprehensive research and project application in China; and large- scale construction and extensive application led by China. At present, comprehensive breakthroughs in terms of key technology research, equipment development, standard formulation and project construction of UHV technology have been achieved in China. As a state- of- the- art technology representing China's independent innovation, UHV technology, much like the high-speed rail and manned space flight, has become a milestone of China's innovation capability and comprehensive strength. Expedite industrialization and application of UHV transmission technology is of critical and strategic significance for securing China's energy security, addressing smog pollution, rejuvenating national industries, driving economic growth, and enhancing international competitiveness. Thus greater efforts and more vigorous promotion are required in this regard.

4.9　先进储能电池产业化新进展

陈　杰
(先进储能材料国家工程研究中心)

能量的存储有多种方式，电池是以化学能的方式对电能进行存储，具有能量转换效率高、响应快速、移动方便等优点，因而被广泛应用于便携式移动电源、后备应急电源、电动汽车、可再生能源应用、智能电网等领域。根据不同应用场合和领域对储能电池在功率和能量上要求，目前其功率等级从瓦（W）级到兆瓦（MW）级，能量存储规模从瓦·小时（W·h）级到兆瓦·小时（MW·h）级不等[1]。

储能电池因其电化学体系的不同，可分为铅酸电池、镍氢电池、镍镉电池、锂离子电池、钠硫电池、液流电池、钠镍电池、燃料电池、金属-空气电池、电化学电池，等等。不同种类电池，具有不同的功率密度、能量密度、成本、规模、效率、寿命，因而具有不同的比较优势，适用于不同的应用场合。

一、国际先进储能电池产业化进展

（一）技术

近年来，先进储能电池在技术创新方面主要围绕提高能量密度、提高功率密度、提高循环寿命、降低成本、增强安全性、高容量化等方面取得了一定的进展。

铅酸电池由于原材料来源丰富、价格低廉、性能优良，是目前工业、通信、交通、电力系统等领域使用最为广泛的二次电池。近年来，铅酸电池在板栅构筑、新型添加剂、隔板的形状、二氧化铅（PbO_2）的结构、脉冲充放电制度及数学模拟等方面取得了新的研究进展，其深度循环寿命、充电效率、倍率性能均有所改善[3]。其中，铅碳电池（或称“超级电池”）将双电层电容的高比功率、长寿命优势融合到铅酸电池中，提高了铅酸电池的比能量、比功率、循环寿命[4]。

科研人员对锂离子电池从正极材料、负极材料、电解质、隔膜材料、充放电制度、电池管理等方面开展了大量研究，取得了一系列进展，其安全性、比能量、比功率得到了快速提升[5]。各种体系的锂离子电池呈现出良好发展势头，锰酸锂电池、钴酸锂电池、三元锂电池、磷酸铁锂电池、钛酸锂电池等均获得了批量化的市场应用。

液流电池活性物质存储在电解液中，具有流动性，电极与活性物质空间上实现分离，电池功率与容量设计相对独立。根据液流电池中固相电极的数量，可将液流电池分为双液流电池、单液流电池以及金属/空气液流电池。各种类液流电池在电极、电解质、电堆结构等方面，取得了一系列进展[6]。其中全钒双液流电池技术相对成熟，最接近商业化体系，通过对电解液进行改性、电极优化、电堆结构改进、新型隔膜研制，全钒双液流电池比功率、能量效率有大的提高，成本下降明显[7]。

燃料电池按电解质的种类，一般分为碱性燃料电池、磷酸盐燃料电池、熔融碳酸盐扰乱电池、固体氧化物燃料电池、质子交换膜燃料电池。燃料电池的技术研发主要集中在电解质膜、电极、燃料、系统结构等方面。日本开发出用于电动汽车的燃料电池组，其能量密度达到2.5千瓦/升，铂的用量为原来的1/4，电池组成本降至以前的1/6[8]。美国开发出微管式低温固体氧化物燃料电池（SOFC）系统，在550℃下输出功率与传统SOFC在800～1000℃下的功率相当。加拿大Ballard公司对质子交换膜燃料电池（PEMFC）的隔膜进行全非氟化改进，提高了单电池的寿命，降低了隔膜成本[9]。美国的 Bloom Energy 公司成功开发出较为成熟的 100 千瓦燃料电池分布式发电系统产品，目前已经在美国销售约 900 台。

（二）政策

鉴于储能在未来国家竞争力中的重要性，世界各主要国家均发布相关政策，从标准、补贴、项目示范应用等方面来培育和发展储能产业。表 1 总结了国际上储能发展水平相对较高的国家在储能方面的相关政策。

表 1 部分国家储能政策汇总

国家	发布主体	政策名称	发布年份
美国	美国加利福尼亚州政府	《AB2514》号法案	2010
	美国能源部	《2011～2015 储能计划》	2011
	美国加利福尼亚州公用事业委员会	《2011 年 SGIP 计划》	2011
	美国能源委员会	《为效果付费政策》	2011
日本	日本政府	《短期电力供应稳定对策和中长期能源政策纲要》	2011
	日本国会	《关于电力企业采购可再生能源电力的特别措施法》	2011
	日本经济产业省	《节能法修正案》	2011
	日本经济产业省	《能源及环境战略基本方针》草案	2011
	日本农林水产省	《农山渔村可再生能源发电促进法案》	2012
德国	德国议会	《德国弃核法案》	2011
	德国议会	《可再生能源法案》	2011
	德国联邦内阁	《第六次能源研究计划》	2011
	德国联邦政府	《德国能源存储技术的研发项目》	2012
韩国	韩国绿色发展委员会	《绿色发展国家战略及 5 年计划》	2009
	韩国政府	《智能电网国家路线图》	2010
	韩国知识经济部	《新再生能源之开发使用普及促进法》	2010
	韩国知识经济部	《能源存储技术研发及产业化战略计划》	2011
	韩国知识经济部	《2011 绿色能源战略路程图》	2011

资料来源：作者根据相关政策整理。

（三）市场

截至2012年，全世界储能电池系统安装容量累计超过600兆瓦，2012年较2011年增长16%。美国和日本是最主要的两大储能示范应用国家，分别占全球43%和39%的市场份额。从储能电池的种类看，钠流电池、锂离子电池、铅酸电池是主流的储能技术，其中钠流电池占53%的份额，锂离子电池占27%，铅酸电池占9%[10]。

未来国际储能电池需求将在便携式设备、运输工具、静止设备（电力市场）等领域持续增长，尤其是运输工具和电力市场领域将呈现加速增长态势。储能在电动汽车领域的发展机遇非常多。近几年，美国政府在研发领域的投入重点开始转向纯电动汽车、混合动力汽车和某些代用燃料汽车。美国政府进一步推动汽车产品朝着"小型化"和"低能耗"的方向发展，要实现2015年前部署100万辆电动汽车的目标。在研发投入方面，美国在2012财年预算中加大了电动汽车驱动系统、电池和能源存储技术的研发投入，包括将政府对汽车技术的研发投入增加30%，并启动一个新的能源创新中心，致力于性能更高的车用电池和电力存储等技术的集成创新。在项目支持方面，美国政府通过《2009年美国复苏与再投资法案》，投入24亿美元用于资助48个先进电池和电动汽车项目，进一步加快美国电动汽车、电池和配件的生产和布局。日本政府计划到2015年建成1000座加氢站，并于同年开始销售燃料电池汽车；到2020年，纯电动汽车（EV）和混合动力轿车（HYBRID）将在整体乘用车的销售比例中占到50%，2030年将占到70%；到2020年，将为纯电动车型建成5000个快速充电站，200万个家用普通充电设备。

二、国内先进储能电池产业化进展

（一）技术

中国储能电池技术研发和产业化近些年也取得了一定的进展。

铅酸电池是中国储能电池产量和产值最大的电池种类，市场份额在国际上占有优势地位。我国围绕炭材料在铅酸电池中的应用[11]，开展了系列研究，制备出的超级铅蓄电池在高倍率部分荷电状态（HRPSOC）工况下循环寿命提高到了32 000次，并在港口起重机中进行实证应用[12]；在板栅用复合材料、新型添加剂、隔板的形状、快速充放电管理等方面取得了新的研究进展，铅酸电池的深度循环寿命、充电效率、倍率性能均有所改善[3]。

开展锂离子电池技术研究的主要有中南大学、天津大学、清华大学、哈尔滨工业大学、浙江大学、中国科学院等高校和科研机构，还有比亚迪股份有限公司、ATL新能源科技有限公司、天津力神电池股份有限公司等企业。在正极材料、负极材料、隔膜、电解质等方面均取得相应成果。例如，丁怀燕等对三元正极进行复合掺杂，材料的首次放电比容量为165.23毫安·时/克（mA·h/g），20次循环后容量保持率为94.5%[13]；王洪波等分别以$ZnMn_2O_4$微米空心球和纳米颗粒作为锂离子电池负极，首次放电比容量分别为1335mAh/g和1330mAh/g，并表现了较好的循环性能[14]。

开展液流电池技术研究的机构主要包括清华大学、中南大学、大连理工大学、浙江大学、中国科学院大连化学物理研究所、解放军防化研究院，以及大连融科储能技术发展有限公司、北京普能世纪科技有限公司等企业。中国在全钒液流电池技术研究上处于国际先进水平，在全钒液流电池的关键技术即关键材料的生产技术、电池模块组装技术、电池系统组装技术均取得长足的进步[15]。大连融科储能技术发展有限公司与中国科学院大连化学物理研究所合作，采用自主开发的离子膜，组装出的30千瓦级电堆，在100毫安/厘米^{2}和130毫安/厘米^{2}电流密度下，能量效率分别达到了79.7%和75.0%；与目前技术水平相比，相同功率规格电堆，体积降低约20%，成本降低约30%[7]。

开展燃料电池研究的机构主要有武汉理工大学、上海交通大学、清华大学、天津大学、中国科学院大连化学物理研究所，以及北京世纪富原燃料电池有限公司、北京太阳能新技术公司、新源动力公司等。近年来我国在燃料电池关键材料、关键技术的创新方面取得了多项突破。燃料电池技术特别是质子交换膜燃料电池技术迅速发展，相继开发出60千瓦、75千瓦等多种规格的质子交换膜燃料电池组。开发出的电动轿车用净输出功率40千瓦、城市客车用净输出100千瓦燃料电池发动机。国内质子交换膜燃料电池的各个组件（催化剂、电极组合件、质子交换膜、双极板、电解质等）的开发研究都取得了较大的进展[16]。日前，中国科学院大连化学物理研究所管型高温固体氧化物燃料电池堆发电试验，电池堆发电功率达到3千瓦。该管型电池堆由60支长度为100厘米、管外径为23毫米的阳极支撑管型电池串并联组装而成，管型电池的平均开路电位达到1.0伏以上、输出功率达到50瓦以上[17]。

（二）政策

现阶段，中国的储能电池产业尚处于发展初期，技术研发和示范应用都离不开国家政策和资金的支持。只有在政策的倡导和支持下，储能电池技术尤其是大规模储能电池技术才能更好的进行基础研发、应用验证并逐步走向产业化。基于此，有关部门及地方政府出台了一系列政策支持和推动储能电池相关技术产业化和产业的培育发展，主要政策如表 2 所示。

表 2　国内储能技术产业化相关政策汇总

发布主体	政策名称	发布时间
国务院	《节能与新能源汽车产业发展规划（2012—2020 年）》	2012 年 7 月
国务院	《“十二五”国家战略性新兴产业发展规划》	2012 年 7 月
国务院新闻办公室	《中国的能源政策（2012）》白皮书	2012 年 10 月
财政部、住房和城乡建设部	《关于组织实施 2012 年度太阳能光电建筑应用示范的通知》	2011 年 12 月
国家发展和改革委员会	《东北振兴“十二五”规划》	2012 年 3 月
国家发展和改革委员会、财政部	《电力需求侧管理城市综合试点工作中央财政奖励资金管理暂行办法》	2012 年 7 月
科学技术部	《“十二五”国家科技计划先进能源技术领域 2013 年度备选项目征集指南》	2012 年 3 月
科学技术部	《太阳能发电科技发展“十二五”专项规划》	2012 年 4 月
科学技术部	《风力发电科技发展“十二五”专项规划》	2012 年 4 月
科学技术部	《智能电网重大科技产业化工程“十二五”专项规划》	2012 年 5 月
工信部	《新材料产业“十二五”发展规划》	2012 年 2 月
国家能源局	《可再生能源发展“十二五”规划》	2012 年 8 月
国家能源局	《国家能源科技“十二五”规划（2011-2015）》	2011 年 12 月
国家能源局	《分散式接入风电项目开发建设指导意见》	2012 年 2 月
国家能源局	《分布式发电管理办法（征求意见稿）》	2012 年 4 月
国家能源局	《关于加强风电并网和消纳工作有关要求的通知》	2012 年 6 月
国家能源局	《太阳能发电发展“十二五”规划》	2012 年 9 月
国家能源局	《可再生能源电力配额管理办法（第三次讨论稿）》	2013 年 1 月
上海市政府	《上海市电力发展“十二五”规划》	2011 年 12 月
上海市政府	《上海市战略性新兴产业发展“十二五”规划》	2012 年 1 月
广东省政府	《广东省战略性新兴产业发展“十二五”规划发布》	2012 年 3 月
天津市政府	《天津市滨海新区风电发展“十二五”规划》	2012 年 9 月

资料来源：作者根据相关政策整理。

（三）市场

2012年，占据储能产业90%以上份额的铅酸电池和锂离子电池快速发展。其中，铅酸电池累计产量为17 486.3万千伏安时，同比增长27.3%；锂离子电池累计产量约40亿只，同比增长33%。同时，储能电池产业也逐步拓展到静止设备市场领域，在智能电网、可再生能源利用等大规模化储能领域得到应用。截止到2012年底，中国储能电池累计装机量达到57.4兆瓦，占全球装机的9%。其中，2010年和2011年是近期示范项目的建设高峰期，累计增长率分别为61%和78%。目前，共有近50个储能项目在运行和规划建设中。在这些项目中，储能电池在风电场的应用比例最高，为53%；其次是分布式微网项目，占20%左右；输配侧的应用比例最小，为7%[10]。具体情况如表3所示。

表3 中国大规模储能电池项目[18]

储能电池种类	储能电池规模	安装地点	主要功能	投运年份
全钒液流电池	500千瓦×2H	张北国家风电检测中心	风电调峰添谷，跟踪计划出力	2011
全钒液流电池	2兆瓦×4H	张北风光储输示范工程	改善风电电能质量，提高系统可靠性	2012
全钒液流电池	5兆瓦×2H	法库卧牛石风场	改善风电电能质量，提高系统可靠性	2012
全钒液流电池	500千瓦×2H	赤峰煤窖山风场	改善风电电能质量，风储并网发电	2012
锂离子电池	1兆瓦×4H	广东深圳	平抑峰值负荷	2010
锂离子电池	1兆瓦×2H	广东东莞	平抑光伏发电出力波动	2010
锂离子电池	1兆瓦×2H	福建宁德	备用电源，削峰填谷	2011
锂离子电池	5兆瓦×2H	辽宁锦州塘坊风场	改善风电电能质量，提高系统可靠性	2012
锂离子电池	1兆瓦×1H； 900千瓦×4H	张北国家风电检测中心	平抑可再生能源出力波动	2011
锂离子电池	6兆瓦×6H； 4兆瓦×4H； 3兆瓦×3H； 1兆瓦×2H	张北风光储输示范工程	平抑可再生能源出力波动	2011

三、展　　望

从目前国内外储能电池技术和产业的最新进展和发展趋势来看，储能电池产业在各国政府政策的大力扶持下，未来一段时期仍将处于快速发展阶段。

在技术创新方面，各种类的储能电池仍然将快速进步，性能不断提升，成本持续下降，存在的缺陷将不断得到改善。由于尚没有一种储能电池体系能够满足各种条件的要求，多种技术共存、各种储能电池技术体系互相竞争的局面仍将持续。

在市场培养方面，中小功率等级和能量等级（百千瓦以下）的储能电池技术较为成熟，预计仍将保持较高的增长速度，不断满足便携式移动设备、电动工具、电子产品对电能存储的需求。钠硫电池、钒电池、锂电池、超级铅酸电池已经开始运用于兆瓦级别的应用中。但是，2011 年日本发生的 NaS 电池火灾事故表明 NaS 电池虽然性能出色，但安全技术还不够成熟。大规模的电化学储能电池电站，由于电池单体一致性技术、成组技术、管理技术等还未完全得到解决，尚不具备大规模推广应用的条件。在支持政策方面，可以预计各国将根据国内储能电池产业发展需要，继续出台相应的鼓励和扶持政策培育和推动储能电池产业发展，增强本国储能电池产业的国际竞争力。

参　考　文　献

[1] 张文亮，丘明，来小康．储能技术在电力系统中的应用．电网技术，2008，32（7）：1-8.

[2] 严晓辉，徐玉杰，纪律，等．我国大规模储能技术发展预测及分析．中国电力，2013，08：22-29.

[3] 谢小英，阴文平，黄成德．阀控式铅酸电池的研究现状与展望．电池，2009，01：47-49.

[4] 廖斯达，贾志军，马洪运，等．电化学应用（Ⅰ）——铅酸蓄电池的发展及其应用．储能科学与技术，2013，05：514-521.

[5] 曹金亮，陈修强，张春光，等．锂电池最新研究进展．电源技术，2013，08：1460-1463.

[6] 贾志军，宋士强，王保国．液流电池储能技术研究现状与展望．储能科学与技术，2012，01：50-57.

[7] 张华民，王晓丽．全钒液流电池技术最新研究进展．储能科学与技术，2013，03：281-288.

[8] 刘春娜．2011 年国外燃料电池技术研发动态．电源技术，2011，11：1337-1338.

[9] 叶季蕾，吴福保，杨波．燃料电池的研究进展与应用前景．第十三届中国科协年会第 15 分会场–大规模储能技术的发展与应用研讨会议论文集．

[10] 中关村储能产业技术联盟储能专业委员会.2013 储能产业研究白皮书（内部资料）.2013.
[11] 张浩，曹高萍，杨裕生．炭材料在铅酸电池中的应用．电源技术，2010，07：729-733.
[12] 张浩，吴贤章，相佳媛，等．超级铅蓄电池研究进展．电池工业.2012，03：171-175.
[13] 丁怀燕，张平，姜勇，等.Ti/F 复合掺杂改进 $LiNi_1/3Co_1/3Mn_1/3O_2$ 正极材料的电化学性能. 高等学校化学学报，2007，10：1839-1841.
[14] 王洪波，程方益，陶占良，等．锂离子电池负极材料 $ZnMn_2O_4$ 微米空心球的制备和电化学性能．无机化学学报，2011，05：816-822.
[15] 杨霖霖，廖文俊，苏青，等．全钒液流电池技术发展现状．储能科学与技术，2013，02：140-145.
[16] 王兴娟，王坤勋，刘庆祥．燃料电池的研究进展及应用前景．炼油与化工，2011，01：6-10，59-60.
[17] 中国科学院大连化学物理研究所．我所管型固体氧化物燃料电池堆发电功率达到 3 千瓦. http：//www. dicp. cas. cn/xwzx/kjdt/201312/t20131210_ 3994895. html [2013-12-10].
[18] 许守平，李相俊，惠东．大规模电化学储能系统发展现状及示范应用综述．电力建设，2013，07：73-80.

Progress in Industrialization of Advanced Energy Storage Technology

Chen Jie
(National Engineering Research Center of Advanced Energy Storage Materials)

As an important integral part of new energy industry, the advanced energy storage industry has become a domain of international competition. This paper gives a comprehensive introduction to the progress in industrialization of advanced energy storage technology from both international and domestic perspective in terms of technology, policy and market. The prospect of the advanced energy storage of the following 5 years is presented in the end of the paper.

4.10　IGCC 联产技术研发及产业化新进展

肖云汉　王　波　赵丽凤

（中国科学院能源动力研究中心，中国科学院工程热物理研究所）

我国一次能源以煤炭为主，煤炭在我国化石能源剩余可采总储量中比例达92.6%[1]。为满足我国经济、社会发展对能源的需求，即使大力发展核能、水力和可再生能源，我国煤炭消费总量仍将继续增长，我国能源消费对煤的依赖在21世纪将难以改变。目前，在我国，煤炭利用方式主要是直接燃烧。煤炭燃烧排放的污染物成为我国大气污染物的主要来源，占各类污染物总排放的比例分别是：SO_2 为90%，氮氧化物为67%、烟尘为70%，CO_2 为70%。酸雨、雾霾等环境问题主要源于这些污染物的排放。目前，我国 CO_2 的排放量已经居全世界之首，因此在未来一个时期内，我国的能源消费还将面临全球减排温室气体的巨大压力。能源消费总量增长，能源转换效率低下，以及在能源生产、转换和使用过程中所产生的环境污染、生态系统破坏等问题，已经成为我国经济社会可持续发展的巨大障碍。发展高效、清洁、低碳的先进能源动力系统，是未来我国能源体系建设的重大需求。

整体煤气化联合循环（integrated gasification combined cycle，IGCC）发电技术是集成煤气化和燃气轮机联合循环的一种先进发电技术。煤通过气化、净化制得清洁的煤制气（主要有效成分是一氧化碳、氢气和甲烷），煤制气再通过高效燃气轮机联合循环发电。IGCC 发电具有以下优点[2,3]。

（1）供电效率高。目前，20 万千瓦等级 IGCC 电站的效率与 100 万千瓦超超临界燃煤发电机组相当。预计未来 20 年，IGCC 电站效率还可提高约 30%。

（2）污染物排放低。IGCC 发电二氧化硫、氮氧化物等污染物的排放量仅为直接燃煤发电的 1/10。

（3）耗水低。IGCC 发电比直接燃煤发电节水 40%～50%。

在洁净煤技术中，IGCC 捕集 CO_2 代价最小。同时，以煤气化为基础可方便实现电力与清洁燃料（如液体燃料、替代天然气、氢）、化工品联产，通过能量、物质生产过程的集成，大幅提高系统效率，降低排放和成本。因此，IGCC 联产技术是我国能源体系建设的重要技术解决方案。

一、IGCC 联产技术研发及产业化国际进展

目前，全世界已建和在建 IGCC 联产电站有 22 座。其中，以煤为燃料的 IGCC/联产电站 10 座，发电功率总计 270 万千瓦；以石油焦、废弃物、沥青、渣油等为燃料的 IGCC/联产电站 12 座，发电功率 288.5 万千瓦。此外，尚有 22 座 IGCC/联产电站处于规划中，发电功率超过 875 万千瓦，其中 14 座以上以煤为燃料，15 座准备进行 CO_2 捕集[4~6]。

1. 美国

美国将洁净煤技术定位为国家能源可持续发展战略中可靠、丰富、可负担能源的保障。从 1985 年至今，美国先后部署了“洁净煤技术”（Clean Coal Technology，CCT）、“展望 21 世纪”（Vision 21）、“洁净煤发电创新”（Clean Coal Power Initiative，CCPI）计划、“未来发电”（FutureGen）及其清洁煤研究计划（Clean Coal Research Program，CCRP）等计划，对 IGCC 联产技术进行了大力支持。20 世纪 90 年代，在美国能源部支持下，3 座由不同技术集成的 IGCC 商业示范电站建成，验证了 IGCC 的效率高、排放低的优点，并积累了丰富的运行经验。目前，美国正在大力研发示范采用新型煤气化、气体膜分离、中温净化、碳捕集等先进技术的新一代 IGCC[7,8]。美国能源部对适用于低阶煤的 TRIG™输运床气化技术研发进行了长期持续的大力支持，先后出资 3 亿美元建设输运床气化研发平台，并连续近 20 年每年投入 2500 万~4000 万美元的运行费用。目前，美国已在密西西比州建设采用基于该平台研发的输运床气化技术的 Kemper IGCC 电站示范工程。该工程获得 CCPI 计划 2.7 亿美元支持，计划于 2014 年建成。该电站发电功率约 60 万千瓦，年捕集 $CO_2$300 万吨[9,10]。与该电站规模接近的杜克能源 Edwardsport IGCC 已于 2013 年投入运行[11]。美国计划到 2018 年建成数座采用新型气化技术、中温净化技术、F 级以上燃气轮机、捕集二氧化碳等先进技术的 IGCC 电站以及联产工程[10]。

2. 日本

日本先后提出 EAGLE（Coal Energy Application for Gas，Liquid & Electricity）联产计划、“21 世纪煤炭”计划等。在“面向 2030 年的新日本煤炭政策”中，日本明确将 IGCC 联产作为未来煤基近零排放的战略技术及实现循环型社会和氢能经济的产业技术。2008 年 3 月，日本出台“创新能源技术计划”，绘制了到 2050 年的日本能源发展路线图，将基于煤气化的先进 IGCC（A-IGCC）与 A-IGFC（advanced integrated gasification fuel cell combined cycle）作为实现 55% 以上供电效率的战略技术[12]。按照该路线图，日本一方面正在准备建设基于 1600℃ J 级燃气轮机的 IGCC 电站，将供电效率提升至 50%；另一方面，正在大力研发新型高倍率高通量输运床气化技术，以期最终实现 A-IGCC 系统，达到 57% 的供电效率。目前，由日本经济产业省出资 30%，11 个电力公司组成的洁净煤电力公司出资 70%，采用日本自主研发空气气化炉和燃气轮机的 25 万千瓦 IGCC 示范工程于 2008 年投入运行，供电效率为 42.4%[13]。

3. 欧盟

欧盟也十分重视 IGCC 联产技术的发展。从 1993 年开始，欧盟先后提出洁净煤技术研究的 Joulie-Thermie 计划、CARNOT 计划、ECSC 计划等。2004 年，欧盟启动了 HypoGen 计划，其目标是开发以煤气化为基础的发电、制氢、CO_2 分离和封存的煤基系统，实现煤炭发电的近零排放。欧洲正在运行的两座煤基 IGCC 示范电站，都得到了欧盟的支持。这两座 IGCC 电站所示范的两种不同的干煤粉气化技术和两个不同级别的燃气轮机技术，全部来自欧盟国家[14,15]。

4. 澳大利亚

澳大利亚在清洁煤开发方面制定了 COAL21 等计划。2006 年，COAL21 基金成立，支持发电行业的低排放技术的研发与示范。目前，采用由澳大利亚自主开发的 60 万千瓦集成干燥气化联合循环发电（integrated drying & gasification combined cycle，IDGCC）技术正在推进工程示范。

二、IGCC 联产技术研发及产业化国内进展

IGCC 联产技术对我国这样一个煤能源依赖度高、污染物排放量大的国家具有特殊的重要性。我国在《国家中长期科学和技术发展规划纲要（2006—2020 年）》、《国家能源科技“十二五”规划》、《煤炭深加工示范项目规划》等一系列科技和产业规划中均将 IGCC 联产技术放在重要位置。

在国家“863”计划和“中国科学院知识创新工程重大项目”的支持下，我国自主研发的首座煤气化燃气轮机发电与甲醇联产示范工程于 2006 年成功投入运行，实现了 IGCC 联产系统工业示范零的突破。在“十一五”“863”计划重大项目“以煤气化为基础的多联产示范工程”支持下，我国建设了天津 25 万千瓦级 IGCC 示范工程，潞安煤基合成油电联产示范工程以及东莞 12 万千瓦 IGCC 示范工程。在 IGCC

联产的关键技术方面，干煤粉、水煤浆气流床气化技术已经进入商业化应用阶段，针对低阶煤的密相输运床气化技术正在进行中试研发。在 IGCC 燃气轮机核心关键技术自主研发方面，实现了中低热值燃料燃气轮机燃烧室的突破，自主研制了 IGCC 系列燃气轮机燃烧室技术，正在自主研发 11 万千瓦重型燃气轮机 R0110 以及 30 万千瓦 F 级重型燃气轮机。通过多年的持续努力，我国在以煤气化为基础的 IGCC 联产关键技术研发和工业示范方面取得了重大进展，具备了关键技术自主研发、系统集成和工程成套能力。

三、IGCC 联产技术产业化发展趋势及未来展望

世界各国在 IGCC 联产关键技术、验证、示范方面都始终坚持自主研发，政府在研发示范经费、税收优惠等政策方面都进行了大力支持，以期占领产业的制高点。当前，IGCC 联产的发展呈现出以下趋势。

（1）系统集成创新。即 IGCC 中的“I”。IGCC 燃气轮机目前由通用电气公司、西门子公司、三菱重工业株式会社寡头垄断，为加快 IGCC 发展，实现燃气轮机和煤气化的无缝联接，三家公司纷纷打破燃气轮机和气化间的技术篱笆，收购或者自主研发了煤气化技术，从 IGCC 燃气轮机的寡头垄断发展为整个 IGCC 的寡头垄断。

（2）对适用于低阶煤的 IGCC 技术的关注和投入持续增加。美国正在进行的大规模 TRIG™输运床气化 IGCC 工程示范、澳大利亚正在推进的褐煤集成干燥气化 IGCC 工程示范及日本未来 A-IGCC 技术都是以丰富、廉价的低阶煤为燃料。

（3）低碳正在逐渐成为清洁煤技术的新价值观，低碳 IGCC 技术具有最大的效率、成本优势，将成为继燃气轮机技术集成创新之后，又一个寡头垄断的技术和产业制高点。

（4）发展煤基清洁燃料及化工品与电力联产新型近零排放系统。例如，美国在 CCPI 计划下正在推动电力与氢气-尿素联产的近零排放系统示范；美国和日本正在加紧开发电力与高附加值液体/气体燃料联产的梯级联产技术系统。

（5）关键技术的持续突破和工业应用经验的积累，将大幅度提高 IGCC 的效率、降低其成本。未来 5 年，美国能源部支持研发的先进气化、煤粉泵、膜分离制氧、中温净化以及 H 级合成气燃气轮机技术，可使 IGCC 供电效率提高 10～12 个百分点，使发电成本降低 30%～40%。日本计划通过 1500～1600℃级合成气燃气轮机和干法中温净化在 NAKOSO IGCC 电站基础上使 IGCC 效率提高 7～9 个百分点，并在远期通过高密度高倍率输运床空气气化技术与 1700℃燃气轮机的深度集成，使 IGCC 供电效率达到 57%。我国未来 5 年将建设多个煤电化热一体化的联产工程，

示范自主开发的煤热解气化技术、中低热值合成气燃气轮机技术、燃料与化学品（天然气、油、烯烃等）合成技术与系统集成技术。我国适用于褐煤等低阶煤的大规模输运床气化技术将进行工业示范，自主开发300兆瓦F级燃气轮机有望在2020年以前完成。

四、对我国发展IGCC联产的几点建议

作为清洁高效的煤炭能源利用技术，IGCC联产对我国的重要性毋庸置疑。作为重大能源系统技术，IGCC联产涉及众多关键技术和多行业的集成。从各国的发展经验看，IGCC联产技术必须要坚持自主研发，“拿来的不好用”，“市场换技术”在高技术集成的IGCC上失效。因此，国家在IGCC联产技术研发和产业化方面给予长期、稳定的资金和政策支持对于促进IGCC联产的发展极为重要。

我国虽然制定了一系列支持IGCC联产发展的规划，但是缺乏明确具体的产业政策支持，如针对IGCC联产示范工程的税收优惠政策、上网电价政策等。在IGCC联产技术研发方面，由于技术研发难度大、周期长、投入大，难以持续支持。长期以来，我国缺乏规模化、持续性、系统性的大型科技基础设施，在《国家能源科技“十二五”规划》中虽然已经提出要建设一系列IGCC联产研发平台，但是仍然缺乏具体的落实。因此，建议国家研究出台针对IGCC联产技术研发、示范与产业化的具体政策和实施方案。

参考文献

[1] 王家诚，赵志林．中国能源发展报告（2001）．北京：中国计量出版社，2001.

[2] Manuel Trevino Coca. Integrated Gasification Combined Cycle Technology：IGCC. Club Espanol de la Energia，2003.

[3] DOE/NETL. Cost and Performance Baseline for Fossil Energy Plants Volume 1：Bituminous Coal and Natural gas to Electricity. Revision 2. 2010.

[4] Jaeger H. Profle of active IGCC projects under development or in build. Gas Turbine World，2010，40（1）：22-25.

[5] DOE/NETL. 2010 worldwide gasification database. http：//netl. doe. gov/research/coal/energy-systems/gasification/database/2010-archive［2010-12-20］

[6] Nykomb Synergetics. Major IGCC projects world- wide. http：//www. nykomb- consulting. se/pdf/IGCC_ summary. pdf［2007-12-30］.

[7] DOE/NETL. Current and future IGCC technologies：a pathway study focused on non- carbon capture advanced power systems R&D using bituminous coal- Volume 1，2008.

[8] DOE/NETL. Current and Future Technologies for Gasification-Based Power Generation: Volume 2: A Pathway study focused on carbon capture advanced power systems R&D using bituminous coal. 2010.

[9] Southern Company. CO_2 Capture at the Kemper County IGCC Project. 2011 NETL CO_2 Capture Technology Meeting. 2011.

[10] Daniels J. Fossil Energy Power Generation with CCS. Office of Clean Coal, US Department of Energy, 2011.

[11] Duke Energy. www. duke-energy. com.

[12] Ministry of Economy, Trade and Industry. Cool Earth—Innovative Energy Technology Development Roadmap. 2008.

[13] Ishibashi Y, Shinada O. First Year Operation Results of CCP's Nakoso 250MW Air-blown IGCC CDemonstration Plant. Gasification Technologies Conference, Washington D C, 2008.

[14] Eurlings J Th G M, Ploeg J E G. Process Performance of the SCGP at Buggenum IGCC. Gasification Technologies Conference. San Francisco, 1999.

[15] hannemann F, Schiffers U. Buggenum Experience and Improved Concepts for Syngas Applications. 2002.

Progress in the R&D and Industrialization of Integrated Gasification Combined Cycle and Co-production Technology

Xiao Yunhan, Wang Bo, Zhao Lifeng

(Institute of Engineering Thermophysics; Research Center for Clean Energy and Power, Chinese Academy of Sciences)

IGCC and Co-production technology is acknowledged as one of the most promising clean coal technologies and especially important for China whose energy supply mainly depends on coal. The USA, Japan and EC have long and continuous government programs for IGCC technology RD&D to make breakthroughs in advanced coal gasification, syngas cleanup, separation, gas turbine, low carbon technologies integration. China has achieved significant progress in coal gasification, syngas gas turbine combustor and IGCC co-production demonstration plant. However, a wide gap still exists between China and international advanced level. The paper puts forward suggestions for the development of IGCC and co-production technologies in China.

第五章 高技术产业国际竞争力与创新能力评价

5.1　中国高技术产业国际竞争力评价

曲　婉　蔺　洁
（中国科学院科技政策与管理科学研究所）

近年来，中国高技术产业[①]持续健康发展，产业规模持续扩大，盈利能力不断提高，在国民经济和社会发展中发挥着不可替代的重要作用。中国高技术产业快速发展，企业数量从2000年的9758家增加到2012年的24 636家，年均增幅达8.02%；从业人员年平均人数从2000年的390万人增加到2012年的1269万人，年均增幅达10.33%。同期，中国高技术产业主营业务收入从2000年的1.00万亿元持续增加到2012年的10.23万亿元，年均增幅高达21.35%；利税额从2000年的1033亿元持续增加到2012年的9494亿元，年均增幅高达20.30%[②]（图1）。在产业规模快速增长的同时，中国高技术产业的集中度有所提高，2012年，中国高技术产业的企均主营业务收入为4.15亿元/家，为2000年的4倍。

① 高技术产业包括医药制造业，航空、航天器及设备制造业，电子及通信设备制造业，电子计算机及办公设备制造业，医疗仪器设备及仪器仪表制造业等行业。

② 该处数据统计口径为规模以上工业企业。

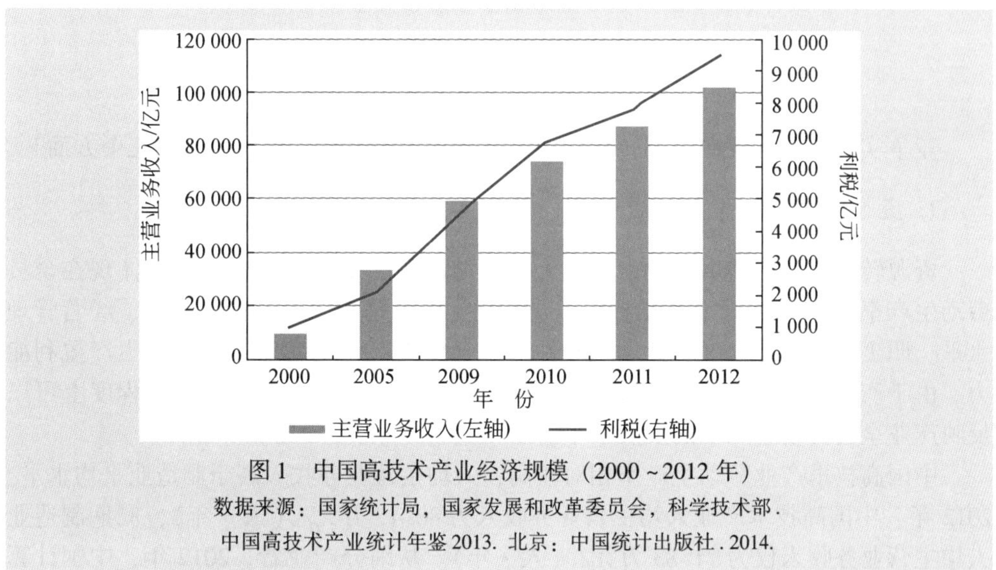

图 1　中国高技术产业经济规模（2000～2012 年）

数据来源：国家统计局，国家发展和改革委员会，科学技术部．中国高技术产业统计年鉴 2013. 北京：中国统计出版社．2014.

三资企业在我国高技术产业领域发挥着重要作用。数据显示，2012 年，中国高技术产业中共有三资企业 7995 家，其从业人员平均人数占高技术产业从业人员总量的 57. 26%，主营业务收入占中国高技术产业主营业务收入总量的 59. 57%，利税占中国高技术产业利税总额的 43. 85%（表 1）。尤其是在计算机及办公设备制造业领域，三资企业的从业人员、主营业务收入和利税分别为该领域的 87. 27%、91. 00% 和 83. 61%（表 1）。

表 1　中国高技术产业中三资企业所占比例（2012 年）　　（单位:%）

行　业	企业数量	从业人员平均人数	主营业务收入	利税
高技术产业	32. 45	57. 26	59. 57	43. 85
医药制造业	14. 81	21. 38	23. 40	26. 10
航空、航天器及设备制造业	21. 38	8. 84	16. 55	23. 12
电子及通信设备制造业	42. 91	65. 04	64. 59	49. 96
计算机及办公设备制造业	52. 78	87. 27	91. 00	83. 61
医疗仪器设备及仪器仪表制造业	23. 28	30. 77	29. 86	28. 54

数据来源：国家统计局，国家发展和改革委员会，科学技术部．中国高技术产业统计年鉴 2013. 北京：中国统计出版社．2014.

本文将从竞争实力、竞争潜力、竞争环境和竞争态势四个方面分析中国高技术产业国际竞争力现状和发展态势，力图发现中国高技术产业发展面临的重大问题，识别影响中国高技术产业发展的关键因素，并提出相应的对策与建议。

一、中国高技术产业竞争实力

竞争实力主要体现在资源转化能力、市场竞争能力和产业技术能力三个方面[①]。

1. 资源转化能力

资源转化能力衡量生产要素转化为产品与服务的效率和效能，主要体现在全员劳动生产率[②]和利税率[③] 2 项指标。全员劳动生产率是企业生产技术水平、经营管理水平、职工技术熟练程度和劳动积极性的综合体现；利税率反映产业的生产盈利能力。由于产业增加值数据难以获得，本文认为，人均主营业务收入一定程度上可以反映产业全员劳动生产率的发展水平。

中国高技术产业劳动生产率相对较高，人均主营业务收入高于制造业平均水平。2012 年，中国高技术产业人均主营业务收入为 80.45 万元/（人·年），同期制造业人均主营业务收入仅为 71.83 万元/（人·年）。从细分产业看，2012 年，中国计算机及办公设备制造业人均主营业务收入较高，达 113.70 万元/（人·年）；医药制造业人均主营业务收入与高技术产业基本持平，为 81.20 万元/（人·年）；而电子及通信设备制造业，医疗仪器设备及仪器仪表制造业，航空、航天器及设备制造业人均主营业务收入较低，2012 年分别为 72.31 万元/（人·年）、67.23 万元/（人·年）和 64.70 万元/（人·年）。

虽然中国高技术产业劳动生产率相对较高，但产业盈利能力有限。2012 年，中国高技术产业利税率仅为 8.98%，远低于制造业 14.08% 的平均水平。其中，医药制造业和医疗仪器设备及仪器仪表制造业的利税率较高，为 18.19% 和 14.52%，分别比高技术产业高 9.22 个百分点和 5.55 个百分点；电子及通信设备制造业和航空、航天器及设备制造业利税率分别为 8.12% 和 8.06%，略低于高技术产业平均水平；计算机及办公设备制造业利税率很低，仅为 4.92%，比高技术产业平均水平低 4.06 个百分点。

2. 市场竞争能力

市场竞争能力主要包括产品目标市场份额和贸易竞争指数[④] 2 项指标表征。产

---

① 有关数据主要来源于历年《高技术产业统计年鉴》，如无特殊说明，以下数据统计口径均为大中型工业企业。

② 全员劳动生产率（万元/人·年）= 产业增加值/全部从业人员平均人数。

③ 利税率 =（利税总额/主营业务收入）×100%。

④ 贸易竞争指数 =（出口额-进口额）/（出口额+进口额）。

品目标市场份额反映一国某商品对目标市场的贸易出口占目标市场该商品贸易进口的比例。贸易竞争指数反映了一国某商品贸易进出口差额的相对大小，1 表示只有出口，-1 表示只有进口。

在目标市场，中国高技术产品具有较强的竞争能力，国际贸易呈一定的顺差。2012 年，中国高技术产品出口总额为6011.67 亿美元，进口总额为5070.78 亿美元，贸易顺差为940.89 亿美元。从贸易竞争指数看，中国高技术产业显示出一定的国际竞争力。2012 年，中国高技术产品贸易竞争指数为0.085，表明中国已经凭借多年的技术创新和价格优势在高技术产业国际市场占据一定位置，具有一定的国际市场竞争能力（表2）。

美国、欧盟、东盟、日本、韩国、印度、俄罗斯等国家和地区是中国高技术产品开展国际贸易的主要对象。其中，美国和欧盟是中国高技术产品的主要出口市场，中国高技术产品在这两个市场具有较强的竞争能力。2012 年，中国对美国市场和欧盟市场分别出口高技术产品 1143.67 亿美元和 1015.28 亿美元，贸易竞争指数分别为0.557 和0.360。在印度市场和俄罗斯市场，中国高技术产品也表现出较强的竞争能力。2012 年，中国分别对印度市场和俄罗斯市场出口高技术产品 111.03 亿美元和67.21 亿美元，进口 4.61 亿美元和4.04 亿美元，贸易竞争指数分别为 0.920 和0.887。韩国市场、东盟市场和日本市场是中国高技术产品的主要进口市场，中国在这些市场的竞争力相对较弱。2012 年，中国分别从韩国市场、东盟市场和日本市场进口高技术产品 859.17 亿美元、830.80 亿美元和 549.78 亿美元，贸易逆差分别为-541.29 亿美元、-411.21 亿美元和-183.77 亿美元，贸易竞争指数分别为-0.460、-0.329 和-0.201。

表 2　中国高技术产品国际贸易情况（2012 年）

	全球市场	美国市场	欧盟市场	东盟市场	日本市场	韩国市场	印度市场	俄罗斯市场
出口/亿美元	6011.67	1143.67	1015.28	419.59	366.00	317.88	111.03	67.21
进口/亿美元	5070.78	325.57	477.62	830.80	549.78	859.17	4.61	4.04
贸易顺差/亿美元	940.89	818.09	537.66	-411.21	-183.77	-541.29	106.41	63.17
贸易竞争指数	0.085	0.557	0.360	-0.329	-0.201	-0.460	0.920	0.887

数据来源：国家发改委高技术产业司，商务部机电和科技产业司，科学技术部发展计划司，海关总署综合统计司. 2007～2012 中国高新技术产品进出口数据汇编（内部资料）.

3. 产业技术能力

产业技术能力主要体现在产业关键技术水平、新产品销售率①和新产品出口销售率②3 项指标。产业关键技术水平体现产业技术硬件水平，与产业技术能力有着直接的关系。新产品销售率和新产品出口销售率一定程度上反映了新技术的市场化收益，也是衡量产业技术水平的重要指标。

依靠创新驱动发展，中国高技术产业技术能力有较大提升，在信息通信、医药、航空航天等领域取得一系列突破性进展。

在信息通信领域，我国科学家自主研制世界首台拟态计算机，实现了我国高性能计算体系结构的突破，标志着我国在高性能计算领域从跟随创新到引领创新、从集成创新到原始创新的跨越[1]。2013 年 11 月，国际 TOP500 组织公布的第 42 届全球高性能计算机 500 强榜单中，中国国防科学技术大学研制的“天河二号”计算机荣登榜首，运算速度比第二名美国的“泰坦”（Titan）计算机快近一倍，这是继 2013 年 6 月中国“天河二号”计算机以每秒 33.86 千万亿次的浮点运算速度夺冠后，中国高性能计算机再次登上国际高性能计算第一名的宝座③。2013 年，复旦大学在《科学》（*Science*）杂志发表关于世界第一个半浮栅晶体管（SFGT）的研究论文，这是我国科学家首次在该权威杂志发表微电子器件领域的研究成果，标志着我国已经开始掌握集成电路的核心技术，并在国际芯片设计与制造领域逐渐获得更多的话语权[2]。

在医药领域，清华大学生命学院宣布在国际上首次确认人热休克蛋白 90α（Hsp90α）为新的肿瘤标志物，基于该发现自主研发的 Hsp90α 定量检测试剂盒已通过临床试验验证和欧盟认证，获准进入中国和欧盟市场。该定量检测试剂盒是人 Hsp90α 被发现 24 年来全球首个用于临床的产品，对于提高肿瘤患者的病情监测和疗效评价水平、实现肿瘤个体化治疗具有重要意义[3]。2013 年，中国科学院近代物理研究所在重离子加速器上先后建成了癌症浅层和深层治疗终端，在此基础上自主研制成功我国首台重离子肿瘤治疗设备并即将投入使用，中国成为继美国、日本、德国之后第四个自主拥有重离子治癌技术并把这项技术成功应用于临床的国家。

在航空航天领域，“嫦娥三号”探测器 2013 年 12 月 2 日发射升空，12 月 14 日实现月面软着陆，12 月 15 日进行两器分离和互拍成像，首次实现了我国航天器在

---

① 新产品销售率=（新产品销售收入/产品销售收入）×100%。

② 新产品出口销售率=（新产品出口销售收入/新产品销售收入）×100%。

③ 参见：http://www.top500.org/lists/2013/11/.

地外天体软着陆和巡视勘察。这标志着我国“探月工程”第二步战略目标的全面实现，中华民族跻身于世界深空探测先进行列[4]。在重大设备制造方面，中国科学院研制成功深紫外固态激光源前沿装备，中国成为世界上唯一能够制造实用化深紫外全固态激光器的国家，标志着我国在深紫外领域的科学研究水平处于国际领先地位[5]。

然而，与发达国家相比，我国高技术产业的技术能力仍然较弱。中国未来20年技术预见研究组研究表明[6,7]，在信息通信与电子技术、能源技术、材料科学与技术、生物技术与药物技术、空间科学与技术等领域，美国处于全面领先地位，全部487项技术课题中有443项课题居世界第一位，37项技术课题居世界第二位；日本仅次于美国，全部487项技术课题中有24项课题居世界第一，205项技术课题居世界第二位；欧盟次于日本，全部487项技术课题中有18项课题居世界第一，224项技术课题居世界第二位。中国没有技术课题居世界领先地位。

中国高技术产业新产品开发能力较强，新产品销售率和新产品出口销售率相对较高。2012年，中国高技术产业新产品销售率为28.55%，比制造业平均水平高12.47个百分点；同期，中国高技术产业新产品出口销售率高达46.94%，比制造业平均水平高25.73个百分点，表明近一半的高技术产品用于出口。从细分产业看，中国计算机及办公设备制造业新产品开发能力较强，产品主要面向国际市场，2012年该产业新产品销售率和新产品出口销售率分别为31.10%和76.90%；航空、航天器及设备制造业新产品开发能力较强，产品主要面向国内市场，2012年该产业新产品销售率和新产品出口销售率分别为36.46%和7.14%；而医疗仪器设备及仪器仪表制造业和医药制造业新产品开发能力和出口能力均相对较弱，2012年新产品销售率分别为27.27%和22.19%，新产品出口销售率分别为15.64%和10.63%，远低于高技术产业平均水平。

综合考察资源转化能力、市场竞争能力和产业技术能力，中国高技术产业具有一定的竞争实力，产业劳动生产率较高，市场竞争能力和新产品开发能力相对较强，近一半的新产品出口到国际市场。然而，中国高技术产业利税率较低，产业技术能力较弱，与发达国家相比还有一定的差距。

二、中国高技术产业竞争潜力

竞争潜力体现在产业运行状态、技术投入、比较优势和创新活力四个方面。由于缺乏产业运行状态相关统计数据，本文仅从技术投入、比较优势和创新活力三个方面分析中国高技术产业的竞争潜力。

1. 技术投入

技术投入强度高低直接影响产业未来技术水平和竞争力的提升，体现在 R&D 人员比例①、R&D 经费强度②、技术改造经费比例③及消化吸收经费比例④4 项指标。

从研究开发投入来看，中国高技术产业技术投入相对较高。2012 年，中国高技术产业 R&D 人员比例高达 5.08%，比制造业平均水平高 2.37 个百分点；同年，中国高技术产业 R&D 经费强度为 1.79%，比制造业平均水平高 0.85 个百分点。从细分产业看，中国航空、航天器及设备制造业研发投入较高，R&D 人员比例和 R&D 经费强度分别为 14.86% 和 9.61%，远高于高技术产业平均水平；医疗仪器设备及仪器仪表制造业和医药制造业 R&D 人员比例分别为 7.02% 和 6.02%，R&D 经费强度分别为 2.38% 和 1.95%，也高于高技术产业平均水平；然而，电子及通信设备制造业和计算机及办公设备制造业研发投入相对较低，R&D 人员比例分别为 4.85% 和 3.13%，均低于高技术产业平均水平，而计算机及办公设备制造业 R&D 经费强度仅为 0.74%，低于制造业平均水平（表 3）。

表 3　中国高技术产业技术投入指标（2012 年）　（单位:%）

行业	R&D 人员比例	R&D 经费强度	技术改造经费比例	消化吸收经费比例
制造业	2.71	0.94	0.54	37.31
高技术产业合计	5.08	1.79	0.38	12.71
医药制造业	6.02	1.95	0.79	99.28
航空、航天器及设备制造业	14.86	9.61	3.07	44.84
电子及通信设备制造业	4.85	1.91	0.26	5.35
计算机及办公设备制造业	3.13	0.74	0.08	3.41
医疗仪器设备及仪器仪表制造业	7.02	2.38	1.10	7.72

数据来源：国家统计局，国家发展和改革委员会，科学技术部．中国高技术产业统计年鉴 2013．北京：中国统计出版社．2014。

从技术改造和消化吸收经费来看，中国高技术产业对技术改造和消化吸收再创新相对不足。2012 年，中国高技术产业技术改造经费比例和消化吸收经费比例分别

① R&D 人员比例 =（R&D 活动人员折合全时当量/从业人员）×100%。

② R&D 经费强度 =（R&D 经费内部支出/主营业务收入）×100%。

③ 技术改造经费比例 =（技术改造经费/主营业务收入）×100%。

④ 消化吸收经费比例 =（消化吸收经费/技术引进经费）×100%。

为0.38%和12.71%，分别比制造业平均水平低0.16和24.6个百分点。值得指出的是，医药制造业和航空、航天器及设备制造业对技术改造和消化吸收再创新十分重视，同期，这两个产业的技术改造经费比例分别为0.79%和3.07%，消化吸收经费比例分别为99.28%和44.84%，远高于制造业和高技术产业平均水平（表3）。

然而，与发达国家相比，中国高技术产业技术投入仍严重不足。数据显示：2009年，美国高技术产业R&D经费占工业总产值比例高达19.74%；2008年，日本高技术产业该比例为10.50%；2007年，瑞典、芬兰、德国的高技术产业该比例分别为13.18%、11.50%和6.87%；2006年，英国、法国、韩国高技术产业该比例分别为11.10%、7.74%和5.86%；2012年，中国高技术产业该比例却仅为1.68%，比发达国家低4.18～18.06个百分点[8]。

2. 比较优势

中国高技术产业的比较优势主要体现在劳动力成本、产业规模和相关产品市场规模3个方面。

中国高技术产业劳动力低成本优势仍十分显著。数据显示：2009年，德国、日本、美国、韩国的就业人员每月实际平均工资分别高达3229.20美元、3568.54美元、2970.00美元和2013.28美元；2008年，法国就业人员每月实际平均工资高达3324.73美元，而2009年中国就业人员每月实际平均工资仅为2440元（折合357.36美元），仅为发达国家就业人员工资的10%～18%①。

经过多年发展，中国高技术产业已经形成较大规模。2012年，中国高技术产业主营业务收入达83 239.50亿元。其中，电子及通信设备制造业占据中国高技术产业的半壁江山，计算机及办公设备制造业在中国高技术产业中也有较大比重，两大产业主营业务收入分别为44 900.40亿元和21 262.50亿元，分别占高技术产业主营业务收入的53.94%和25.54%；同期，医药制造业主营业务收入11 036.80亿元，占高技术产业主营业务收入的13.26%；而医疗仪器设备及仪器仪表制造业和航空、航天器及设备制造业产业规模较小，主营业务收入分别为4389.00亿元和1650.80亿元，仅占高技术产业的5.27%和1.98%。

随着国民经济社会快速健康发展，新型工业化和城镇化加快推进，人民生活水平提高，消费需求升级，中国高技术产业发展空间广阔。2010年，中国民用航空客运量为26 769万人次，仅占中国客运总量的0.82%，是美国航空客运量的37.84%，

① 各种货币对美元折算率参见：国家外汇管理局，各种货币对美元折算率表. http://www.safe.gov.cn/model_safe/tjsj/tjsj_list.jsp?ID=110300000000000000.

可以预见，未来一段时间，中国民用航空市场消费潜力巨大，这为中国航空、航天器及设备制造业提供了广阔的发展空间。2010 年中国每千人拥有电话主线 219.5 部，拥有移动电话 640.40 个，分别仅为高收入国家平均水平的 46.06% 和 58.00%，2011 年，中国每千人互联网用户数仅为 383.98 个，是高收入国家平均水平的 50.79%，这预示着未来我国信息通信产业领域消费空间巨大。2012 年，中国健康检查人数达 36 702.68 万人，比 2010 年增长 27.86%，但开展健康检查的人数仍不到中国人口总数的 30%，可以预见，随着经济的发展和人民生活水平的提高，中国开展健康检查的人数会有较大提升，必将促进中国医疗设备和医药制造业的快速发展。[9]

3. 创新活力

创新活力主要体现在专利申请数、有效发明专利数和单位主营业务收入对应有效发明专利数① 3 个方面。

2012 年，中国高技术产业专利申请数为 97 200 项，其中电子及通信设备制造业专利申请数为 64 602 项，占高技术产业专利申请总量的 66.46%；医疗仪器设备及仪器仪表制造业、医药制造业和计算机及办公设备制造业专利申请数分别为 10 128 项、9580 项和 9475 项，分别占高技术产业专利申请总量的 10.42%、9.86% 和 9.75%；而航空、航天器及设备制造业专利申请数仅为 3415 项。同年，中国高技术产业有效发明专利数高达 97 878 项，其中电子及通信设备制造业有效发明专利达 64 603项，占中国高技术产业有效发明专利总量的 66.00%；而航空、航天器及设备制造业有效发明专利仅有 1770 项，占中国高技术产业有效发明专利总量的 1.81%。

中国高技术产业创新效率相对较强，单位主营业务收入对应有效发明专利数相对较高。2012 年，中国高技术产业单位主营业务收入对应有效发明专利数高达 1.18 项/亿元，是制造业平均水平的 3.56 倍。其中，医疗仪器设备及仪器仪表制造业和电子及通信设备制造业创新效率相对较高，单位主营业务收入对应有效发明专利数分别高达 1.48 项/亿元和 1.44 项/亿元；而航空、航天器及设备制造业、医药制造业和计算机及办公设备制造业创新效率相对较低，单位主营业务收入对应有效发明专利数分别仅为 1.07 项/亿元、0.91 项/亿元和 0.70 项/亿元。

与美国和日本相比，中国高技术产业创新活力仍然较弱。2012 年，中国在电气工程、机械工程、仪器仪表和制药四大高技术领域共申请 PCT 专利 12 817 项，仅占世界

① 单位主营业务收入对应有效发明专利数=有效发明专利数/主营业务收入。

四大领域 PCT 专利申请总量的 9.76%，高于法国、韩国和英国。而美国和日本在高技术领域 PCT 专利申请量分别为 34 323 项和 30 885 项，分别是中国的 2.68 倍和 2.41 倍。其中，中国在电气工程领域创新活力相对较强，PCT 专利申请量达 9467 项，占世界该领域 PCT 专利申请量的 15.52%，但与美国和日本仍有不小差距（表 4）。

表 4　中国与世界部分国家高技术领域 PCT 专利申请情况（2012 年）（单位：项）

国家	电气工程	机械工程	仪器仪表	制药	总计
德国	3 738	6 811	2 735	484	13 768
法国	1 902	1 943	1 021	313	5 179
韩国	4 561	1 417	1 139	423	7 540
美国	15 974	6 287	8 979	3 083	34 323
日本	15 830	7 991	6 408	656	30 885
英国	977	958	841	256	3 032
中国	9 467	1 657	1 285	408	12 817
世界	60 981	34 625	27 861	7 810	131 277

数据来源：WIPO. http：//www. wipo. int/ipstats/en/statistics/pct/［2014-01-22］.

综合考察技术投入、比较优势和创新活力，我们认为中国高技术产业具有一定的竞争潜力，劳动力低成本优势显著，产业颇具规模，未来发展空间广阔，然而，中国高技术产业技术改造和消化吸收经费投入低于制造业平均水平，技术投入与发达国家相比严重不足，PCT 专利申请量虽高于法国、韩国和英国，但与美国和日本还有较大差距。

三、中国高技术产业竞争环境

竞争环境主要体现在政治经济环境、贸易和技术环境、相关产业发展环境和产业政策环境等方面。总体而言，中国高技术产业面临的竞争环境呈现以下四个特征。

1. 发达国家利用技术优势与贸易规则，力图控制新一轮竞争制高点

当前，高技术产业关键核心技术仍主要掌握在少数发达国家手中。美国、日本、欧洲等发达国家和地区纷纷加大高技术产业领域的研究开发与技术储备，并利用技术优势和对自己有利的国际贸易规则，力图控制下一轮产业竞争制高点。

少数国家依靠技术创新控制了产业发展的关键技术。美国、欧洲、日本等发达国家和地区的跨国公司持续加大企业研发投入，强化高技术产业领域的技术优势地

位。据统计[10]，2012 年，世界研发投入 2000 强企业中，共有 661 家高技术企业入选①。其中，美国有 308 家企业入选，占入选高技术企业的 46.6%；欧洲有 133 家企业入选（其中英国、德国、法国分别有 26 家、25 家和 19 家企业入选），占入选高技术企业的 20.1%；日本有 61 家企业入选，占入选高技术企业的 9.2%。通过高强度的研发投入，跨国公司垄断了国际高技术产业的专利市场。世界知识产权组织（WIPO）统计显示②，2012 年，高技术领域共申请 PCT 专利 131 277 项，其中美国 PCT 专利 34 323 项，日本 30 885 项，分别占世界高技术领域 PCT 专利申请量的 26.15% 和 23.53%；尤其，在医药和医疗仪器设备及仪器仪表制造业，美国 PCT 专利申请量分别占世界申请总量的 39.5% 和 32.2%。

此外，发达国家还试图通过国际贸易规则，限制发展中国家在高技术产业领域的发展。2009 年世界金融危机和欧洲债务危机爆发以来，国际贸易战略重点从劳动密集型产业扩展到技术密集型产业，美国和欧洲等发达国家和地区充分利用国际贸易规则，不断发起有针对性的贸易保护活动，迫使新兴经济体更加开放市场，以保护其高端产业的竞争优势。贸易救济措施、技术性贸易壁垒、进口限制等各类贸易壁垒措施对中国等发展中国家高技术产业国际贸易产生的影响进一步加深，企业面临的国际贸易和投资环境不容乐观。商务部统计显示[11]，2012 年，中国出口产品共受到 77 起贸易救济调查，同比增长 11.6%，涉案总金额约 277 亿美元，同比增长 369%。例如，美国共发起 34 起“337 调查”，其中涉及中国企业的有 15 起，占比为 44.1%，联想集团、海尔集团、华为公司、中兴公司及三一重工公司等具有较强国际竞争力的大企业频繁涉案并成为“337 调查”的强制应诉企业；2012 年 11 月，欧盟对中国进行光伏产品的“双反”调查，涉及中国企业对欧盟出口金额高达 210 亿欧元，2013 年 4 月，欧盟又对原产于中国的光伏玻璃发起反倾销调查，涉案中国企业 200 余家，意在全面限制我国光伏全产业链产品的对欧出口。

2. 经济社会发展新阶段呈现新特点，进一步拓展产业发展空间

随着经济社会发展进入新的历史阶段，科学技术快速发展与交叉融合，不断催生高技术产业的新业态和新模式；新兴经济体进入快速发展时期，国内消费升级，需求增加；气候变化、老龄化、资源能源安全等全球性问题凸显，对高技术产品需求呈多样化发展态势，进一步拓展了高技术产业的发展空间。

一是学科间交叉、融合、汇聚频繁，新兴学科及前沿领域不断涌现，催生了高

---

① 入选企业所属行业领域包括航空航天、医药、医疗器械及服务、通信、硬件设备等。

② 参见：http://www.wipo.int/ipstats/en/statistics/pct/.

技术产业的新业态和新模式。科学技术的交叉融合，推动原有产业之间的界限逐渐模糊，新业态和新模式不断涌现。例如，物联网、云计算、移动互联网、智能终端、健康信息技术在医疗健康领域的应用与深度融合，带来网络化、数字化的医疗器械，以及信息化的病患资料，催生了远程医疗产业的兴起和快速发展。二是经济发展水平的提高，推动人民消费需求的升级和多样化，极大扩展对高技术产品的需求空间。例如，当前人民生活水平对电子商务、定位服务、在线应用、软件即服务（SaaS）、平台即服务（PaaS）等信息服务的高端需求，催生了智能眼镜（如谷歌眼镜）、智能手表（如苹果公司的 iWatch）、智能手机、平板电脑、车载导航仪等智能终端产业的繁荣与快速发展。三是气候变化、人口老龄化、资源能源安全等全球性问题凸显，这对高技术产业提出了绿色化、智能化、服务化的新需求，要求高技术产品能够通过智能技术提供较好的辅助性服务，强化产品使用过程中的判断与适应能力，实现人机交互的决策和执行技术，显著改善生产过程中的物耗和能耗，提高生产效率，极大提高产品的绿色化、易用性和智能化，这都为高技术产业的发展开辟了新的领域和新的市场。

经济社会发展新阶段为高技术产业发展带来难得机遇，高新技术产品市场规模将持续扩大。在计算机领域，由于信息技术的快速发展及对各行业领域的渗透，预计到 2020 年，全球数据量将保持每年 40% 以上的增幅，全球大数据技术和服务市场的规模将从 2010 年的 32 亿美元增长到 2015 年的 169 亿美元，年复合增长率高达 39.4%；由于用户对信息安全需求不断的增加以及政府的政策法规的驱动，预计中国 IT 安全硬件市场 2013～2017 年复合增长率为 10%[12]。在医药领域，单克隆抗体药物（单抗药物）在肿瘤、自身免疫性疾病、器官移植、等方面诊断和治疗过程中发挥着关键作用，预计 2015 年国际市场销售额将高达 980 亿美元，2010～2015 年复合增长率高达 17.4%[13]；由于对疾病早期自测试诊断的需求不断增加，到 2015 年，全球 14 亿智能手机用户中将有 5000 万人使用移动医疗；到 2016 年，自测试诊断医疗设备市场规模将达到 303 亿英镑。在航空航天领域，全球支线飞机市场将持续增长，预计到 2027 年，全球航空市场将需要 7450 架 30～120 座支线飞机，销售总额达到 2350 亿美元[14]。在先进制造领域，由于对高技术产品绿色化的需求增加，预计到 2020 年全球清洁生产先进制造技术的市场将翻一番，规模超过 7500 亿欧元[15]。

3. 世界主要国家调整发展战略，强调产业前瞻布局与长远发展

金融危机后，全球高技术产业新版图正在形成。一方面，美国、日本和欧洲等发达国家和地区经济复苏乏力，希望通过强化创新能力建设、吸引制造业回流等战

略重点，扩大实体经济比重，强化高技术产业前瞻布局和未来发展能力；另一方面，新兴国家逐步发展成为引领全球经济发展的新动力，致力于加大研发投入、加快推动产业转型、实施创新驱动发展战略等政策措施，迎头赶上，重塑世界高技术产业的经济地理版图。

美国政府十分注重高技术领域的研究开发，相继出台“美国创新战略”①、“美国国家宽带计划”②、“美国制造业促进法案”③、“先进制造伙伴计划”④、“美国创业计划”⑤、“国家制造业创新网络”⑥、“跨部门网络和信息技术研发计划”⑦ 等，强化信息技术、先进制造、生物技术、医疗技术、材料技术、纳米技术、能源技术等高技术领域的前瞻研究。2014 年，美国联邦政府研究开发投入预算共计 1428 亿美元，包括基础和应用研究领域经费预算 681 亿美元，主要投向生产制造、医疗、能源、气候变化、航空航天、国家安全等领域。其中，在健康、能源技术、航空航天、信息技术、先进制造等领域，联邦政府分别投入 313 亿美元、127 亿美元、116 亿美元、40 亿美元和 29 亿美元用于研发活动，分别比 2012 年增长 1.5%、18%、2.6%、4.2%和87%[16]。此外，为维持美国在决定未来发展的战略高技术产业领域的领先地位，美国政府从 2012 年起计划投入 10 亿美元建立 15 个先进制造业创新中心，目前已经投入超过 2 亿美元，建立了国家 3D 打印机制造创新研究所、数字化制造与设计创新研究所、现代轻金属制造创新研究所和下一代电力电子制造创新研究所[17]。

欧洲国家也纷纷调整高技术发展战略计划，以应对欧洲债务危机的深远影响。欧盟整合了各成员国的创新资源，组织实施“第八框架计划”，将投入 800 亿欧元重点支持健康、生物、信息通信、能源环境等领域的研究开发活动；2012 年，欧盟

---

① 参见：The White House. A Strategy for American Innovation：Securing Our Economic Growth and prosperity. http：//www. whitehouse. gov/sites/default/files/uploads/InnovationStrategy. pdf.

② 参见：FCC. National Broadband Plan. http：//www. broadband. gov/download-plan/.

③ 参见：The White House. United States Manufacturing Enhancement Act of 2010. http：//www. gpo. gov/fdsys/pkg/PLAW-111publ227/pdf/PLAW-111publ227. pdf.

④ 参见：The White House. President Obama Launches Advanced Manufacturing Partnership. http：//www. whitehouse. gov/the-press-office/2011/06/24/president-obama-launches-advanced-manufacturing-partnership.

⑤ 参见：The White House. http：//www. whitehouse. gov/economy/business/startup-america .

⑥ 参见：Manufacturing gov. National Network for Manufacturing Innovation. http：//manufacturing. gov/nnmi. html.

⑦ 参见：Executive Office of the President National Science and Technology Council. The Networking and Information Technology Research and Development（NITRD）Program 2012 Strategic Plan. http：//www. nitrd. gov/Pubs/strategic_ plans/2012_ NITRD_ Strategic_ Plan. pdf.

发布了新版“欧盟工业政策”[①]，提出大幅增加对影响未来发展战略新技术的研发投入，优先发展清洁生产中的先进制造技术、关键能动技术（key enabling technologies）[②]、生物基础产品、可持续发展及原材料、清洁汽车和智能电网等六大领域的战略高技术。欧洲主要国家也纷纷基于本国发展战略与基础，提出相应的高技术发展计划。例如，英国2013年3月发布航空工业中长期发展战略[③]，未来7年英国政府计划与航空工业界共同投入210亿英镑用于航空工业的研发投入；英国技术战略委员会（TSB）发布了“2013～2014财年执行计划”，投入4.4亿英镑用于健康领域、高附加值制造领域、能源领域、数字经济领域、空天技术领域等的创新活动。2013年，德国联邦教育研究部（BMBF）将投入2.86亿元[④]，用于建设切伦科夫望远镜阵列（CTA）、欧洲化学生物学开放筛选平台（EU-Openscreen）和商用民航机全球观测系统（IAGOS）三大科研基础设施项目。2013年12月，法国政府公布了法国工业优先发展领域，法国政府将向信息、通信、能源、健康、先进制造等34个工业领域提供35亿欧元的资助，此外，法国还相继出台“高速网络建设项目”[⑤]、“国家健康战略”[⑥]、“纳米2017计划”[⑦]等，用于加快网络、医疗健康、纳米技术等领域的发展。

日本调整战略重点，根据第四期“科学技术基本计划”和“日本再生战略”，切实有效推动信息、纳米、材料、航空航天等高技术领域的快速发展，以应对灾后重建、能源安全、人口老龄化等经济、社会问题。2011年，日本发布第四期“科学技术基本计划”[⑧]，重点发展绿色创新和生命科学领域的研究开发活动，提升信息安全、大数据、稀有元素和替代材料、先进航天、海洋技产业领域的国际竞争力。同

---

① 参见：European Commission. A Stronger European Industry for Growth and Economic Recovery. Brussels: European Commission, 2012.

② 包括纳米技术、半导体等微纳电子技术、先进材料技术、生物技术和光子技术等。

③ 参见：HM Government. Lifting Off ——Implementing the Strategic Vision for UK Aerospace. https://www.gov.uk/government/uploads/system/uploads/attachment_data/file/142625/Lifting_off_implementing_the_strategic_vision_for_UK_aerospace.pdf.

④ 参见：BMBF. http://www.bmbf.de/press/3442.php.

⑤ 参见：Portail dy Gouvernement. http://www.gouvernement.fr/premier-ministre/un-an-d-actions-en-france-un-livre-numerique-sur-les-douze-mois-du-gouvernement-de-.

⑥ 参见：中国科学院发展规划局，中国科学院国家科学图书馆．科学研究动态监测快报：科技战略与政策专辑．2013，第19期．

⑦ 参见：中国科学院发展规划局，中国科学院国家科学图书馆．科学研究动态监测快报：科技战略与政策专辑．2013，第15期．

⑧ 参见：综合科学技术会议．第4期科学技术基本计划．http://www8.cao.go.jp/cstp/cst/kihonkeikaku/houbun.htm.

年年底，日本发布了“日本再生战略”，强调运用等措施，推动绿色（能源与环保）、民生（健康）、农林渔业三大领域的快速发展[18]。

俄罗斯、韩国、印度等国家也相继加大高技术产业领域的研究开发活动。俄罗斯于2012年12月公布“2013～2020年国家科技发展规划”，提出在2013～2020年投入1.6万亿卢布推动建设有竞争力的研发体系[19]；同期，俄罗斯公布了投资额为6320亿卢布的“2013～2020年国家科学院基础科学研究计划”，其中重点领域包括信息技术、工程、基础医学、生物等领域[19]；此外，俄罗斯政府还投资1005亿卢布建立现代化高技术研发和产业中心作为创新经济政策的试验基地，推动俄罗斯能源、信息、核能、航天及新医药等5个重点发展领域现代化。韩国致力于推动“创造经济”发展①，提出要实现从“快速跟踪”战略到“领跑者”的战略转变，通过持续增加研发投入，大力发展高技术和应用先进适用技术，不断增强经济发展的内生动力，提升韩国重点产业的国际竞争力。2013年7月，韩国通过“第三次科学技术基本计划”，提出重点开发120项战略性技术和30项战略性关键技术，这些技术主要分布在信息、健康、能源资源、航空航天、海洋等高技术领域[20]。2012年12月，印度发布“第十二个五年计划：快速、包容和可持续的增长”，强调运用科学技术来推动创新，改造国家创新生态系统，实现印度在全球的科技领先地位，增强印度的全球竞争力[19]。

4. 中国政府实施创新驱动发展战略，引领高技术产业跨越发展

近年来，中国政府提出实施创新驱动发展战略，颁布了科技体制改革和全面深化改革的相关文件，并相继出台一系列产业发展政策，以发展高端产业，推动产业转型升级，增强企业自主创新能力，为我国高技术产业的发展提供了不可多得的历史机遇。

党的十八大提出，实施创新驱动发展战略②，强调科技创新是提高社会生产力和综合国力的战略支撑，必须摆在国家发展全局的核心位置；强调提高原始创新、集成创新和引进消化吸收再创新能力；强调完善知识创新体系，提高科学研究水平和成果转化能力，抢占科技发展战略制高点。2012年，中国政府出台《关于深化科技体制改革加快国家创新体系建设的意见》③，提出以提高自主创新能力为核心，以促进科技与经济社会发展紧密结合为重点，着力解决制约科技创新的突出问题，充

---

① 参见：http：//english. mosf. go. kr/upload/mini/2013/06/FILE_ 27HCE0_ 20130607085634_ 1. pdf.

② 参见：胡锦涛在中国共产党第十八次全国代表大会上的报告 . http：//news. xinhuanet. com/18cpcnc/2012-11/17/c_ 113711665. htm

③ 参见：http：//www. gov. cn/jrzg/2012-09/23/content_ 2231413. htm .

分发挥科技在转变经济发展方式和调整经济结构中的支撑引领作用等，到2020年在关键领域科学研究实现原创性重大突破，战略性高技术领域技术研发实现跨越式发展，若干领域创新成果进入世界前列。党的十八届三中全会通过《中共中央关于全面深化改革若干重大问题的决定》①，提出建立健全鼓励原始创新、集成创新、引进消化吸收再创新的体制机制；健全技术创新市场导向机制，强化企业在技术创新中的主体地位；加强知识产权运用和保护，发展技术市场；完善政府对基础性、战略性、前沿性科学研究和共性技术研究的支持机制。这些战略政策的出台，为我国高技术产业的发展提供了有利的政策环境，极大推动了我国高新技术企业创新能力建设，畅通了高技术领域从研究开发到商业化的创新渠道，实现了我国高技术产业从全球产业链低端向中高端延伸，推动我国高技术产业的跨越发展。

此外，政府还相继发布自主创新规划和高技术产业规划，包括《国家重大科技基础设施建设中长期规划（2012—2030年）》、《节能与新能源汽车产业发展规划(2012—2020年)》、《“十二五”国家自主创新能力建设规划》、《“十二五”国家战略性新兴产业发展规划》、《“十二五”产业技术创新规划》、《高端装备制造业“十二五”发展规划》、《通信业“十二五”发展规划》、《软件和信息技术服务业“十二五”发展规划》、《环保装备“十二五”发展规划》、《太阳能光伏产业“十二五”发展规划》、《集成电路产业“十二五”发展规划》、《电子信息制造业“十二五”发展规划》、《医药工业“十二五”发展规划》、《“十二五”节能环保产业发展规划》、《全国海洋经济发展“十二五”规划》、《新材料产业“十二五”发展规划》等，优化高技术产业和战略新兴信息产业领域的发展环境，明确产业发展重点与问题，积极推动产业自主创新能力和产业竞争力建设，为实现高技术产业的跨越发展提供了有利政策环境与发展条件。

可以预见，未来一段时期，完善产业发展市场环境、强调产业技术研发、推动企业自主创新能力建设、加快科技成果转化等政策的实施，将进一步优化我国产业的发展环境，有力支撑我国高技术产业的跨越发展。

四、中国高技术产业竞争态势

竞争态势反映产业竞争力演进的趋势和方向，主要体现在资源转化能力、市场竞争能力、技术创新能力和比较优势等四个方面的发展。中国高技术产业的国际竞

① 参见：http：//www.gov.cn/jrzg/2013-11/15/content_2528179.htm.

争力不仅取决于竞争实力、竞争潜力和竞争环境，还受到产业竞争态势的影响。

1. 资源转化能力变化指数

资源转化能力竞争态势反映全员劳动生产率和利税率的变化趋势，是把握资源转化能力发展趋势的重要前提。

中国高技术产业资源转化能力呈上升态势。2008～2012 年，中国高技术产业人均主营业务收入从 66.66 万元/（人・年）持续增长到 80.45 万元/（人・年），利税率从 6.64% 震荡增长到 8.98%，年均增幅分别为 4.81% 和 7.82%。从细分产业看，航空、航天器及设备制造业、医药制造业、医疗仪器设备及仪器仪表制造业人均主营业务收入有较大提升，年均增幅均在 10% 以上；电子及通信设备制造业和计算机及办公设备制造业人均主营业务收入也有不同程度增长；同期，电子及通信设备制造业利税率有较快增长，年均增幅达 9.84%；计算机及办公设备制造业、医疗仪器设备及仪器仪表制造业、航空、航天器及设备制造业利税率也有一定程度增长，而医药制造业利税率呈下降态势，2012 年利税率比 2008 年下降 0.5 个百分点（表 5）。

表 5　中国高技术产业主要经济指标（2008～2012 年）

指标	行业	2008 年	2009 年	2010 年	2011 年	2012 年
人均主营业务收入/（万元/人・年）	制造业	34.46	36.25	43.76	57.49	71.83
	高技术产业合计	66.66	69.01	73.47	75.56	80.45
	医药制造业	50.55	56.43	64.08	73.71	81.20
	航空、航天器及设备制造业	36.70	39.69	45.99	54.05	64.70
	电子及通信设备制造业	59.68	62.73	64.71	67.63	72.31
	计算机及办公设备制造业	106.62	106.54	116.24	110.49	113.70
	医疗仪器设备及仪器仪表制造业	45.33	47.35	53.60	58.01	67.23
利税率/%	制造业	15.03	17.77	18.95	17.02	14.08
	高技术产业合计	6.64	7.24	8.53	8.48	8.98
	医药制造业	18.70	18.96	19.30	18.20	18.19
	航空、航天器及设备制造业	7.45	8.48	6.49	6.97	8.06
	电子及通信设备制造业	5.58	6.28	8.22	7.65	8.12
	计算机及办公设备制造业	4.03	3.57	4.47	4.68	4.92
	医疗仪器设备及仪器仪表制造业	12.31	13.84	14.04	14.64	14.52

数据来源：国家统计局，国家发展和改革委员会，科学技术部. 中国高技术产业统计年鉴 2013. 北京：中国统计出版社. 2014.

2. 市场竞争能力变化指数

市场竞争能力变化指数主要反映产品目标市场份额和贸易竞争指数的变化趋势，是把握高技术产业市场竞争格局演进的重要前提。

从目标市场份额来看，中国高技术产业在全球市场的进出口份额均呈较快增长态势，出口总额从2008年的4145.80亿美元快速增加到2012年的6011.67亿美元，年均增幅达9.47%；进口总额从3401.93亿美元快速增加到5070.78亿美元，年均增幅达10.49%。同期，中国高技术产品在全球市场的贸易顺差持续快速增长，从743.87亿美元增加到940.89亿美元，年均增幅为6.05%。中国高技术产品对美国市场、日本市场、韩国市场、东盟市场、俄罗斯市场和印度市场的出口额均有较大程度的增长，年均增幅均在7.5%以上；而在欧盟市场，中国高技术产品出口额仅有小幅增长，进口额则从301.75亿美元快速增加到477.62亿美元，年均增速高达12.17%（表6）。

从贸易竞争指数来看，在全球市场，中国高技术产业市场竞争能力略有下降，贸易竞争指数呈持续小幅下降态势。2008年，中国高技术产业在全球市场的贸易竞争指数为0.099，2012年，该指数持续下降到0.085。中国高技术产品在美国市场和俄罗斯市场的竞争能力有所提升，贸易竞争指数分别从2008年的0.534和0.847震荡增加到2012年的0.557和0.887；在欧盟市场和印度市场，中国高技术产品虽有较强的竞争能力，但呈下降态势，2008年，中国高技术产品在欧盟市场和印度市场的贸易竞争指数分别为0.528和0.942，2012年则震荡下降到0.360和0.920；在日本市场，中国高技术产业市场竞争能力整体表现较弱，贸易竞争指数为负，但2008年以来呈逐渐增强态势，贸易竞争指数从-0.325持续增加到2012年的-0.201；在东盟市场和韩国市场，中国高技术产业的市场竞争能力较弱且呈下降态势，贸易竞争指数从2008年的-0.307和-0.449震荡下降到2012年的-0.329和-0.460（表6）。

表6 中国高技术产业对目标市场的国际贸易情况（2008~2012年）

目标市场	指标	2008年	2009年	2010年	2011年	2012年
全球市场	出口/亿美元	4145.80	3757.97	4912.14	5473.10	6011.67
	进口/亿美元	3401.93	3080.96	4104.63	4605.66	5070.78
	贸易顺差/亿美元	743.87	677.00	807.51	867.43	940.89
	贸易竞争指数	0.099	0.099	0.090	0.086	0.085

续表

目标市场	指标	2008 年	2009 年	2010 年	2011 年	2012 年
美国市场	出口/亿美元	777.93	753.64	957.69	1056.75	1143.67
	进口/亿美元	236.64	226.89	288.29	284.70	325.57
	贸易顺差/亿美元	541.29	526.75	669.40	772.05	818.09
	贸易竞争指数	0.534	0.537	0.537	0.576	0.557
欧盟市场	出口/亿美元	976.51	800.21	1084.04	1121.99	1015.28
	进口/亿美元	301.75	291.11	356.00	450.89	477.62
	贸易顺差/亿美元	674.76	509.10	728.04	671.10	537.66
	贸易竞争指数	0.528	0.467	0.506	0.427	0.360
东盟市场	出口/亿美元	310.25	295.14	344.76	376.23	419.59
	进口/亿美元	584.58	501.31	706.21	792.69	830.80
	贸易顺差/亿美元	-274.34	-206.17	-361.45	-416.47	-411.21
	贸易竞争指数	-0.307	-0.259	-0.344	-0.356	-0.329
日本市场	出口/亿美元	234.91	206.71	290.46	333.35	366.00
	进口/亿美元	461.45	376.85	521.12	583.80	549.78
	贸易顺差/亿美元	-226.55	-170.14	-230.66	-250.45	-183.77
	贸易竞争指数	-0.325	-0.292	-0.284	-0.273	-0.201
韩国市场	出口/亿美元	198.91	185.69	233.03	254.03	317.88
	进口/亿美元	522.66	489.04	693.32	768.39	859.17
	贸易顺差/亿美元	-323.75	-303.34	-460.29	-514.37	-541.29
	贸易竞争指数	-0.449	-0.450	-0.497	-0.503	-0.460
印度市场	出口/亿美元	78.83	84.35	99.20	109.06	111.03
	进口/亿美元	2.34	3.05	5.01	5.15	4.61
	贸易顺差/亿美元	76.49	81.31	94.19	103.91	106.41
	贸易竞争指数	0.942	0.930	0.904	0.910	0.920
俄罗斯市场	出口/亿美元	40.22	23.13	48.91	58.04	67.21
	进口/亿美元	3.34	2.29	6.61	6.61	4.04
	贸易顺差/亿美元	36.88	20.84	42.30	51.43	63.17
	贸易竞争指数	0.847	0.820	0.762	0.795	0.887

数据来源：国家发展和改革委员会高技术产业司，商务部机电和科技产业司，科学技术部发展计划司，海关总署综合统计司．2007～2012 年中国高新技术产品进出口数据汇编（内部资料）．

3. 技术能力变化指数

技术能力变化指数主要反映产业技术投入、产业技术能力和创新活力等指数变化情况。

近年来，中国高技术产业的技术能力有较快提升。中国高技术产业研发投入有较快增长，R&D 人员比例和 R&D 经费强度分别从 2008 年的 4.14% 和 1.43% 震荡增加到 2012 年的 5.08% 和 1.79%，分别提升 0.94 和 0.37 个百分点。同期，中国高技术产业新产品销售率有一定增长，从 28.03% 震荡增加到 28.55%，而制造业新产品销售率则呈下降态势。中国高技术产业有效发明专利数和单位主营业务收入对应的有效发明专利数有较快提升，分别从 23 915 项和 0.52 项/亿元快速增加到 97 878 项和 1.18 项/亿元，年均增幅分别达 42.23% 和 22.60%。从细分产业看，中国航空、航天器及设备制造业技术能力有显著提升，2012 年 R&D 人员比例、R&D 经费强度、有效发明专利数和单位主营业务收入对应的有效发明专利数等指标均有较快增长，且涨幅均超过 19%；医药制造业、电子及通信设备制造业、计算机及办公设备制造业和医疗仪器设备及仪器仪表制造业技术能力也有不同程度增长（表 7）。

表 7　中国高技术产业技术能力指标（2008～2012 年）

指标	产业分类	2008 年	2009 年	2010 年	2011 年	2012 年
R&D 人员比例 /%	制造业	1.19	1.39	1.52	1.84	2.71
	高技术产业合计	4.14	4.57	4.85	4.47	5.08
	医药制造业	4.50	5.26	5.15	5.62	6.02
	航空、航天器及设备制造业	6.41	7.29	8.69	8.71	14.86
	电子及通信设备制造业	4.46	4.84	4.54	4.41	4.85
	计算机及办公设备制造业	2.13	2.41	4.16	2.48	3.13
	医疗仪器设备及仪器仪表制造业	5.90	6.01	6.63	6.28	7.02
R&D 经费强度 /%	制造业	0.96	1.08	1.03	1.03	0.94
	高技术产业合计	1.43	1.60	1.60	1.72	1.79
	医药制造业	1.75	1.82	1.79	1.73	1.95
	航空、航天器及设备制造业	4.69	5.25	6.21	7.84	9.61
	电子及通信设备制造业	1.75	1.92	1.90	1.89	1.91
	计算机及办公设备制造业	0.52	0.63	0.61	0.74	0.74
	医疗仪器设备及仪器仪表制造业	2.35	2.54	2.17	2.27	2.38

续表

指标	产业分类	2008 年	2009 年	2010 年	2011 年	2012 年
新产品销售率/%	制造业	18.87	20.43	19.69	18.94	16.08
	高技术产业合计	28.03	26.09	27.05	28.29	28.55
	医药制造业	21.00	22.75	24.40	20.25	22.19
	航空、航天器及设备制造业	42.71	21.70	31.57	27.20	36.46
	电子及通信设备制造业	29.34	34.68	30.12	28.11	28.74
	计算机及办公设备制造业	27.14	14.41	23.10	33.04	31.10
	医疗仪器设备及仪器仪表制造业	27.51	27.26	25.19	24.00	27.27
有效发明专利数/项	制造业	54 223	78 884	109 732	143 397	199 128
	高技术产业合计	23 915	31 830	50 166	674 28	97 878
	医药制造业	3 170	3 911	5 672	6 527	10 073
	航空、航天器及设备制造业	400	565	700	1 277	1 770
	电子及通信设备制造业	15 418	21 298	33 677	44 448	64 603
	计算机及办公设备制造业	3 344	4 192	7 552	10 532	14 922
	医疗仪器设备及仪器仪表制造业	1 583	1 864	2 565	4 644	6 510
单位主营业务收入对应的有效发明专利数/（项/亿元）	制造业	0.20	0.28	0.30	0.31	0.33
	高技术产业合计	0.52	0.66	0.83	0.94	1.18
	医药制造业	0.70	0.71	0.83	0.72	0.91
	航空、航天器及设备制造业	0.36	0.45	0.47	0.70	1.07
	电子及通信设备制造业	0.67	0.90	1.12	1.20	1.44
	计算机及办公设备制造业	0.21	0.27	0.39	0.52	0.70
	医疗仪器设备及仪器仪表制造业	0.93	0.86	0.89	1.22	1.48

数据来源：国家统计局，国家发展和改革委员会，科学技术部．中国高技术产业统计年鉴 2013．北京：中国统计出版社．2014.

中国高技术产业与发达国家的技术能力差距不断缩小。世界知识产权组织（WIPO）数据显示，中国高技术领域 PCT 专利申请量从 2008 年的 4496 项快速增长到 2012 年的 12 817 项，年均增幅高达 29.94%。2012 年，中国高技术产业 PCT 专利申请量已经超过法国、韩国和英国，虽然与美国、日本、德国还有不同程度差距，但差距呈不断缩小态势（表 8）。

表 8　世界部分国家高技术领域 PCT 专利申请情况（2008～2012 年）

（单位：项）

国家	2008 年	2009 年	2010 年	2011 年	2012 年
德国	12 777	12 719	11 397	12 361	13 768
法国	4 736	5 023	5 131	5 052	5 179
韩国	5 174	5 337	5 875	7 112	7 540
美国	40 170	34 430	32 215	32 075	34 323
日本	21 347	22 127	22 392	26 343	30 885
英国	3 740	3 407	3 186	3 045	3 032
中国	4 496	5 208	6 936	9 990	12 817

数据来源：WIPO. Statistics on the PCT System. http：//www. wipo. int/ipstats/en/statistics/pct/［2014-01-22］.

4. 比较优势变化指数

比较优势变化指数反映中国劳动力低成本优势等的变化趋势。

中国高技术产业劳动力成本呈上升态势，但与发达国家相比，比较优势仍然十分显著。2005～2009 年，中国从业人员平均每月工资水平从 187.61 美元快速增加到 357.36 美元，年均增幅达 17.48%。然而，与发达国家相比，中国高技术产业从业人员每月工资仅为德国、法国、日本、韩国、美国等发达国家的 9%～22%，中国高技术产业仍有着较强的劳动力低成本优势（表 9）。

表 9　世界部分国家平均每月工资情况（2005～2009 年）（单位：美元）

国家	2005 年	2006 年	2007 年	2008 年	2009 年
法国	2974.61	3249.06	3765.38	3324.73	–
德国	2608.68	2811.49	3190.83	2733.41	3229.20
日本	2780.37	2800.27	3001.43	3397.90	3568.54
韩国	–	–	2640.37	1600.87	2013.28
美国	–	–	2960.00	2927.00	2970.00
中国	187.61	217.41	259.98	316.92	357.36

数据来源：国家统计局．国际统计年鉴 2013. 北京：中国统计出版社，2013.

综合考察资源转化能力变化指数、市场竞争能力变化指数、技术能力变化指数和比较优势变化指数，可以认为，中国高技术产业国际竞争力呈良性发展态势，资源转化能力、市场竞争能力、技术能力等均有不同程度的提升，劳动力低成本优势仍然显著，PCT 专利申请与发达国家差距不断缩小。

五、主要研究结论

综合分析中国高技术产业的竞争实力、竞争潜力、竞争环境和竞争态势，可以得出以下结论。

1. 产业竞争实力总体良好，在若干领域取得技术突破

中国高技术产业劳动生产率相对较高，人均主营业务收入高于制造业平均水平，但利润率较低，与制造业相比还有一定差距；高技术产品在全球市场和美国、日本、欧盟等市场均有不同程度的贸易顺差，在国际市场具有较强的竞争能力；产业关键技术开发水平有所提升，在信息通信、医药、航空航天等领域取得一系列突破性进展；新产品销售率较高，且近一半的新产品出口到国际市场。然而，与发达国家相比，在高技术产业主要领域，中国技术能力仍有较大差距。

2. 产业具备一定的竞争潜力，但技术投入和创新活力与发达国家仍有显著差距

中国高技术产业 R&D 人员和经费投入相对较高，与制造业相比发展优势明显；产业规模较大，发展空间广阔，劳动力低成本优势十分显著；中国高技术产业专利申请量、有效发明专利数和 PCT 专利申请数较高，单位主营业务收入对应有效发明专利数远高于制造业平均水平。然而，与发达国家相比，技术投入严重不足，PCT 专利申请量虽高于法国、韩国和英国，但与美国和日本还有较大差距。

3. 产业竞争环境有利向好，创新驱动发展过程中机遇与挑战并存

科技、经济、社会发展进入新的历史阶段，对高技术产品需求呈多样化发展态势，进一步拓展了高技术产业的发展空间；中国政府实施创新驱动发展战略，颁布了科技体制改革和全面深化改革的相关文件，并相继出台一系列产业发展政策，营造了高技术产业发展的良好环境，为中国高技术产业发展提供了重大的历史性机遇。同时，发达国家纷纷调整战略重点，强化高技术产业前瞻布局和未来发展能力，并利用技术优势与贸易规则，力图控制新一轮产业竞争制高点；新兴国家致力于通过加大研发投入、加快推动产业转型、实施创新驱动发展战略等，推动世界高技术产业的经济地理版图重塑，都对中国高技术产业发展形成一定挑战。

4. 产业国际竞争力逐渐增强，与发达国家差距缩小

中国高技术产业国际竞争力呈良性发展态势，资源转化能力和市场竞争能力等均有不同程度提升，技术能力与发达国家差距有所缩小，劳动力低成本优势仍然显著。劳动生产率和利税率有一定程度的增长，在全球市场的进出口份额均呈较快增长态势；技术能力显著提升，研发人员和经费投入有所增长，有效发明专利数和单位主营业务收入对应的有效发明专利数均有较大幅度的提升，PCT 专利申请与发达国家差距不断缩小；比较优势仍然显著，劳动力成本虽有较快增长，但与发达国家相比仍有较大优势。

参考文献

[1] 黄辛．中国学者研制出世界首台拟态计算机．中国科学报，2013-09-23，第 1 版．

[2] 金婉霞，记者王春．我国研发出世界首个半浮栅晶体管．科技日报，2013-08-12，第 1 版．

[3] 吴红月，林莉君．清华研发新试剂 测癌只需一滴血．科技日报，2013-11-18，第 1 版．

[4] 徐京跃，顾瑞珍．习近平：嫦娥三号是货真价实、名副其实的中国创造．http：//news. xinhuanet. com/politics/2014-01/06/c_ 118852000. htm [2014-01-06]．

[5] 李大庆．实用化深紫外全固态激光器唯我独有．科技日报，2013-09-07，第 1 版．

[6] 中国未来 20 年技术预见研究组．中国未来 20 年技术预见研究报告．北京：科学出版社，2006.

[7] 中国未来 20 年技术预见研究组．中国未来 20 年技术预见研究报告（续）．北京：科学出版社，2008.

[8] 国家统计局，国家发展和改革委员会，科学技术部．中国高技术产业统计年鉴 2013. 北京：中国统计出版社．2014.

[9] 中华人民共和国国家统计局．国际统计年鉴 2013. 北京：中国统计出版社，2013.

[10] European Union. The 2013 EU Industrial R&D Scoreboard. Luxembourg：Publications Office of the European Union，2013.

[11] 中华人民共和国商务部．国别贸易投资环境报告 2013. 上海：上海人民出版社，2013.

[12] IDC. 中国 IT 安全硬件市场 2013 ~ 2017 年预测与分析．http：//www. idc. com. cn/prodserv/detail. jsp? id=NTY0 [2014-01-05]．

[13] 赵晓勤．2012 年全球单抗药物产业数据简析．http：//www. istis. sh. cn/list/list. aspx? id=8021 [2014-01-16]．

[14] Embraer. Embraer Market outlook 2008 ~ 2027. http：//www. embraer. com/ri/english/inc/df. asp? caminho=home/doc/Embraer-Mkt-Outlook-2008-2027. pdf [2014-01-16]．

[15] European Commission. A stronger European industry for growth and economic recovery. Brussels: European Commission, 2012. 10. 10.

[16] OSTP. The 2014 budget: a world – leading commitment to science and research. http://www.whitehouse. gov/sites/default/files/microsites/ostp/2014_ R&Dbudget_ overview. pdf [2014- 01-18].

[17] Advanced Manufacturing Portal. National network for manufacturing innovation. http://manufacturing. gov/nnmi. html [2014-01-18].

[18] 王玲. 2013 年日本政府科技相关预算分配简析. 全球科技经济瞭望, 2013, 8: 28-34.

[19] 中国科学院发展规划局, 中国科学院国家科学图书馆. 国际重要科技信息专报 (第 1 期, 内部资料). 2013.

[20] 中国科学院发展规划局, 中国科学院国家科学图书馆. 科学研究动态监测快报: 科技战略与政策专辑 (第 21 期, 内部资料). 2013.

The Evaluation of International Competitiveness of Chinese High-tech Industry

Qu Wan, Lin Jie

(Institute of Policy and Management, Chinese Academy of Sciences)

This paper analyzes the international competitiveness of Chinese high-tech industries from four dimensions, including competitive strength, competitive potential, competitive environment, and competitive tendency. Five industries are involved, namely aircraft and spacecraft, electronic and telecommunication equipments, computers and office equipments, pharmaceuticals, and medical equipments and meters manufacturing.

Four conclusions are drawn from the analysis of international competitiveness of Chinese high-tech industries. First of all, the competitive strength of Chinese high-tech industries continues to grow, breakthroughs are made in several areas. In spite of higher labor productivity, the profitability is lower than the average level of Chinese manufacturing industries. The competitiveness of Chinese high-tech products in the international markets is relatively strong with trade surplus in international market as well as in the US, Japanese, and EU markets. Industrial technology capacity of Chinese high-tech industries continues to improve with breakthroughs in ICT, pharmaceutical, and aerospace areas. However, there is a huge gap between China and developed countries in terms of technology capacity.

Secondly, the competitive potential of Chinese high-tech industries keeps developing, but there is still a significant gap of technology input and innovation capacity compared to developed countries. The industrial scale of Chinese high-tech industries is huge, and the low-cost advantage of Chinese workers will still last for a certain period. Besides, there are great numbers of patents in force and PCT application in high-tech industries. However, the gap of R&D intensity between China and developed countries is big, and the PCT applications is lagged compared to the US and Japan.

Thirdly, the competitive environment of Chinese high-tech industries is favorable in general, with significant opportunities and challenges for innovative development. The S&T, economic and social development bring a huge market in the future. And the Chinese government has implemented innovation-driven strategy, and vigorously promoted the innovative development of Chinese high-tech industries. Meanwhile, developed countries issued strategies to seize the opportunities making international competition more intensive, and developing countries focus on R&D, industrial upgrading and innovative development. In order to gain competitive advantage, Chinese high-tech industry should speed up the development of innovation capacity and lead the leapfrogging.

Last but not least, the competitive tendency of Chinese high-tech industries is improving with a narrowing gap between China and development countries. The international trade of Chinese high-tech products continues to grow with an increasing surplus. The gap of technology capacity between China and development is narrowing, and there is still remarkable advantage in terms of the low-cost labor and the broad market.

5.2　中国高技术产业创新能力评价[①]

陈　芳　王伟光

（中国科学院科技政策与管理科学研究所）

“十一五”以来，中国高技术产业发展快速，规模不断壮大，有力地促进了产业转型升级。但是，中国高技术产业仍然面临提升自主创新能力和国际竞争力的艰巨任务。2006 年以来，中国政府颁布实施《国家中长期科学和技术发展规划纲要(2006—2020 年)》及其配套政策与实施细则，为全面提升高技术产业和企业创新能

① 数据来源：本文数据如无特殊说明，均来自《工业企业科技活动统计资料》（2007 ~ 2011）和《中国高技术产业统计年鉴》（2012 ~2013），数据是指大中型企业数据。

力营造了良好政策环境。本文旨在监测中国高技术产业创新能力进展，识别关键问题，为增强高技术产业创新能力提供支撑。

一、中国高技术产业创新能力

高技术产业创新能力是指高技术产业在一定发展环境和条件下，从事技术发明、技术扩散、技术成果商业化等活动，实现节能、降耗、减排和获取经济收益的能力。产业创新能力强弱决定其发展水平，并在一定程度上决定一个国家或区域的产业结构和国际竞争力。创新能力强的产业通常提供的是高端产品和服务，其创新活动具有效率高、效益好的特点，并且在产业分工中居于价值链的高端，占据竞争主动地位，并能有效驱动经济社会可持续发展。本文研究对象是中国高技术产业及其包括的医药制造业、航空航天器制造业、电子及通信设备制造业、电子计算机及办公设备制造业和医疗设备及仪器仪表制造业 5 个行业①。

本文借鉴《2009 中国创新发展报告》制造业创新能力评价指标体系设计思路②，建立高技术产业创新能力评价指标体系。高技术产业创新能力包括高技术产业创新实力和高技术产业创新效力两个方面。创新实力涉及创新投入实力、创新产出实力和创新绩效实力 3 个二级指标，表征高技术产业创新活动规模。创新效力涉及创新投入效力、创新产出效力和创新绩效效力 3 个二级指标，表征高技术产业创新效率和创新效益。此外，本文也将分析高技术产业创新政策环境，包括财税支持、产业联盟和基地建设等情况。

2006 年以来，中国高技术产业创新能力总体继续呈现显著提升态势。从创新能力指数③来看，2012 年，电子及通信设备制造业创新能力仍为最强，创新能力指数达 39. 61，医药制造业、电子计算机及办公设备制造业、医疗设备及仪器仪表制造业、航空航天器制造业依次位居第 2 位至第 5 位。

从创新能力指数增速看，各高技术产业创新能力整体呈现出增强态势。电子及通信设备制造业创新能力指数增加最多，由 2006 年的 19. 19 增加到 2012 年的 39. 61；年均增速达到 12. 8%，也是同期创新能力指数年均增速最快的产业。如图 1 所示。

---

① 《2012 年中国高技术产业统计年鉴》和《2013 年中国高技术产业统计年鉴》中高技术产业分类名称略有差异，由于本文除 2012 年个别数据外，其他数据均按照《2012 年中国高技术产业统计年鉴》中高技术产业 5 个行业来收集，因此本文沿用《2012 年中国高技术产业统计年鉴》中高技术产业分类名称。

② 中国科学院创新发展研究中心. 中国创新发展报告 2009. 北京：科学出版社，2009.

③ 创新能力指数采用创新实力指数和创新效力指数 2 个一级指标表征。其中，指数是通过极值标准化方法先将原始指标值进行标准化，进而再加权平均，得到指数值，权重通过专家打分得到。

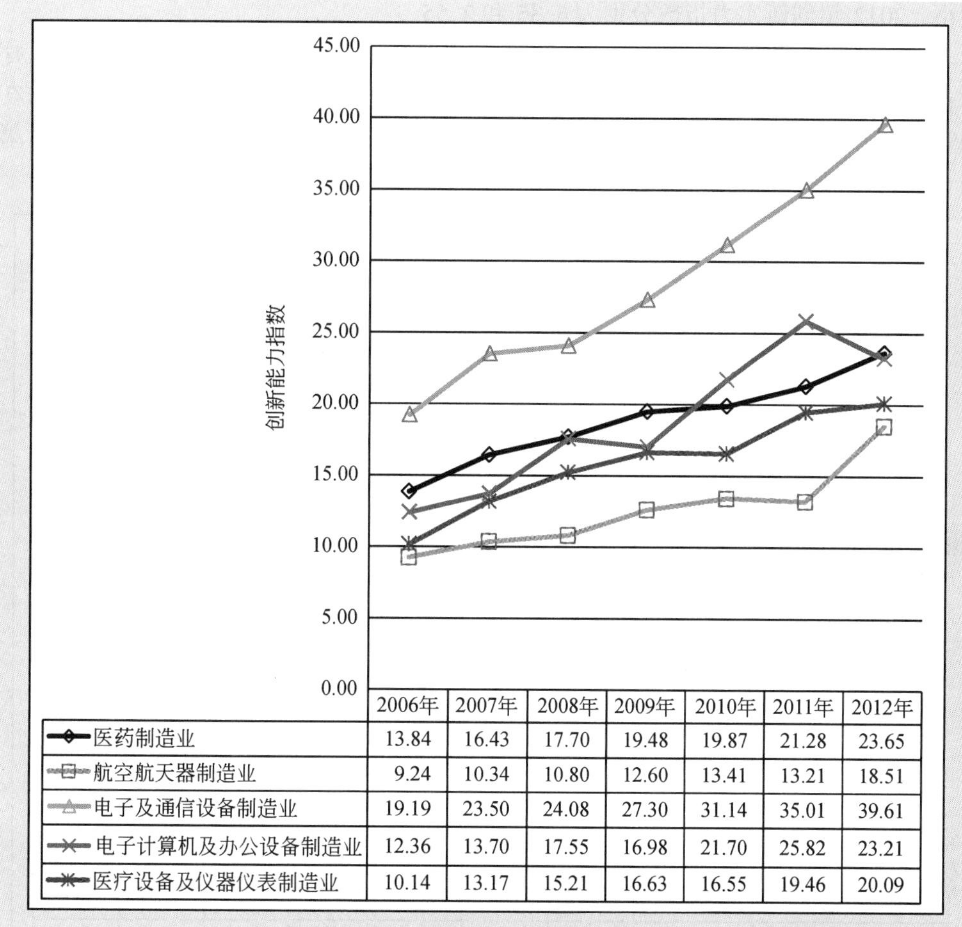

	2006年	2007年	2008年	2009年	2010年	2011年	2012年
医药制造业	13.84	16.43	17.70	19.48	19.87	21.28	23.65
航空航天器制造业	9.24	10.34	10.80	12.60	13.41	13.21	18.51
电子及通信设备制造业	19.19	23.50	24.08	27.30	31.14	35.01	39.61
电子计算机及办公设备制造业	12.36	13.70	17.55	16.98	21.70	25.82	23.21
医疗设备及仪器仪表制造业	10.14	13.17	15.21	16.63	16.55	19.46	20.09

图 1 中国高技术产业创新能力指数

二、中国高技术产业创新实力

创新实力指数采用创新投入实力指数、创新产出实力指数和创新绩效实力指数 3 个二级指标表征，测度各产业创新活动规模的影响。

从创新实力指数看，电子及通信设备制造业创新实力最强。2012 年，我国电子及通信设备制造业创新实力指数为 49.33，远远高出排名第二位的医药制造业。从创新投入规模、创新产出规模和创新绩效规模来看，其他产业都远远小于电子及通信设备制造业。医疗设备及仪器仪表制造业和航空航天器制造业的创新活动规模均很小，2012 年创新实力指数分别为 6.35 和 2.55。

从创新实力指数增速看，各高技术产业均保持迅速增长。2006～2012 年，医疗设备及仪器仪表制造业和航空航天器制造业 2 个行业其创新实力指数年均增速均在 25% 以上。虽然电子及通信设备制造业创新实力指数年均增速为 19.6%（排名第 4），但其指数增加最多，增加了 32.5。如图 2 所示。

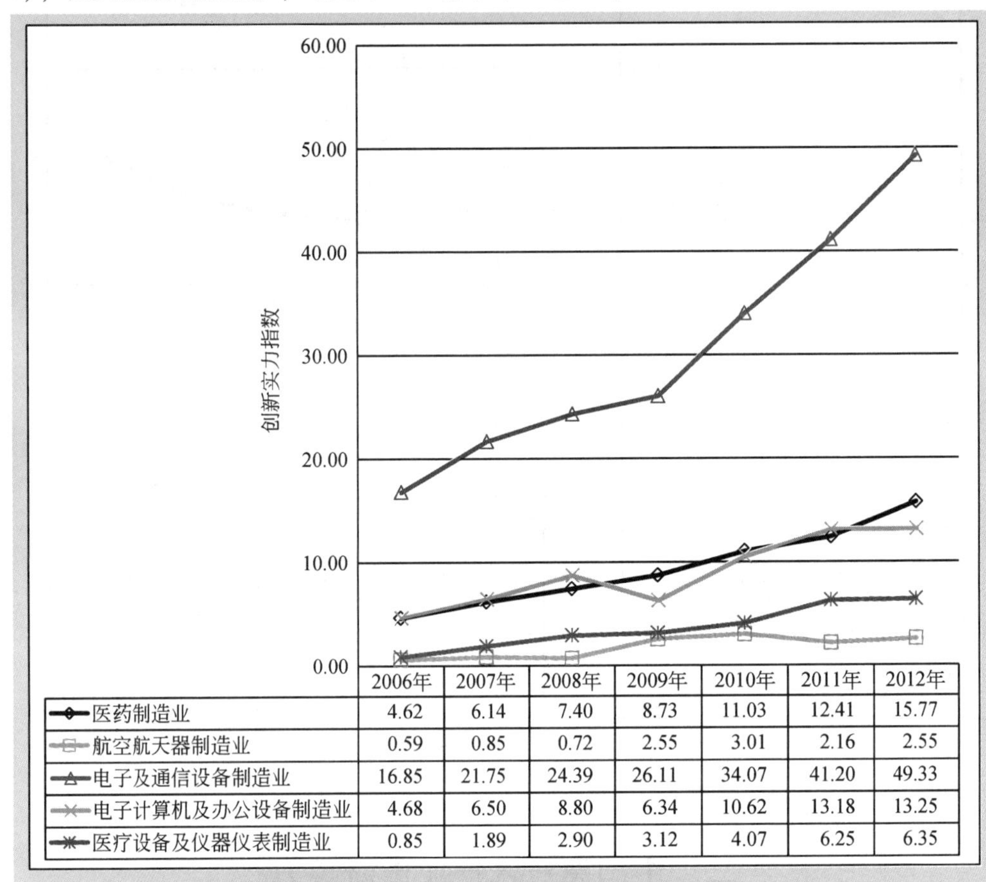

	2006年	2007年	2008年	2009年	2010年	2011年	2012年
医药制造业	4.62	6.14	7.40	8.73	11.03	12.41	15.77
航空航天器制造业	0.59	0.85	0.72	2.55	3.01	2.16	2.55
电子及通信设备制造业	16.85	21.75	24.39	26.11	34.07	41.20	49.33
电子计算机及办公设备制造业	4.68	6.50	8.80	6.34	10.62	13.18	13.25
医疗设备及仪器仪表制造业	0.85	1.89	2.90	3.12	4.07	6.25	6.35

图 2　中国高技术产业创新实力指数

1. 创新投入实力

创新投入实力指数采用 R&D 人员、R&D 经费、引进技术消化吸收经费、企业办研发机构数 4 项指标表征。

从创新投入实力指数看，电子及通信设备制造业创新投入实力最强。2012 年，电子及通信设备制造业创新投入实力指数达 48.41，遥遥领先，约为医药制造业

(23.51，排名第2位）的两倍。而同期，航空航天器制造业、电子计算机及办公设备制造业和医疗设备及仪器仪表制造业3个高技术产业创新投入实力指数均很小，分别为5.67、6.45和6.66。

从创新投入实力指数增长看，除电子及通信设备制造业之外，其余4个产业增长均很快。2006~2012年，医疗设备及仪器仪表制造业创新投入实力指数年均增速最快，高达26.4%；航空航天器制造业创新投入实力指数年均增速位列第二，为18.5%。需要指出的是，电子及通信设备制造业创新投入实力指数年均增速较低，仅为9.8%，这与行业自身规模大、创新活动投入一直处于相对较高水平密切相关，2006年以来，其创新投入实力指数排名始终处于5个高技术产业的第一位。如图3所示。

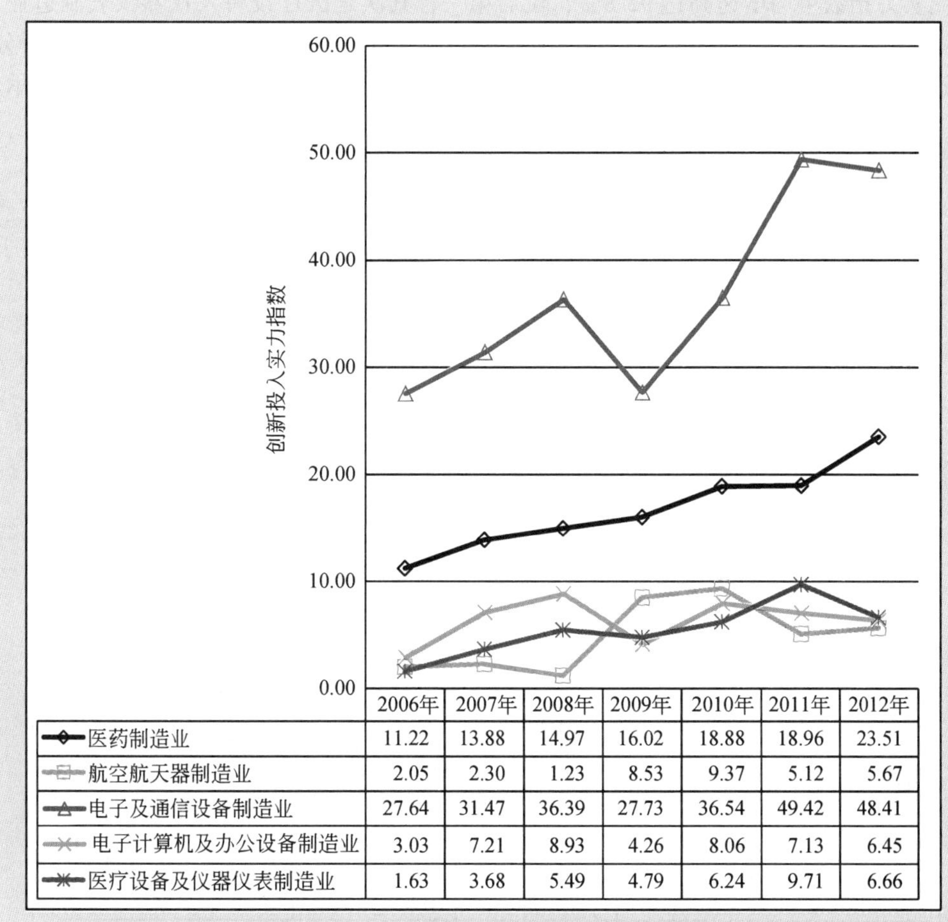

	2006年	2007年	2008年	2009年	2010年	2011年	2012年
医药制造业	11.22	13.88	14.97	16.02	18.88	18.96	23.51
航空航天器制造业	2.05	2.30	1.23	8.53	9.37	5.12	5.67
电子及通信设备制造业	27.64	31.47	36.39	27.73	36.54	49.42	48.41
电子计算机及办公设备制造业	3.03	7.21	8.93	4.26	8.06	7.13	6.45
医疗设备及仪器仪表制造业	1.63	3.68	5.49	4.79	6.24	9.71	6.66

图3　中国高技术产业创新投入实力指数

2. 创新产出实力

创新产出实力指数采用有效发明专利数、发明专利申请数以及实用新型和外观设计专利申请数 3 个指标表征。

从创新产出实力指数看，电子及通信设备制造业仍然是远远高于其他高技术产业。2012 年，电子及通信设备制造业创新产出实力指数为 45.13，排名第一位，其他产业创新产出实力指数均不足 10；航空航天器制造业创新产出实力指数最小，得分仅为 1.75。

从创新产出实力指数增长看，5 个高技术产业均保持高速增长态势。2006～2012 年各产业创新产出实力指数年均增长率均在 30% 以上。其中，航空航天器制造业创新产出实力指数年均增速高达 92.8%，位居第一；其次是医疗设备及仪器仪表制造业，为 45.1%；电子计算机及办公设备制造业、电子及通信设备制造业和医药制造业得分接近，分列第 3 位至第 5 位，年均增速分别为 30.8%、30.5% 和 30.3%。如图 4 所示。

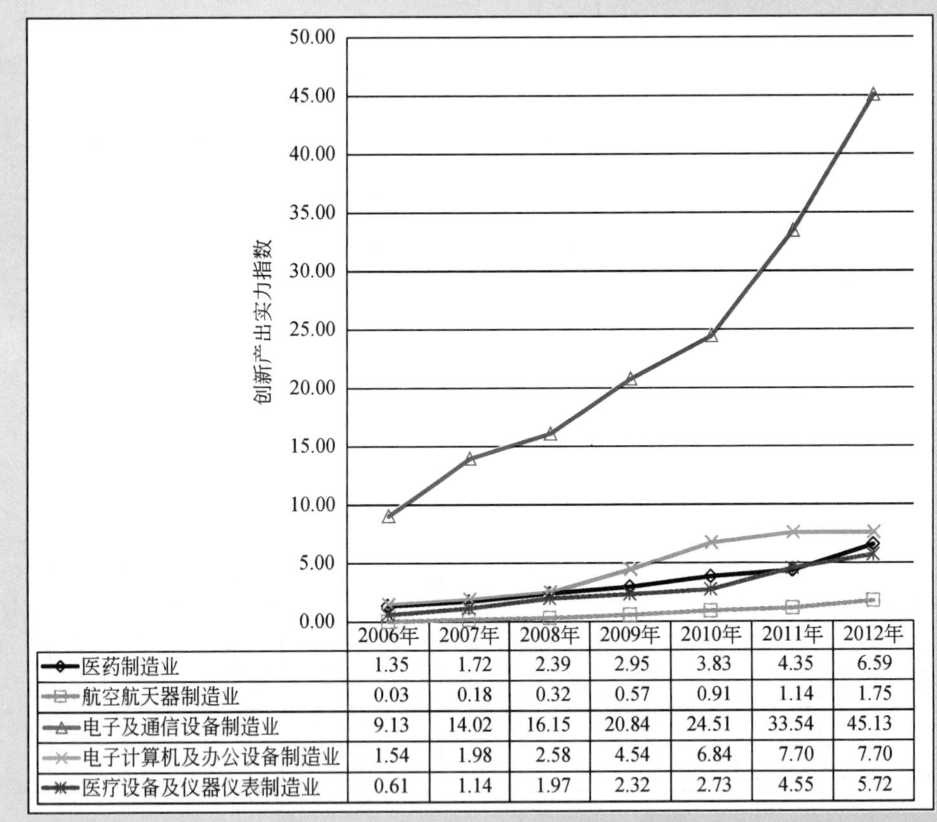

	2006年	2007年	2008年	2009年	2010年	2011年	2012年
医药制造业	1.35	1.72	2.39	2.95	3.83	4.35	6.59
航空航天器制造业	0.03	0.18	0.32	0.57	0.91	1.14	1.75
电子及通信设备制造业	9.13	14.02	16.15	20.84	24.51	33.54	45.13
电子计算机及办公设备制造业	1.54	1.98	2.58	4.54	6.84	7.70	7.70
医疗设备及仪器仪表制造业	0.61	1.14	1.97	2.32	2.73	4.55	5.72

图 4　中国高技术产业创新产出实力指数

3. 创新绩效实力

创新绩效实力指数采用利润总额和新产品销售收入 2 个指标表征。

从创新绩效实力指数看，电子及通信设备制造业创新绩效实力最强。2012 年，电子及通信设备制造业创新绩效实力指数位居第一位，高达 53.58，远高于电子计算机及办公设备制造业（22.34，排名第 2）、医药制造业（18.98，排名第 3）。航空航天器制造业创新绩效实力指数最小，仅为 1.31。

从创新绩效实力指数增速看，各高技术产业创新绩效实力快速提升。2006～2012 年，医疗设备及仪器仪表制造业增长最快，年均增速高达 50.9%；其次是航空航天器制造业，年均增速为 41.9%；其余 3 个产业年均增速也均在 15% 以上。如图 5 所示。

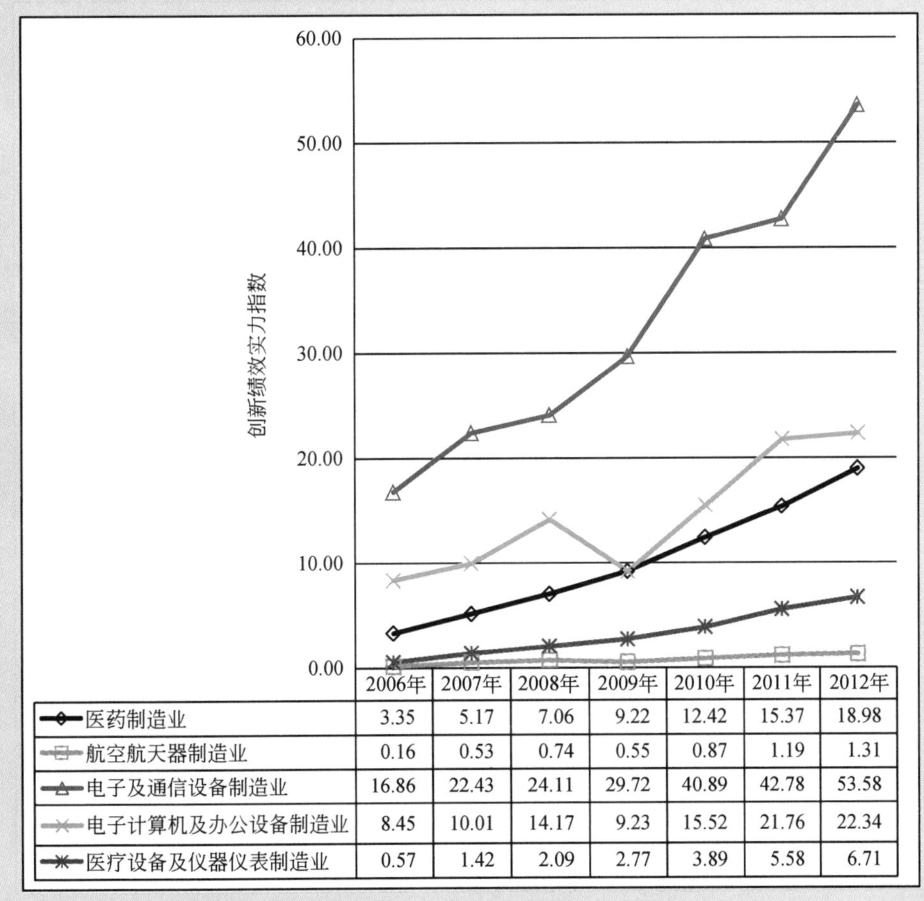

	2006年	2007年	2008年	2009年	2010年	2011年	2012年
医药制造业	3.35	5.17	7.06	9.22	12.42	15.37	18.98
航空航天器制造业	0.16	0.53	0.74	0.55	0.87	1.19	1.31
电子及通信设备制造业	16.86	22.43	24.11	29.72	40.89	42.78	53.58
电子计算机及办公设备制造业	8.45	10.01	14.17	9.23	15.52	21.76	22.34
医疗设备及仪器仪表制造业	0.57	1.42	2.09	2.77	3.89	5.58	6.71

图 5　中国高技术产业创新绩效实力指数

三、中国高技术产业创新效力

创新效力指数采用创新投入效力、创新产出效力和创新绩效效力 3 项二级指标表征。

从创新效力指数看，各高技术产业创新效力指数差异较小，为 29 ~ 35。2012 年，航空航天器制造业创新效力指数最高，为 34. 47；其次是医疗设备及仪器仪表制造业，为 33. 84；电子及通信设备制造业最低，也达到 29. 89，与排名第一的航空航天器制造业相差仅 4. 58。如图 6 所示。

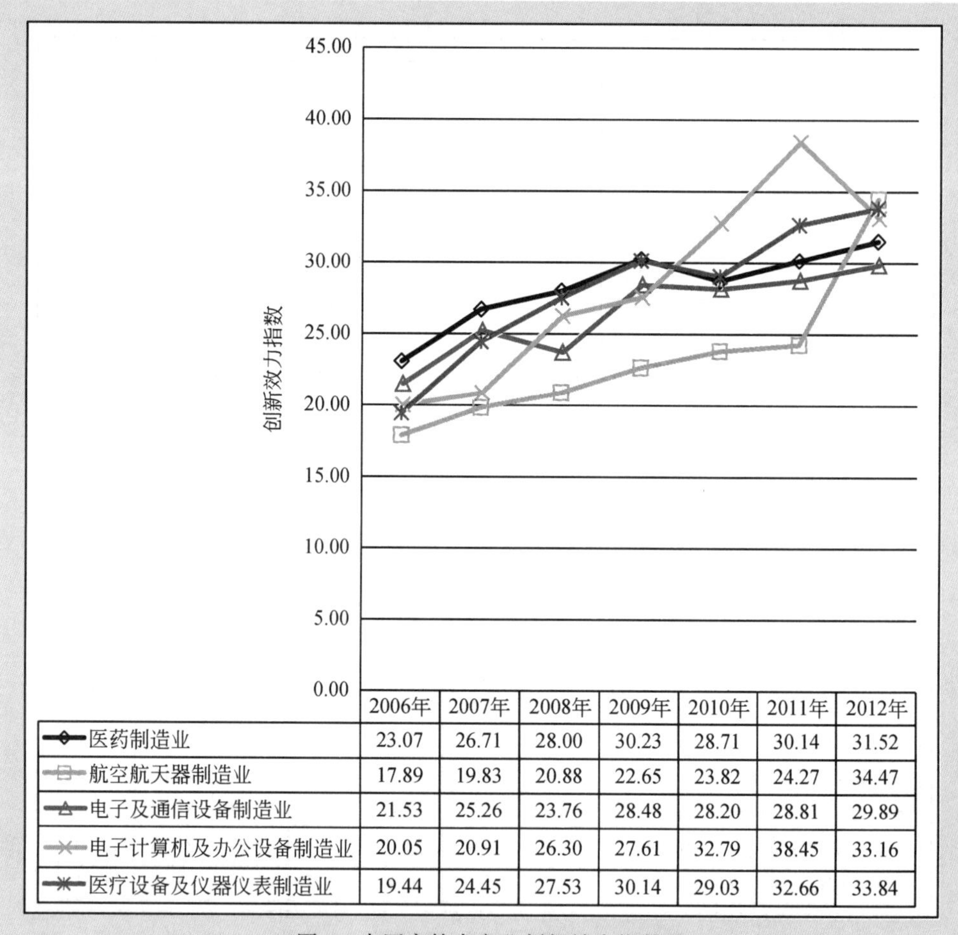

	2006年	2007年	2008年	2009年	2010年	2011年	2012年
医药制造业	23.07	26.71	28.00	30.23	28.71	30.14	31.52
航空航天器制造业	17.89	19.83	20.88	22.65	23.82	24.27	34.47
电子及通信设备制造业	21.53	25.26	23.76	28.48	28.20	28.81	29.89
电子计算机及办公设备制造业	20.05	20.91	26.30	27.61	32.79	38.45	33.16
医疗设备及仪器仪表制造业	19.44	24.45	27.53	30.14	29.03	32.66	33.84

图 6　中国高技术产业创新效力指数

从创新效力指数增速看，2006～2012年，航空航天器制造业创新效力指数增速最快，年均增长率为11.6%；电子及通信设备制造业和医药制造业增长缓慢，年均增长率分别为5.6%和5.3%。可见，航空航天器制造业表现态势良好，创新效力指数和创新效力指数增速均位列5个高技术产业之首；电子及通信设备制造业和医药制造业表现较弱。如图6所示。

1. 创新投入效力

创新投入效力指数采用R&D人员占从业人员比例、R&D经费内部支出占主营业务收入比例、消化吸收经费支出与引进技术经费支出比例、设立研发机构的企业占全部企业的比例4项指标表征。

从创新投入效力指数看，各高技术产业差异较大，航空航天器制造业创新投入强度最大。2012年，航空航天器制造业创新投入效力指数最大，为59.38，远远超过医药制造业（31.94，排名第2）；医疗设备及仪器仪表制造业排名第3位，为23.72；电子计算机及办公设备制造业最低，仅为7.99。

从创新投入效力指数增速看，电子计算机及办公设备制造业创新投入效力指数增长最快，2006～2012年年均增长率高达30.1%，远远高于其他高技术产业；航空航天器制造业表现良好，其创新投入效力指数不仅最大，而且年均增长率为11.1%，排名第二位；医药制造业增长最慢，平均增长率约为3.0%。如图7所示。

2. 创新产出效力

创新产出效力指数采用平均每个企业拥有发明专利数、平均每万个R&D人员的发明专利申请数、单位R&D经费的发明专利申请数、平均每万个R&D人员的实用新型和外观设计专利申请数、单位R&D经费的实用新型及外观设计申请数5项指标表征。

从创新产出效力指数看，2012年，电子计算机及办公设备制造业和电子及通信设备制造业创新产出效力指数分列第一和第二位，其指数分别为48.77和47.45；其次是医疗设备及仪器仪表制造业（39.90）；医药制造业和航空航天器制造业相对较小，分别为24.33和21.15。

从创新产出效力指数增速看，航空航天器制造业保持持续快速增长态势，2006～2012年年均增长率高达38.6%；其次是电子计算机及办公设备制造业，年均增长率为16.1%；增长最慢的是医药制造业，年均增长率均仅为4.1%。如图8所示。

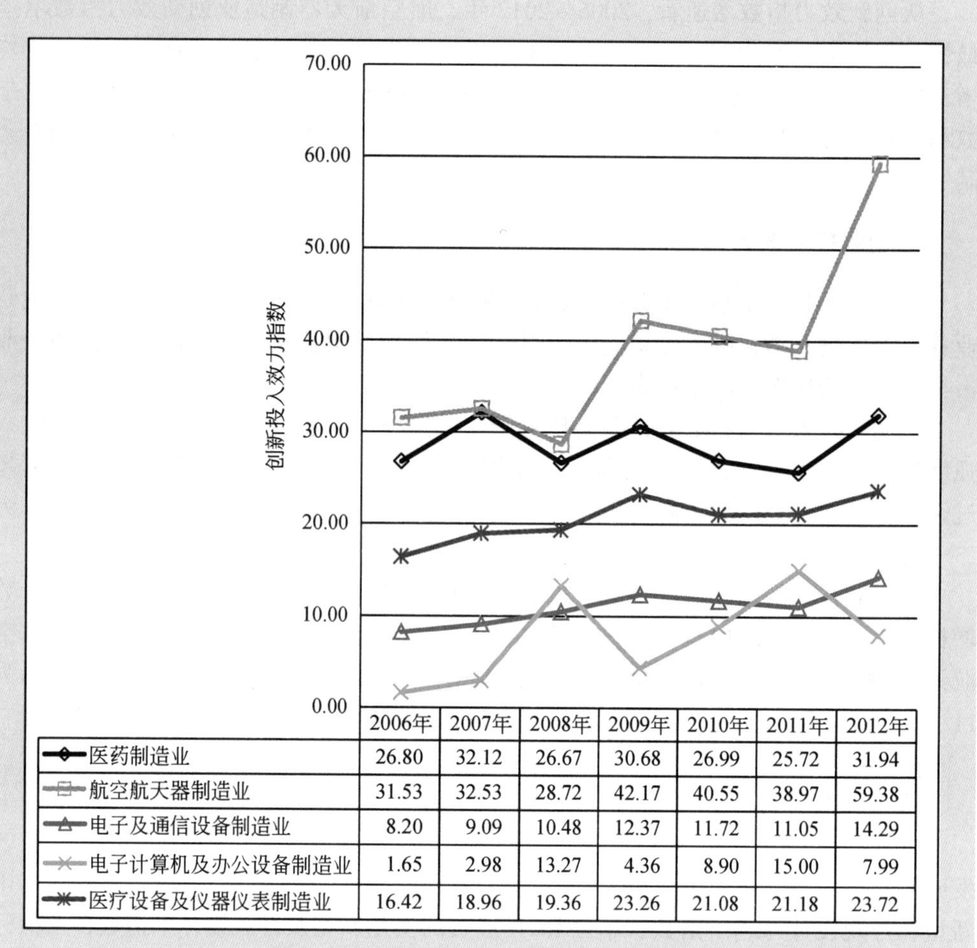

	2006年	2007年	2008年	2009年	2010年	2011年	2012年
医药制造业	26.80	32.12	26.67	30.68	26.99	25.72	31.94
航空航天器制造业	31.53	32.53	28.72	42.17	40.55	38.97	59.38
电子及通信设备制造业	8.20	9.09	10.48	12.37	11.72	11.05	14.29
电子计算机及办公设备制造业	1.65	2.98	13.27	4.36	8.90	15.00	7.99
医疗设备及仪器仪表制造业	16.42	18.96	19.36	23.26	21.08	21.18	23.72

图 7　中国高技术产业创新投入效力指数

3. 创新绩效效力

创新绩效效力指数采用利润总额占主营业务收入比例、新产品销售收入占主营业务收入比例和全员劳动生产率（工业总产值/从业人员）3 项指标表征。

从创新绩效效力指数看，各高技术产业创新绩效效力指数相对较接近。2012 年，医药制造业创新绩效效力指数最大，为 37.55；其次是电子计算机及办公设备制造业（35.24）；电子及通信设备制造业最小，为 24.27。

从创新绩效效力指数增速看，5 个高技术产业增长均较稳定。2006 ~ 2012 年，医疗设备及仪器仪表制造业创新绩效效力指数增速最快，年均增速为 9.9%，其次是医药制造业（7.6%）；电子及通信设备制造业和电子计算机及办公设备制造业增速相对较缓慢，年均增速分别为 1.9% 和 1.8%。值得指出的是，电子及通信设备制造业创新效力指数增速近两年呈现大幅下滑，影响其创新绩效效力总体提升。如图 9 所示。

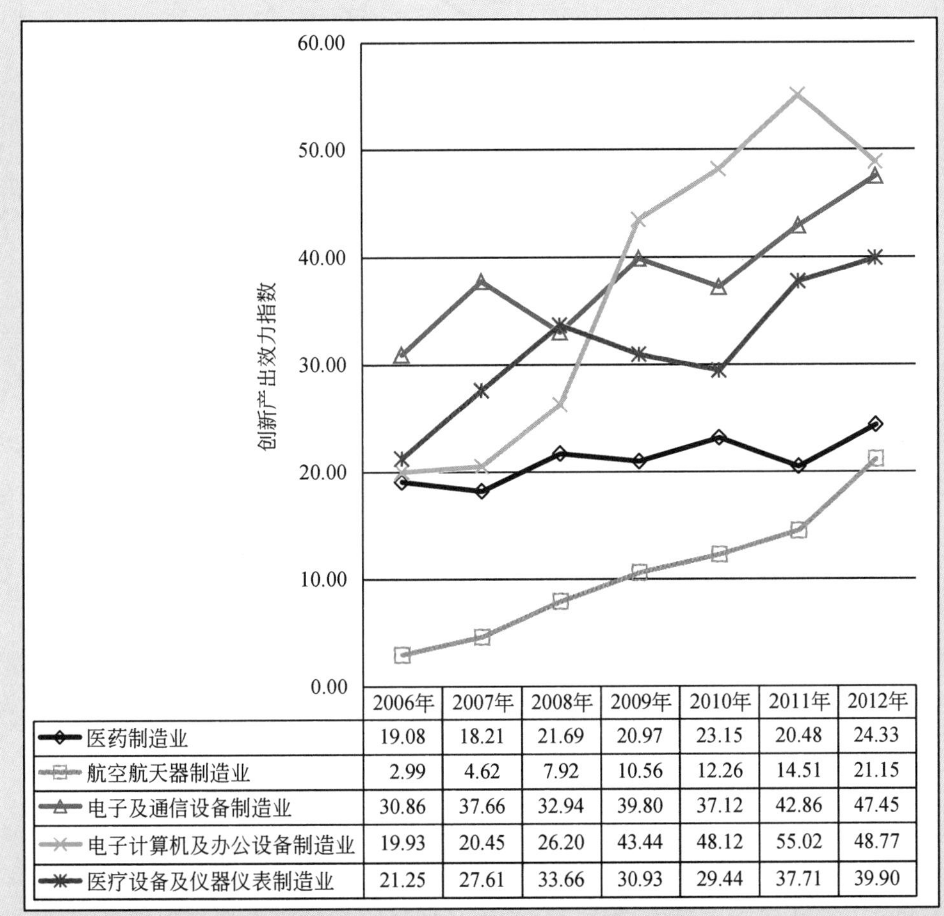

	2006年	2007年	2008年	2009年	2010年	2011年	2012年
医药制造业	19.08	18.21	21.69	20.97	23.15	20.48	24.33
航空航天器制造业	2.99	4.62	7.92	10.56	12.26	14.51	21.15
电子及通信设备制造业	30.86	37.66	32.94	39.80	37.12	42.86	47.45
电子计算机及办公设备制造业	19.93	20.45	26.20	43.44	48.12	55.02	48.77
医疗设备及仪器仪表制造业	21.25	27.61	33.66	30.93	29.44	37.71	39.90

图 8　中国高技术产业创新产出效力指数

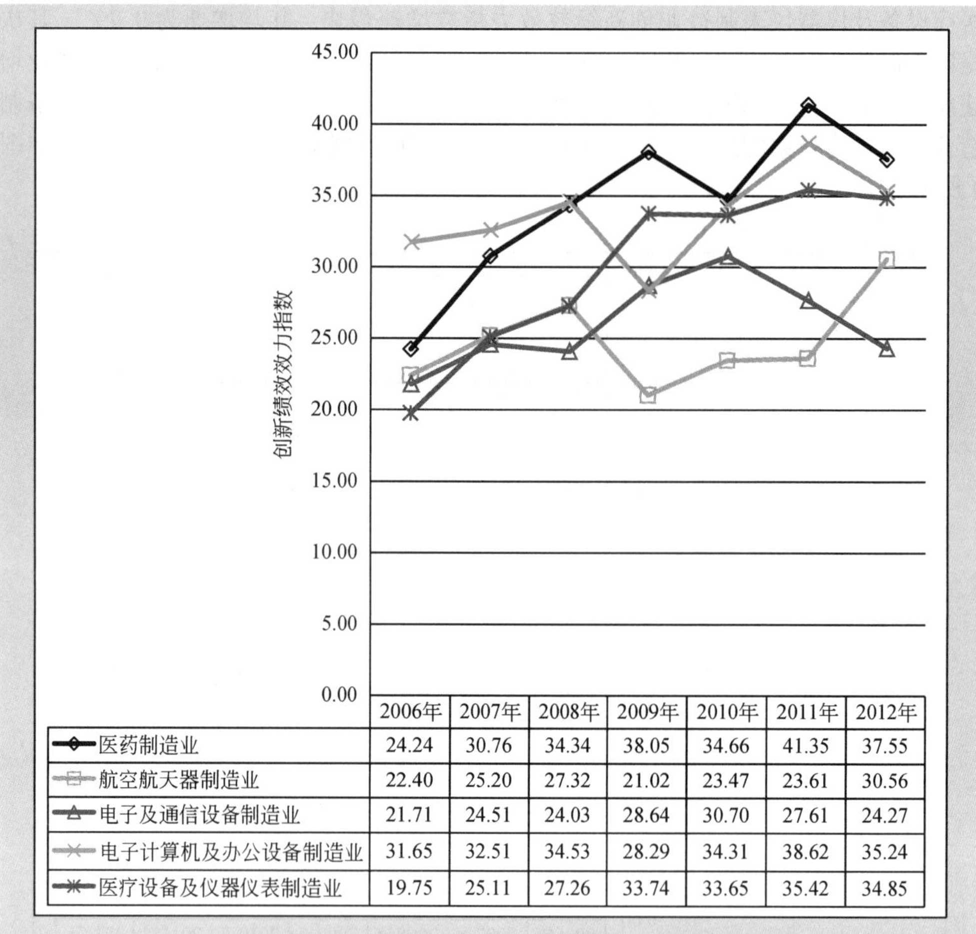

	2006年	2007年	2008年	2009年	2010年	2011年	2012年
医药制造业	24.24	30.76	34.34	38.05	34.66	41.35	37.55
航空航天器制造业	22.40	25.20	27.32	21.02	23.47	23.61	30.56
电子及通信设备制造业	21.71	24.51	24.03	28.64	30.70	27.61	24.27
电子计算机及办公设备制造业	31.65	32.51	34.53	28.29	34.31	38.62	35.24
医疗设备及仪器仪表制造业	19.75	25.11	27.26	33.74	33.65	35.42	34.85

图9　中国高技术产业创新绩效效力指数

四、中国高技术产业创新环境

2006 年，中国政府颁布实施《国家中长期科学和技术发展规划纲要（2006—2020 年）》（以下简称《规划纲要》），之后加快出台一系列激励高技术产业创新的规划与政策措施，如颁布实施《〈规划纲要〉若干配套政策》（以下简称《配套政策》）及其实施细则以及地方政府政策规章，推动中国高技术产业创新发展。以下重点考察国家颁布规划与实施激励创新的财税、基地与平台建设等政策措施落实情况。

1. 中国高技术产业发展得到国家创新政策环境的良好引导和鼓励

2006年以来，在《规划纲要》的指导下，中国政府先后出台一系列政策性指导文件更好地促进高技术产业发展。《高技术产业发展“十一五”规划》[①] 提出要坚持“自主创新、着力应用、产业集聚、规模发展、国际合作”发展思路，加快高技术产业从加工装配为主向自主研发制造延伸，做强高技术产业，推动传统产业升级。《高技术产业化“十一五”规划》[②] 强调要坚持“自主创新、国际合作，需求主导、重点发展，集成示范、辐射带动”原则，完善政策措施，创新发展机制，瞄准战略领域，实施重大专项和示范工程，促进科技成果向现实生产力转化，加快产业聚集发展，培育新兴产业群，推动产业结构优化升级。2010年，国务院又发布《国务院关于加快培育和发展战略性新兴产业的决定》[③]，提出坚持创新发展，将战略性新兴产业加快培育成为先导产业和支柱产业，指出积极探索战略性新兴产业发展规律，发挥企业主体作用，加大政策扶持力度，深化体制机制改革，着力营造良好环境，强化科技创新成果产业化，抢占经济和科技竞争制高点。随后相继发布一系列战略性新兴产业重点领域发展的相关政策，以引导和支持高新技术领域产业的创新发展。

2. 高技术产业创新得到财税优惠政策支持力度明显加大，但研发支出加计扣除优惠政策实施效果不显著

2006~2012年，我国高技术产业使用的“来自政府部门的科技活动资金”由39.1亿元快速增加到130.6亿元，年均增速为22.3%；其中，医药制造业和航空航天器制造业年均增速略高于高技术产业平均水平，分别高出0.9和0.4个百分点。2006~2010年，我国高技术产业享受技术开发减免税[④]由9.4亿元迅速增加到120.4亿元，年均增速为89.2%；其中，医药制造业和电子计算机及办公设备制造业年均增速远高于高技术产业增速，分别达到106.5%、112.4%。我国高技术产业研发支出加计扣除优惠政策实施效果不明显。2010年，我国高技术产业“研究开发费用加计扣除减免税额”为36.4亿元，不及“高新技术企业减免税额”和“使用来自政

---

① 参见：国家发展和改革委员会，高技术产业发展“十一五”规划，http://www.sdpc.gov.cn/zcfb/zcfbtz/2007tongzhi/W020070514615556997089.pdf.

② 参见：国家发展改革委员会，高技术产业化“十一五”规划，http://www.sdpc.gov.cn/zcfb/zcfbtz/2007tongzhi/W020080125402609563902.pdf.

③ 参见：国务院，国务院关于加快培育和发展战略性新兴产业的决定，国发〔2010〕32号，2010年10月10日。http://www.gov.cn/zwgk/2010-10/18/content_1724848.htm.

④ 减免税包括研究开发费用加计扣除减免税额和高新技术企业减免税额。

府部门的科技活动资金”的一半；且研究开发费用加计扣除减免税额占 R&D 经费内部支出比例仅为 3.8%。从“研究开发费用加计扣除减免税额”政策整体执行情况看，如果按 25% 所得税率计算，高技术产业应享受的研究开发费用加计扣除减免税额为 121.0 亿元，政策执行率仅为 30.1%。

值得关注的是，航空航天器制造业来自政府部门科技活动资金位居前列，电子及通信设备制造业享受税收优惠具有优势。2012 年，航空航天器制造业“使用来自政府部门的科技活动资金”最多，高达 67.3 亿元，约占高技术产业 51.6%；电子计算机及办公设备制造业最少，为 3.4 亿元，仅占高技术产业约 2.6%。2010 年，电子及通信设备制造业企业享受税收优惠政策较好，电子及通信设备制造业“高新技术企业减免税额”最高，为 34.9 亿元，约占高技术产业 41.6%，为航空航天器制造业的 15.6 倍；且电子及通信设备制造业“研究开发费用加计扣除减免税额”最多，为 15.9 亿元，约占高技术产业 43.7%，是航空航天器制造业的 8.2 倍。

3. 加强国家高新区建设，为高技术产业创新能力提升提供了良好支撑

国家高新技术产业开发区（简称国家高新区）是发展壮大高新技术产业的重要载体，其建设和发展也是高技术产业创新环境的重要体现。《配套政策》中提出“国家高新技术产业开发区要推进‘二次创业’，努力成为抢占世界高技术产业制高点的前沿阵地”。随后，国家发布了相关实施细则，如《关于促进国家高新技术产业开发区进一步发展增强自主创新能力的若干意见》、《国家高新技术产业开发区“十一五”发展规划纲要》、《国家高新技术产业开发区“十二五”发展规划纲要》、《国家高新技术产业开发区创新驱动战略提升行动实施方案》等，力图加强国家高新区建设。至今，国务院批复北京中关村、武汉东湖、上海张江建设国家自主创新示范区，赋予了国家高新区更为重要的责任和使命。国家高新区建设取得明显效果，为高技术产业创新提供了基础支撑。“十一五”期间，国家高新区营业总收入年均增长率达到 23.1%，多个国家高新区工业增加值已占到所在城市工业增加值的 30% 以上，对所在区域经济发展的贡献更加突出；生物新医药和信息网络等产业在国家高新区蓬勃发展。国家高新区创新能力得到了显著增强，区内聚集了各类大学、研究院所、企业技术中心、博士后工作站、国家工程技术（研究）中心等。2010 年，国家高新区区内企业 R&D 支出超过全国企业 R&D 支出总量的 1/3；发明专利授权量为 23 905 件，占全国总量的 17.7%；发明专利拥有量达 69 168 件，是 2006 年的 4.2 倍①。

① 参见：科学技术部．国家高新技术产业开发区“十二五”发展规划纲要．

4. 有序组建产业技术创新战略联盟，积极推动了高技术产业产学研协同创新

产业技术创新战略联盟作为产学研协同创新的新生组织形态，是实施国家技术创新工程的重要载体。2013 年，有 55 家新的产业技术创新战略联盟组建，产业技术创新战略联盟总数已达到 146 家；其中，涉及高技术产业领域的有 53 家。据资料显示，“十二五”以来，国家安排了一批科技支撑计划、“863”计划重大项目支持联盟组建，在第四代移动通信系统（TD-LTE）、生物医药等领域取得了一批重大成果；依托联盟建立了一批开放实验室、一批专利池和大型研发设备共享网络，推进资源共建共享。可见，通过组建联盟，有效地整合产业技术创新资源，引导创新要素向企业集聚，提高了产业技术创新能力，提升了产业核心竞争力。

5. 逐步完善国家高技术产业基地建设，加快了高技术产业集聚式发展

国家高技术产业基地是指在信息、生物、航空航天、新材料、新能源、海洋等高技术产业领域，对高技术产业发展和区域经济发展具有支撑、示范和带动功能的特色高技术产业集聚区。截至 2013 年年底，我国已经建立 97 个国家高技术产业基地，包括 10 个综合性国家高技术产业基地和 87 个专业性国家高技术产业基地。专业性国家高技术产业基地覆盖六大产业，分别为生物（21 个）、高技术服务业（15 个）、软件（11 个）、信息（9 个）、民用航空（9 个）、新材料（7 个）、软件出口（6 个）、新能源（3 个）、微电子（2 个）、光电子（2 个）、物联网（1 个），其他领域有 1 个①。国家高技术产业基地的建设加快，有力地推动了我国高技术产业集群化发展和产业规模的壮大，促进了高技术产业又好又快发展。

五、主 要 结 论

综合中国 5 个高技术产业的创新能力、创新实力、创新效力和创新环境分析，得出以下结论。

（1）总体而言，“十一五”以来，中国高技术产业创新能力显著增强。目前，5 个高技术产业中，电子及通信设备制造业创新能力最强，增长也最快。

（2）中国高技术产业创新实力迅速提升，但是目前各高技术产业创新实力差异较大。其中，电子及通信设备制造业创新规模最大、实力最强，且保持大幅增加；

① 数据来源：依据国家发展和改革委员会内部资料整理。

医疗设备及仪器仪表制造业创新实力指数增速最快，创新活动规模快速扩张。

（3）中国高技术产业创新效力保持较快提升，但是目前各高技术产业创新效力较为接近。其中，航空航天器制造业创新效力指数最大、增速最快，创新活动效率效益最高、增长也最快；电子及通信设备制造业创新效力指数最小，创新效率效益最差。

（4）“十一五”以来，政府不断地营造良好产业创新环境，积极引导和支持高技术产业创新，研究开发的财税政策激励力度加大，有力地促进了高技术产业创新活动规模的快速扩张，显著增强了中国高技术产业创新实力，但高技术产业创新效力改进相对缓慢，成为创新能力快速提升的主要瓶颈。

参考文献

[1] 国家统计局，国家发展和改革委员会．工业企业科技活动统计资料（2007～2013）．北京：中国统计出版社，2007～2013.

[2] 国家统计局．中国高技术产业统计年鉴（2012～2013）．北京：中国统计出版社，2012～2013.

[3] 中国科学院创新发展研究中心．中国创新发展报告 2009. 北京：科学出版社，2009.

[4] 中国科学院．2009 高技术发展报告．北京：科学出版社，2009.

[5] 中国科学院．2011 高技术发展报告．北京：科学出版社，2011.

[6] 张晓强．中国高技术产业发展年鉴 2013. 北京：北京理工大学出版社，2013.

[7] 中华人民共和国国务院．国家中长期科学和技术发展规划纲要（2006—2020 年）. 2006.

[8] 中华人民共和国国务院．国务院关于实施《国家中长期科学和技术发展规划纲要（2006—2020 年）》若干配套政策的通知（国发〔2006〕6 号）. 2006.

Evaluation on Innovation Capacity for High-tech Industry in China

Chen Fang, Wang Weiguang

(Institute of Policy and Management, Chinese Academy of Sciences)

This paper presents an innovation capacity index to evaluate the progress in innovation capacity for high-tech industry (including the manufacture of medicines, aircrafts and spacecrafts, electronic equipments and communication equipments, computers and office equipments, medical equipments and measuring instruments) in China by introducing the evaluation framework of industry innovation capacity developed by the Institute of Policy and Management, Chinese Academy of Sciences. The innovation capacity index consists of the innovation strength index and the innovation effectiveness index in high-tech industry. The innovation strength index for high-tech industry consists of three sub-indices, namely: the strength index for innovation input, innovation output, and innovation performance. The innovation effectiveness index for high-tech industry also consists of three sub-indices, namely: the effectiveness index for innovation input, innovation output, and innovation performance.

This paper has analyzed the innovation capacity of high-tech industry in terms of the innovation capacity index, the innovation strength index, the innovation effectiveness index and the innovation environment. The conclusion consists of following four aspects, namely: (1) The innovation capacity for high-tech industry has been strengthened dramatically from 2006, but still far behind of that in many developed countries. At present, the manufacture of electronic equipments and communication equipments ranks the first in terms of the innovation capacity and the growth rate of the innovation capacity index. (2) The innovation strength for high-tech industry has been strengthened quickly. Now, there is a big difference in the innovation strength among five high-tech industries. The manufacture of electronic equipments and communication equipments ranks the first in terms of the innovation strength index, while the manufacture of medical equipments and measuring instrument ranks the first in terms of growth rate of the innovation strength index. (3) The innovation effectiveness for high-tech industry has been strengthened steadily. Now, the innovation effectiveness is similar among five high-tech industries. The manufacture of aircrafts and spacecrafts ranks the first in terms of the innovation effectiveness index, and the manufacture of electronic equipments and communication equipments ranks the fifth. (4) From 2006, the government has been creating a good environment for the innovative development of Chinese high-tech industry. So the innovation strength for high-tech industry has gone up quickly because of fiscal supports and tax incentives for research and development. The scale expansion of innovation activity is the main contributor for growth of innovation capability index. The improvements in the innovation efficiency and effectiveness as well as their contribution to high-tech industry development have become key issues for innovation capacity building in high-tech industry.

第六章 高技术与社会

6.1　纳米技术的伦理问题及其应对

王国豫　刘　莉
（大连理工大学哲学系，大连理工大学科技伦理与科技管理研究中心）

纳米技术被誉为战略性新兴产业中的核心技术。进入21世纪以来，基于纳米尺度的科学研究和技术创新不仅向人们展示出巨大的机遇和潜力，而且已经在能源、环保、材料、微电子、生物医药等诸多领域有着广泛的应用。据不完全统计，截至2013年12月，已经有逾1600种纳米产品进入市场①，其中许多产品和我们的日常生活息息相关。但是另一方面，由于纳米技术的许多新的特性，在开发和应用纳米技术的过程中，又具有一定的风险，由此带来了一系列的伦理问题。

一、纳米技术的特征及伦理问题

纳米是一个尺度单位，一纳米（nanometer）等于十亿分之一米。在纳米尺度上物质会表现出与大块物质或者原子、分子完全不同的性质，包括小尺寸效应、比表

① 参见：http：//www. nanotechproject. org/cpi.

面积效应、量子尺寸效应和宏观量子隧道效应等。这些使得纳米材料在声、光、电、磁、热、力等方面表现出常规材料所不具备的特征并发挥着巨大的作用。纳米技术就是人们利用物质在纳米尺度的特殊效应，研究与操纵物质，以开发新的装置和性能[1]，或提升、改良原有材料或传统技术。

纳米技术的这些特殊效应也使得纳米技术对人的健康和环境构成了潜在的风险。由于纳米粒子极其微小，可以说“无孔不入”，因而能穿透生物膜进入细胞、组织和器官[2]。长时间地暴露在高浓度的纳米材料氛围中显然具有很大的风险。同时，生产过程中产生的废弃材料一旦被排放进入环境，也会对空气、土壤、水等造成影响。特别是由于纳米颗粒在扩散、迁移过程中，能吸附大气、土壤中存在的一些常见化学污染物（如多环芳烃、农药、重金属离子等），因而有可能对环境造成污染。作为终端使用者，普通人群对于纳米材料的暴露途径，主要是通过使用化妆品和体育用品等皮肤暴露。这些日常生活用品，最终也成为废弃物而进入环境[3]。正因为如此，2003 年以来，有关纳米粒子的毒性研究、危害和风险的识别、工作场地的选择和风险控制、工人对风险的知情问题，以及工人健康的医学保障等成为纳米伦理关注的话题[4]。

纳米器件在医学、社会治安和国防等方面的应用同样也蕴含了一定的安全与伦理风险，例如用于诊断与药物输送的纳米控释系统、将纳米机械装置与生物系统的有机结合形成的纳米机器人、纳米碳材料合成的人工器官和人工组织等。由于人体是一个复杂系统，这些纳米器件在进入人体后对生物体发生的影响都还很难确定。

除了人的身体与环境的安全以外，纳米技术还有可能对人的精神和心理安全构成威胁。一个很明显的例子就是纳米器件对个人隐私的侵犯。例如，随着纳米技术和无线发射器的发展，利用纳米器件捕捉信息窥探人特定的精神状态将成为可能[5]。无处不在的纳米传感器、纳米机器人、纳米隐形材料等虽对于提高军队装备，包括衣服、盔甲、武器、个人通信等具有重要的作用，但也可以用于搜集私人信息、侦探和监控等目的。

纳米技术有可能通过节约物质资源，缩小对环境有害的副产品的影响范围等促进代际公正。但是对于代内来说，纳米技术更多地加剧了本来存在的分配不平等。纳米产品或者纳米制造业将带来全新的生产方式、劳动组织方式，这就意味着许多旧的非专业的劳动力被淘汰，大量的工人失业。如果没有切实有效的法规和政策保障工人的权利，纳米技术将会加剧社会的相对贫困化[6]。而国与国之间的经济竞争也会更加激烈。所以说，纳米技术将加剧代内的不公正[7]。因此，纳米技术的公正问题也是纳米技术伦理问题的一个重要方面。

二、导致纳米技术伦理问题的主要原因

导致纳米技术的伦理和社会问题的主要原因，首先纳米尺度物质的不确定性，其次是纳米技术作为“促能技术”（enabling technology）的中介性，以及纳米技术应用范围与前景的开放性。

1. 纳米尺度物质的不确定性

与宏观尺度的物质相比，纳米尺度的物质表现出许多新的特性。其中最显著的特性是结构的不确定性。最典型的例子就是纳米研究中的明星材料——碳纳米管，其管径、层数和螺旋度会因合成条件的变化而非常容易变化，其性质也会随之发生改变，因而很难控制。例如，金（Au）的熔点大约是1100 ℃，但是一旦尺度变小，就会变得易燃易爆。此外，当纳米材料与生物体发生作用时，有些原本没有毒性的纳米材料也可能会有毒性。有研究证明，金属锌（Zn）在纳米和微米尺度上存在着毒理学的不确定性。而纳米氧化锌由于其能够提供UV-A和UV-B全波段的有效防护且具有良好的分散性和透明性，是防晒化妆品的重要成分。因此，对于长期使用这些化妆品的消费者来说，可能存在一定的健康风险。

纳米技术的不确定性可以是认识论的，即由于我们认识的滞后，或者是未知或者是不知造成的；也可能是本体论层面的，来自于系统本身，属于系统内在的、不可测也不可控的。比如说，物质在纳米层次上的自组织特性。自组织的过程也意味着物质本身的自我控制能力和人对其变化的不可知、不可控。自组织会很突然形成一种“更高”的秩序状态，这种更高的状态是不可预见的，也有可能以灾难的形式产生出来[8]。

2. 作为“促能技术”的纳米技术的中介性

纳米技术又被称为促能技术。所谓促能技术是指它可以与其他技术结合，提升它们的能力，促进它们的发展，使原本不可能的变成可能，使可能但不完善的变得完善。由于它本身不是终极技术，而是和其他技术结合在一起，因而更多地起到了一种中介的作用。例如，利用纳米材料的特点开发出的一种新型的纳米复合材料，应用于人工心瓣，可以获得更好的血液相容性；将纳米技术用于制药，如制造纳米胶囊，可以提高药物的活性。由于纳米技术的微型化特征，可以把一个纳米发射器放在一个房间或者别人的衣服之中，用于监视和跟踪一个目标。纳米技术与普适计算结合，还可以将个人信息（如信用卡号）与特殊商品联系，这样有可能勾画个人

信息并跟踪其购物商店和超市，逐渐增加对个人私人信息的收集[9]。今天，“会聚技术”即纳米技术与生物技术、信息技术和神经与认知科学的结合，其发展的方向和社会影响还很难预测。原因之一就是纳米技术在与其他技术的“会聚”中，其自身的“足迹”也将消失或消融，使得我们无法了解和控制其过程和结果。

3. 纳米技术应用范围与前景的开放性

正是因为纳米技术具有和其他技术结合的可能性，因此，它的应用领域就呈现出开放性特征，前景还不很明朗。例如，纳米技术在军事上的应用。由于纳米设备小而便捷，容易隐蔽，且更具有穿透性、伪装性，因而在军事技术中可以发挥重要的作为。印度科学与防御研究所的科学家们将纳米技术在军事上的应用分为三类：第一类，利用纳米粒子无孔不入的杀伤力；第二类，利用人体对于纳米粒子这种新的物质可能还不具备免疫功能；第三类，制造纳米炸弹。而这些纳米武器由于极其小，易于隐藏和交易，因此，一旦落入恐怖主义者手中，其后果不堪设想。

今天，几乎在所有的领域都能找到纳米技术的踪影。在国家层面，各国都将纳米技术看作占领未来科技制高点的工具，因而，纷纷投入巨资开展纳米技术的基础与应用研究。而企业也将纳米技术看作是逐利的工具。因此，在市场普遍看好的预期下，在还没有完成对其特性的全面的认识的时候，纳米技术就已经进入产业化。各种形式的纳米尺度物质（人造纳米材料以及相关产品）已经通过各种不同的途径进入我们的生活。其结果等于将实验室搬到了自然和人类社会中，而我们在不知不觉中也已经成为许多新技术的试验品。

三、国外纳米技术研发中的伦理规范

2003 年以来，越来越多的社会组织、研究机构和包括哲学家、社会学家、法学家和科学家本身在内的许多学者开始关注纳米技术的负面效应、伦理风险及其社会影响。国际环保组织 ETC、绿色和平组织等非政府组织为代表的技术怀疑论者，从要求技术“零风险”出发，甚至发出了“纳米技术将我们引向深渊”以及“no small matter”的呼吁，要求全球范围内暂停纳米技术的研究①。

在这样的背景下，纳米技术的风险与伦理问题引起了各国政府的高度重视。2003 年，美国发布了《纳米技术：社会的影响——人类利益的最大化》报告[10]，

① 参见：http：//www. etcgroup. org/en/%20issues/nanotechnology？page=3.

2004 年英国发表了《纳米科学与技术：机遇和不确定性》报告，讨论了目前和将来纳米技术的应用可能引起的健康、安全、环境、伦理和社会问题[9]。国际上，欧盟和美国都成立了相应的研究机构，一方面致力于跟踪评估纳米技术的风险，考察社会各界对纳米技术的态度和接受程度；另一方面，制订了一系列的伦理原则和行为规范，用于规约从事纳米技术的研究、生产和管理的人员与机构的行为，以促使纳米技术在研发的上游就受到伦理规范的制约。

迄今为止，关于纳米技术的伦理治理方面的规范文件和行为指南主要分为三个层次。

1. 国家、政府层面的原则性指南

由欧盟委员会 2008 年制定的《负责任地开展纳米科学和纳米技术研究行为准则》（*Code of Conduct for Responsible Nanosciences and Nanotechnologies Research*）可以看是欧盟国家开展纳米技术和科学研究的纲领性准则。准则主要包括 7 项基本原则：公共福利原则、可持续性原则、预防原则、公共参与原则、卓越原则、创新原则、责任原则等。其宗旨就是要求研究者和研究机构对研究所产生的当下的影响及将来可能会对社会、环境和人类健康产生的影响负责。为了保证利益相关者真正遵从准则及其他相关法律法规，委员会要求成员国提供有效的途径对研究进行监管[11]。

2. 纳米技术行业协会所制定的纳米从业人员伦理守则

瑞士零售贸易利益团体 IG-DHS 是由瑞士 6 个最大的零售商组成的协会，对整个瑞士零售市场具有很大的影响力。2008 年，瑞士零售业联合会 IG-DHS 发布了《纳米技术行为准则》（*Code of Conduct for Nanotechnologies*）。该准则主要包含 5 个原则：①自我负责，关注科学技术知识状态；②积极进行法律法规和新科学发现方面的信息采购；③为消费者提供唾手可得的信息；④对生产商和供应商的要求，包括风险管理、安全生产；⑤公开相关的产品数据。准则强调产品安全是当务之急，只有那些被最新科技证明在生产使用过程中对人类、动物及环境无害的产品才能列入许可范围。IG-DHS 成员有责任向制造商和供应商询问关于纳米技术的信息，并确保消费者知晓产品中所含有的纳米技术信息。一旦在产品方面有任何与健康或是环境相关的新发现，制造商和供应商都必须迅速公开地向相关 IG-DHS 成员传达[12]。

3. 纳米技术企业所制定的纳米技术行为守则

企业是纳米技术应用中的关键环节。企业行为不仅关涉纳米技术生产者的安全，也涉及产品的安全及其对环境的影响。德国著名化学企业巴斯夫股份公司本着对员工、消费者、供应商和社会以及子孙后代负责的原则在其网站上发布了公司所制定的《纳米技术行为准则》（*Nanotechnology Code of Conduct*，2004），堪称企业表率。这份准则主要包括四个方面的内容，其中既强调了纳米技术创新与开发的重要性（比如通过特别创造和使用新型的纳米级的材料，开发和使用纳米技术的潜力去制造性能良好、具有新特性的产品），又同时强调了权衡在创新性产品和过程中相关新技术使用的机遇和潜在风险的重要性；并且承诺要基于公开和互信的原则，与社会开展对话，提供关于纳米技术带来的机遇和潜在风险方面的信息。在准则的具体实施方面，巴斯夫公司也进行了较为详细的解释。比如，在生产方面，从保护人类生命安全和保护环境出发，在实验室、生产设备、灌装车间及仓库内都为员工辨明了风险源，并通过采取适当的措施来消除这些风险；进行了多种环境和毒理学测试，建立了科学数据库以评估和降低潜在风险，支持纳米技术相关法律的制定；在产品安全领域承诺在供应链中负责任地行动，为消费者和物流合作伙伴提供有关于产品的安全运输、储藏、使用、加工和处理方面的信息；在对话方面保持透明性，开展客观的、富有建设性的公开讨论，并及时对外公布纳米技术方面的新发现①。

四、加快构建我国纳米技术发展伦理指南

中国是世界上少数几个从20世纪90年代起就开始发展纳米技术研究的国家之一。经过20多年的研究发展，中国在纳米技术领域取得了巨大成就，尤其在纳米材料及其应用、隧道显微镜分析和单原子操纵等方面已经达到了国际一流水平。据不完全统计，截至2007年，国内已有50多所大学、中国科学院的20多个研究所和300多个企业在从事纳米技术研发工作，研发队伍人数已超过3000人[13]。

随着技术市场化步伐的加快，许多纳米产品已经进入市场，走进我们的生活。我们的大部分公众对纳米技术的发展也持积极支持的态度。据我们对大连地区纳米技术公众认知的调查，79.4%的公众表示“听说过纳米”，61.3%的公众表示“知道什么是纳米”，只有36.1%的公众表示“不知道什么是纳米”。这一数据与美国公众的纳米认知度接近，2009年，美国伍德罗·威尔逊国际学者中心的电话调查显示39%的美国公众“从未听说过纳米技术”[14]。在我们的调查中，有57.4%的公众认为“纳米技术的风险与利益并存”，但是仍然有高达77.9%的公众认为“应该对纳

---

①　参见：http：//www. basf. com/group/corporate/nanotechnology/en/microsites/nanotechnology/safety/implementation［2013-11-10］.

米技术进行深入的开发利用"[15]。这些都说明纳米技术的发展正面临着一个非常好的机遇。在某种程度上证明了改革开放 30 多年来，中国公民形成了一定的开放积极的心态，对新鲜事物、高科技、未来等普遍抱有积极乐观的态度。也从另一个角度证明了中国是纳米科技研发的大国，处于世界纳米技术研究的领先地位，其产业化推广也较普遍深入。

但从另一个方面看，经验告诉我们，由于公众对纳米技术的内涵缺乏深入了解，科学甄别能力较弱，存在追新求异、盲目乐观的心理。因而，基于这种认知基础上的支持、信任很可能是脆弱的。特别是目前还存在着纳米产品界定不够清晰严格、伪纳米产品充斥市场的现象。一旦人们发现纳米产品不仅并非像先前所承诺的那么好，甚至还有一定的风险，那么，对纳米技术的态度就极有可能发生逆转。有关转基因、核电站和 PX 项目的风波都一再证明，只有在研究、开发和生产及市场化的过程中，采取积极有效的制度规范，防止纳米技术风险的发生，同时加强和公众的沟通，让公众对包括纳米技术在内的新兴技术采取一种理性的态度，才能真正保证纳米技术的健康和可持续发展。

为了解决上述问题，我们认为，应该适当借鉴欧美纳米技术研究行为准则，对纳米技术研究开发、生产和消费进行全过程监管。为此，我们应该做到以下几点：

（1）在国家政府层面，通过立法等手段制定纳米技术研发的相关法律法规，明确要求纳米科技的研发人员和机构以及生产者对纳米技术所产生的当下影响及将来可能会对社会、环境和人类健康产生的影响负责。

（2）纳米技术相关行业协会应该制定具体的伦理守则、行业标准，以规范纳米技术研发行为，加大对于纳米产品的监管，包括从产品的研发、制造、运输、消费到回收等各个环节的监管，确保在整个过程中纳米技术不会对人及自然造成危害。

（3）鼓励纳米技术企业主动做出关于负责任地发展纳米技术的承诺，遵守行业道德，勇于承担社会责任，提升企业形象。

（4）鼓励高校、研究院所和群众团体重视与纳米技术相关的伦理、法律和社会议题的研究，鼓励跨学科交流，吸收借鉴国外经验。

（5）通过纸媒、电视、网络等贴近生活的方式向普通公众传播纳米技术相关知识，减少公众的盲从、疑虑或偏见。

除此之外，还要加强信息的公开化、透明化，保障公众的知情权，开辟言论渠道，鼓励利益相关者和公众参与有关纳米科技发展的决策。对于不正当运用纳米技术给公众及环境造成严重影响的研究机构和企业应该依法惩处。只有这样，才能确保纳米技术的健康可持续发展，使纳米技术造福于社会、造福于公众。

参 考 文 献

[1] Schummer J. Identifying ethical issues of nanotechnologies//Henk A M J. Nanotechnologies, Ethics and Politics. Paris: UNESCO, 2007: 79-98.

[2] 赵宇亮．纳米技术的发展需要哲学和伦理．中国社会科学报, 2010-09-21, 第2版．

[3] 郭良宏, 江桂斌．纳米材料的环境应用与毒性效应．中国社会科学报．2010-09-21, 第4版．

[4] Schulte P A, Salamanca-Buentello F. Ethical and scientific issues of nanotechnology in the workplace. Environ Health Perspect, 2007 (115): 5-12.

[5] Moor J, Weckert J. Nanoethics: assessing the nanoscale from an ethical point of view//Baird D, Nordmann A, Schummer J. Discoveringthe Nanoscale. Amsterdam: IOS Press, 2004: 301-310.

[6] Hede S. Molecular materials and its technology: disruptive impact on industrial and socio-economic areas. AI Soc, 2007 (21): 303-313.

[7] Grunwald A. Auf dem Weg in Eine Nanotechnologische Zukunft. Verlag Karl Alber, Freiburg/Muenchen, 2008.

[8] 艾尔弗雷德·诺德曼．以社会科学工具观察纳米技术发展．祁心译, 王国豫校．中国社会科学报, 2010-09-21, 第4版．

[9] Royal Society and Royal Academy of Engineering. Nanoscience and Nanotechnologies: Opportunities and Uncertainties. London: Royal Society & Royal Academy of Engineering, 2004: 53-54.

[10] Roco M C, Bainbridge W S. Nanotechnology: Societal Implications Ⅰ—Maximizing Benefits for Humanity. Berlin: Springer, 2006.

[11] Commission of the European Communities. Commission Recommedation on a code of conduct for responsible nanosciences and nanotechnologies research. Brussles, 2008.

[12] IG DHS. Code of Conduct for Nanotechnologies (Version 5). 2008.

[13] 易蓉蓉, 张巧玲．跑步前行的中国纳米研究——访中国科学院常务副院长、国家纳米科学中心主任白春礼．科学时报, 2007-06-06, 第1版．

[14] Besley J. Current research on public perceptions of nanotechnology. Emerging Health Threats Joural, 2010, 3: e8.

[15] 刘莉, 王国豫, 等．我国公众对纳米技术的认知分析——基于大连地区纳米技术公众认知的实证调查．大连理工大学学报（社会科学版）, 2012, (4): 59-64.

Ethical Issues of Nanotechnology and Their Solution

Wang Guoyu, Liu Li
(Department of Philosophy, Dalian University of Technology; Center for Ethics and Management of Technology, Dalian University of Technology)

As a core technology in emerging strategic industries, nanotechnology has already entered into our lives since 21st century. However, due to the uncertainty of nano- scale materials, its Intermediary as enabling technology and its spectrum of application and prospects, nanotechnology could lead to ethical and societal issues related to safety, health, privacy, fairness and etc. China is a big country of nanotechnology research and development, but Chinese public still lacks of insights into the connotations of the nanotechnology. Therefore, the code of conduct for nanotechnology research from Europe and America should be appropriately learnt for better supervision in the whole process of in research, production and consumption. A healthy and sustainable development of nanotechnology in China could only be ensured if positive and effective system of norms be in place, communication with the public be strengthened, construction of ethical guidelines for the development of nanotechnology be accelerated.

6.2 合成生物学发展中的话语分析——基于创新、风险和管控的维度

张文霞　赵延东
（中国科学技术发展战略研究院科技与社会发展研究所）

合成生物学是 21 世纪新出现的现代生物技术的分支，是化学、工程、信息、物理和生物等多学科交叉的一门崭新的技术学科，旨在创建以应用为目的的新型生物，同时通过从零开始构建生命体来深入了解生命系统[1]。虽然我国合成生物学研究起步较晚，整体水平与发达国家还有一定差距，但已显露出蓬勃发展的良好势头。随着合成生物学研究的发展，国内有关合成生物学的讨论也逐渐多起来，可归纳为创

新、风险、管控三种基本话语，反映出中国的现实发展需求以及社会价值观和文化传统的内在影响。通过对这些话语的解读，我们可以对合成生物学今后发展可能遭遇的挑战与问题有所预判。

一、有关合成生物学的创新话语

合成生物学在科研、创新及产业化应用方面的发展前景是当前合成生物学研究领域讨论最热烈的话题。在世界范围内，合成生物学被看作大有前景的一门科学。2010 年，欧洲科学院科学咨询委员会（EASAC）发布了《认识合成生物学的潜力：科学机会与好的治理》政策报告，报告中指出：合成生物学将对未来欧洲的创新和竞争力以及理解自然生物系统做出重大贡献，合成生物学所具有的价值和潜力关系到欧洲的社会需求及有效的经济增长问题，事关欧洲在全球的竞争地位，所以当前欧洲支持创新的“框架计划”投资必须继续资助合成生物学[2]研究。美国同样投入巨资资助合成生物学研究，以抢占合成生物学研究发展的先机。据美国威尔逊中心的分析，2005～2010 年美国政府对合成生物学相关研究已投入 4.3 亿美元。欧盟及荷兰、英国、德国已在此领域投入约 1.6 亿美元研究资金[3]。

我国政府和科学家对合成生物学的创新前景和潜在应用价值也抱着十分支持的态度。不仅如此，科学家和官员的言谈中还充斥着危机意识，呼吁加强政府支持、加快研发，创新话语成为主导合成生物学讨论的主流。我国关于合成生物学的创新话语有以下几个突出特点。

1. 政府和科学界多从新科技革命及其历史性机遇的高度看待合成生物学的发展

我国政府认为，一场以生物技术为主导技术的新科技革命即将来临，生物经济正在成为新的经济增长点，这对中国来说是难得的历史机遇。而合成生物技术是生物技术发展中需要突破的重点技术，“合成生物学研究是一次难得的机遇，关乎科技革命，关乎国民经济发展，要从战略高度来思考其发展，抓住难得的机会，使我国在即将来临的生物技术革命中占据一席之地”[4]。这一观点也得到多数科学家的支持。2011 年，中国科学院中国现代化研究中心对院士的调查显示，院士在被问及第六次科技革命的主要标志时，选择“信息转换器”和“人体再生”的比率最高，分别为 72% 和 69%；“合成生命”、“新生物学”和“人格信息包”的支持率分别为 39%、34% 和 29%[5]。

2. 我国政府和科学家更为重视和关注合成生物学的应用价值

大家普遍认为合成生物学是一个有着巨大潜力的研究领域，有可能给中国带来新的经济增长点和赶超机会，有助于解决中国面临的能源、环境等发展瓶颈问题。国家发展和改革委员会高技术产业司和中国生物工程学会联合出版的《中国生物产业发展报告》提出，合成生物学有广阔的应用前景，有着巨大的社会效益及经济价值，将在能源、环境、化工、材料、医药等领域得到广泛应用，特别是在新生物能源的开发、环境污染的监测和治理、药物开发与疾病治疗方面大显身手[6]。我国合成生物学发展的重点和方向是在生物医药和医疗卫生领域率先应用，解决实际问题。中国应把握合成生物学起步阶段的重要契机，有重点地开展研究，目前亟待解决的问题是从医药、能源和环境等产业重大产品入手，抓住核心科学问题，创建可控合成、功能导向的新代谢网络和新生物体，引领中国合成生物学的原创研究和自主创新[7]。有必要充分发挥合成生物学技术在多个领域的技术推动作用，建立健全以合成生物学为重要技术手段的科学而完备的生物工业体系[4]。相对而言，有关合成生物学在认识自然、认识生命方面的科学意义的讨论就要薄弱得多。科学技术部牵头制定的《“十二五”生物技术发展规划》中提出，我国发展合成生物学的基本导向是以应用带研究的发展需求导向。现代社会中，科学与技术往往密不可分，但如果过于注重应用前景而忽略对基础科学发现和科学意义的深入探索，对于合成生物学的长远发展可能未必是一件好事。

3. 我国科学家普遍有一种唯恐错失新机遇的危机意识，要求把合成生物学放在国家战略位置给予支持

早在2008年5月以“合成生物学”为主题的第322次香山科学会议上，专家们就纷纷呼吁中国政府要把合成生物学提升到关乎国民经济发展的核心技术的战略高度来考虑。2010年6月，在中国科学技术协会组织召开的“合成生物学的伦理问题与生物安全”学术沙龙上，专家们提出，国外合成生物学的发展对我国生物安全保障提出了严峻的挑战，如果我们不抓住当前的机会，及时跟进，我国在这一领域会很被动，将进一步拉大与发达国家的差距。合成生物学涉及国家安全和国家发展战略问题，从战略上就是要不要占位的问题，这个技术本身就是威慑。有院士建议中国应立即行动，积极投入人造生命的研究领域，至少获得不落后于美国的技术水平[8]。

综上所述，在我国，合成生物学的创新话语占据了主流，这无疑为中国合成生物学的发展创造了一种“利好”环境，有助于合成生物学获得更多的政府资助，也

吸引和激励着更多有才华的科学家投身其中。但问题是，如果创新话语过于强大甚至垄断了舆论，并掩盖了其他意见和反思性思考的话，也可能导致其未来发展中可能存在的风险问题得不到应有关注，从而影响合成生物学的健康发展。

二、合成生物学的风险话语

在合成生物学的发展过程中，有关风险的争论从未停息。发达国家一直有反对声音，认为合成生物学的发展有可能会给人类和其他物种的命运、自然生态环境，以及国家安全等带来不可预计的风险；特别合成生物学潜在的生物安全风险和生物恐怖主义风险尤其值得关注。这些观点也影响到中国的一些专家、学者，他们提出有必要对合成生物学的发展保持谨慎的乐观态度。2010 年，在“合成生物学的伦理问题与生物安全”学术沙龙上，就有专家提出，从国际视角看，关注合成生物学的伦理和安全问题，这是中国作为负责任大国的应有之举[8]。

中国科学院生命科学与生物技术局编写的《2010 年工业生物技术发展报告中》提出，有必要对合成生物学的发展保持谨慎的乐观态度，在加强合成生物学研究的同时，对其相关的社会、伦理、生态和经济等方面的重要问题展开充分研究和多方探讨，共同商议妥善解决关键问题的办法和措施，发展适当的规范和有效的监管手段，使合成生物学研究的最新成果能够在合理的引导下转化为实际的社会生产力[9]。

但与此同时，有更多的专家认为不应该太早考虑伦理和风险问题，以免被捆住手脚。在“合成生物学的伦理问题与生物安全”学术沙龙上，不少专家提出，合成生物学的伦理和安全问题可能存在，但不能被过分夸大。现在世界范围内的合成生物学还处于初期阶段，实现人造生命还比较遥远，在这种情况下，制定过多的管制措施没有必要。合成生物学的生物安全未必是真正的挑战，就目前的技术能力来说，重新创造一种完全有功能的生命可能还有很长的路要走。有专家还特别提出，千万不要故意渲染合成生物学的安全防范问题，在发达国家关于干细胞、转基因等技术的伦理讨论基本是负面的，对中国产生了非常严重的误导，这个误导需要很大的力量挽回，中国的合成生物学研究不能重蹈转基因技术的覆辙，应该相信科学发展带来的新机会，美国的做法值得学习，那就是鼓励发展，同时制定细致有效的政策规范。中国发展合成生物学的一个大问题是如何对公众进行正面宣传的问题，应正确解读合成生物学，通过易于理解的方式告知大众，避免大众因为无知而产生盲目的恐惧，影响国家政策制定者对该学科领域的支持[8]。

可见，在合成生物学的风险与安全问题上，中国科学家更多的是持一种“占先性”或者说是“做了再说”（proactionary）的态度。已有的材料主要显示的都是科学家在各种场合要求政府重视和支持合成生物学研究和开发的呼吁，科学界比较欠缺对合成生物学伦理问题的深入研究、系统反思和有意识的参与行动。科学家们普遍认为合成生物学是一把双刃剑，社会效益与风险并存，中国需要对合成生物学的风险和伦理有所预防，但风险与伦理问题不应成为阻碍和制约中国发展合成生物学的理由和障碍。在当前中国合成生物学还处于发展初期的情况下，采取过多防范措施会束缚其发展，而是应根据其发展逐步制定和完善防范措施。这种“占先性原则”受到了一些科技伦理研究专家和科学家的批评[10,11]。他们认为对合成生物学的风险和伦理问题应采取是“防范性”（precautionary）态度，即在早期阶段和研究的上游环节就应该对合成生物学的伦理、法律和安全问题开展研究，加强对合成生物学潜在风险的鉴定和评估，制定合成生物学研究和应用的伦理框架，以防范可能出现的风险。也有科技专家认为，合成生物学面临着伦理、安全、法律等方面的问题，一定要吸取转基因技术推广过程中的教训，将安全性、伦理学问题放在产业发展的前面进行先导性的研究，监管也应同时跟上[12]。

合成生物学的风险与安全问题也引起了有关部门的关注，中国国家自然科学基金在 2008 年设立专项课题，与奥地利国家科学基金会共同研究合成生物学生物安全问题，并于 2010 年 1 月与 2011 年 10 月先后两次召开了关于合成生物学生物安全与风险评价的研讨会。可以预见，未来几年，随着合成生物学的进一步发展，有关其风险的讨论将逐渐增多，合成生物学的风险治理问题将逐步提上政府管理和科学研究的日程。

三、合成生物学发展中的权力与控制话语

虽然合成生物学尚处于早期发展阶段，但有关合成生物学管控问题的讨论已成为热点话题，包括：对于合成生物学的研究和应用需不需要进行管控？从哪些方面进行管控？谁有权力决定合成生物学未来的发展？谁来承担合成生物学研发和应用中的不良后果？科学家、政策制定者、管理者、社会公众各自应承担的角色和责任是什么？等等。

在英国、荷兰、德国等欧盟国家，新技术的风险评估管理以及公众参与被放在重要的位置，保持所有利益相关者之间的利益和价值平衡被视作技术风险管理的基石，因此，这些国家在合成生物学的风险讨论中，非常关注如何将公众和利益相关者的意见纳入决策过程。2009 年 7 月，欧洲分子生物学组织在《自然》杂志上发表的《发展合成生物学——欧洲合成生物学发展战略》一文中指出，如果缺乏公众的

支持、理解、资金监管等，合成生物学不可能取得重要进展。美国政府对合成生物学风险评估和控制中的公众参与问题也十分重视，2010 年 5 月，在美国科学家克雷格·文特尔宣布创造了世界上第一个人造细胞之后，美国众议院能源和商务委员会就举办了以合成生物学为主题的听证会，奥巴马总统随即声称要对其进行风险评估，并命令总统生物伦理咨询委员会将对合成生物学的审查作为其首要任务。2010 年 12 月 16 日，美国总统生物伦理咨询委员会发布《新方向——合成生物学和新兴技术的伦理问题》报告，对新兴的合成生物学领域进行了全面回顾，同时提出了 18 项在不影响合成生物学创新的前提下解决与其相关的生物安全和伦理问题的方法，其中就包括开设合成生物学伦理问题相关课程；建立论坛，提高普通民众对这个领域的了解等内容。2010 年，美国彼得·哈特研究协会和伍德罗·威尔逊中心还共同就合成生物学的发展问题进行了民意调查。调查表明，2/3 的被调查者认为应该继续推动合成生物学的研究，但 1/3 的人要求禁止这一学科，起码不要在不了解其可能引起的不良后果时从事这方面的研究，其担心主要包括恐怖组织利用研究成果发展生物武器，人造生命破坏伦理道德、对人类健康和环境的负面影响；一半以上的被调查者希望美国政府制定严格措施以规范合成生物学研究[13]。

与欧美国家相比，我国有关合成生物学管理问题上的讨论基本局限在决策者和科学家内部，媒体和公众关注较少，对公众态度和社会舆论的调查研究缺失，公众参与更是处于缺位状态。虽然近年来我国媒体刊登过不少介绍国外合成生物学进展和成就的文章，但这些报道大多以介绍为主，反映的都是生物技术领域的专家和政府有关部门的意见，基本看不到对公众的调查以及公众和社会组织对合成生物学问题的讨论。可以说，合成生物学在中国尚处于推介阶段，它在公众中的知晓度很低，影响十分有限，其风险和伦理问题还没有引起社会的关注，更没有进入公众的话题领域和意见表达领域。由于缺乏相关调查，我们尚不清楚我国公众对合成生物学的发展到底持一种什么态度，能否接受人造生命和人造的生物医药用品，对合成生物学主要有哪些担忧和恐惧。这些问题应该通过专门的公众调查找到答案。

我国目前对合成生物学发展的管理与规制问题尚无深入系统的研究和清晰的意见，合成生物学的监管问题尚未进入政府部门的决策议程和政策框架。中国既没有设立有关伦理委员会，也没有发表过有关合成生物学伦理和风险方面的任何官方声明和官方研究报告。目前可见的观点和讨论仅见于少数几个研讨会以及为数不多的学术文章。在这些研讨会和文章中，一些专家提出了一些应对措施建议，包括：在科学研究者中加强和普及潜在风险的教育，对公众进行科学知识普及和正面宣传，消除恐慌心理；对于合成生物部件和生物体制定详尽准确的产品安全手册；拟定出合成生物学研究操作规范的法律文件，为生物安全问题提供前置性保障；

等等[8]。一些学者甚至提出了一个涉及研究机构及人员、商业流通机构及人员、政府三个部分的合成生物学生物安全监管的框架及一系列政府管理措施[14]。值得注意的是，这些意见和建议主要是由非从事合成生物学研究的社会科学研究学者提出的，由于缺乏制度性的沟通和意见表达平台，我们不知道这些“外行”的意见和建议是否能够传导到相关决策过程，也不知道它们是否能影响中国合成生物学的监管进程。

国际经验表明，科学技术的民主化是大势所趋，科学家和科技政策制定者应充分听取非专家公众的意见，保证后者积极参与科技决策过程，合成生物学的发展也不例外。正如有专家指出的，只有从公众意识（让大众接受）、技术保障及法律法规等方面做好充足准备，才能让合成生物学的发展走上健康发展之路[8]。

四、总结与展望

综上所述，合成生物学在中国尚处于起步阶段，有关合成生物学的创新话语占据着主流，要求政府鼓励和支持的呼声较高。与之相应的，有关合成生物学风险和伦理问题的考量，不管是在学术界、政府管理部门还是社会公众中都还没有成为一个引起重视的“问题”。在合成生物学的管理与规制问题上，学术界和政府的态度不甚清晰，公众参与更是尚付阙如。这种状况表面上来看有助于促进合成生物学在我国的发展，但从长远看却蕴含着一系列潜在危机。

展望未来，中国发展合成生物学有许多有利条件，面临着巨大的发展机遇。除了政府的重视、强大的社会需求以外，宽松的社会和文化环境也为合成生物学在中国的发展提供了良好的社会环境，西方国家制约合成生物学发展的宗教伦理问题在中国影响不大，实用主义的科学技术观和发展主义导向更是决定了具有巨大应用价值的合成生物学在中国不太可能遇到强烈的反对。

但是，中国合成生物学的发展也面临着一系列挑战。除了研发投入单一和创新能力不足以外，风险治理能力的欠缺可能成为未来影响合成生物学发展的“瓶颈”。虽然中国社会内在不存在排斥合成生物学发展的文化土壤，但外来影响和某些利益团体的社会动员力不可低估，公众对合成生物学的态度和接受程度上存在很多不确定性。而我国政府对风险管控的意识和治理能力比较滞后，缺乏必要的法律法规以及公众沟通、参与的平台，如何加强与公众的沟通，让他们更好地理解这一新兴技术，更积极地参与技术风险的治理，是摆在合成生物学研究者、决策者和管理者面前的一道难题。

合成生物学的发展不仅是一个科学技术问题，更是一个复杂的经济和社会问题。在中国合成生物学的发展过程中，需要对其潜在的风险、伦理问题和公众舆论予以充分的重视，并加强在重要议题上的风险沟通和公众参与。在这方面，不管是科学家、政府还是社会公众，都应肩负起相应的责任。

参考文献

[1] 关正君，等．合成生物学生物安全风险评价与管理．生物多样性，2012，20（2）：138-150.

[2] EASAC. Realising European Potential in Synthetic Biology：Scientific Opportunities and Good Governance. Halle：German Academy of Sciences Leopoldina，2010.

[3] 艾瑞婷，于振行．合成生物学研究进展．中国医药生物技术，2012，7（1）：59-61.

[4] 科学技术部中国生物技术发展中心．中国的生物经济——中国生物科技及产业创新能力国际比较．北京：中国农业科学技术出版社，2010：3-135.

[5] 叶青，何传启．迎接世界第六次科技革命——108 位院士的看法与对策建议．决策与信息，2011，（8）：16-18.

[6] 国家发展和改革委员会高技术产业司，中国生物工程学会．中国生物产业发展报告（2010）．北京：化学工业出版社，2011：37.

[7] 科学技术部社会发展科技司，中国生物技术发展中心．2010 中国生物技术发展报告．北京：科学出版社，2011：23-24.

[8] 中国科协学会学术部．合成生物学的伦理问题与生物安全．北京：中国科学技术出版社，2011：18-26.

[9] 中国科学院生命科学与生物技术局．2010 年工业生物技术发展报告．北京：科学出版社，2010：100.

[10] 张新庆，邱仁宗．合成生命的伦理问题及其社会规制//中国科学院．2011 高技术发展报告．北京：科学出版社，2011：266-274.

[11] 杨磊，翟晓梅．合成生命的伦理问题及其管理建议．中国医学伦理学，2012，25（03）：273-276.

[12] 王庆．合成生物学的现实挑战．中国科学报，2013-05-29. 第 5 版．

[13] 新京报报社．逾半美国人支持“人造生命”．新京报，2010-09-11，第 A22 版．

[14] 刘晓，唐鸿铃．合成生物学及其安全监管．生命的化学，2012，32（6）：580-584.

Innovation, Risk and Control: Three Main Discourses on Synthetic Biology in China

Zhang Wenxia, Zhao Yandong
(Institute of Science, Technology and Society, Chinese Academy of Science and Technology for Development)

Based on the review of current views, discussions and debates on the development of synthetic biology (SynBio) in China, the paper summarized three main discourses, namely innovation discourse, risk discourse and control discourse. Currently innovation discourse has occupied the mainstream position in the discussion of SynBio development in China. However, the risk and control discourses are becoming more and more prominent. The development of SynBio is not only a science and technology issue, but also a complex economic and social issue. More attention should be paid to the potential risks, ethical problems and public participations in the development of SynBio in China in the future.

6.3 干细胞应用的伦理争议

黄小茹
（中国科学院科技政策与管理科学研究所）

干细胞作为一种尚未分化的多能细胞，具有自我繁殖能力，以及分化成为各种特化细胞、组织与器官的潜能。干细胞存在于胚胎、胎儿组织、脐带血和成人的某些组织中，其中早期胚胎中的胚胎干细胞最具发展潜力。如果能够准确掌握干细胞向不同组织细胞“定向分化”的条件和机制，从而在体外进行培养，然后移植到病患体内修复受损细胞，甚至在体外培育出整个器官以供移植，其医疗价值难以估量，对于患有诸如帕金森病、阿尔茨海默病、心肌梗死、糖尿病及各种癌症、免疫缺陷等涉及细胞、组织乃至于器官坏死的疾病的患者是一个巨大的福音。

干细胞技术的临床应用克服了常规治疗的局限性，为再生医学和人类其他疾病的治疗打开了全新思路，被认为是生物技术领域最具发展前景的前沿技术之一。尽管我们可以预见，干细胞技术的应用能够带动生命科学和医疗技术的巨大发展，但是目前在全球范围内干细胞技术应用①实际仍处于试验和临床研究阶段，其有效性、安全性、质量可控性等很多问题仍待进一步研究，进入治疗阶段为时尚早。

当前，干细胞技术应用面临着一系列的生命伦理问题，而未成熟技术的超前使用则带来了更大的争议。在不同社会环境下，这些伦理问题和争议有不同的表现，与传统文化、社会发展、政治格局等有着密切的联系。而干细胞技术应用早期阶段的伦理问题和争议还会进一步地对未来干细胞技术应用领域的发展以及政策导向产生重要的影响。对此，梳理干细胞应用的伦理争议，制定干细胞应用的不同层次的准则，对于干细胞技术及应用的可持续发展至关重要。

一、干细胞技术应用的现状

一般生物技术从基础研究到应用（医疗），需要经过一系列步骤：基础研究（basic research）—临床前研究（pre- clinical research）—临床研究（clinical research）—临床应用（clinical use）。现在干细胞技术尚未到达临床应用、转化阶段，目前干细胞应用主要包括细胞制备与生产、临床前研究、临床研究[1]。截至2013年10月，全球最大的临床试验注册库 Clinical Trials. gov 网站登记的胚胎干细胞、诱导性多能干细胞、间充质干细胞临床试验研究共计413例（表1）。间充质干细胞临床试验是目前开展得最多的干细胞临床试验，其次是诱导性多能干细胞和胚胎干细胞。这与不同种干细胞的研究程度和伦理敏感性有关。

表1　Clinical Trials. gov 网站各类干细胞临床试验登记情况　（单位：项）

	胚胎干细胞	诱导性多能干细胞	间充质干细胞
东亚（其中中国）	5（3）	0	116（76）
非洲	1	0	5
欧洲	4	5	86
中东	5	4	32
北美（其中美国）	10（10）	15（15）	77（71）
太平洋	1	0	9
北亚	0	0	7

① 造血干细胞移植已临床使用半个多世纪，相对成熟，不在本文讨论范围之列。

续表

	胚胎干细胞	诱导性多能干细胞	间充质干细胞
南美	0	0	9
南亚	0	0	15
东南亚	0	0	11
总数	27	25	361

资料来源：根据美国国立卫生研究院下属国家医学图书馆运作的ClinicalTrials. gov网站公布数据统计整理，检索词：stem cell，embryonic stem cell，induced pluripotent stem cell，mesenchymal stem cell。

目前，国际上已经获得批复的干细胞技术应用均处于临床前研究和临床研究阶段。干细胞技术应用仍存在许多无法避免的危险因素：第一，干细胞及其衍生物的安全性、纯度、稳定性和有效性难以保证；第二，干细胞的自我更新和非目的性分化无法控制，极易形成畸胎瘤或肿瘤；第三，干细胞及其衍生物进入人体后如何控制使其不产生异位组织和部位迁移同样非常重要。因此，干细胞治疗从临床前研究和临床试验到真正大规模临床转化还有很长的路要走[2]。然而即使是干细胞临床前研究和临床研究阶段，受试者同样存在危险性，各类伦理问题也无法回避。

此外，一些国家还出现了名目繁多的“干细胞治疗”[3]，《自然》等杂志多次关注和报道我国的“干细胞治疗”乱象[4,5]。严格意义上的干细胞治疗应该经过基础研究、临床前研究、临床研究。但目前的干细胞技术显然还未进展到这一步，社会上的“干细胞治疗”并不是严格意义上的干细胞临床治疗。同时，它也不是试验性治疗。试验性治疗（也被称为创新性疗法，medical innovation）是针对个体患者的医疗，其前提是当下无其他公认的治疗方法可用，且拥有内部可靠的数据，同时它也要遵守医疗伦理原则①。

二、干细胞技术应用的伦理问题

干细胞应用涉及的具体问题主要有研究成果及使用、再生医疗产品商业化、研究成果利益归属及新生物技术产品的质量规范等。干细胞应用面临与干细胞研究相

① 国际干细胞研究学会发布的《干细胞临床转化指南》已明确提出：创新性治疗本身并不构成合格的临床研究。临床研究的目的是产生关于新的细胞、药物或新的手术方式的普遍性知识。个体患者的福祉不是临床研究的核心目的，个体患者的获益也不是有关人体研究委员会对临床研究的监督的主要关注点。相反，试验性治疗并不以带来普遍性知识为目的，而主要是针对几乎无药可医的个体患者提供新的、有成功可能性的临床治疗。试验性治疗的主要目的不同于临床研究，其目的是改善个体患者的病情。

似的伦理问题，比如，获取胚胎干细胞的过程会破坏胚胎，由此引出关于生命尊严和胚胎伦理地位的讨论。此外，干细胞临床前研究、临床研究以及干细胞产品及商业化由于涉及受试者以及可能的经济效益，以及未成熟技术的超前使用，还会面临更多的社会、伦理和法律问题。

1. 干细胞技术应用蕴含诸多伦理问题

干细胞临床前研究和临床研究所涉及的生命伦理问题在很多方面与一般生物技术的生命伦理问题并无二致，但是目前干细胞技术仍未成熟，且由于研究所用组织来自人体，因此干细胞临床前试验和临床研究并不同于一般生物技术应用。干细胞技术应用中的风险与收益评估、知情同意、受试者保护、捐献者隐私保护等问题非常突出。

（1）风险与收益评估。干细胞技术应用具有广阔的发展前景，但是目前干细胞应用仍存在诸多安全性问题，干细胞及其产物是一种全新的产品，从提取制造到检测最终效能、安全度、稳定性等方面，需要经过长期试验和很多受试者参与。那么干细胞临床研究给受试者带来的潜在风险是否正当？试验给受试者带来的预期收益及给社会带来的知识进步是否超过潜在的危险？这是决定试验是否应该进行的核心伦理问题之一。

（2）受试者保护。干细胞的自我更新和分化难以控制，实验过程中不可避免地出现不均一性；许多疾病的动物模型不能准确地反映人类疾病，且动物毒理学实验难以预测对人类的毒性；人类细胞移植到动物机体的实验不能有效预测人体对移植细胞的免疫和其他生物学反应；干细胞及其产物作用于不同的靶点产生有益和/或有害的作用，可能会产生异位组织和肿瘤；细胞移植产生的作用将在病人身上持续数年或不可逆[1]。在干细胞应用未克服上述特殊困难之前，保护受试者不仅非常重要而且非常困难。

（3）知情同意。干细胞应用还未成熟，而且干细胞临床前研究和临床研究涉及应用人自体或异体来源的干细胞或干细胞分化而来的细胞去代替或修复已受损的组织或细胞，这些干细胞可以输入血液，或直接移植到已受损的组织中，也可以自体干细胞进行修复[6]。因此，充分考虑了特定文化背景的自愿知情同意是干细胞临床研究伦理的重要部分。尤其对那些对干细胞的疗效抱有不现实期待的患者，知情同意过程需要更深入的考虑。

（4）受试者选择。保证参与实验的团体和个人的选择标准的公正性是科学性的要求，然而干细胞应用蕴含巨大的风险，同时存在很大的收益可能性，因此受试者选择同样面临伦理问题。

(5) 隐私保护。由于干细胞技术应用需要使用人体组织细胞，因此组织提供者的隐私保护就成为一个很重要的伦理问题。随着干细胞研究不断深入，多种干细胞分离培养技术方法不断提升，从人体分离多种干细胞变得越来越简单。未经本人许可私自收集的体细胞或成体干细胞很容易就被用作干细胞治疗制剂，成为黑市交易的商品，甚至被不法分子所利用。

2. 超前使用带来更多伦理问题

目前，在包括我国在内的一些国家，一部分人受经济利益驱动将干细胞技术提前进行商业性应用，无差别地向几乎任何指征的患者提供医疗服务。这样一种夸大利益、低估风险、与经济利益挂钩、向脆弱人群提供、在医疗情境下使用的干细胞技术应用，是一种商业化医疗而不是试验性治疗，违背了知情同意、不伤害的医学伦理基本原则。

三、干细胞应用伦理争议背后的社会根源

干细胞技术应用的伦理问题及其争论，是干细胞技术应用及其结果与社会既有的伦理观念、准则相冲突的产物，而其背后还体现了基于利益的价值选择。无论是使用或接受技术应用的个人，还是禁止或推动技术应用发展的国家，实际都是基于具体的社会情景和自身的实际需求，而做出某种具有倾向性的选择。

1. 社会文化与伦理问题

在一个社会或群体里，会有一定的一致的文化传统、宗教信仰、社会背景等维系着这个社会或群体中的不同个体，当不同个体面对同一个问题时，会表现出大体一致的观点和态度。因此，在干细胞应用上不同国家的伦理敏感度不同，因而对干细胞应用发展的态度也不同，进而在干细胞应用的政策方面表现出差异，既有禁止所有胚胎及胚胎干细胞研究的（如奥地利、爱尔兰及波兰等），也有持相对开放态度的国家（如韩国、瑞典、印度、以色列、澳大利亚等）。

2. 伦理问题与价值选择

干细胞应用的伦理问题是影响干细胞发展的一个重要因素，但是社会对干细胞成果有强烈的现实需求，这也带来了事实价值选择的问题，对伦理冲突产生了另外的牵扯作用。我们可以看到，面对国家战略、科技进步、强烈的医疗需求等问题时，伦理问题可能会被压制。无论是社会还是个人，当需要做出决定时，都会基于具体

的社会情景和自身的实际需求，而做出某种具有倾向性的选择。例如，美国的干细胞政策经历了反反复复的变化，政策经常因各种妥协而发生改变。

3. 多种角色与利益的掺杂

在干细胞应用发展的初期，技术发展还存在多种可能性，社会对干细胞的了解程度不高，政策容易出现摇摆，监管也难以一步到位，这时的干细胞应用主体很容易承担太多的社会角色。从表面上看，他们一般是从事临床前研究、临床研究的研究人员、医生，同时他们还可能是试验的招募者、药物的开发者、药品的检验者、干细胞应用的倡导者，他们甚至会滑向治疗的推销者、产品的销售者。多种角色和利益很容易在他们身上重合，从而使各种伦理问题更加突出。

四、干细胞应用伦理问题应对

我国干细胞应用有特殊的伦理环境。与欧美国家相比，我国干细胞应用中涉及的诸如胚胎生命的伦理敏感性问题并不突出，但是实际应用中对伦理问题的漠视、知情同意、受试者保护等问题却非常严峻，例如，当前我国的“干细胞治疗乱象”已经引起了国内外社会各界的高度关注。“干细胞治疗”管理失控局面不仅导致患者权益受损，而且严重影响到我国干细胞科研领域的整体形象。

干细胞应用有复杂的伦理问题，这些问题背后有着深刻的社会根源。如何面对干细胞应用的伦理问题？进一步规范干细胞应用从而促进该领域健康发展？文化层面的伦理敏感性难以消除，但是如果能够在操作层面上使每一步实验设计和临床应用都尽可能地符合程序和规范，那么也能够相应地减少伦理争议。外在他律与内在自律是可以并行的两条路径，而其关键在于将干细胞伦理制度化。当前我国从宏观上支持干细胞应用的发展，那么制定和执行干细胞应用的不同层次的准则，尽快使应用规范化，是促进干细胞应用发展的比较适宜的路子。干细胞应用伦理制度化可能涉及法律、制度和规范三个层面。

1. 法律层面涉及干细胞应用的发展方向

国家法律应从总体上确认干细胞应用的发展方向，对干细胞应用的主体、客体和内容等方面予以法律规制，如哪些领域、哪些项目可以进行研究，哪些领域、哪些项目只能在特定的范围内、由特定的主体进行研究，哪些机构、哪些人有资格从事临床医学科研，以及他们的研究资格、研究能力、准入条件、监督机制和违规处罚，等等。美国、英国、日本等国家均采取这样的顶层设置：从国家层面出台相应的法律条文，为干细胞应用所涉及的技术及伦理问题做出法规性的解释约束。

2. 制度层面涉及干细胞应用发展的运作

制度层面需要理清干细胞应用涉及的各主体之间的关系及功能架构，通过一系列的规则、协议、制度安排等明确界定各行为主体的责、权、利关系，包括资助者与研究者、管理者与研究者、研究者与受试者、研究成果拥有者与成果应用者之间的权利与义务关系。

3. 规范层面涉及干细胞应用的具体操作

细胞制备与生产、临床前研究、临床研究的实际操作是各种伦理问题的凸显地带，为此需要有相应的科学标准、临床准则、管理规则等。一些国家和国际组织已经制定了这样的行为指南，比如国际干细胞研究学会的《干细胞临床转化指南》及《干细胞治疗患者手册》，印度生物技术部和印度医药研究委员会的《干细胞临床应用指南》，等等。

参考文献

[1] 国际干细胞研究学会．干细胞临床转化指南．王太平，徐国彤，周琪，等译．生命科学，2009，(5)：747-756.

[2] 周琪，朱宛宛．干细胞临床研究和治疗的伦理、道德及法律问题探讨．科学与社会，2013(1)：26-36.

[3] Qiu J . Trading on hope. Nature Biotechnology，2009，27：790-792.

[4] Nature. Stem-cell laws in China fall short. Nature，2010，467：633.

[5] Cyranoski D. China's stem-cell rules go unheeded. Nature，2012，484：149-150.

[6] International Society for Stem Cell Research. ISSCR patient handbook on stem cell therapies. http：//www. isscr. org/docs/default-source/patient-handbook/isscrpatienthandbook. pdf [2008-12-03] .

Ethical Controversy of Stem Cell Technologies Application

Huang Xiaoru
(Institute of Policy and Management, Chinese Academy of Sciences)

Stem cell technologies has wide application in medical field, and it's one of the most promising potential forefront biotechnology. But now stem cell technologies is still in the stage of experiment and clinical research. There are still many inevitable risk factors about the use of stem cell technology. It's too early to enter the treatment phase. Current stem cell technologies is faced with a series of ethical issues, such as the benefits and risks of stem cell technology assessment, informed consent, the subjects protection, donor privacy protection problem, which are very outstanding. Stem cell technologies entering the stage of medical treatment in advance even brings more controversy. The ethical issues and controversies have complex social and cultural background. They come from the conflict of stem cell research between social ethic ideal, and the conflict of actual demand of achievements of stem cell research between social values. And the variety of roles and interests doping in Stem cell research and application is also the important reason. The ethical controversies sometimes even affect the future development and policy orientation of stem cell technology. To this, we need to give more consideration, as soon as possible to make and execute the different levels of stem cell application guidelines, in order to make stem cells technologies application to be normative.

6.4 大数据的伦理挑战与应对

李真真 缪 航
(中国科学院科技政策与管理科学研究所，中国科学院科技伦理研究中心)

近年来，“大数据”不仅引发了学术界的高度关注，而且受到了产业界的追捧，成为媒体的热词。可以说，继物联网、云计算之后，“大数据”成为了当前信息技术产业乃至社会最为关注的概念之一。不仅如此，“大数据”还展现了一个“时代”的特征。人们相信，信息的爆炸式增长所形成的海量数据正在带来一场“生活、工作与思维的大变革”[1]。

大数据革命带来的机遇催生了各国的大数据战略。2012 年，美国奥巴马政府宣布了“大数据研究和发展计划”，计划投资 2 亿美元用以提高开发利用大型复杂数据的技术水平和从大数据中提取知识和观点的能力。2013 年，欧盟委员会宣布计划建设 100Gbps 高速网络的项目，旨在提高互联网技术的效率。在我国，上海、重庆、广东、陕西等地争相推出大数据行动计划；国家发展和改革委员会和中国科学院正在推进国家高技术服务业研发与产业化专项“基础研究大数据服务平台应用示范”项目；大数据国家战略也有望提上议事日程[2]。

然而，“大数据”迎来的已经不仅仅是惊赞与欢呼，还包含了对于这个时代带来的可能风险的反思。如《自然》（*Nature*）杂志早在 2008 年 9 月就推出大数据专刊；《科学》（*Science*）杂志在 2011 年 2 月推出了“应对数据”的专刊，从互联网技术、互联网经济、超级计算、环境科学、生物医药等多个方面讨论了大数据处理所面临的各种问题。显然，我们正处于这样一种社会情境：科学技术的发展及其应用在给人类带来诸多好处的同时，也使人类不得不面对由此带来的各种挑战。这一情境的不断再现也使得现代社会日益习惯于将反思纳入新知识或新技术创造新现实的过程之中。

一、大数据的伦理-法律问题

“大数据”是人利用计算技术和设备对各种信息进行数据化开发和利用的结果。在这个过程中，数据化极大地提高了人类预测未来的能力。由此看来，大数据不仅仅是网络技术发展呈现的一种现象，更重要的，是人类对数据开发和利用的一种有目的的行动。因此，作为一种人的行动，大数据就逃脱不了道德上的评判。

伦理反思早已成为人类应对社会风险的自觉行动，是我们在拥抱“大数据”之前就已经形成的思维习惯。当前，大数据的伦理-法律问题已经成为伦理学家、社会学家和法学家共同关注的焦点。有关大数据伦理-法律问题的讨论，大致可归纳为四类基础性问题，包括：隐私保护问题、所有权问题、责任问题、基本权利问题。其中，隐私保护问题和所有权问题受到高度重视，成为当前大数据伦理-法律问题的核心议题。

1. 隐私保护问题

大数据对隐私的窥探和暴露与大数据产生和应用的特点密切相关。首先，大数据延展了“数据”的范畴，不仅图文、音视频、地理信息、交易信息、健康状况、社会联系等可被数据化，而且最具个性化的情绪也可被数据化。在大数据时代，企业更关心的是用户的特征，这意味着以往被认为无用的信息现在成为了重要的数据资源。其次，大数据技术可深度挖掘数据背后的隐匿关联，将看似散沙般的海量数据进行有效整合处理。这意味着每个人的隐私均可被“透明”。最后，大数据的运作原理与方式的非通识性，使个体很难了解自身数据被利用的真实状况。每个人都参与其中，但却不确切地知道参与了什么。这意味着个体无力自主控制隐藏其中的隐私风险。

由此不难看出，大数据改变了“隐私”的含义，并且导致原有隐私保护策略的失效。因此，在大数据面前，迫切需要深入探讨和重新界定“隐私”的含义，进而明确“哪些隐私需要被保护”的问题。与之相关，我们还需要探讨并构建一套有效的控制机制，以保障巨大的信息权力不被滥用；探索如何通过技术、政策和法律等途径，为大数据时代个人隐私保护提供依据与手段，等等。

当前对大数据中的隐私保护问题的高度关注，主要导源于大数据面前原有个人隐私保护策略的失效，以及当前实践层面遇到的两难困境——如“斯诺登事件”揭示出的隐私保护与国家安全问题，等等。此外，大数据包括公共数据和商业数据，其中，公共数据面临着开放与（隐私）保护的问题，而商业数据则面临着（隐私）保护与交易的问题。显然，如何平衡两者间的关系，需要从伦理-法律维度的加以考量。

2. 所有权问题

大数据背景下，数据资源的政治价值和经济价值引人注目。数据资源作为一种重要的生产要素，日益成为生产力增长的主要来源。伴随地位和社会经济功能的变迁，数据资源势必对社会经济形态的演化产生重要影响。然而，随着数据资源的重要性（或战略地位）的日益凸显，数据的所有权也成为了倍受关注和引发一系列争论的重要议题。例如，Davis K. 和 Patterson D. 在其论述大数据时代商业组织决策考量的专著中，将所有权列为大数据伦理所涉及的四个基本要素之一[3]。

所有权的挑战首先导源于数据种类的纷繁复杂。如今，数据种类呈现了大幅增加的趋势，除了传统的政府根据需要采集的数据和企业积累的销售、库存等数据，采集和分析的数据还包括网站日志数据、呼叫中心通话记录、社交媒体的文本数据、智能手机内置 GPS 产生的位置信息、实时生成的传感器数据，以及其他各种图片和视频等[4]。与之相关，挑战还源自数据的使用。可以说，数据分析带来的政治价值和经济价值，更是将所有权问题推上争议的风口浪尖。

显然，在大数据面前，数据的生产者已经不是数据所有权的拥有者，那么“谁拥有合法获取、转让、使用数据（价值）的权利?”这是一个需要重新界定或得到明确的核心问题。由此可以延伸两个方面的问题：一是，谁将拥有这些算法和数据挖掘活动的结果?这涉及的是产权问题。二是，数据使用者能够利用数据产生何种收益?或者说，政府或企业是否可以将数据分析所产生的任何结果转换成自己的产品和服务?而对此类问题的引伸，将使我们不得不面对如何平衡开放与隐私的问题。

3. 责任问题

“责任”是科技时代的伦理。大数据时代的责任问题首先源自原有权利边界的模糊甚或消失。一个典型的例子是：传统上，个人向服务商提供的信息，一般通过与服务商签订合同以明确个人数据的权利边界。在这里，服务商负有保护个人数据的责任。但是，在大数据时代，个人与服务商之间的关系发生了改变，个人要想得到服务商提供的服务，就必须将个人数据所有权转移给服务商。由于数据价值在于数据的再利用，因此个人数据会被多重交易。而正是在这个过程中，个人数据的权利边界消失了[5]。面对大数据时代所呈现出的这种局面，亟待从伦理-法律的视角，重新审视异质性参与者的责任。其中重要的是要明确大数据潜在价值的开发和使用者的责任，以及公共服务和管理者的责任。前者在于，数据的开发和使用者比其他任何人都更明白如何利用数据，并且他们是数据使用的最大受益者。后者在于，大数据赋予了某群体（如数据企业或数据科学家）巨大的信息权利，这使得对数据开发和使用行为的监管责任更显重要。

除了因原有权利边界的改变或消失带来的责任问题外，大数据时代的责任问题还源于大数据可能引发的新问题。有学者指出，人类行为的93%是可以预测的[6]。毋庸置疑，大数据预测为我们提供了发现知识的新途径，并且大大提高了人类理解现在和预测未来的能力。但是，大数据预测的成功也可能导致人类对大数据预测的过度依赖，进而可能导致对负责任的行为的否定。如果大数据驱动人类行为，或者人类行动过分依赖大数据的预测结果，人类不仅会失去道德选择的权利，而且将导致放弃责任的行为。

4. 基本权利问题

大数据即将成为一种影响人类文明的变革力量，这必然会引发人类关于大数据可能会对原有的基本人权产生影响的反思。我们需要从“社会公正”的维度对大数据可能产生的后果进行考量，这种伦理的考量对人类文明的未来发展具有意义。因为大数据在带给人类诸多好处的同时，也会引发一些可能的社会风险。比如，大数据预测的社会应用，会导致不同社会群体话语权的重新分配，而“数据鸿沟”将可能大大削弱公众的话语权；大数据作为一种集体选择的工具，有可能导致人类放弃自由意志或者对人的自由选择权利造成损害，具体讲，政府或企业从大数据分析中获取利益的同时，可能会对公民自由形成威胁，等等。显然，伴随着大数据大变革，我们更加需要基于人类理性最大限度地实现和保持人类社会的制度公正。

二、大数据带来的管理挑战

“大数据”革命不仅带来发展机遇，也给现实社会带来各种挑战。从伦理-法律的视角审视大数据带来的管理挑战，主要源自三个方面：一是大数据创造的新现实及其面临的新问题；二是大数据改变了事物的本来面貌或性质；三是大数据面临的两难困境。

首先，较之此前的小数据，大数据存在诸多不同之处。其差异的核心内容就在于：大数据为我们理解现在和预测未来提供了小数据无法比拟的优势和准确性。预测未来是大数据创造的新现实，并且已经成为一种社会期待。但是，大数据预测也同时面临诸多挑战。比如，对于个人来讲，是否可以将对其未来的判定建立在大数据预测的基础上？或者假设大数据预测某人将要犯罪，那么我们是否可以以预防犯罪为名义使其受到惩罚？不仅大数据预测之于个人会面临诸多问题，大数据预测之于社会也同样面临许多需要深入探讨的问题，比如，我们如何应对系统做出的相互冲突的论断；或者，如果一个早期预警系统建议采取特定行动，社会应当如何回应[7]。

“利用大数据进行预测性分析有益于社会管理，但也很容易导致过度干预。”[8]与之相关，大数据预测带来的更深层问题在于：数据挖掘活动的成果可能会导致技术滥用，或者是对大数据预测的滥用；以及预测所依赖的数据是否可靠，等等。显然，我们如何合理利用大数据预测及其结果，打造一个更安全和高效的社会，避免走向一个“数据独裁”的社会或者“数据霸权”的世界，是大数据带来的最严峻的挑战。

其次，大数据改变了某些事物的本来面貌或性质，进而导致传统策略或控制手段的失效。最典型的例子是个人隐私保护。例如，“告知与许可”是一种以个人为中心的、数据收集和使用范围必须征得个人许可的、合法收集和使用数据的方式，是当前的一种有效的隐私保护策略。但是，大数据的价值就在于二次利用，而数据再利用往往超出收集数据时数据用途的考虑范围，或者往往是数据收集时所不能想到的，所以导致了“告知与许可”的失效。维克托·迈尔-舍恩伯格和肯尼思·库克耶这样揭示了大数据时代的隐私问题，“大数据的价值并非单纯地源于它的基本用途，更重要的是源于它的二次利用。因此，大数据不是加剧暴露个人隐私的危险，而是改变了威胁隐私的性质”。正由于此，在大数据时代，“告知与许可”、“模糊化”和“匿名化”等隐私保护策略都失效了[1]。

大数据时代对研究伦理提出了更多的要求。一个典型的案例：哈佛大学的一个课题组在 Facebook 主页上收集了 1700 余份学生的个人信息，用于研究他们的兴趣和交友情况。其研究数据伴随着研究成果的发表被公开。该案例揭示了大数据所导致的研究伦理规范的失效。按照研究伦理规范，被公开的数据应当是已合法获取许可的，与之相关，被公开的数据他人无需再征得许可便可直接引用或在合理范围内采用。然而，由于社交媒体的数据生产者并非数据所有权的拥有者，如果研究者必须合法获取数据所有权拥有者的许可才能使用社交媒体上的公开数据，那将意味着科学研究难以利用大数据带来的好处。正由于此，该事件引发了美国学界对有关社交媒体的“公开”数据具有怎样的道德地位，是否能够在未获得允许的情况下加以利用等问题的讨论。

最后，需要特别关注大数据面临的两难困境及其引发的价值冲突。比如，隐私保护问题目前突出地表现在这样两种关系的平衡与对立：一是隐私与国家安全，二是隐私与商业利益。如前所述，关于“隐私与国家安全”的两难，最典型案例是“斯诺登事件”。2013 年 6 月，爱德华·斯诺登对外披露美国国家安全局从 2007 年开始实施“棱镜计划”（PRISM），称国家安全局经由 PRISM 获得的数据包括大规模的通话记录、电子邮件、聊天记录、社交网络等个人隐私信息。“斯诺登事件”在全球掀起了关于隐私危机的轩然大波，它深刻揭示了“隐私保护与国家安全”的两难：是否可以以国家安全的名义侵犯个人隐私，以及可以在什么情况下使用个人隐私信息？或者，是否应当为了国家安全放弃（某些）个人隐私，以及可以在什么情况下放弃（哪些）个人隐私信息？

而有关“隐私与商业利益”间的冲突，近年来随着用户数据的商业价值日益为商家所重视。企业为谋取利益，对公众隐私信息的攫夺和倒卖，导致个人信息泄露的事件频频出现。特别是，在我国，随着电商的发展，客户精准定位越发重要，基于“做电商就是做数据”的理念，隐秘的客户资料黑色产业链也应运而生。目前，我国非法贩卖用户个人隐私数据及对这类数据的低层次滥用问题严重，亟待通过建立数据资源的交易规则来规范此类行为。“有价值的数据是非常重要的资源，但前提是要建立交易规则。我国的几大互联网运营企业都在做大数据分析，并且都想把数据作为可交易的产品，这需要我们尽快建立数据交易有关的法律法规。”中国通信学会副理事长兼秘书长张新生如是说[9]。

三、构建大数据制度规范的社会基础

面对大数据带来的新挑战，我们需要变革管理理念及其应对策略。因为，“大数据时代，对原有规范的修修补补已经满足不了需要，也不足以抑制大数据带来的风险——我们需要全新的制度规范，而不是修改原有规范的适用范围”[1]。这里的关键问题是，我们如何建构大数据时代全新的制度规范?！显然，我们首先需要探讨构建大数据制度规范的社会基础。为此，我们认为，有必要引入一种新的方式——STS 参与。

STS（科学、技术与社会）是 20 世纪 60 ~ 70 年代兴起的，着眼于科学、技术与社会相互关系的多学科交叉研究领域。伴随着新兴技术应用带来的伦理、法律和社会问题（ELSI），如何及时地探讨和应对，防范可能出现的风险，缓和对新兴技术的争议等问题引起了许多社会科学研究者，尤其是 STS 学者的关注。在参与科技治理的过程中，STS 学者通过探讨风险的社会表现，组织和评价公众参与科学活动等形式，在技术的社会协商语境中承担起了批评者、贡献者、合作者等多种社会角色①。

STS 参与始于人类基因组计划的 ELSI 项目。该项目旨在开展人类基因组的伦理、法律和社会影响的专门研究，预见和解决人类基因组测序对个体和社会的影响，审视人类基因组测序的伦理、法律和社会后果，激发公众对此类问题的讨论，推动出台保障个体和社会利益的信息使用政策方案等。这是将 STS 研究纳入科研计划的制度性尝试。在这种制度安排下，STS 学者扮演着“贡献者”的角色：关注技术的后续影响，负责应对广泛的“社会问题”，以使科技专家潜心自己的研究；同时，STS 学者还扮演着不同社会群体特别是科技专家与社会公众之间的“中间人”角色，致力于增进该领域的社会接受程度。受该项目的影响，之后的许多大型科学计划都设有特定比例的经费用于 ELSI 研究。

与以“贡献者”为主要形式的 STS 参与有所不同，“合作者”是 STS 学者参与科技治理的一种新姿态。作为“合作者”的 STS 学者，能够将 STS 研究从一开始就纳入学科发展的考虑范围，进而影响科学知识和技术成果的产出，使得新兴技术与社会伦理考量能够协同演进。在这种制度安排下，对于科技专家来讲，“合作者”的进入，能够促进他们自身对伦理、法律和社会问题的认识和主动反思，以“公民

① 引自 2009 年 6 月 29 日缪航与英国爱丁堡大学 Jane Calvert 的访谈。

科学家”的角色看待学科的发展，促进科学与其他社会建制的相互理解和关注。

英国基因组学研究网络（EGN）是“合作者”角色的 STS 参与的典型案例。2002 年，英国政府将基因组研究总经费的 5%（1250 万英磅，后追加至 2000 万英磅）划拨给英国经济和社会研究理事会，用于建立基因组学研究网络。其目标是，探讨基因组研究潜在的社会问题，从而缓解生物技术研发所引起的社会争议。EGN 由三个研究中心和一个论坛构成。其中，三个研究中心分别专注于基因组学发展中的社会、经济和政策问题，对生物学和生物技术社会影响的哲学研究，生命科学创新的社会和经济影响；一个论坛，即基因组学论坛，则专注于 STS 学者与自然科学家的互动，负责整合各中心研究成果并及时与政策制定者、社会公众、产业界和媒体沟通。

从“贡献者”角色的 STS 参与到“合作者”角色的 STS 参与，意味着 STS 参与已经突破了科学与社会的二分。两种形式的 STS 参与的差异集中表现在：前者着力于研究预测技术发展可能的后续影响，提出预防或改善措施；后者则不再局限于跟踪式探讨，而是直接参与到“发展中的科学”之中，通过开放性合作在科技计划或科研项目的初期就参与上游讨论，从而使 STS 研究与自然科学研究同步而行，促进各类主体自身对伦理、法律和社会问题的主动反思，将社会考量内化于科学和技术的发展逻辑。

随着 STS 参与方式的演进，STS 参与已经成为这样一种实践行动，STS 学者参与到科研计划或科研项目的进行过程中，与自然科学家密切合作，共同探讨技术发展可能带来的伦理、法律和社会影响，以提前部署相应的防范或改善措施，增进社会对科学和技术的接受程度。在这样的参与进路中，对科学和技术及其应用结果的社会价值判断，不再像过去那样，仅仅由社会学家或伦理学家做出伦理学意义上的“好的科学”和“坏的科学”的判断。通过 STS 参与的进路，有利于形成自然科学家、社会科学家和伦理学家、政策制定者、公众与媒体、企业或产业界等的网络关系，而正是这种网络关系奠定了构建制度规范的社会基础。在这样的社会网络中，对“好的科学”和“坏的科学”的判断，或者构建与科技发展相适应的社会规范，是由自然科学家或科技专家、社会科学家、伦理学家、政策制定者、企业家和社会公众等共同完成的。

毋庸置疑，大数据带来了发展机遇，也带来了严峻挑战。对大数据两面性的反思体现了人类理性的胜利，但如何应对大数据带来的挑战还需要人类的智慧。大数据引发的大变革，必然会冲击现有社会制度及规范体系，带来一系列伦理-法律问题，对现有管理制度及规范提出深刻挑战。为此，我们需要引入 STS 参与的进路，通过建立由自然科学家、社会科学家、伦理学家、政策制定者、企业家和社会公众等组成的社会网络，共同构建与大数据发展相适应的制度规范体系。

参 考 文 献

[1] 维克托·迈尔-舍恩伯格，肯尼思·库克耶．大数据时代：生活、工作与思维的大变革．盛杨燕，周涛译．杭州：浙江人民出版社，2013.

[2] 方家喜．大数据国家战略有望提上议程．经济参考报，2013-10-11，第01版．

[3] Davis K，Patterson D. Ethics of Big Data. Sebastpol：O'Reilly Media，Inc. 2012.

[4] 城田真琴．大数据的冲击．周自恒译．北京：人民邮电出版社，2013：5.

[5] 沈卫利．大数据将个人信息风险推到极致．经济参考报，2013-10-29，第A08版．

[6] 艾伯特-拉斯洛·巴拉巴西．爆发：大数据时代预见未来的新思维．马慧译．北京：中国人民大学出版社，2013.

[7] Helbing D，Balietti S. Big data，privacy，and trusted web：what needs to be done. http：//mpra. ub. uni-muenchen. de/49702/1/MPRA_ paper_ 49702. pdf [2011-05-30].

[8] Tene T，Polonetsky T. Big data for all：privacy and user control in the age of analytics. Northwestern Journal of Technology and Intellectual Property，2013，11（5）：239-273.

[9] 佘惠敏．大数据时代的技术与隐私．经济日报，2014-01-15，第13版．

Ethical Challenges and Coping Strategies of Big Data

Li Zhenzhen，Miao Hang

(Institute of Policy and Management，Chinese Academy of Sciences；
Ethics of Science and Technology Research Center，Chinese Academy of Sciences)

"Big Data" is the result of digital development and utilization of various information using computing technology and equipment by people. Therefore，big data is not just a phenomenon showing in the development process of the internet；more importantly，it is a purposeful action of the development and utilization of data. As an action，it cannot escape from moral judgment. On this basis，the paper concerns on the development and utilization behavior of human to data. It indicates that the various kinds of ethical-legal problems brought by big data are not the continuation，replication or simple extension of traditional problems in the era of purposeful action. What it highlights are the new problems and the challenges from the failure of existing strategies that we are encountering with in the big data environment. Facing with these new challenges，we need to change our coping concept and strategies，and the "STS Engagement" is a possible approach.

6.5 治理视角下的互联网规范

杜 鹏
（中国科学院科技政策与管理科学研究所；中国科学院科技伦理研究中心）

伴随着互联网的普及和网民数量的快速增长，互联网正在广泛和深刻地影响人类的生活方式和生产方式，成为人类社会的重要组成部分。据中国互联网络信息中心（CNNIC）于2013年7月发布的第32次中国互联网络发展状况统计报告显示，截止到2013年6月30日，中国网民已经达到5.91亿，互联网普及率达到44.1%，信息获取、商务交易、交流沟通、网络娱乐是当前网民的主要应用[1]。网民不仅利用互联网进行信息交流、通信、市场交易，也同时还利用网络表达其态度、价值观、意识行为和偏好，使得网络也成为组织社会行动的工具和表达方式。

虚拟空间是个“自由市场”，缺少“把关人”（keeper），网络行为主体信息的真实性遇到前所未有的挑战，并且由于网络传播的及时性、交互性、丰富性和开放性，这在一定程度上影响了网络信息传播的正常秩序，带来了一系列消极或负面影响，如偏激和非理性、群体的盲从、隐私披露、谣言、谩骂与攻击、国外文化入侵等问题相继出现。不当的网络言论可能会侵犯他人的正当权益，出现舆论危机，严重时会影响社会的稳定，引起社会混乱，危害国家安全。特别是面对传播快、影响大、覆盖面广、社会动员能力强的微客、微信等社交网络和即时通信工具用户的快速增长，如何加强网络法制建设和舆论引导，确保网络信息传播秩序和国家安全、社会稳定，已经成为摆在我们面前的现实突出问题①。为更好地应对虚拟空间出现的相关问题，本文从互联网的核心设计理念出发，分析虚拟空间相关主体的特征及其相互关系，阐述互联网治理的内涵，并提出相应的政策建议。

一、互联网的核心设计理念及其面临的挑战

互联网从诞生之日起，在一定程度上就是一个自由的天地。约翰·P. 巴洛曾经于1996年发表“网络/赛博空间独立宣言”，认为互联网是一块不受人类的政权影

① 习近平：关于《中共中央关于全面深化改革若干重大问题的决定》的说明. http://news.xinhuanet.com/politics/2013-11/15/c_118164294.htm [2013-11-15].

响的土地，是自由的，没有国界，政府在此没有发言权①。之后，由于网络病毒、垃圾邮件等问题相继出现，国际各界逐渐形成了对互联网进行适度管理的共识，但在如何进行规范问题上，互联网自由和自治一直是一个考虑的重点。

实际上，互联网自由和自治源于互联网的核心设计理念——“端到端的透明性”。“端到端的透明性”是互联网少有的、一直坚持的体系架构的核心设计理念。所谓端到端的透明性，就是在 TCP/IP 的设计中，将互联网系统中与通信相关的部分（IP 网络）与高层应用（端点）分离，以最大限度地简化网络的设计[2]。随着互联网的发展，这一核心设计理念后来得到了延伸，被扩展为应尽可能地将状态信息维护在端点上，网络内部不维护与特定应用相关的任何状态信息。因为只有这样，才可能在网络中的某部分发生故障时不致中断通信，除非通信端点自身出现故障。这种核心设计理念使得网络空间成为一个无中心化的世界。除了某些关键的物理联结因素之外，大量的运作不得不借助于主观的因素，也就是让终端的主观选择发挥了更大的作用。这也要求参与者的共识成为互联网的秩序基础。

互联网“端到端透明性”原理的设计基础（假设）是：①互联网最初是由具有共同爱好的技术专家设计开发的，他们之间相互信任；②互联网是由科研团体或政府研究机构管理下的非商用网络[2]。如今，随着互联网规模和用户的日益增加，互联网已经演变成为一个开放的社区，任何人之间都可以方便地进行信息传递。这个社区从地域上说是全球化的，用户形形色色，信息传递的目的差异性很大，彼此之间很难存在一个完全共同的规则，也不可能相互信任。另外，用户之间的利益也不再是相互一致的，而可能存在冲突，如病毒与反病毒、保密与合法拦截、共享与版权保护等，而假设用户相互信任的互联网“端到端透明性”设计方便了安全攻击、病毒和有害信息的传播[3]。

互联网的应用环境已经发生了很大的变化，其影响力已远远超过教育和科学的范畴。以教育科研为应用目标设计的互联网，其核心设计理念在现实和商业社会的应用中出现了诸多的问题，面临着严峻的挑战。但互联网的成功已经表明，分布式、轻权的互联网设计策略并不是一个不足，而是一个优点。互联网的价值不仅在于它成功地打破了全球通信业的垄断和管制，更重要的是用户自己可以开发应用，不断为互联网增加价值。因此，我们需要分析互联网所带来的消极影响，认清问题的来源，比如是网络滥用、行业管理不足或者是互联网的固有特性所带来的，才可能对其进行有效规范，在保持互联网的持续发展和管制之间寻求平衡。

① 约翰·P巴洛．网络/赛博空间独立宣言．李旭，李小武译．http：//www.ideobook.com/38/declaration-independence-cyberspace［2004-06-27］．

二、虚拟空间的相关主体特征

尽管虚拟空间出现的相关问题与网络传播的特性（如“把关人”缺席、匿名等）密切相关，但是归根结底是由网民、互联网服务提供商（如ICP网络内容供应商）、政府等相关主体所直接或间接决定的，是现实的虚拟实在。

1. 网民

在我国，互联网的应用最初以教育科研为主，20世纪90年代后期，互联网开始走入寻常百姓家，形成第一代网民。经过十多年的发展，互联网已经成为人们日常生活中的一部分，网民的构成及相关应用已经发生了翻天覆地的变化（表1）。

表1　1999年与2013年网民的构成及相关互联网应用[1,4]

内容	1999年	2013年
网民总数	400万	5.91亿
性别比例	男性占85%，女性占15%	男性占55.6%，女性占44.4%
年龄构成	20岁及以下10.5%，21～30岁67.0%，31～40岁16.5%，41～50岁4.4%，51～60岁1.2%，60岁以上0.4%	20岁以下24.5%，20～29岁29.5%，30～39岁26.1%，40～49岁12.6%，50～59岁5.2%，60岁及以上2.0%
学历结构	高中（中专）以下2%，高中（中专）12%，大专27%，大学本科及以上59%	初中及以下47.5%，高中/中专/技校32.3%，大专9.4%，大学本科及以上10.9%
主要的网络应用（比例）	（1）电子邮箱（90.9%）	（1）即时通信（84.2%）
	（2）搜索引擎（65.5%）	（2）搜索引擎（79.6%）
	（3）软件上传或下载服务（59.6%）	（3）网络新闻（78.0%）
	（4）各类信息查询（54.8%）	（4）网络音乐（77.2%）
	（5）网上聊天室（29.2%）	（5）博客/个人空间（68.0%）
	（6）BBS电子公告栏（28%）	（6）网络视频（65.8%）
	（7）免费个人主页空间（21.6%）	（7）网络游戏（58.5%）
	（8）新闻组（21.4%）	（8）微博（56.0%）
	（9）网上游戏娱乐（15.8%）	（9）社交网站（48.8%）
	（10）网上寻呼机（14.8%）	（10）网络购物（45.9%）

注：数据截止日期分别为1999年6月30日和2013年6月30日

从1999年和2013年的相关数据来看，中国互联网的用户构成发生很大变化。

十多年前，网民的上网活动与其职业和教育背景密切相关，如今互联网的应用已经彻底生活化和娱乐化，网民被赋予了“基层民众”的内涵，使得虚拟空间与现实社会具有了同构性。

值得注意的是，在虚拟空间中，绝大部分网民并不发表见解，只是被动地接受网络信息。他们经常上网看消息，看论坛，但很少发言或者只是简单地表达片言只语，没有什么影响力。于是在网络上就形成了沉默者受发言者支配，发言的边缘者受核心者支配的格局，即“沉默的螺旋”[5]，而那些核心层的中坚就是意见领袖。近年来网络空间中出现了越来越多的意见领袖，并开始走向前台。

2. 互联网服务提供商

随着宽带的发展，以及全球化程度的不断加深，中国互联网的业务应用同国际主流的业务应用发展基本一致。目前，我国互联网服务提供商的收入来源主要有在线广告、SP 移动增值服务方式、在线交易、网络游戏运营、会员收费、服务收费等方式[6]，其中广告收入是互联网企业最主要的盈利方式。大量的网络流量一方面可以为企业带来直接的广告收入，另一方面也可以聚集人气，为细分目标客户、实现收入来源的组合提供基础。从这个意义上说，互联网企业生存、发展、壮大的一个基本的前提条件是足够的点击率。

互联网服务提供商在追求点击率的基础上，往往对用户采用分级管理的模式，加强用户黏性。以 BBS 为例，BBS 的用户一般需要注册，否则最多只有浏览功能。BBS 大都有相应的积分（或经验值、虚拟货币）管理，用户根据积分的不同分为很多等级。根据网民的表现，如上网者对该网站的忠诚度（上网次数与时间长短）、发帖的数量与质量，等等，奖励一定的经验值与虚拟货币，提升级别，而对表现不好的则降低他的经验值与虚拟货币，甚至可以罚他数天不得发言，更为严重的还可以开除出局。这些级别决定了网民在虚拟社区中的身份与地位。级别高的用户享有一种因地位高而有的优越感，而且还享有一些特殊的待遇，如进入一些只有到了一定级别才能进入的社区，参与一些更加有趣、获利更多的互动游戏，等等。因此，网民都有使自己快速提高身份的愿望。互联网服务提供商正是利用网民的这种上进心理，褒贬分明地对网络行为进行奖励与惩罚，从而按照符合网站利益的方向发展[7]。

3. 政府

当前，政府在我国的互联网管理中发挥主导作用。自 1994 年以来，我国颁布了一系列与互联网管理相关的法律法规。政府有关部门根据法定职责，依法维护公民权益、公共利益和国家安全。国家通信管理部门负责互联网行业管理，包括对中国境内互联网域名、IP 地址等互联网基础资源的管理。依据《互联网信息服务管理办法》，中国对经营性互联网信息服务实行许可制度，对非经营性互联网信息服务实行备案制度。国家新闻、出版、教育、卫生等部门依据《互联网信息服务管理办法》，对“从事新闻、出版、教育、医疗保健、药品和医疗器械等互联网信息服务”实行许可制度。公安机关等国家执法部门负责互联网安全监督管理，依法查处打击各类网络违法犯罪活动[8]。

但是我国互联网沿用了以政府为主体、以业务许可制为基础的自上而下的传统管理模式，主要表现为以规范为主要目标，较少考虑互联网的发展问题；以政府为主体实行自上而下的管理，基本思路是制定管理办法，实施事前审批和事后处罚；以业务许可为管理基础，行业管理部门很少考虑利益相关者的参与，总是将自己视为管理者，将网络参与者视为“规范对象”[9]。由于互联网上网站数量众多，技术创新层出不穷，而监管部门资源和能力有效有限。如果不能建立网络治理的长效机制，一方面未经许可的业务大量泛滥而造成管理失效，另一方面监管部门只能被动成为某些专项行动的“救火队”。

三、我国互联网治理的几个关键问题

网民是虚拟世界的主体，一方面网民的讨论和互动是在网络平台之上进行的，网民行为受互联网服务提供商管理规定的制约和公司文化的影响。另一方面，所有网民、互联网服务提供商都生活在现实社会中，其行为受社会伦理的软约束和政府管理的强约束。三者关系见图 1。

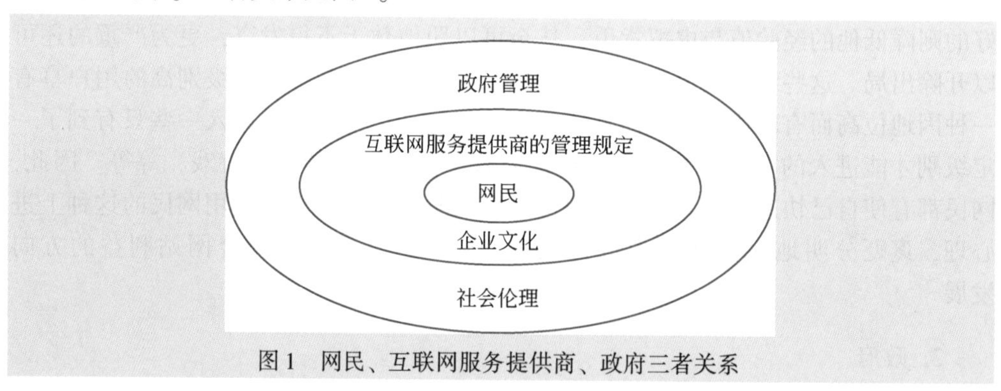

图 1　网民、互联网服务提供商、政府三者关系

当前，众多的网民构成多样化，其信息传播的目的也不尽相同，再加上互联网传播自身的特点，这也使得虚拟空间在与现实社会具有同构性的同时，产生了一些

新问题。这些问题既有互联网所特有的，也有现实问题的虚拟再现。与此同时，互联网服务提供商与政府在发展、管理互联网的目标并不一致。种种因素的叠加使得规范虚拟社区既不能用传统的方式简单处理，也不能一概而论。如网络谣言问题。尽管谣言自古就有，但网络谣言却表现出匿名易发、扩散迅捷和影响广泛等新的特征。就网络谣言泛滥的原因而言，既有网民层面的部分个体不理性、追求经济利益或特定政治目的等不同的因素，也有社会层面上转型期社会不良心理、信息不对称(透明)、相关法律制度不健全、部分媒体推波助澜以及国际政治等方面的原因[10,11]。因此，整治网络谣言不能仅仅依靠政府开展打击专项行动，还应该推进信息公开，健全相关法律法规防止相关网站出于商业利益等因素不作为或扭曲事实①，通过技术进步优化网络环境，以主体自律层层“把关”网络谣言，特别是需要深刻透析网络谣言背后的社会心理和网民心态，缓和社会矛盾，改善社会心理，切实促进社会和谐与公正，使网络谣言失去生存的土壤。

总而言之，互联网开放性、互动性的特质决定了对互联网内容的治理单靠某一方面的力量是不够的，要充分引导和激励企业、公众等多元主体的参与，通过法律法规、协商、自治、自律等多种方式，并辅以现实社会管理和政府管理的相关改进措施，改变传统的权威管理模式，逐步形成多方参与的共同治理模式。

1. 治理的原则问题

从美国的具体实践看，在其治理框架下存在着明确的原则，也就是为产业利益、公众利益和国家利益服务[12]，互联网产业、受众、国家之间的利益通过政府指导、法律制定、技术约束、行业自律等机制得到一定程度的协调。各个利益主体之间存在着利益让渡关系。政府鼓励网络行业的发展，但网络行业不能侵犯公众的基本权利，当国家利益对网络传播管制提出要求的时候，网络行业利益、公众利益等都要为其让路。多重标准之下所体现的灵活性，使美国互联网治理对于经常变化的现实具有较强的适应能力和应变能力。

从我国现行的网络相关规范来看，更大意义上是为政府利益服务，方便政府管理，对行业或者网民课以义务，鲜见对网络从业者或者网民权利进行保护的相关规定[7]。因此需要在更高层面上转变观念，需要各行为主体共同参与，协调各方利益，特别需要企业、行业发挥作用，形成一个有效的利益共同体。由于网络主体众多，传播速度快，涉及面广，对于政府来说，在完善相关制度的前提下，应努力通

① 卢国强，邹伟. 网络非法经营背后灰色利益链：删帖层层获利. http：//news. sina. com. cn/c/2013-12-04/235328887670. shtml ［2013-12-04］.

过经济政策引导而不是强制企业、行业来规范网民的行为。

2. 治理的内容和手段问题

互联网具有两个与其他传统媒体截然不同的特征——分散和国际化的结构。正是从本质上来讲这两种特点的结合，再加上互联网的其他特征，如超文本传递信息和对匿名通信的支持，使得政府难以对互联网上的内容进行有效的控制，或者为此付出高昂代价。

但虚拟社区并非从本质上完全拒绝规范，互联网只是对政府企图控制流动于其上的传播内容提出了一种完全不同于传统媒体的挑战，这种挑战使得政府对传播内容的控制变得相对困难，但并不是说政府在面对这种挑战时无能为力。在这种情况下，政府需要协同多元主体，对明确的治理对象（如对与青少年有关的色情内容）开展跨国合作，通过市场和管制的手段，协同力量联合治理，对互联网上的内容进行有效的控制。如我国为打击网络色情，政府发动的多次专项行为，通过传统的办法封、堵、查，虽然短期效果明显，但并未能治本，很容易死灰复燃，其中一个很重要的原因在于治理的对象不清晰且过于宽泛，未能更好地取得国际社会的广泛支持。

防范互联网上的有害信息，预防打击犯罪，还需要具体问题具体分析。如网络言论离不开网民自律，进行网络道德教育，向网民提供过滤和分级软件工具，由网民控制他们和其未成年子女在网上浏览内容的处理方式，远胜于任何第三方的管制。为保障互联网产业的健康发展，避免过多的政府监管制约互联网的繁荣和创新，我国应更多的通过倡导行业自律和鼓励民间组织监督的做法，形成良好的互联网发展氛围。

参考文献

[1] 中国互联网络信息中心（CNNIC）. 第 32 次中国互联网络发展状况统计报告 . http：//www. cnnic. net. cn/hlwfzyj/hlwxzbg/hlwtjbg/201307/P020130717505343100851. pdf [2013-07-30] .

[2] 何宝宏 . 从技术的角度看互联网治理 . 电信网技术，2005，10：1-3.

[3] 杜鹏 . 我国互联网内容管理问题及其政策分析//徐飞 . 走入科学技术学 . 上海：上海交通大学出版社，2011：281-288.

[4] 中国互联网络信息中心（CNNIC）. 第 4 次中国互联网络发展状况统计报告（1999 年）. http：//www. cnnic. cn/hlwfzyj/hlwxzbg/200905/P020120709345372226100. pdf [2013-12-01] .

[5] Gerson M R. Experimental implications for the spiral of silence. The Social Science Journal，2002，1：65-81.

[6] 应楠殊．国内网络公司的盈利模式及其构建研究．西南财经大学硕士学位论文．2008：38-59.
[7] 杜鹏．我国信息安全保障体系中网络舆论治理的有效路径．信息网络安全，2010，10：37-39.
[8] 中华人民共和国国务院新闻办公室．中国互联网状况（白皮书）．http：//www. gov. cn/zwgk/2010-06/08/content_ 1622866. htm［2010-06-08］．
[9] 南瑞．治理互联网 权威管理模式遇挑战．中国经济时报，2011-07-26，A01 版，A12 版．
[10] 潘莉，何南．浅析网络谣言的生成与应对．吉林广播电视大学学报，2013，9：29-31.
[11] 朱继东，李晓梅．网络谣言泛滥的根源及对策．新闻爱好者，2013，9：4-8.
[12] 王靖华．美国互联网管制的三个标准．当代传播，2008，3：51-54.

The Study on Regulation the Internet from the Perspective of Governance

Du Peng
(Institute of Policy and Management, Chinese Academy of Sciences; Ethics of Science and Technology Research Center, Chinese Academy of Sciences)

Along with the popularization of Internet and the rapid growth of the netizens, the Internet affects people's way of life and mode of production widely and deeply. For cyberspace is a "free market" and lack gatekeeper, the authenticity of information has been challenged. Furthermore, the network communication has different characteristics, such as timeliness, interactivity, richness and openness. These factors affect the normal order of the network information dissemination and bring a series of negative impacts. In order to react to the related problems in the cyberspace, this paper analyses the characteristics of the related subjects in the cyberspace and their mutual relationship, expounds the connotation of Internet governance, and discusses the principle and means of Internet governance. Then, this paper proposes that Internet governance requires a conceptual change at a high level, needs all stakeholders participation and efforts. The process also needs to coordinate the interests of all parties concerned and form a community with shared interests. In addition, it needs case by case on the question of keeping out of harmful information on the Internet.

第七章 专家论坛

7.1　深化科技和创新管理体制改革的若干建议

穆荣平
（中国科学院科技政策与管理科学研究所）

近年来，世界主要国家日益关注新增长动力，特别是新兴产业、全球价值链、系统创新和创新能力建设等问题，力求破解全球经济可持续发展难题。中国经历了30多年的改革开放和经济高速增长之后，正在步入经济转型和结构调整时期，同时面临进入“中等收入陷阱”的风险。如何进一步深化中国科技和创新管理体制改革，解决制约科技进步和创新发展的突出问题，充分释放社会孕育的强大创新活力，就成为实现国家创新发展、绿色发展、低碳发展和循环发展目标的重大问题。

一、科技和创新管理体制改革的目标

深化科技和创新管理体制，就是要破除一切束缚科技进步和创新发展的思想观念桎梏和体制机制障碍，构建鼓励创新的社会主义市场经济制度，建设符合科技和创新发展规律的国家创新体系，最大限度激发社会孕育的创新活力，促进中国经济社会创新发展。

1. 改革必须符合科技和创新的发展规律

近百年前，约瑟夫·熊彼特提出的“创新”是一个经济过程，不包括科学发现和技术发明环节。随着科学技术建制化特别是科技投入规模快速增加，社会公众对科学技术解决经济社会发展难题的期望越来越高，并且日益关注科学技术与经济社会发展结合问题，使得20世纪90年代公共政策热点“科技政策”开始向“创新政策”转移，德国、日本、法国、英国等主要国家政府开始探索建立有效的科技和创新管理体制。

尽管如此，学术界和决策部门至今没有形成一致的“创新”概念。本文认为，创新是一个复杂多元的价值创造过程，包括科学价值、技术价值、经济价值、社会价值和文化价值创造，涉及科学发现、技术开发、工程化、商业化、规模市场化和技术扩散以及社会推广应用活动。创新是一个系统化的价值创造过程，在强调多元价值创造的同时，还需要强调科学、技术、经济、社会和文化价值创造活动的协同。

从创新是一个系统化的价值创造过程出发，科技和创新体制改革必须重视科学、技术、经济、社会和文化价值创造活动的协同，关注政府管理、产业组织和企业经营的价值系统的耦合，其中经济、社会和文化价值创造是实现创新的增值循环并决定创新成败的关键。从创新是一个复杂多元的价值创造过程出发，科技和创新体制改革必须认识到多元价值创造活动有关行为主体的动机及所需资源要素与条件上存在的差异性，认识到国家科技和创新管理目标就是充分激发价值创造主体的创新活力。

科学价值创造活动产出的公共物品属性和高度不确定性，决定了好奇心驱动的科学家是科学价值创造活动的主要行为主体，政府是主要人财物的投入主体，学术共同体则肩负科学价值评估和维护科学发现者优先权的重要使命。技术价值创造活动产出的专有属性和高度不确定性，决定了好奇心驱动、国家利益驱动和经济利益驱动的技术人员都能够成为技术价值创造的行为主体；技术价值创造活动的风险差异性和创新主体承担风险能力的差异性，决定政府成为高风险的前沿技术研究开发的投入主体，企业通常倾向于投入风险相对小、趋于成熟的技术研究开发活动；产学研合作是技术价值创造活动的基本模式，知识产权制度成为激励和保护创新的重要制度安排。技术工程化和商业化等活动的经济价值创造目标决定其投资和行为主体只能是企业，科研院所、高等院校是企业实现经济价值创造的重要社会创新资源，公平规范的市场环境是实现创新增值循环的必要条件。社会价值和文化价值创造的公益性，决定政府是重要投入主体，社会公众是创新行为主体，政府的职责在于营造便于创新的社会条件、勇于创新的国民精神和宽容失败的文化氛围。

2. 改革目标是激活市场和价值创造主体

中国近30年科技体制改革实践，学习借鉴了发达国家许多宝贵经验，探索科技促进经济社会发展的国家宏观管理体制和配置资源的市场环境建设，取得了积极进展。从国际论文发表和专利申请数量看，中国已经成为世界科技大国；从国内生产总值（GDP）和高技术产品出口贸易额来看，中国已经成为世界制造大国和第二大经济体。但是，从论文专利质量和能源资源消耗看，中国的创新能力与先进国家相比仍然存在较大差距；从人均收入和人均公共服务支出看，中国的经济社会发展水平与先进国家仍然存在巨大差距。

近年来，中国经济增长趋缓，面临巨大的经济转型升级和跨越中等收入陷阱的压力，科技进步和创新发展面临的体制机制约束问题日益突出，迫切需要明确改革目标，解放思想、深化改革，充分释放社会孕育的强大创新活力，为国家创新发展、绿色发展、低碳发展和循环发展奠定重要基础。总体而言，中国科技和创新管理体制改革必须有利于激发价值创造主体的活力，有利于激活市场和发挥市场配置资源的决定性作用，有利于厘清政府宏观科技和创新管理和市场配置资源的关系。

改革的具体目标包括以下几点。

（1）建立创新友好型政策法律体系，显著增强创新主体动力和活力；

（2）创新人才、资金等要素加速向企业集聚，涌现一批有国际影响力的创新型企业；

（3）国家科研体系布局和能力建设取得显著成效，涌现一批世界一流科研机构；

（4）科技人员收入分配制度改革取得成效，涌现和集聚一批科技和创新人才；

（5）建立创新调查和科技报告制度，公共科技资源共享取得重大进展。

二、科技和创新管理体制改革思路和主要任务

国家科技和创新管理体制改革的总体思路是：以建设现代化强国为目标，按照“简政、放权、立信、竞争”的思路，建立健全国家创新发展政策环境，优化国家科技和创新宏观管理体制，强化国家科研体系建设，推进决策科学化制度建设，发挥市场配置创新资源的决定性作用，加速创新要素向企业集聚，引导企业走创新发展道路。简政就是要减少政府财政科技中的项目投入，增加普惠的税收政策投入，发挥市场配置资源的决定性作用；放权就是要在市场准入环节，减少程序性审批，增加质量、安全标准门坎；立信就是要建立市场信用体系，降低交易成本；竞争就

是要建立公开公正公平的市场环境。

1. 改革国家创新管理体制

明确国家有关政府部门在科学价值、技术价值、经济价值、社会价值和文化价值创造活动中的管理职能分工，强化政府部门创新组织协调和绩效管理职责，发挥市场在创新资源配置方面的决定性作用，完善创新基础条件平台与信息化基础设施，完善科学发现、技术开发、技术转移资助机制，完善创新创业、创新发展的投融资机制，完善政府采购扶持创新的市场机制。

2. 改革国家科研管理体制

加强科技规划与预算衔接，建立国家科技规划评估调整机制。改革国家科技资助制度，完善国家科学基金制度，突出科学基金定位，强化原创导向的资助目标；精简国家科技计划体系，突出国家战略需求导向和实现系统突破的要求，建立绩效评估和成果公开共享机制。强化国家科研组织体系，完善国立科研机构总体布局和绩效评估机制。健全共建、共享、共用机制，推进科技资源、仪器设备、数据和成果开放共享。

3. 加强企业创新能力建设

支持建设企业主导的产业技术创新战略联盟，构建服务产业发展的创新链，有效整合科研院所和高等院校创新资源，增强行业关键共性技术开发服务能力和技术辐射能力。支持依托企业建设国家重点实验室、工程实验室、工程（技术）研究中心，有效吸纳高端创新人才，引导企业加大产业前沿技术研发力度，培育企业核心竞争力。鼓励企业建研发机构，重点支持一批国家认定企业技术中心，提升企业创新战略管理能力，引领行业创新发展方向，培育有国际影响力的行业领军企业。鼓励有条件的企业在海外建立研发中心，提升企业新产品、新工艺和新技术开发能力。鼓励企业承担中试和技术转移平台建设，支撑服务重大新产品研发与技术升级。支持中小企业创新服务体系和信息化应用服务平台建设，增强产品创新、工艺创新和服务创新支撑能力，加速推进中小企业信息化。

4. 改革科研机构高等院校

一是加强国立科研机构战略规划管理。建立国立科研机构绩效评估机制，依据评估结果调整机构设置和编制设置；建立科研岗位布局、价值创造导向的绩效评估机制，依据评估结果调整科研岗位设置。二是统筹高等院校科研机构管理。加强跨学科交叉研究机构、跨校研究中心建设，建立教学、科研综合绩效评估机制，依据评估结果，调整岗位设置。制定人才引进与培养计划，完善岗位聘任制，建立岗位聘期绩效评估和人员流动机制。三是扩大国立科研机构和高等院校经费管理自主权。强化法人单位科研经费管理职责，完善基于绩效的收入分配制度。四是推进科教结合和国际交流合作，强化科研机构的教育功能和高等院校的科研功能，提高科技资源配置效率和效益。

5. 加强创新基础能力建设

依托国立科研机构和高等院校布局建设国家重大科技基础设施体系，支撑基础研究和前沿技术创新。突出有限目标，布局建设一批国家实验室和国家科学中心，满足国家能源、资源、环境和安全等重大科技需求。依托科研院所、高等院校和企业建设国家重点实验室，集聚国际一流基础研究人才。增强科研装备研制和应用能力，提高科研装备水平和使用效率。统筹国家野外科学观测站及其信息化建设，形成资源共享、联网运行的野外研究基地。统筹建设科技资源与信息平台，加强自然科技资源库、重点领域科技资源和科学数据平台建设，提高资源共享水平和服务能力。统筹建设标准计量检测认证平台，加强标准和认证认可体系、检验检测平台和计量测试平台建设。

三、科技和创新管理体制改革主要举措和建议

科技和创新管理体制改革是一个复杂的系统工程，需要从政策法律制度、行政管理体制、市场经济制度等方面入手，以“政策先行先试”寻找突破口，以法律法规保障改革成果，不断完善保障创新发展的科技和创新管理体制机制。

1. 制定《国家创新基本法》

创新是一个复杂多元的价值创造过程。制定《国家创新基本法》，旨在统领科技和创新领域专门法律法规，有利于规范科学发现、技术开发、工程化、方法创新及其商业化应用与规模市场化和社会推广等活动，平衡利益相关者关系，激发各类主体的创新活力。制定《国家创新基本法》，旨在指导制定或者修订创新领域专门法律法规，如制定《国立科研机构组织法》和《国家科技规划法》等，修订《中华人民共和国科技进步法》和《中华人民共和国促进科技成果转化法》等，有利于形成保障国家创新发展的法律体系，既加强法律之间有效衔接，也强化了专门法的针对性和可操作性。例如，目前的《中华人民共和国科技进步法》从内容上看，除了

规范科技活动之外，在一定程度上涉及了创新发展活动，可以在制定《国家创新基本法》和修订《中华人民共和国科技进步法》时予以调整。

2. 建立国家科学决策顾问制度

设立国家创新政策办公室，职责包括：统筹国家科技和创新战略规划制定，指导和审核部门规划制定；统筹协调和平衡各部门科技预算编制，强化部门预算编制中体现国家战略意图；统筹协调各部门科技和创新政策制定；组织创新政策、科技规划和计划实施评估与调整。设立国家科学顾问委员会，成员为国务院及其组成部门首席科学顾问，直接服务于国务院，主要开展：国家科技和创新战略研究，国家重大决策的科技和创新证据研究，国家科技规划、专项、计划、工程和科学基金及创新政策评估。

3. 调整国家科技和创新人才政策

调整国家科技和创新政策旨在强化“人才是第一资源”的重要作用，提升我国在国际人才市场竞争的竞争力，为引进、用好国际一流人才奠定制度基础。一是明确人才选拔选拔标准，完善人才选拔和后评估机制，关注人才能力和长期影响。二是精简国家人才计划，聚焦引进有国际影响力的科技和创新人才，避免人才计划标签化并与职称晋升挂钩，误导科技人员将主要精力放在申报国家、省、市、县级人才计划上。三是扩大用人单位选人、用人自主权，重视人才的工作能力和社会网络，将人才引进与使用紧密结合起来。四是加强人才计划实施监督管理，建立人才信用体系，避免人才激励政策寻租现象。五是对企业研发中心聘用具有博士学位的科技人员给予经费补贴或者税收抵扣，加速创新人才向企业集聚。六是改革人才收入分配制度，强调人才收入与人才使用效果挂钩，并且具有一定国际可比性。

4. 建立创新政策监测评估调整机制

建立创新政策监测评估调整机制，旨在识别政策问题、营造创新友好环境。一是建立国家创新政策调查系统，开展创新政策实施监测与效果评估，关注创新政策与产业政策、财税政策、投资政策、金融政策、人才政策等衔接配套。二是建立企业创新调查系统，调查企业创新能力、水平和效益以及企业创新发展制度环境，为创新决策和政策制定调整提供可靠依据。三是建立创新要素市场调查系统，关注能源、资源、土地、劳动力等创新要素价格形成机制，为深化市场经济制度改革，建立创新产品定价机制和重要产品消费补贴制度，压缩金融房地产业和垄断行业寻租空间提供决策依据。四是动态调整国家创新政策，引导创新资源向企业集聚，激发企业创新创业活力和动力。

5. 改革国家科技评价奖励制度

改革科技评价制度，建立价值创造导向的科研绩效评估机制，引导科研活动聚焦国家战略目标导向的科学价值、技术价值、经济价值、社会价值和文化价值创造活动。改革国家科技奖励制度，强化科技奖励荣誉属性，减少或者取消国家自然科学奖、发明奖和科技进步奖；强化学术团体的学术评议功能，弘扬科学精神；发挥市场检验技术发明价值的决定性作用，保护知识产权，激励社会创新活力。

6. 培育大区域创新发展新增长引擎

培育支撑中国创新驱动发展的大区域新增长引擎，旨在深化国家创新管理体制改革，集成政府各部门资源，在试点区域开展行政立法、财税政策、市场监管、知识产权法院等方面改革试点，推动区域创新体系、产业园区与创新集群、公共服务体系与交通运输基础设施建设，强化区域经济中心、文化中心、创新中心、教育中心、信息中心、交通枢纽等功能，引领带动大区域实现创新驱动转型发展。培育大区域创新发展新增长引擎的思路是，建设一批“创新体系健全、创新资源聚集、创新效率高、创新效益好、辐射范围广和引领示范作用强”的国家创新型城市，带动建设一大批特色鲜明、充满活力的区域创新型城市，形成一批优势互补的创新型城市群，在创新型城市群基础上培育若干创新发展能力强的大区域新增长引擎。

Recommendations for Reforming S&T and Innovation Management System in China

Mu Rongping

(Institute of Policy and Management, Chinese Academy of Sciences)

Firstly, this paper points out that innovation is a complex and systematic process of value creation, analyzes the relationship between the S&T and innovation system and the innovation development, put forward the goal of S&T and innovation management system, namely: to stimulate the vitality of innovators, to activate the market so as to make market play a decisive role in allocation of resources, and to clarify the relationship between government and the market. Secondly, this paper proposes a framework for reforming S&T and innovation management in China, and the five major tasks, including: (1) the reform of the national innovation management system; (2) the reform of national research management system; (3) to strengthen the innovation capacity building in enterprises; (4) to reform the public research institutes and universities; (5) to improve the fundamental capacity-building for innovation. Finally, this paper presents six reform measures and proposals, including: (1) to develop National Basic Law for Innovation; (2) to establish national science policy-making and advisory system; (3) to adjust national S&T and innovation talent policy; (4) to establish mechanism for monitoring, evaluating and adjusting national innovation policies; (5) to reform national S&T evaluation and award system; (6) to cultivate new growth engine for innovation development of large regions.

7.2 扩大我国科技对外开放合作的战略思考

靳晓明[1] 赵 刚[2]

(1. 科学技术部国际合作司; 2. 中国科学技术发展战略研究院)

我国经济的对外开放程度较高，2012 年外贸总额首次超过美国，成为世界贸易规模最大的国家。相比而言，我国科技对外开放程度远远不够。科技与经济紧密联系、互促互动，提高经济发展水平要求加快科技对外开放步伐，需要在更大范围、更广领域和更高水平上推动科技的对外开放合作，以开放促创新、以开放促发展，加快向创新型国家和现代化国家迈进。

一、扩大科技对外开放是大势所趋

纵观发达国家的发展历程，推进科技对外开放是经济和科技发展到一定阶段之后的历史必然。美国、德国、日本等科技和经济强国都走过了一段引进国外先进技术发展本国经济，自主发展本国技术并积极扩大科技对外开放，巩固和扩大竞争优势的道路。需要指出的是，科技对外开放不仅仅是科技对外援助和跨国技术转移，更是通过强强联合、优势互补来服务国家发展战略实施。总结科技强国的经验，科技对外开放目的和途径主要包括以下 4 个方面。

1. 建立创新对话机制减少国家之间的合作分歧

一个经济强国和科技强国崛起，必将或多或少地改变全球经济和科技竞争格局，政策误解、经济矛盾、贸易摩擦和文化冲突发生的频率会显著增多。建立科技和创新对话机制有利于合作双方增进了解、减少分歧，化解双方经济合作过程中出现的误解和矛盾。例如，我国与美国进行了三次创新对话，有效地缓和了两国在自主创新、知识产权保护等领域的矛盾，为经济技术合作铺平了道路。再如，我国与欧盟正在建立中欧创新合作对话机制，进一步推动双方务实合作。

2. 开放国家科技计划以壮大本国的科技实力

设立国家科技计划的根本目的是为了提高经济社会发展水平，在一定程度上对外开放国家科技计划是为了快速提高国家科技发展水平。美国科技计划对外开放程度较高，除涉及军事和敏感技术的计划外，大部分国家研究计划对外开放。欧盟先后制订了多项跨国高技术研究与发展计划，如“尤里卡”计划、欧盟研究与科技发展框架计划、“伽利略”计划等。虽然加拿大、英国、意大利、荷兰、俄罗斯等国家的科技计划不对外开放，但允许国内承担单位与国外机构和个人展开合作。总之，对外开放科技计划已经成为科技强国的普遍做法，在吸引国外研发资金和优秀人才服务本国科技和经济发展方面起到了很好的效果。

3. 积极开展对外科技援助以开拓国际市场

通过科技援助帮助本国企业和商品开拓国际市场，是发达国家的通行做法和成功经验。日本国际协力机构（JICA）和韩国国际合作机构（KOICA）将对外科技援助常态化，欧盟的“塔西斯”计划（TACIS）和美国的“第四点计划”（Point Four Program）在维护本国利益方面发挥了重要作用。例如，美国通过“第四点计划”实施科技援助，一方面扩大了在政治和军事方面对受援国的影响，另一方面为本国商品和资本对外输出提供了有力支持，在非洲、近东、远东及中南美等地区获得了巨额经济利益。

4. 以跨国公司为载体构建全球创新网络

目前，全球约 6.5 万家跨国公司控制着 30% 的世界生产总值、60% 的世界贸易、80% 技术研究开发及技术转移，以及 90% 的海外直接投资。跨国公司在全球范围内广泛投资设立生产和研发机构，开展海外并购，形成了覆盖全球、互联互通的创新网络，是国际科技合作的主角。美国、日本和欧盟等国家和地区，政府通过税收优惠、政策性金融支持、投资保护、外交支持、对外援助等多种形式帮助本国企业到海外投资建厂或设立研发机构，扩散本国科技成果，从而加速了经济全球化进程。

二、扩大科技对外开放是形势所迫

当今时代，科技活动日趋复杂，规模、成本、风险往往超出一个国家的承受能力，对外开放成为各国发展科技的必然选择。即便是美国这样的科技经济强国，也不可能完全依靠自身力量发展所有科技领域，同样在广泛地寻求国际科技合作。对我国而言，扩大科技对外开放的重要意义不止于此，改变粗放型增长模式、减少国际贸易摩擦、消除“中国威胁论”炒作等要求我国提高科技对外开放水平。

一是抓住新一轮科技革命机遇要求我国扩大科技对外开放与合作。国际金融危机爆发后，美国、欧盟、日本、俄罗斯等主要国家和地区纷纷制定发布新的创新战略，实施了一大批新的科技行动计划。主要国家的科技投入不减反增，信息、能源、材料、生物、制造等重要领域发生革命性突破的先兆已经显现。前几轮科技革命中，我国由于闭关锁国而丧失了与世界科技同步发展的难得机遇，拉大了与发达国家的差距。在新一轮的科技革命面前，我们需要与世界各国开展深入合作，抓住科技革命和产业革命的历史机遇。

二是构建开放型经济体系要求我国扩大科技对外开放与合作。当前，我国经济发展和对外贸易方式比较粗放，经济和贸易结构不合理，获利能力不够强。虽然我国有 220 多种工业品产量居世界第一位，但大多数是高耗能、高污染、资源性产品，附加值极低。不仅消耗了我国大量的资源能源，而且在国际贸易中还产生了大量的误解和摩擦。完善互利共赢、多元平衡、安全高效的开放型经济体系，要求我们积极与发达国家和跨国公司开展科技合作，引进国外先进技术和管理理念，提高产品和服务的科技含量；要求我们积极实施“走出去”战略，让我国企业到国外去学习先进技术和管理经验，改善贸易方式和结构。

三是巩固和提高外交水平要求我国扩大科技对外开放与合作。科技对外开放与合作是外交工作的重要组成部分，有利于建立国际合作渠道和巩固国际合作关系，消除国家之间的误解和减少国际争端。近年来，受国际金融危机的影响，我国的外交环境变得更加错综复杂，需要在外交中更加重视科技合作的作用，努力创造和维护政治关系友好、经贸规则有利、发展空间广阔的良好环境。特别是在气候变化、能源环保、粮食安全、重大疾病防控和国际标准制定等全球性问题上，积极参与国际科技合作，主动地承担大国的科技责任，改善双边关系和多边关系。

三、扩大科技对外开放须系统谋划

对外开放有两种截然不同的结果：第一种是通过对外开放实现经济繁荣和自主，如美国、德国和日本；第二种是在对外开放中日益丧失自主性，如拉美、俄罗斯和东欧诸国①。科技对外开放同样是一把“双刃剑”，运用得当是动力，运用不当是阻力。我国在推动科技对外开放的进程中，必须系统谋划、明确思路、趋利避害。

一是立足基本国情，促进科技跨越发展。我国是一个后发国家和发展中国家，科技对外开放应走出一条不同于发达国家的道路。重点是要把自主创新与国际合作结合起来，充分利用国内外两个市场两种资源，促进科技跨越发展。一方面要有全球视野，充分利用全球创新资源，积极参与国际竞争，提高科技国际影响力，在对外开放中与发达国家抢占科技制高点。另一方面要立足国内发展，按照坚持科学发展、加快转变经济发展方式的要求，进一步提高我国的科技实力，使科技对外开放服务于我国科技、经济、社会发展的需求。

二是坚持以我为主，实现合作互利双赢。一般来讲，在国际科技合作过程中，科技实力较强的一方往往能够争取到更大的主动权和分配更多的利益。改革开放的前30年，我国由于经济和科技实力较弱，在国际科技合作中多处于从属地位。目前，我国部分科技领域已经具备与国际先进水平进行对话的能力，有能力主动设计和搭建国际科技合作渠道和平台，有目的地选择一些重点领域，展开国际科技合作和技术转移。在合作过程中，一方面要立足国内需求，大力吸引科技领先国家在华投资和技术转移，积极参与国际科技合作项目；另一方面也要根据自身科技实力提高情况，调整并争取分配到合理的利益份额，做到互利双赢。

三是丰富合作方式，构建开放创新体系。目前，科技和创新合作地域上覆盖全球，主体上涉及企业、大学、科研机构和中介机构等，领域上扩展到几乎所有行业。国家创新能力不再局限于自身有多少人才、专利或新产品，很大程度上取决于能否有效利用全球创新资源来开展创新活动。因此，我国科技对外开放要坚持全面出击，强化政府间科技合作、吸引跨国公司在华设立研发机构、广泛参与或发起国际大科学工程与计划、开展多种形式的国际交流等，构建符合我国利益的开放创新体系。

① 参见：易涤非．对外开放的两种前途．红旗文稿，2012，第4期．

四、扩大科技对外开放须多措并举

总体来看，我国科技对外开放的步伐还不够快，水平还不够高，能力还不够强，对发展的促进作用还不够大。在科技对外开放与合作过程中，还存在缺乏主动性、灵活性和协调性等问题。为此，我国应以更大力度推动科技对外开放，采取多种举措提高开放水平。

一是加强政府间科技合作。目前，政府间科技合作是我国科技对外开放的一个主要平台。我国要积极利用双边和多边合作渠道，将科技合作作为高层领导会晤的重要议题，进一步完善政府间科技合作机制。同时，我国要做好政府间科技合作的总体规划，加强顶层设计和宏观管理，对现有的双边和多边合作协议及项目进行合理的调整，提高政府间科技合作项目的层次和质量。

二是有选择、有重点地推进科技计划对外开放。总体来看，我国科技计划对外开放性不足，主动发起的国际科技合作计划仅有“可再生能源与新能源国际科技合作计划”和“中医药国际科技合作计划”两项。一方面要进一步扩大国家科技计划对外开放的范围，除涉及国家安全或特殊要求外，都应积极开展对外科技合作与交流；另一方面，要在国家重点发展的战略性新兴产业等领域，主动发起一批符合国家战略需求的重大国际科技合作计划。

三是大力发展新型跨国科研机构。近年来，我国在建立跨国联合研究机构方面进行了一些有益的尝试，例如与乌克兰联合共建了“中国–乌克兰巴顿焊接研究院”，搭建起了两国焊接技术共同研究和先进技术向国内转移转化的渠道，对快速提高我国装备制造技术水平具有重要促进作用。在未来国家科技合作过程中，要更加注重高技术领域的新型跨国科研机构建设，推进国际科技合作建制化和常态化，缩小与先进国家的技术差距。

四是鼓励企业到海外设立研发机构。我国企业到海外设立研发机构，可以使自身技术和产品更好地适应海外目标市场，与当地机构合作提高研发能力，利用国外优秀人力资源开发新的产品和服务，并提供就近学习机会。当前，我国鼓励和支持企业到海外设立研发机构的政策措施仍显不足，未来要研究相关的财税金融政策，鼓励企业实施海外研发战略，积极主动地到海外去布局建设研发机构。

五是深化与发展中国家的科技合作。我国是世界上最大的发展中国家，许多先进实用技术对发展中国家具有较强的吸引力。与此同时，我国与全球多数发展中国家保持着良好的沟通和合作渠道，有利于深化与发展中国家的科技合作与交流。未来，我国应重点提高与非洲、东盟等发展中国家和地区的科技合作层次，通过建立科技合作渠道、共建研发机构、开展科技援助、实施“科技伙伴计划”等形式，巩固双方长期友好的合作关系。

Promote the Science and Technology Opening and Cooperation of China

Jin Xiaoming[1], Zhao Gang[2]

(1. Department of International Cooperation, Ministry of Science and Technology; 2. Chinese Academy of Science and Technology for Development)

China has the largest foreign trade turnover in the world, yet its science and technology communication with the world falls far behind economics. Science and technology and economics are tied closely to each other through positive correlative advancement and interactions. Raising economic development level requires expedited science and technology opening-up, and cross-border science and technology cooperation in broader scope and higher level. Opening-up can be taken as a magic wand to stimulate innovation, bring about development, and fulfill the transformation into the innovative country and modern nation.

Expanding science and technology opening-up is the tide of the world. Look though the histories of developed countries in the world, science and technology opening-up has been an inevitable step once economics and technology development reached certain level. Powerful nations such as United States, Germany, and Japan etc. have all come through the path of introducing advanced foreign technologies to develop domestic economics, moving on to independent development of domestic technology and expanding science and technology opening-up to secure the stronghold in international competitions and grow the preponderances.

Expanding science and technology opening-up is what the situation calls for. In today's world, scientific and technological activities are growing more complicated than ever. The scale, cost, and risks of such activities usually exceed the capabilities of one single country. Thus, opening-up has become the inevitable choice of almost all countries seeking science and technology development. To seize the opportunity of the new round of si-tech revolution, to build up an open economic structure, and to strengthen and enhance diplomacy, all call for China's expansion of science and technology opening-up and cross-border cooperation.

Expanding science and technology opening-up needs an overall strategy with multiple measures. In general, China's science and technology opening up lags behind in speed, level, and ability, leading to a dim contribution to development. China should base itself on the fundamental realities of the country, embrace different types of cooperation, and level up science and technology cross-border cooperation through building channels, setting up joint research facilities, providing scientific and technical assistances, encouraging companies and enterprises to establish overseas research and development centers, and implementing "Science and Technology Partnership Program" etc.

7.3 优化财政科技经费配置的若干关键问题思考

薛 澜[1] 史冬波[1] 康小明[2]

(1. 清华大学；2. 中国科学院科技政策与管理科学研究所)

在2006年颁布的《国家中长期科学和技术发展规划纲要（2006—2020年）》中，明确提出到2020年中国要建设成为创新型国家。在提升自主创新能力、建设创新型国家的过程中，实现科技资源配置效率的最大化是提升创新效率的重要保障。2012年，我国研发经费总额已达到10 298.4亿元，研发强度（1.98%）首次超过了欧盟28个成员国的平均强度（1.96%）。为促进如此大规模的科技资源的优化配置，既应充分发挥政府的直接控制和调节功能，也要发挥好市场机制的作用，充分激发各大创新主体的创新活力。

一、国际研发经费投入的总体格局

国际金融危机爆发之后，世界各国普遍面临着经济增速放缓、财政收入增幅下降等不利局面。为了尽快摆脱金融危机，推动本国经济重新走上健康发展的轨道，世界各国在确保研发经费投入总量不断增长的同时，纷纷以创新为导向调整研发经费的投入模式。

1. 研发经费投入总量稳定增长，新兴经济体增速领先

根据中国科技发展战略研究院的统计[1]，2011年全球（40个国家①）研发经费投入继续保持增长势头，由2010年的1.2万亿美元增加到1.3万亿美元，按可比价

① OECD国家以及主要新兴经济体，其研发投入总额占到全球总额的90%以上。

格计算，是 2005 年的 1.3 倍。以金砖五国①为代表的新兴经济体的研发经费投入由 2005 年的 553.8 亿美元，增长到 2011 年的 1938.1 亿美元，年均增速超过 20%，占全球比重由 2005 年的 6.3% 大幅提升到 2011 年的 14.7%。相应的，G7 国家②研发经费投入 8775.9 亿美元，占全球总量的 66.5%，比 2005 年下降了 10.2 个百分点。

2. 发达国家研发经费投入出现波动，企业投入波动尤为明显

从全球范围看，美国、德国、日本、法国及英国等传统研发经费投入大国受经济复苏乏力、政府财政赤字等多重因素影响，增长相对缓慢，低于世界平均水平，一些国家甚至出现负增长。按不变价格计算，经济合作与发展组织（OECD）成员国研发经费投入在 2009 年减少了 1.4%③，此后两年虽略有增长，但一直低于危机前的水平。此外，金融危机对企业研发经费投入的影响更大。2009 年，OECD 国家的企业研发经费投入减少 4.3%，日本的企业研发经费投入骤降 11.7%，加拿大和美国的企业研发经费投入至今仍未恢复增长。

3. 以创新为导向，加大投入和优化模式并重

自金融危机爆发以来，各国政府纷纷以创新为导向优化政府研发经费投入格局，将加大研发经费投入和促进创新作为各国经济复苏一揽子政策的重要组成部分。例如，美国相继发布《国家创新战略：推动可持续增长和高质量就业》和《新国家创新战略：确保我们的经济增长与繁荣》，力图通过技术创新保持并夺回正在丧失的技术优势；德国颁布了《高技术战略 2020》，欧盟提出了创新联盟框架，旨在提升德国和欧盟的研发和创新绩效[2]。此外，各国政府纷纷完善研发经费的投入模式，以创新为导向，通过政府采购、财政补贴、税收减免、加速折旧等多元化渠道充分发挥政府研发经费投入的杠杆作用。

二、中国研发经费投入的现状与趋势

经过改革开放 30 多年来的发展，中国经济获得了持续快速发展，国家财政收入从 1978 年的 1132.26 亿元增长到了 2012 年的 117 253.52 亿元。按照《国家中长期科学和技术发展规划纲要（2006—2020 年）》中确定的目标，到 2010 年，全社会研

① 金砖五国包括巴西、俄罗斯、印度、中国和南非。

② G7 国家即西方七大工业国组成的七国集团，包括美国、英国、法国、德国、意大利、加拿大和日本。

③ 数据来源（下同）：OECD StatExtract. Main Science and Technology Indicators. http：//stats. oecd. org/Index. aspx？DataSetCode=MSTI_ PUB.

发投入占 GDP 的比重要达到 2%，到 2020 年，该比例要达到 2.5%。因此，财政性科技投入在总量不断增长的同时，结构也在不断优化，投入模式也日趋多元。

1. 研发经费投入总量增长强劲，政府投入力度持续加大

统计数据显示，2007～2012 年，我国全社会研发经费投入从 3710.2 亿元增长到首次突破万亿元大关（总量位居世界第三），2012 年比 2011 年增长 18.5%，远高于当年 GDP 的增幅（7.8%）。研发强度也从 2007 年的 1.49% 增长到 2012 年的 1.98%[5,6]，离 2% 只差 0.02 个百分点，再创历史新高，研发强度在新兴发展中国家居于领先地位。近 5 年来，国家财政科技支出从 2007 年的 2135.7 亿元增长到了 2012 年的 5600.1 亿元，年均增幅 21.3%。伴随着我国经济增速的放缓，国家财政收入的增速也将随之降低。我国的财政科技投入以及全社会的研发经费投入能否在现有基础上继续保持稳定增长的势头值得关注。

2. 基础研究比例长期维持在低水平状态

近 5 年来，我国的基础研究经费占研发经费总额的比重一直稳定在较低水平。2007 年，该比例为 4.7%；2012 年，该比例也只有 4.84%。与此相对应，试验发展经费支出比例一直维持在很高的水平。2007 年，该比例为 82.01%；2012 年，该比例仍然高居 83.87%。基础研究经费支出的比重偏低，一方面与我国特定的经济发展阶段密切相关，另一方面也暴露出我国研发经费投入的结构失衡。从国际范围看，OECD 成员国的基础研究经费比重一般稳定在 10%～20%，明显高于我国基础研究经费的比重。

3. 科技经费投入渠道多元化

由于我国尚处于从计划经济到市场经济的转型过程中，部门分割色彩比较浓厚而且缺乏有效的统筹协调机制。根据中央各相关部委的财政决算数据①显示，2011 年，中央本级科技财政拨款执行数为 812.5 亿元，其中科学技术部、中国科学院、国家自然科学基金委员会、工信部和教育部是执行财政科技拨款最多的部门，共执行经费 688.3 亿元，占当年执行总数的 84.7%。庞大的中央财政科技经费分散在近 30 个不同的资助渠道和 40 多个国家部委中，导致经费配置呈现出多头管理的格局。

① 数据来源：笔者根据 2012 年统计资料与 2011 年后国务院各部门网站的信息公开资料整理。

三、科技资源配置中存在的问题

1. 科技财政投入缺乏立法保障

持续稳定的科技财政投入是促进科学技术进步，激发社会创新活力，构建国家创新体系，建设创新型国家的重要保障。改革开放以来，我国先后颁布实施了一系列科技法律法规和规章，初步构建起内容广泛、针对性较强的科技政策法规体系。但是，现行政策法规体系仍然以中央意见、国务院行政法规以及政府规章为主，法律效力较低，缺乏稳定性和协调性；已形成的法律也存在缺乏配套、可操作性不强等问题，不能得到有效执行。国务院制定的《国家中长期科学和技术发展规划纲要(2006—2020 年)》(简称《纲要》)、党中央和国务院印发的《关于深化科技体制改革加快国家创新体系建设的意见》(简称《意见》)，作为新时期科技体制改革和国家创新体系建设的纲领，在指导科技发展中发挥了重要作用。但是，我国科技立法滞后，《纲要》与《意见》中的重要政策仍然缺乏立法支撑。例如《意见》中提到“十二五”期间“全社会研发经费占国内生产总值 2.2%”，但是该政策目标并没有配套的立法支撑。此外，2007 年修订的《中华人民共和国科技进步法》是我国科技领域的基本法，但是其中大多内容还停留在纲领性、政策性阶段，缺乏可实施性。例如，其中规定的“国家财政用于科学技术经费的增长幅度，应当高于国家财政经常性收入的增长幅度”并没有得到有效执行。《中华人民共和国科技进步法》中对财政科技投入的增长幅度、研发经费比例（特别是财政科技投入中基础研究的比例）等缺乏明确的规定，影响了其可操作性[3]。

2. 科技财政投入缺乏统筹协调机制

随着国家科技财政投入总量不断增加，科技财政投入缺乏统筹协调机制的矛盾愈加突显。条块分割、多头管理、项目繁杂、定位重叠等问题已经严重影响到了科技经费的配置效率。从预算到实施，再到决算，均缺乏高效的统筹协调机制。我国虽然有国务院总理亲任组长的国家科教领导小组，但是其作为协调议事机构的职责定位使得该小组很难对科技财政的预算管理和投入起到实质性的统筹协调功能，最终报请全国人大审议的科技财政预算只能由财政部在综合平衡各相关部门的经费需求和当年度的国家财力后综合形成。此外，国务院各部门都具有设立和管理科技计划的职权，缺乏统一的科技信息管理系统，使得各类科技计划在优先发展领域、重点任务和重大项目等方面存在交叉重叠以及重复资助等现象，从而导致科技资源浪费现象频现[4]。

3. 科技财政投入结构亟需优化

优化科技财政投入结构是提高科技资源配置效率的重要途径。在研发经费的投入结构中，一方面，基础研究经费投入比例长期偏低，从而导致前沿基础研究以及重大关键共性技术等领域的投入不足，将严重影响到国家的发展后劲。另一方面，竞争性经费与稳定性经费比例失调，竞争性项目资助模式占据主导地位，使得以机构为单位需要长期从事稳定研究的科研工作也受制于这种竞争机制，最典型的就是国家实验室以及各类科研基地的正常运行经费严重不足。在这种模式下，科研平台的日常运行和维护问题非常突出，科研成果难以积累、深化和拓展，科研人才队伍很难稳定，自主选题工作难以有效开展。

4. 科技资源配置缺乏有效的资源共享机制

持续的财政科技投入为我国积累了大量的大型科学仪器设备等科研基础设施，但是仍然缺乏有效的资源共享机制，无法实现不同的科技基础条件平台之间的有效共享。不同研究单位重复购买大型设备和数据库，部分设备使用率过低等问题仍然非常突出。此外，由于缺乏科技成果共享转化平台以及科技数据和信息公共服务平台，使得科研机构的科技成果很难向市场转移，而企业也很难获得亟需的技术支持，阻碍了产学研深入合作与科技成果的有效转化，制约了科技成果向社会服务领域的辐射。

5. 科技资源配置缺乏有效的问责机制

我国的科研项目承担单位、项目负责人以及研究人员在项目执行过程中的主体职责不明确，缺乏有效的问责机制。科技计划管理过程中暴露出“重立项，轻验收”、“重论文专利，轻经济效益”等现象，科研计划实施效果评价模糊，评估信息不公开，缺乏有效的监督约束机制。此外，财政科技投入中的科研项目间接成本补偿比例过低、人力资本激励不足等问题长期存在。导致在具体的科研项目执行过程中，预算数据与执行数据往往出现较大的偏离，甚至出现违法违规等科研腐败行为。科研诚信体系的激励和约束体系仍未有效构建，在很大程度上影响了科技资源的配置效率。

四、优化我国科技资源配置的对策建议

1. 通过立法保障国家的财政科技投入

在借鉴国际经验和国内部分省市相关科技立法实践的基础上，积极推进科技政策法律体系建设，立法保障国家的财政科技投入，特别是对基础研究的财政支持。加强《中华人民共和国科技进步法》的配套立法，对现行科技法律体系进行梳理和完善，提高相关法律的可实施性，加强对科技法律的执法检查。进一步规范政府科技投入行为，明确财政科技投入的比例、结构、方向、管理办法、监督机制和奖惩措施等，从根本上保证各级政府对科技投入的稳定性。

2. 优化顶层设计和统筹协调机制

优化顶层设计，加强国家科教领导小组和国家科技体制改革和创新体系建设领导小组的作用。由科学技术部会同有关部门，建立科技决策协调平台与协商机制。构建并完善统一的科技计划管理信息系统，按照政府职能转变的新要求，梳理规范各部门管理的科技规划，对定位不清、重复资助的科技计划进行调整。加强财政科技投入的预算统筹，在预算环节引入实质性的统筹协调机制。进一步理顺中央和地方关系，明确职能划分，鼓励地方政府根据地方实际情况，因地制宜地加大财政科技投入。

3. 降低国家科技计划比重，完善国家实验室制度

在财政科技投入中稳步提高基础研究比重，加大对国家经济社会发展的重大战略需求研究。按照分类改革的原则对从事战略性、前瞻性基础研究以及行业共性关键技术研究的研究机构给予稳定支持。重视以人为本，强调优秀团队建设。提高科研人员的人员性和公用经费标准，保障正常科研支出，建立稳定的经费支持渠道以逐步改善科研条件。建立适应科研机构特点的经费投入保障和管理制度。加大对国家实验室等科研基地和公共服务平台的稳定支持。逐步建立起基地建设经费、运行维护经费、委托式任务经费和竞争性项目经费相结合的经费保障机制。

4. 构建全国性的科技资源共享平台

构建全国性的科技资源共享平台，明确平台建设时间表。建设科技基础条件平台，推进大型科学仪器设备和设施、科学数据和信息等科技资源的共建共享，逐步

形成全国性的共享网络。构建科技成果共享转化平台，充分利用现代信息技术手段，创新体制机制，建立包含技术信息与成果转化的共享平台，深化产学研合作，促进社会创新。完善科技数据和信息公共服务平台，建立科技报告制度，依法向社会开放。

5. 健全问责机制，完善诚信体系

明确不同创新主体的责任义务，建立统一的科技信息管理系统，落实预算据实编制原则。规范科研项目经费的使用监督，强化项目承担单位的法人责任，加大对违规行为的惩处力度。完善科研诚信体系建设，建立覆盖项目申请、评审、立项、执行和验收全过程的科研信用记录，对科研单位和科研人员进行信用评级。

参 考 文 献

[1] 中国科学技术发展战略研究院．国家创新指数报告（2012）．2012.

[2] 孙红梅，师萍，杨华．中国财政科技投入管理中存在的问题及对策．长安大学学报（社会科学版），2006，8（1）：24-28.

[3] 陈志辉，孙亮，马欣，等．我国科技资源共享立法策略研究．中国科技论坛，2013，8：5-8.

[4] 康小明．制度与诚信是经费混乱的抓手，中国教育报，2013-10-18，第2版．

[5] 国家统计局，科学技术部，财政部．2007年全国科技经费投入统计公报．2009-01-13.

[6] 国家统计局，科学技术部，财政部．2012年全国科技经费投入统计公报．2013-09-26.

Some Thinking on the Key Issues of Optimizing the Allocation of S&T Public Expenditure

Xue Lan[1], Shi Dongbo[1], Kang Xiaoming[2]

(1. Tsinghua University; 2. Institute of Policy and Management, Chinese Academy of Sciences)

This article examines the trends of R&D expenditures both abroad and domestic and illustrates that the R&D expenditures of the developed countries have recovered, deal to the policies of their governments. Meanwhile, China has been 3rd largest R&D expenditures country and its R&D intensity has exceeded Europe Union, which provide strong supports for the building of Innovative Country. However, the allocation of S&T resources and the structure of R&D expenditures are far from efficient. In addition, this article argues that the lack of legislation to protect the financial investment in science and technology is one of the key issues. Also, co-ordination mechanisms, resources sharing mechanisms and accountability mechanisms are still needed to established. Finally, some suggestions are given.

7.4 发展制造科学的若干问题思考

熊有伦* 张小明

(华中科技大学)

在科技发展日新月异的今天，制造业仍然是创造社会财富的支柱产业，是关系国家强盛和繁荣的重要基础。20 世纪美国把制造业当成夕阳工业，向外转移，结果造成经济萎缩、失业增加，著名的汽车城底特律申请破产保护。奥巴马执政之后，提出要重振制造业、夺回制造业，效果明显，美国经济有所好转。我国改革开放 30 多年来，制造业取得了举世瞩目的成就，有力推动国民经济保持高位增长，创造了“中国奇迹”，将成为第一制造大国。但是我国的产业结构和粗放型增长方式严重阻碍了制造业进一步发展，经济发展的资源环境代价过大，科技总体水平与发达国家差距较大，关键技术自给率低，自主创新能力不强，优秀拔尖人才较少，迫切需要建设创新型国家，实现跨越式发展。同时，严峻的市场竞争形势给我国制造业带来巨大的挑战，许多企业面临转型和产能过剩的压力，迫切需要提升企业综合实力和核心竞争力。

习近平总书记在辽宁考察时强调：深入实施创新驱动发展战略，增强工业核心竞争力，形成战略性新兴产业和传统制造业并驾齐驱、现代服务业和传统服务业相互促进、信息化和工业化深度融合的产业发展新格局。

制造科学是制造业原始创新的源泉，是制造业深入实施创新驱动发展战略的重要引擎，迫切需要加快制造科学的发展，推动我国从制造大国到制造强国的转变[1]。

1. 制造科学的发展现状和趋势

从 20 世纪 80 年代起，美国以发达的资本市场为主体的虚拟经济逐渐占据主导

* 中国科学院院士。

地位，实体经济不断萎缩，制造业日趋“空心化”，直至爆发金融危机，才惊醒了美国政府和有识之士。2009 年 12 月，美国公布《重振美国制造业框架》；2010 年 8 月，提出《2010 制造业促进法案》；2011 年 6 月，提出了“振兴美国先进制造业领导地位”的战略，其中关键的措施就是实施先进制造计划（AMT）。在 2012 年《国情咨文》中，奥巴马进一步认定，美国经济发展和就业增长的关键是制造业。奥巴马一直在试图振兴美国制造业。在国情咨文演讲中，他将制造业放在核心地位，指出首要任务是使美国成为新的就业和制造业的磁极，并宣布将斥资 2 亿美元创建 3 个新的先进制造业创新研究机构，关注点集中在数字化制造等研究领域；同时要求国会帮助成立另外 15 个制造业研究机构，保障美国制造业的新一轮革命。奥巴马政府提交的美国政府 2014 财年财政预算案要求，一次性投入 10 亿美元资助建立“国家制造业创新网络”，其目的是加强这 15 个研究机构的合作与联系，实现数据共享和知识共享，进而实现全国制造业的协同创新[2]。针对数字化制造的相关科学问题，德国拟订了 2000 年生产研究计划、韩国制定了 G7 国家计划。2006 年，欧盟在《先进生产装备研究路线图》中，强调发展智能制造和纳米制造系统等。

近年来，信息科学、物质科学、生命科学等迅速发展，与制造科学深度融合，制造技术早已从狭义的以“机械制造”为主体的工艺技术扩展为涵盖“物质流、能量流、信息流”的复杂制造系统工程。制造对象也从最初的单一机械产品逐步发展为机、光、电、气、仪等相结合的各个产业，包括钢铁冶金、石油化工、纺织服装、航空航天、汽车机车、电子信息和船舶海洋等。作为制造的科学基础，制造科学也呈现出新的发展趋势。

纳米制造进入微观世界之后，必须深入到量子力学、介观物理、混沌物理等现代科学的理论与原理，在微纳米尺度上研究物质的原子、分子行为和作用规律。美国学者提出的“基于科学的制造”反映出信息科学、物质科学、生命科学、纳米科学等迅速发展并与制造科学深度融合的趋势。

生物制造的研究内容包括：人体组织或器官的组织学与解剖学的数据搜集，以及植入体计算机仿真优化设计和数据模型建立；保持或增进材料生物相容性和细胞生物活性的离散/堆集组装工艺和设备研究；既有生物相容性及/或保持生物活性又与离散堆集工艺相匹配的材料研究；具有生物相容性和特定生理功能的组织器官植入体制备工艺研究以及动物体内植入后的生物学和生理学评价。美国国家科学研究委员会（National Research Council）出版的《2020 年制造业挑战的展望》中提出，优先发展“用于制造的生物技术”（biotechnology for manufacturing）和“信息技术”（information technology）。

互联网、物联网及射频识别（RFID）技术促进了分布智能制造的发展，互联网、物联网和无线网组成的泛在网络使未来工厂内部及工厂之间的信息感知能力和互联能力有很大提高，如图 1 所示，数据和知识资源是企业具有很快的市场响应能力，很强的市场竞争能力。

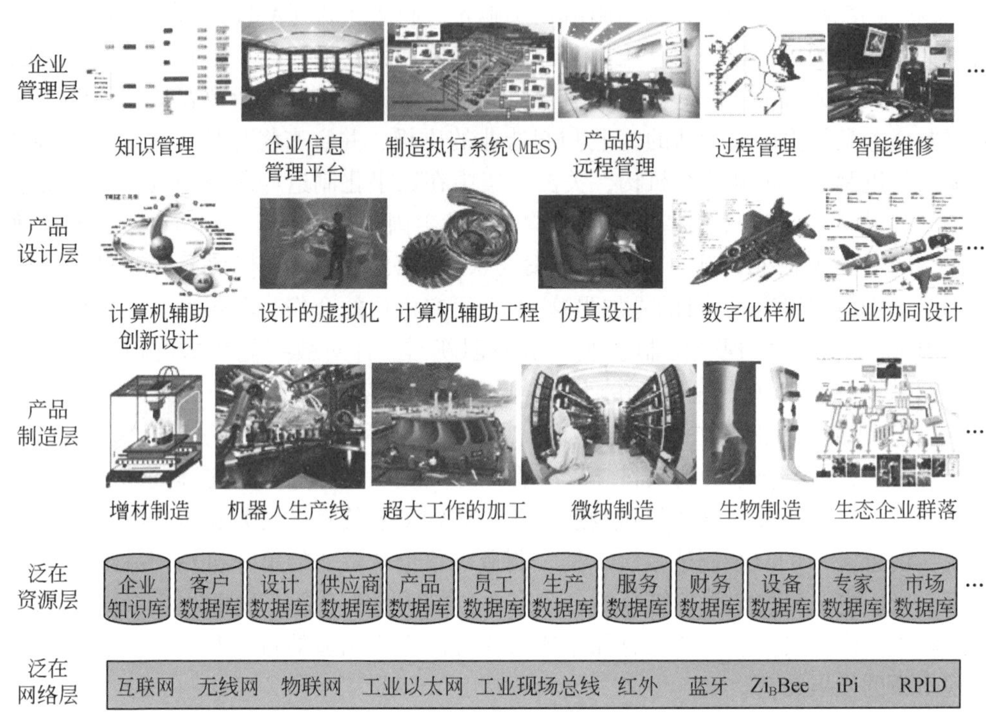

图 1　未来工厂的体系结构

资料来源：中国科学技术协会 . 2049 年的中国：科技与社会愿景展望——制造技术与未来工厂 . 中国科技协会研究报告，2013.

2. 我国制造科学面临的问题

我国制造科学的发展面临三大问题：严峻的国际市场竞争环境；地球气候变暖、资源枯竭和环境污染及不断恶化的自然环境、生态环境；我国研究基础相对薄弱，尚未形成良好的创新环境。

我国由“制造大国”向“制造强国”的转变，是在严峻的国际市场竞争环境下进行的。既要国际合作，又要独立自主，要在制造科学上有所创新，将交叉融合的最新科技成果转化为尖端产品、先进工艺和高档装备，拥有自主知识产权。以航空发动机关键零件制造为例，发动机零件如涡轮叶片在高温、高压、强冲击下工作，要保证长时间安全飞行，零件的制造不仅要满足几何精度要求，还要满足抗疲劳、长寿命的性能要求。如何在保证零件形状精度要求的同时，维持零件结构、性能等的稳定性和可靠性是当前面临的一个热点问题[4]。有关航空发动机关键零件制造的核心技术是买不来的，“973”计划资助了这样的项目，目标是通过制造科学的研究达到：别人能做的，我们也能做，还要做得更好；别人不能做的，我们也要做。

中国即将成为世界最大能源消耗国，能耗大的产业面临产能过剩和资源短缺的问题，这将成为制造科学研究的关键课题之一。气候变暖、资源枯竭、人口增加和环境恶化是人类社会面临的四大问题，随着时间的推移，这些问题将变得越来越严峻。以绿色可持续性制造为战略目标，使经济发展与生态保护共赢，是我国制造科学面临的重要使命之一[5]。

我国的制造企业主要分为三类：国有企业、民营企业和外资合资企业。由于受到计划经济体制的影响，有些国有企业研发创新能力不足，特别是对高新产品的研发创新能力有待提高；多数民营企业经济实力和技术力量相对薄弱，用于科研投入较少；外资合资企业的研发机构和核心技术绝大部分放在他们本国，在中国的研发机构也主要针对中国市场开展工作。我国现实情况下，重点院校和科研院所由于学科基础齐全、人才储备雄厚，基础研究优势突出，有责任和制造企业相结合，义无反顾地承担起振兴制造科学的使命。

近20年来，随着我国经济发展和科技投入的增加，创新环境有所改善。“973”计划制造与工程科学领域成立以来，作为该领域的一部分，制造科学在高性能电子制造、纳米制造、重大操作装备、盾构、复杂曲面加工和强磁场成形等方面取得了一批原创成果，成长了大批优秀的中青年学者，提高了我国在制造科学方面的学术水平，推动了高端制造的发展。许多科研院所和重点高校也都成立了相关的国家重点实验室和国家工程中心，发展了一批高新技术企业，对于改变产业结构，促进地方经济发展也将产生重要影响。但是营造良好的创新环境是一项长期和艰巨的任务，需要企业、科研院所和高等院校协同合作完成。

3. 制造科学发展的前沿

制造科学发展的前沿包括智能制造、纳米制造和生物制造等。智能制造代表制造业数字化、网络化、智能化的大趋势，蕴含丰富的科学内涵（人工智能、生物智能、脑科学、认知科学、仿生学和材料科学等），成为高新技术的制高点（物联网、智能软件、智能设计、智能控制、知识库、模型库等），汇聚广泛的产业链和产业集群，将是新一轮世界科技革命和产业革命的重要发展方向[6]。智能制造将专家的知识和经验融入感知、决策、执行等制造活动中，赋予产品制造在线学习和知识进化的能力，涉及产品全生命周期中的设计、生产、管理和服务等制造活动。智能制造涵盖的范围很广泛，包括智能制造技术、智能制造装备、智能制造系统和智能制造服务等，衍生各种各样的智能制造产品。

当今智能技术、智能材料和智能产品等大量涌现，智能化已成为本世纪的重要标志之一，例如，苹果公司推出的智能手机（iPhone）、iPod 和平板电脑 iPad 等深受青年人的喜爱，已经成为一种时尚，并不断地改变着我们的生活。各种自动生产线上的机器人是重要的智能制造装备，代替人完成繁重的作业任务。康复医疗机器人、教育服务机器人提供健康服务，成为教学娱乐器具。无人飞机（智能飞行机器人）、无人驾驶汽车（智能移动机器人）和水下机器人将在未来的战争中起到重要作用。即插即用傻瓜机床、傻瓜相机等智能装备和产品极大地减轻了使用者对知识的依赖性。智慧地球、智慧城市和智慧楼宇等将改善人类生活环境。总之，正在兴起的智能化浪潮是制造科学发展的必然结果，将波及全球，影响人类的科技进步、经济发展和社会生活等各个方面，同时也为我国经济平稳较快发展提供了良好的机遇。欧美学者近期预言，一种建立在互联网和新材料、新能源结合基础上的第三次工业革命即将来临，它以“制造业数字化智能化”为核心，将使全球技术要素和市场要素配置发生革命性变化。

智能制造的兴起反映了当今科学发展的综合化趋向，也呈现出现代高新技术交叉与集成的特点，是工业化和信息化深度融合的必然结果。智能制造的基础是知识创新，如何将企业自身的数据、信息、知识进行归纳、整理，如何吸收、融合与集成外部的技术、经验与智慧，提升企业核心竞争力，成为智能制造的关键。

随着信息科学、纳米材料、生命科学、脑科学和认知科学等的发展与交叉融合，将会形成新的制造科学分支，引起技术的重大突破和产业的深度变革。石墨烯材料可能成为下一代电子器件材料。2011 年 6 月，IBM 公司在《科学》杂志上发文宣布，他们研制出了由石墨烯圆片制成的集成电路，这块集成电路建立在一块碳化硅上，由石墨烯场效应晶体管组成，它向石墨烯计算机芯片制造前进了一大步。又如，2009 年年底，投资超过 100 亿美元的波音 787 梦幻客机试飞成功，其机身 80% 由碳纤维复合材料和钛合金材料制造，大大减轻了飞机重量，减少油耗和碳排放，引起全世界关注。还有人工耳蜗技术、人工视网膜假体等，这些都是生命科学、纳米科学和制造科学长期研究的结果。把握住这些新兴学科交叉领域，可以找到更多的突破点，有助于我国制造科学领域跻身世界前列。

4. 推动我国制造科学发展的有关建议

重视制造科学的研究和制造技术的开发，要针对国家重大需求，瞄准重大科学问题，实现协同创新。坚持重点突破与整体推进相结合，坚持研究开发与示范应用相结合，形成政产学研合力推动的格局。建立实验室、研发院、产业联盟和企业联合会，推动科研院所、高等学校、企业之间的互补合作、强强联合，加强国际合作，加快推进科技成果产业化，建立研究开发、市场应用、企业运营一体化的科技型企业发展模式。

制造技能、制造技术向制造科学的发展是人类认识世界、改造世界的重大飞跃。制造科学是面向大制造业，是研究超大制造系统（或称巨系统）的大科学。其有明显的自身特点，一方面它是由技术科学、信息科学和管理科学的融合交叉；另一方面也是生命科学、社会科学和认知科学的综合、集成和衍生，以大制造、大系统、大科学的面貌出现。制造科学将为21世纪先进制造技术创新提供取之不尽的源泉。大力发展制造科学，将推动我国制造业走向健康、可持续发展的道路。

参考文献

[1] 熊有伦，张卫平．制造科学——先进制造技术的源泉．科学通报，1998，28（4）：337-345.

[2] 唐凤．美重振制造业出新牌．中国科学报，2013-05-14，第2版．

[3] 中国科学技术协会．2049年的中国：科技与社会愿景展望——制造技术与未来工厂．中国科技协会研究报告，2013.

[4] 国家自然科学基金委员会工程与材料科学部．机械工程学科发展战略报告（2011～2020）．北京：科学出版社，2010.

[5] 中国科学院．2013高技术发展报告．北京：科学出版社，2013.

[6] 熊有伦．智能制造．科技导报，2013，31（10）：3.

State-of-the-Art on the Development of Manufacturing Science

Xiong Youlun，Zhang Xiaoming

（Huazhong University of Science and Technology）

Manufacturing science provides the fundamentals to the manufacturing industry, which is essential to the improvement of the national economy. In China, the development of manufacturing science can promote the manufacturing creativities and abilities, leading to the shift from "Made in China" to "Design in China".

In this paper, we investigate the projects on advanced manufacturingsupported by US, European, Japan governments. Also some latest developments of manufacturing science and engineering, especially the intelligent manufacturing are reviewed briefly. Challenges of manufacturing science in China are analyzed and some suggestions are provided.

We believe that more closely collaboration among the laboratories in universities, R& D center in companies, and industrial alliance is required to accelerate the industrialization of the scientific and technological achievements. Besides that, the investment innovation would be a choice of the basic state policy, in efforts to the manufacturing science development.

7.5 我国页岩气开发的风险分析与策略建议

范 英 孙德强 蔡圣华 朱 磊

(中国科学院科技政策与管理科学研究所能源与环境政策研究中心)

目前，美国在页岩气开发中取得了重大突破。2012 年，页岩气产量在美国天然气总产量中已经占到了 1/3 的份额，极大地改变了美国的能源安全状态，降低了排放水平，成为美国能源独立战略的关键支撑[1]。这一成功经验是否可以在我国复制？页岩气开发中存在什么风险？针对这些问题，我们在大量调研的基础上，提出以下分析结果和策略建议。

一、国际经验

继美国页岩气开发快速发展以来，世界各地掀起了一轮页岩气开发的风潮，南欧、北欧和亚洲国家纷纷开始了页岩气的开发技术探索和试验井开发。总结起来，以下几点国际经验值得借鉴。

1. 保护中小企业的创新活动是最成功的经验

在美国发展页岩气的初期，参与勘探、开发的公司大都是一些中小规模的私营公司，大型独立公司和跨国石油公司并没有涉足这个领域。可以说，鼓励并保护中小企业的创新活动，提供必要的财税政策支持，以及营造创新文化是美国创新体系的重要组成部分，页岩气的案例又一次印证了这一点[2]。

2. 页岩气开发技术的突破与系统化开发方案是关键

美国页岩气得以大规模发展，关键原因是开发技术的创新，尤其是水平井钻井技术、长井段分支压裂技术、多口井同步压裂技术、裂缝综合预测技术等技术的进步与系统化的运用。这些技术的创新和发展不仅解决了页层气开发中所面临的技术问题，而且极大地降低了开发成本。美国页层气的成功开发与美国特定的地质条件和长期的技术攻关直接相关，并不能直接移植到其他地区。值得借鉴的是其技术攻关的动力和机制[3]。

3. 政策扶持是页岩气得以规模化开发的条件

美国在 1980 年通过的《原油意外获利法》中明确规定对非常规能源开发实施税收补贴政策，对钻探开发非常规天然气，以及生产和销售致密气和页岩气实施税收减免。此外，美国政府还对油气行业实施了五种税收优惠政策，其中涉及无形和有形钻探费用、租赁费用的扣除、工作权益视为主动收入及小生产商的补贴等。这些税收优惠政策激发了小公司投资页岩气勘探、开发的热情，极大地促进了页岩气的发展[4]。

4. 天然气管网的独立运营与公平的第三方准入条款是重要条件

美国的天然气管网系统非常发达，州际和州内管道总长度达到了 49 万多公里，拥有 1.1 万个供气点和 5000 个接收点。天然气管网由大约 160 家管道公司经营管理[5]。管道公司提供天然气运输和销售天然气的业务，也提供单一的运输服务，收取经监管部门核准的运输费用。美国的输气管网对所有供应方开放，任何天然气生产企业都可以无歧视地将生产的天然气送入管网，这一基础条件和管理模式为中小公司从事页岩气开发创造了条件[6]。

5. 宽松的环境管制是美国页岩气得以发展的机遇

美国的页岩气开发集中在得克萨斯州巴涅特、路易斯安那州、阿肯色州和俄克拉荷马州等地，这些地区人口密度较低，环境管制普遍相对宽松。这一条件为页岩气开发试验和随后的大规模开发提供了机遇。但是，不可否认目前的页岩气开发模式中潜在的环境影响是多方面的，未来必然对环境风险进行评估和合理的管制。这一点由欧洲页岩气开发中遇到的阻力可以清楚地看到[7]。

二、我国页岩气开发的风险

从2004年开始，国土资源部开始组织开展全国页岩气资源潜力调查评价[8]。截至2012年年底，已经在四川、重庆、云南、湖北、湖南、贵州等地开展了多项页岩气的调查，累计钻井超过80口，部分获得了工业气流，达到了几千亿立方米的产量。

通过近几年的研究、试验和开发，我们对我国页岩气开发的资源条件、技术障碍、体制障碍和经济性都有了更多的认识。页岩气在我国有发展前景，同时也有很大的风险。我们认为应该充分认识我国的特有条件和开发环境，格外关注页岩气开发过程中存在的风险。

1. 资源潜力存在很大不确定性

据2012年3月国土资源部发布的《全国页岩气资源潜力调查评价及有利区优选成果》估计，我国的页岩气可采资源潜力为25.1万亿立方米（不包括青藏地区）[9]，超过美国页岩气可采资源量。但是，一方面，我国页岩气资源评估的依据是相当小规模的试验井，而美国的资源数据是靠近10万多口井的钻探来证实的。因此，目前国内外公开报道的我国页岩气储量数据并不能代表我国页岩气开发的实际潜力[10]。另一方面，资源潜力是与特定的开发技术和经济性相联系的。目前和近中期，我国在技术条件和经济性都可行的页岩气资源并不乐观。因此，无论是页岩气开发的长远规划还是近期投资，都必须估计到资源潜力的风险。

2. 地质条件复杂，开发难度大

页岩气的开采模式非常依赖特定的地质条件，需要靠勘查及开发的钻井实践来验证并不断总结经验。我国页岩气发育的地质条件相对复杂，页岩气发育目的层较老较深（我国的页岩气目的层位在1800～4800米）[11]，目前美国的页岩气开发技术并不完全适用。在我国刚刚开始的几个试验区中，页岩气开发的水平钻井、多口井同步压裂及“井工厂”① 等页岩气开发技术和模式还处于试验阶段[12]，从开采技术到系统化解决方案上都还需要攻关。可以肯定，开发成本要高于美国，短期内实现经济性开发有很大难度。

---

① “井工厂”模式是指在同一井场钻多口井，通过机械设备和后勤保障系统共用，钻井液和压裂液等物资循环利用，以及体积压裂等项目连续作业，从而达到缩短投产周期和降低采气成本的开发模式。

3. 页岩气开发存在多方面的环境风险

页岩气独特的开采方法在多方面存在潜在的环境危害。第一，目前开采页岩气所使用的大多是水力压裂法，需向地下岩层泵入高压液体致使岩层产生裂缝，从而利用压力差使页岩中的天然气产出。这些高压液体由水、降阻剂、杀菌剂、防垢剂和低含量支撑剂等组成，含有200余种化学物质（包括苯、甲苯、甲醛等致癌物）[13]。据美国国家环境保护局估计，一口页岩气井需要760万~1900万升水，一次压裂过程耗水是常规天然气的50~100倍。这些压裂液注入到地下以后有20%~30%无法回收，将会长期留在地下，有可能会对地下水产生污染[14]。第二，“井工厂”模式虽然尽可能减少用地空间，但页岩气的大规模的开发仍需较多占地，加上储运的需要，大规模发展可能挤占林地、耕地资源。而我国目前已发现的页岩气富集区大都在南方人口稠密的山地及丘陵地区（其中包含一部分农业区）。第三是对地下地质构造存在潜在影响。水力压裂过程中，是否会对已有地下断裂等构造产生破坏作用，会不会导致更多的地裂或地震？针对这些问题，目前世界上都没有明确的理论和实践结论，需要持续关注。

4. 页岩气产业的可持续发展能力需要关注

页岩气独特的富存条件和开发方式，必然导致产量递减快于常规天然气开采。如果快速形成产业，需要考虑产量接续能力，以及由此带来的融资和就业问题。这些问题在北美的页岩气产业发展过程中已经显现。

三、页岩气发展政策建议

根据对页岩气发展的国际经验的总结，以及对我国页岩气开发风险的分析，我们提出以下建议。

1. 深入开展页岩气资源勘查评价

资源是基础，我国目前国土资源部公布的页岩气资源量只是初步估计，从资源量到页岩气可采储量，页岩气资源勘查评价亟须加强。这既需要合理的资源勘探规划，也需要大量的经费投入和时间。

2. 开放页岩气开发试验区，吸收多种主体参与页岩气开发技术攻关

我们的油气勘探开发业主要集中在三大石油公司，目前其他企业还不具备大量参与油气技术创新活动的条件。但是从长远来讲，应该重视中小企业的创新活力，营造有利于中小企业创新的环境。我们建议从页岩气技术攻关开始，开放更多的试验区块，自由竞标，吸收民营企业、外资企业等多种主体进入，引入竞争机制，通过出让收益分散投资风险，从机制上解决创新动力不足的问题。

3. 尽快完善相应的页岩气准入及补贴等相关政策

目前，国土资源部将页岩气定义为独立矿种，但相应的配套政策还不完善，关于气价、税费征收、管网过路费用、产品分成合同等都缺少明确规定，尤其是市场主体非常关心的激励和退出机制还不明确。这直接导致了掌握页岩气开发技术的有实力的外资石油公司在中国态度谨慎，“资源换技术”、“市场换技术”的老路在页岩气开发中面临挑战[15]。

4. 加强页岩气开发的环境影响评估和相应的政策法规建设

在页岩气开发试验区，同步开展环境影响的跟踪评估，逐步完善相关环境法规，不能走先开发后恢复的老路。争取在大规模开发之前建立系统的环境监测和水文监测，逐步建立环境风险防范和管理制度。

5. 做好页岩气产业发展规划

有序开发各个区块，保障一定的产量接续能力，不追求短期的“大发展”。在开发过程中不断提高技术水平，降低开发成本，实现行业的有序和持续发展，促进页岩气开发和当地社会、经济协调发展。

6. 慎重收购或入股境外页岩气资产

北美的页岩气资产面临产量递减和持续投入的问题，外部资金有机会进入。但是，从美国页岩气的发展历程来看，在页岩气发展初期并没有严格的环境约束，随着对开发过程的认识不断深入和社会对环境的要求不断提高，对页岩气开发过程的环境规制是必然趋势。因此，必须重视投资页岩气的环境风险，特别是在决策收购或入股北美页岩气资产项目时，必须估计到未来环境法规更加严格时带来的开发成本、环境治理成本及环境补偿成本的增加，避免投资损失。

参 考 文 献

[1] EIA. Natural gas annual 2012. http：//www. eia. gov/naturalgas/annual/pdf/nga12. pdf [2014-02-15].

[2] 李新景，胡素云，程克明．北美裂缝性页岩气勘探开发的启示．石油勘探与开发，2007，34（4）：392-400.

[3] 吴馨，任志勇，王勇，等．世界页岩气勘探开发现状．资源与产业，2013，15（5）：61-67.

[4] 杜金虎，杨华，徐春春，等．关于中国页岩气勘探开发工作的思考．天然气工业，2011，31（5）：6-8.

[5] Tomain J P，Cudahy R D. Energy Law in a Nutshell. MN：West Publishing Co，2004.

[6] 刘毅军，汪海．对美国天然气市场的竞争性分析．天然气工业，2002，22（1）：100-103.

[7] Zoback M，Kitasei S，Copithorne B. Addressing the environmental risks from shale gas development. http：//blogs. worldwatch. org/revolt/wp- content/uploads/2010/07/Environmental-Risks-Paper-July-2010-FOR-PRINT. pdf [2013-12-30].

[8] 国土资源部油气资源战略研究中心．全国石油天然气资源评价．北京：中国大地出版社，2010.

[9] 刘毅军，汪海．对美国天然气市场的竞争性分析．天然气工业，2002，22（1）：100-103.

[10] 韩伟．为什么资源储量“财大”却不“气粗”？能源评论，2013，1：24.

[11] 邹才能，董大忠，王社教，等．中国页岩气形成机理、地质特征及资源潜力．石油勘探与开发，2010，37（6）：641-653.

[12] 国家石油和化工网．我国页岩气开发将进入“工厂化”阶段．http：//www. cpcia. org. cn/html/13/189912/125546. html [2013-03-26].

[13] 丹尼尔·耶金．能源重塑世界．朱玉犇，阎志敏译．北京：石油工业出版社，2012.

[14] Jacoby H D，O'Sullivan F M，Paltsev S. The influence of shale gas on U S energy and environmental policy. http：//hdl. handle. net/1721. 1/70550 [2014-02-15].

[15] 王康鹏．页岩气“神话”与中国无关．中国石油报，2013-04-09.

Risk Analysis and Policy Implication of Shale Gas Development in China

Fan Ying, Sun Deqiang, Cai Shenghua, Zhu Lei
(Center for Energy and Environmental Policy Research, Institute of Policy and Management, Chinese Academy of Sciences)

Unconventional oil has been playing an increasingly important role in the global energy mix. Since the United States successfully developed shale gas, which accounted for one-third of total U. S. natural gas production in 2012, its greenhouse gas emissions have decreased and its energy security has greatly improved. Therefore, shale gas development significantly supports the independent energy strategy of the United States. China is another country rich in shale gas resources. Can the development process in the United States be successfully applied in China, and how will risks be identified during shale gas extraction? This article addresses these questions by discussing resource uncertainty, technological uncertainty, environmental impact and industry development. Finally, several policy recommendations are provided.

7.6 推动企业走创新驱动发展道路的若干建议

任中保　郭京京　樊永刚
（中国科学院创新发展研究中心）

党的十八大提出实施创新驱动发展战略，这是党中央放眼世界、立足全局、面向未来作出的重大决策。从微观角度看，企业强才能产业强、经济强，企业走创新驱动发展道路是打造中国经济升级版的重要途径。

一、企业是推动经济向创新驱动转型的发动机

回顾20世纪全球经济发展史，虽有一大批国家实现由贫穷向中等收入国家的转

变，但最终进入发达国家行列的却屈指可数。后发国家的共同点是都经历了一段引进国外先进技术发展本国产业的黄金发展期，不同点则是大量国家过度依赖自然资源和外部技术而忽视了产业的自主发展。只有少数国家走上了创新驱动发展道路，从而保持经济长期繁荣。纵观成功实现现代化国家的发展历程，它们的典型特征都是在经济转型发展的各个阶段涌现出了一大批“世界级”的创新型企业。例如，美国企业依靠创新把美国经济一次又一次地推上新高度，福特公司制造第一辆平民汽车，IBM公司生产第一台个人计算机，摩托罗拉公司开发第一台手机，沃尔玛把超市开到全世界；日本摆脱“贸易立国”和重化工阶段，三菱、丰田、索尼、佳能等大企业自主创新和主动转型功不可没；韩国经济快速腾飞，离不开现代、三星和LG等大企业对产业创新发展的带动。

创新遵循“二八定律”，技术、资金和人才等创新要素分布在少数国家之中。世界银行估计，2012年全球研发经费总量约为1.36万亿美元，美国、日本、中国、德国、法国排名前五位，五国总和约占全球68%，其中美国约占全球1/3。同样，创新资源和重大创新活动集中在少数大企业。欧盟产业记分牌数据显示，2011年全球研发投入1500强企业之中，美国有503家、日本有296家、德国有108家、英国有81家、法国有58家，五国总和约占全球70%，基本上反映了全球创新力量分布。国家统计局数据显示，2011年我国规模以上工业企业约有32.6万家，大型企业比例仅为2.8%；但大型企业研发人员占规模以上工业企业总数的56.6%，研发经费支出占62.8%，新产品销售收入占70.9%，工业总产值占比超过40%。

二、我国企业走创新驱动发展道路还面临诸多障碍

我国经济发展方式转变缓慢，根本原因是企业没有把创新作为发展的核心驱动力。企业不走创新驱动发展道路，是多方面原因造成的。

1. 倒逼机制未建立，企业不想走创新驱动发展道路

企业创新，在很大程度上是被逼出来的。创新获利时间周期长、失败风险高，只要现有发展路径还可持续，企业往往就不会选择创新。倒逼机制未建立主要体现在以下三个方面：一是资源能源和土地等生产要素价格长期扭曲，企业有粗放发展空间。国际能源机构（International Energy Agency，IEA）数据显示，2010年，我国工业电价仅是意大利的44%、日本的72%；全球水资源情报（Global Water Intelligence）数据表明，2011年，北京的水价约为伦敦的43.8%、巴黎的33%。各地为争抢投资项目，不惜通过行政手段压低工业用地价格。国土资源部数据显示，

2012 年我国工业用地价格仅相当于商服地价的 1/9 和住宅地价的 1/7。二是用工成本低，企业有低成本发展空间。世界银行和国际劳工组织数据显示，2010 年我国劳动生产率约为美国的 20%，制造业单位小时平均工资却仅相当于美国的 8.5%；亚洲生产力组织数据和国际劳工组织数据显示，我国劳动生产率是印度的 1.49 倍，但制造业单位小时平均工资仅为其 1.36 倍。三是政府监管不到位甚至缺位，企业规避了一定的环境保护、生产安全和社会保障等间接成本。部分地方政府为了发展经济，对企业工业废水、废气排放姑息迁就；养老、医疗等社会保障制度不健全，许多企业千方百计规避员工理应享有的福利支出。

2. 创新没有高收益，企业不愿走创新驱动发展道路

逐利是企业的天性，高收益才能激发企业承担创新高风险。目前，我国市场经济体制改革还不到位，部分中低技术行业利润率高、风险低。与之相比，部分技术密集型行业则利润率低、风险高，造成了“创新者不赚钱、赚钱者不创新”的不良局面。创新没有高收益主要表现在以下三个方面：一是我国高技术产业的利润率低于制造业，制造业低于金融等服务业，创新投入与收益严重不成正比，企业倾向于转投高利润行业。国家统计局数据显示，2011 年我国装备制造业和电子信息等研发投入强度大的行业，利润率都在个位数；金融、煤炭、石油天然气、矿石开采等产业，利润率都在两位数以上。二是要素供给和流通环节市场化不够，严重挤压生产环节的利润。例如，医药流通环节占据整个产业增加值的半数以上，发电企业长期受到原煤供应和电网企业前后挤压，华为、中兴等设备制造企业利润远不如电信运营商。三是知识产权保护不到位，“山寨”企业侵占创新者合法收益。近年来，我国“山寨”产品横行市场，创新企业通过司法途径保护知识产权的周期长、费用高、判赔额特别低，创新者的合法收益得不到有效保护。

3. 要素集聚有障碍，企业无法走创新驱动发展道路

现存的一些体制机制障碍严重制约了创新要素自由流动。一是企业和事业单位之间的“二元体制”，严重阻碍创新人才向企业流动。近年来，随着国家大幅增加科技和教育投入，事业单位科研人员的薪酬、住房、养老、医疗等方面优于企业，优秀人才倾向于选择社会地位高、福利待遇好、岗位稳定性强的高等院校和科研院所就业。二是激励技术转移的制度不完善，严重阻碍知识产权和技术向企业流动。受绩效评价、国有资产管理、技术价值评估等方面的制约，高等院校和科研院所的科研人员向企业转移转化技术和知识产权的积极性不高。三是企业在宏观决策和创新资源配置中处于弱势地位。企业杰出的技术创新人才相对较少，服务政府宏观决策的专家大多数来自高等院校和科研院所，使得国家规划、计划顶层设计时对企业需求考虑不足。

4. 经费投入不充足，企业无力走创新驱动发展道路

较高的研发经费投入，是企业走创新发展道路的根本保障。目前，无论是财政资金、企业自筹资金还是社会资金，对企业创新活动的支持都不够，企业创新面临“无米之炊”。一是财政资金对企业的倾斜力度不够。《中国科技统计年鉴》数据显示，2011 年企业从政府部门获得的研发资金只占全部研发投入的 4.4%，不到当年政府 R&D 投入的 15.4%。与之相比，美国科学与工程指标数据表明，2009 年美国联邦政府将 31.8% 以上的研发资金投入企业，占企业全部研发经费的 14%；1990 年美国企业研发投入 24% 来自政府，占当年联邦政府研发投入的 40% 左右。二是企业自身研发资金投入严重不足。国家统计局数据显示，2011 年全国规模以上工业企业研发经费投入占主营业务收入的比重仅为 0.71%，远低于发达国家 2.5% ~4% 的水平；全国规模以上工业企业只有 11% 的企业有研发项目。三是社会资金支持企业创新的力度不足。在发达国家，天使投资、创业投资、担保基金、资本市场等多种渠道支持企业创新的情况已经非常普遍，而我国尚处于起步阶段，还远不能满足企业对创新资金的需求。

三、支持企业走创新驱动发展道路的建议

引导企业走创新驱动发展道路是一项长期的系统工程，需要进行长远谋划，不断深化体制机制改革，营造激励和逼迫相结合的企业创新环境。

1. 构建企业创新的倒逼机制

公平竞争的市场环境，是企业走创新驱动发展道路的前提条件。一是要加快完善社会主义市场经济体制，建立反映稀缺程度和环境成本的资源和资源性产品价格形成机制，建立劳动报酬增长与劳动生产率同步提高的机制。二是要深化垄断行业、流通行业改革，完善国有企业绩效考核机制，让企业只能通过创新获取高额利润。三是要强化产业政策与创新政策的衔接，严格保护知识产权，发挥技术标准的门槛作用，淘汰高能耗、高污染、技术落后产业，促进企业依靠技术创新获取竞争优势。

2. 合理分担企业的创新风险

一是调整财政科技资金支持企业创新的环节，引导龙头企业投资应用基础研究

和前沿技术开发，形成产业关键技术“生产一代、开发一代、预研一代、储备一代”的良性发展格局。二是扩大自主创新产品市场空间，补贴社会消费和建立创新产品消费信贷制度，扩大政府采购创新产品和技术的规模。三是引导金融机构支持企业创新，采取担保、贴息等方式，引导社会资金支持企业自主创新能力建设和重大产业技术开发。四是进一步加大研究开发费用加计抵扣等优惠政策的落实力度，完善研发费用计核方法，更多地通过普惠性政策激发企业的创新活力。

3. 引导创新要素向企业集聚

一是加快推进事业单位改革，消除创新人才向企业流动的壁垒，减少企业和事业单位研究人员之间在社会地位、福利待遇等方面的差距，提高企业对高水平科技人才的吸引力。二是建立企业参与国家科技政策制定和相关决策的制度，有明确目标的产业技术开发项目要向企业倾斜。三是依托龙头企业建设一批国家工程（重点）实验室、国家工程（技术）研究中心，形成贯穿“应用基础研究—前沿技术开发—技术工程化—产品技术开发”等关键环节的创新基础设施体系。四是健全科研人员分类考核制度，提高高等院校和科研院所科技人员从事技术转移转化的积极性。

4. 探索企业创新驱动转型路径

落实国民经济和社会发展“十二五”规划纲要，尽快组织实施自主创新百强企业工程，探索企业创新发展路径。鼓励多部门联合实施该工程，按照“政府引导、企业为主、先行先试、一企一策”的原则，引导和支持企业开展技术创新、管理创新、商业模式创新和组织创新，探索创新政策新组合、创新组织新形式、平台建设新模式、人才集聚新方式等，支持一批行业龙头企业构建“储备一代、研发一代、改进一代”的企业内生增长系统，在国民经济重要产业培育出一批具有全球影响力的创新型领军企业。

Recommendations for Innovation-driven Development in Enterprises

Ren Zhongbao, Guo Jingjing, Fan Yonggang
(Center for Innovation and Development, Chinese Academy of Sciences)

Enterprise is the engines which promote economy development to transform into innovation-driven pattern. Reviewing the history of developed countries, the typical characteristic is the emergence of a large number of "world class" innovative enterprises in various stages of economy development. Besides, innovation follows the "two eight law", and the vast majority of innovation resources are distributed within a few large enterprises. Therefore, large enterprises are the backbone of innovation-driven development.

In China, many enterprises adopt the way of extensive development, relying on cheap resources and labor. Enterprises are not willing to take innovation-driven pattern for several reasons. Firstly, innovation takes long time and high risk, and there are many opportunities for profiting without innovation. Secondly, some medium or low tech industries can achieve high profit while many technology-intensive industries gain low profit with high risk. Thirdly, there are many barriers for innovation resources to flow freely among universities, academies and enterprises.

To encourage enterprises to take innovation-driven pattern needs to create the innovation environment with the combination of compelling and encouraging policy tools. Firstly, the pressure for enterprises to innovate should be increased by reasonable price formation mechanism for resources, deepening anti-monopoly measures and eliminating outmoded production ways. Secondly, government should share the risk of innovation with enterprises through funding basic research and cutting-edge technology development, incresing government procurement of innovative products, and reducing R&D tax. Thirdly, it is necessary to deepen the reform of public institutions and personnel system for agglomerating innovation elements in enterprises. Lastly, some enterprises should be encouraged to explore the transformation path of innovation-driven development.